E. Krämer

Maschinendynamik

Mit 272 Abbildungen und 20 Tabellen

Springer-Verlag
Berlin Heidelberg New York Tokyo 1984

Professor Dr. rer. nat. Erwin Krämer
Technische Hochschule Darmstadt, Fachgebiet Maschinendynamik
Petersenstraße 30, 6100 Darmstadt

CIP-Kurztitelaufnahme der Deutschen Bibliothek

Krämer, Erwin:
Maschinendynamik / E. Krämer. —
Berlin; Heidelberg; New York; Tokyo: Springer, 1984.

ISBN-13: 978-3-642-87417-8   e-ISBN-13: 978-3-642-87416-1
DOI: 10.1007/978-3-642-87416-1

Bindearbeiten: Graphischer Betrieb Konrad Triltsch, Würzburg

2060/3020-543210

Meiner Frau
gewidmet

Vorwort

Maschinendynamik ist die Lehre der Schwingungen von Maschinen. Ihre Bedeutung hat im Lauf der Entwicklung des Maschinenbaus aus verschiedenen Gründen ständig zugenommen. Die Maschinen sollen mit geringem Materialaufwand viel leisten, sie sollen sicher genug funktionieren, ihre Sicherheit soll aber auch nicht unvernünftig groß sein und ihre Lebensdauer soll lang sein. Um alle diese Forderungen erfüllen zu können, sind unter anderem gute Kenntnisse der dynamischen Vorgänge erforderlich. Die Kenntnisse wurden besonders in den letzten Jahren durch zahlreiche Veröffentlichungen vermehrt. Die große Zahl dieser Veröffentlichungen und deren verschiedenartige Darstellung machen es jedoch oft selbst dem Fachmann schwer, das Wesentliche zu erkennen und praktisch zu verwerten. Mit dem vorliegenden Buch möchte ich hierzu eine Hilfe geben.

Das Buch ist in erster Linie für den Praktiker bzw. dessen Ausbildung geschrieben. Dabei wurde vorausgesetzt, daß er Kenntnisse in Technischer Mechanik und Mathematik hat, wie sie an einer Technischen Hochschule vermittelt werden. Während der Praktiker früher alles selbst rechnen und die Rechenmethoden bis ins einzelne kennen mußte, hat sich seine Tätigkeit mit der Verfügbarkeit von leistungsfähigen Computern und von Rechenprogrammen entscheidend geändert. Er macht jetzt einerseits Überschlagsrechnungen — für Projekte, zur Kontrolle oder zur Klärung unerwarteter Schwingungen —, zum anderen benützt er fertige Rechenprogramme. Für Überschlagsrechnungen muß man einerseits komplexe Systeme auf einfache Modelle reduzieren können, zum anderen muß man die Näherungsmethoden kennen. Fertige Rechenprogramme kann man nur dann richtig und vernünftig benutzen, wenn man die darin enthaltene Mechanik und Mathematik weitgehend kennt. Hierin liegt ein großes Problem: eine hochentwickelte Rechentechnik wird zum Programm gemacht und der Benutzer ahnt oft nur ungefähr, womit er rechnet. Das vorliegende Buch soll dem Leser die erwähnten Fähigkeiten vermitteln. Es soll ihn befähigen, Überschlagsrechnungen im Kopf oder mit einem Taschenrechner auszuführen und Rechenprogramme vernünftig zu benutzen. Weiterhin soll ihm damit das Studium der Fachliteratur erleichtert werden.

Das Buch hat die Kapitel: Einleitung. — Kinematik. — Elemente von Rechenmodellen. — Dämpfung. — Massengeometrie. — Grundgesetze der Kinetik. — Schwinger mit einem Freiheitsgrad. — Statik von Strukturen. — Schwinger mit mehreren Freiheitsgraden. — Strukturdynamik. — Eindimensionale Kontinua. — Zufallsschwingungen. Ein Anhang mit acht Abschnitten beendet den fachlichen Teil. Einige Bemerkungen zum Inhalt enthält die Einleitung.

Beim Schreiben des Buches habe ich mich um eine einfache und klare Darstellung bemüht. Vielleicht beanstandet der Mathematiker an manchen Stellen ungenügende Strenge. Falls darin eine Gefahr für das Ergebnis besteht, wäre ich um Hinweise dankbar. Durch zahlreiche Kontrollen wurden hoffentlich alle Fehler behoben. Auf etwa noch verbliebene Fehler bitte ich mich hinzuweisen, damit sie baldmöglichst bekanntgegeben und berichtigt werden können.

Der Inhalt dieses Buches stammt aus der Literatur, aus vielen Gesprächen mit Praktikern und Theoretikern und aus eigenen Arbeiten und solchen meiner Mitarbeiter. Dankbar gedenke ich meiner einstigen Lehrer an der Technischen Hochschule Stuttgart, der Professoren R. Grammel und F. Pfeiffer. Herr Grammel weckte meine Neigung zur Mechanik und Herr Pfeiffer lehrte mich den Umgang mit der Mathematik.

Bei der Abfassung des Manuskripts wirkte am Anfang Herr Prof. Dr. Ing. R. Nordmann mit. Durch seine Berufung wurde diese fruchtbare Zusammenarbeit leider beendet. Eine große Hilfe waren die Diskussionen mit Herrn Dr. Ing. H.-D. Klement, dessen umfangreiche Kenntnisse der Strukturdynamik und deren numerischen Methoden in viele Stellen des Buches eingegangen sind. Die zahlreichen Beispiele wurden von wissenschaftlichen Mitarbeitern des Fachgebiets Maschinendynamik und von Studenten der Technischen Hochschule Darmstadt berechnet. Besonders erwähnen möchte ich die Herren Dipl. Ing. J. Schmied, K. H. Lepper und L. Eckert, die viele Berechnungen ausgeführt, nützliche Hinweise gegeben und das Manuskript sorgfältig kontrolliert haben. Einzelne Kapitel des Manuskripts haben begutachtet und wertvolle Verbesserungen vorgeschlagen die Professoren P. Hagedorn (Kapitel 6), J. Wissmann (Kapitel 10), E. Brommundt (Kapitel 11), R. Isermann und W. Wedig (Kapitel 12).

Allen Herren danke ich herzlich für ihre Mithilfe. Frau M. Lutz danke ich für das zuverlässige Schreiben des Manuskripts mit Maschine. Zum Schluß gilt mein Dank den Mitarbeitern des Springer-Verlages für das geduldige Warten auf das Manuskript, für die angenehme Zusammenarbeit und für die gute Ausstattung des Buches.

Darmstadt, im November 1983   E. Krämer

Inhaltsverzeichnis

Bezeichnungen

Große lateinische Buchstaben

A	Querschnittsfläche
B	Lagerbreite
$\boldsymbol{C}$	charakteristische Matrix
D	Durchmesser, Dämpfungsgrad
$\boldsymbol{D}$	Drall, Dämpfungsmatrix
E	Elastizitätsmodul
$\boldsymbol{E}$	Einheitsmatrix
F	Kraft
$F(x)$	Verteilungsfunktion
G	Gewicht, Schubmodul
$G_\mathrm{x}(f)$	spektrale Leistungsdichte (einseitige)
$\underline{H}(\omega)$	Übertragungsfunktion
$\boldsymbol{H}$	Nachgiebigkeitsmatrix
I	Flächenträgheitsmoment
I_T	Drillwiderstand
$\boldsymbol{I}$	Impuls, Inzidenzmatrix
$\boldsymbol{K}$	Steifigkeitsmatrix
L	Länge
M	Moment
$\boldsymbol{M}$	Massenmatrix
N	Normalkraft, Längskraft, halbe Stützstellenzahl
P	Leistung, Wahrscheinlichkeit
Q	Querkraft, quadratische Form
R	Radius
$R(\boldsymbol{\Psi})$	Rayleigh-Quotient
$R_\mathrm{x}(\tau)$	Autokorrelationsfunktion
S	Stabkraft, Spannkraft
So	Sommerfeldzahl
$S_\mathrm{x}(f)$	Spektrale Leistungsdichte (zweiseitige)
T	Schwingungsdauer, kinetische Energie
$\boldsymbol{T}$	Transformationsmatrix
U	Formänderungsarbeit
V	Volumen
$V(\eta)$	Vergrößerungsfunktion
W	Arbeit

Kleine lateinische Buchstaben

a	Beschleunigung, Halbachse
b	Breite, Halbachse
c	Schallgeschwindigkeit
d	Durchmesser, Dämpfung

e	Exzentrizität
e	natürliche Zahl,
f	Frequenz
$f(x)$	Dichtefunktion
$\boldsymbol{f}$	Kraftvektor
g	Erdbeschleunigung
$g(t)$	Stoßübergangsfunktion
h	statische Nachgiebigkeit, Häufigkeit
$h(t)$	Gewichtsfunktion
h_{ik}	Verschiebungseinflußzahl
$h_{ik}(\omega)$	dynamische Nachgiebigkeit
i	Übersetzungsverhältnis
i	imaginäre Einheit
k	Steifigkeit
k_{ik}	Krafteinflußzahl
l	Länge
m	Masse
n	Drehzahl
n_k	kritische Drehzahl
q	Streckenlast, generalisierte Koordinate
r	Radius
$\boldsymbol{r}$	Ortsvektor
t	Zeit
u	Verschiebung
v	Geschwindigkeit
$\boldsymbol{v}_k$	Eigenvektor
w	Durchbiegung
x	Ortskoordinate
x_i	Verrückung
$\overline{x(t)}$	linearer Mittelwert
$\overline{x^2(t)}$	quadratischer Mittelwert
x_{eff}	Effektivwert
y	Ortskoordinate, Fußpunktverschiebung, Ausgangsgröße
z	Ortskoordinate

Große griechische Buchstaben

Θ_{ik}	Massenmoment ($k = i$: Trägheitsmoment, $k \neq i$: Zentrifugalmoment)
$\boldsymbol{\Theta}$	Trägheitstensor
$\theta_p, \theta_ä$	polares und äquatoriales Trägheitsmoment
$\boldsymbol{\Phi}$	Modalmatrix
$\boldsymbol{\Psi}$	Matrix von Ansatzvektoren
Ω	Winkelgeschwindigkeit

Kleine griechische Buchstaben

α	Winkel, Koeffizient für massenproportionale Dämpfung
α_k	Realteil des Eigenwerts λ_k
β	Winkel, Koeffizient für steifigkeitsproportionale Dämpfung
β_{ik}	Dämpfung von Gleitlagern
γ	Winkel
γ_{ik}	Steifigkeit von Gleitlagern
δ	Abklingkonstante, Lagerspiel

ε	Phasenverschiebungswinkel, Dehnung, relative Exzentrizität
η	bezogene Erregerfrequenz, dynamische Zähigkeit
η_v	Verlustfaktor
ϑ	logarithmisches Dekrement
$\varkappa$	Schubfaktor
λ	Wellenlänge
λ_k	Eigenwert
μ	Masse pro Längeneinheit
ν_k	Imaginärteil des Eigenwertes λ_k
ξ	bezogene Ortskoordinate
ϱ	Materialdichte
σ	Spannung
τ	Schubspannung, bezogene Zeit, Zeitverschiebung
φ	Winkel
φ_i	Drehung
φ_ik	Koordinate i eines Eigenvektors $\boldsymbol{\varphi}_\mathrm{k}$
$\boldsymbol{\varphi}_\mathrm{k}$	normierter Eigenvektor
ψ	relative Dämpfung
$\boldsymbol{\psi}_\mathrm{k}$	Ansatzvektor
ω	Kreisfrequenz, Winkelfrequenz
ω_k	Eigenkreisfrequenz
ω_d	Eigenkreisfrequenz mit Dämpfung

Komplexe Größen

Komplexe Größen werden durch Unterstreichen, konjugiert komplexe durch zusätzlichen Stern bezeichnet.

z. B. $\quad \underline{z} = u + \mathrm{i}v, \quad \underline{z}^* = u - \mathrm{i}v,$

$\qquad u = \mathrm{Re}\ \underline{z}, \qquad v = \mathrm{Im}\ \underline{z}, \qquad |\underline{z}| = \sqrt{u^2 + v^2}$

1 Einleitung

Maschinen sollen ihre Funktion erfüllen und genügend sicher sein, ohne unnötig aufwendig gebaut zu sein. Die Maschinendynamik soll zur Erfüllung dieser Aufgaben beitragen.

Dynamik ist die Lehre von den Kräften. Sie besteht aus der Statik und der Kinetik. Bei der Statik sind die Kräfte ruhend, bei der Kinetik sind sie zeitveränderlich. Im allgemeinen Sprachgebrauch wird nicht so streng unterschieden und der Oberbegriff Dynamik für kinetische Vorgänge, insbesondere für Schwingungen, verwendet.

Dieses Buch bringt Grundlagen der Schwingungslehre und Verfahren zur Berechnung der Schwingungen von Ersatzmodellen für Maschinenteile, ganze Maschinen, Fundamente und Maschinen mit Fundament. Diese Grundlagen sollen außerdem zur Planung von Schwingungsmessungen und zur Deutung ihrer Ergebnisse dienen.

Schwingungen können linear oder nichtlinear sein. Dieses Buch behandelt nur lineare Schwingungen von Modellen mit konstanten Parametern. Eine Ausnahme bildet die unrunde Welle, die bei Rotation periodische Steifigkeit bezüglich eines raumfesten Systems hat.

Das Buch beginnt nach dieser Einleitung im Kapitel Kinematik mit der Beschreibung von Schwingungen. Sodann folgen die Beziehungen für die Kräfte und Verformungen einfacher Elemente. Im nächsten Kapitel sind die wesentlichen Begriffe und Gleichungen über Dämpfung zusammengestellt. Neben den Punktmassen verwendet man bei den Modellen der Maschinendynamik auch starre Körper. Ihre Massengeometrie wird im 5. Kapitel gebracht. Für das Weitere sind im folgenden Kapitel die Grundgesetze der Kinetik zusammengefaßt.

Die Dynamik des Schwingers mit einem Freiheitsgrad ist grundlegend für das Verständnis aller Schwingungssysteme. Sie ist daher ziemlich ausführlich im 7. Kapitel dargestellt. Für die Berechnung der Schwinger mit mehreren bzw. vielen Freiheitsgraden ist die Kenntnis deren Statik Voraussetzung. Die Statik solcher Systeme wird durch Einflußzahlen beschrieben, die im 8. Kapitel gebracht werden. Außerdem enthält dieses Kapitel Verfahren und Methoden zur Vereinfachung statischer Berechnungen.

Die Dynamik von Systemen mit mehr als einem Freiheitsgrad wird im 9. und 10. Kapitel gebracht. Das 9. Kapitel mit dem Titel „Schwinger mit mehreren Freiheitsgraden" handelt von solchen Systemen, die noch exakt gelöst werden können. Für einige typische Beispiele der Maschinendynamik wird die Bewegungsgleichung hergeleitet und ihre allgemeine Lösung gezeigt. Die anschließend aufgeführten und diskutierten numerischen Lösungen sind nützlich zur Behandlung und Beurteilung von komplizierteren Modellen.

Das 10. Kapitel zeigt, wie man Systeme mit vielen Freiheitsgraden, wir nennen sie Strukturen, mit angemessenem Aufwand berechnen kann. Besondere Bedeutung haben dabei die Abschnitte „Modale Berechnung" und „Dynamische Nachgiebigkeit". Das 11. Kapitel bringt eine Zusammenstellung der Dynamik der Saite, des Stabes und des Balkens. Damit ergeben sich durch Vergleichen weitere Erkenntnisse für die Schwingungen von Strukturen mit endlich vielen Freiheitsgraden. Die Eigenfrequenzen und Eigenformen dieser eindimensionalen Kontinua können beliebig genau berechnet werden. Damit können sie zur Kontrolle von Näherungsverfahren dienen.

Die Zufallsschwingungen gewinnen auch in der Maschinendynamik zunehmend an Bedeutung. Das letzte Kapitel ist als Einführung in dieses schwierige Gebiet gedacht. Der letzte Abschnitt dieses Kapitels zeigt, wie man bei zufälliger Erregung unter gewissen Voraussetzungen in einfacher Weise den Effektivwert der Antwort berechnen kann.

Mit den gezeigten Methoden können die Schwingungen, also die Verschiebungen und Drehungen einzelner Stellen des für das Realsystem gewählten Ersatzmodells berechnet werden. Weiterhin ergeben sich daraus die zeitlichen Verläufe der Kräfte und Spannungen an beliebigen Stellen des Systems mit ausreichender Genauigkeit. Mit Kenntnis der Verschiebungen ist die Frage der Funktionstüchtigkeit (z. B. keine zu starken Erschütterungen, kein Streifen bei engen Spalten) hinsichtlich der Schwingungen meistens schon beantwortet. Zur Frage der Sicherheit gegen die Grenze der Beanspruchung muß noch eine Festigkeitsuntersuchung (Rechnung oder Messung) angeschlossen werden, worauf in diesem Buch nicht eingegangen wird.

2 Kinematik

Unser wesentliches Ziel ist es, die Schwingungen von Maschinen zu ermitteln
Unter Schwingung versteht man einen Vorgang, dessen Merkmale sich einigermaßen regelmäßig zeitlich wiederholen (Bild 2.1 a). Daneben gibt es Vorgänge, die
im wesentlichen einmalig auftreten (Bild 2.1 b) und solche ohne erkennbares
Gesetz, also regellose Vorgänge (Bild 2.1 c).

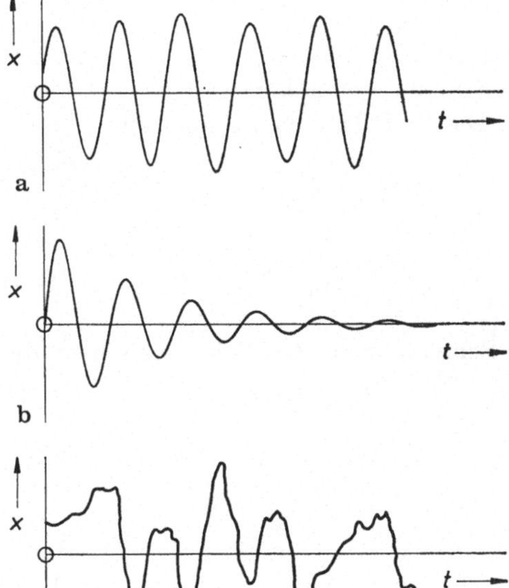

Bild 2.1. Typische zeitliche Verläufe einer
Größe x. **a)** Schwingung (einigermaßen
regelmäßig); **b)** Einschwingvorgang (transient); **c)** Regelloser Vorgang (stochastisch)

Bei einer schwingenden Maschine bewegen sich einzelne Punkte mehr oder
weniger regelmäßig um eine Mittellage. Die Schwingung der Maschine kann also
allgemein durch die Bewegung ihrer einzelnen Punkte beschrieben werden. Bei
bekannter Bewegung bzw. bekannten Relativverschiebungen können mit den
Mitteln der Statik und Elastizitätslehre die Kräfte und Spannungen ermittelt
werden. Damit kann man beurteilen, ob die betreffende Schwingung zulässig ist
oder nicht.

Die Kinematik behandelt die Bewegungen von Punkten und Körpern; hier werden besonders deren Schwingungen gebracht. Die dabei gewonnenen Begriffe und Beziehungen verwendet man sinngemäß auch bei der Beschreibung von zeitabhängigen Kräften.

2.1 Sinusschwingung

Die Größe x bezeichne eine Verschiebung oder Drehung. Sie führt eine Sinusschwingung nach Bild 2.2 b aus, wenn

$$x = \hat{x} \sin (\omega t + \varphi) \tag{2.1}$$

ist. Dabei bedeuten: $\hat{x}$ Amplitude, Scheitelwert; ω Kreisfrequenz, Winkelfrequenz; φ Nullphasenwinkel, Phasenverschiebungswinkel; t Zeit.

Die momentane Größe $\omega t + \varphi$ heißt Phasenwinkel. Ein sinusförmiger Verlauf wird auch harmonisch genannt. Eine Kosinusschwingung wird durch entsprechende Phasenverschiebung zur Sinusschwingung:

$$x = \hat{x} \cos (\omega t + \varphi) = \hat{x} \sin (\omega t + \varphi + \tfrac{\pi}{2})$$

Man spricht daher nur von der Sinusschwingung.

Der Wert von x zu einer beliebigen Zeit heißt Augenblickswert.

Die Sinusfunktion hat die Periode 2π. Die Periodendauer T folgt aus

$$(\omega t_1 + \varphi) - (\omega t_0 + \varphi) = 2\pi$$

zu

$$T = t_1 - t_0 = \frac{2\pi}{\omega}. \tag{2.2}$$

Der Kehrwert von T ist die Anzahl der Schwingungen pro Zeiteinheit bzw. die Frequenz

$$f = \frac{1}{T}. \tag{2.3}$$

Die Kreisfrequenz folgt daraus zu

$$\omega = 2\pi f. \tag{2.4}$$

Die Grundeinheit für die Kreisfrequenz ω und die Frequenz f ist $1/s$. Für f setzt man meistens die Einheit Hz $= 1/s$ (nach Heinrich Hertz, 1857 bis 1894).

Die Sinusschwingung kann auch als Projektion eines mit der Winkelgeschwindigkeit ω drehenden Zeigers mit der Länge $\hat{x}$ dargestellt werden (Bild 2.2a).

Aus dem Zeigerbild 2.2a erkennt man leicht, daß jede Sinusschwingung mit Nullphasenwinkel als Summe einer Sinus- und Kosinusschwingung ohne Nullphasenwinkel dargestellt werden kann und umgekehrt. Nach Bild 2.2a ist

$$x = x_0 \cos \omega t + x_1 \sin \omega t = \hat{x} \sin (\omega t + \varphi) = \hat{x} \cos (\omega t - \psi) \tag{2.5}$$

$$\text{mit} \quad \hat{x} = \sqrt{x_0^2 + x_1^2}; \quad \tan \varphi = \frac{x_0}{x_1}; \quad \tan \psi = \frac{x_1}{x_0}.$$

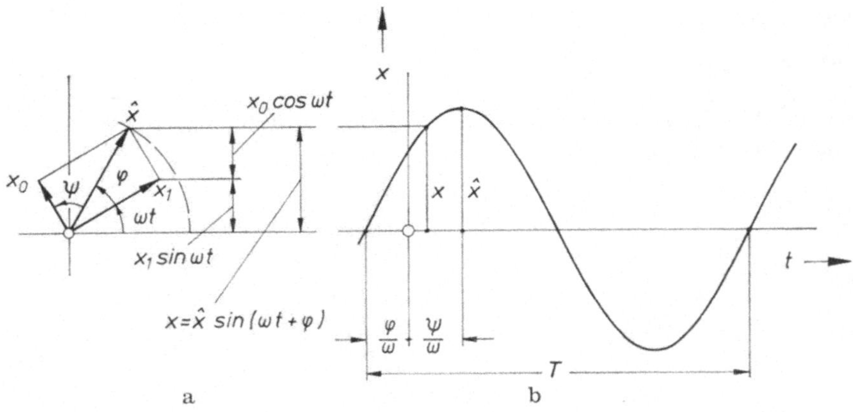

Bild 2.2. Sinusschwingung. **a)** Zeigerbild; **b)** Zeitverlauf von x

Nullphasenwinkel mit positivem Vorzeichen heißen Voreilwinkel und solche mit negativem Vorzeichen Nacheilwinkel. Demnach kann Bild 2.2 b entweder als Sinusschwingung mit Voreilwinkel φ oder als Kosinusschwingung mit Nacheilwinkel ψ aufgefaßt werden. Zur Verdeutlichung dieser Begriffe betrachten wir die bei $t=0$ beginnende Sinusschwingung $x_\mathrm{A}=A\sin\omega t$ von Bild 2.3 b. Relativ zu dieser eilt $x_\mathrm{B}=B\sin(\omega t+\varphi)$ vor und $x_\mathrm{C}=C\sin(\omega t-\psi)$ nach. Bei der voreilenden Schwingung kommt das erste Maximum früher, bei der nacheilenden später als bei der Bezugsschwingung.

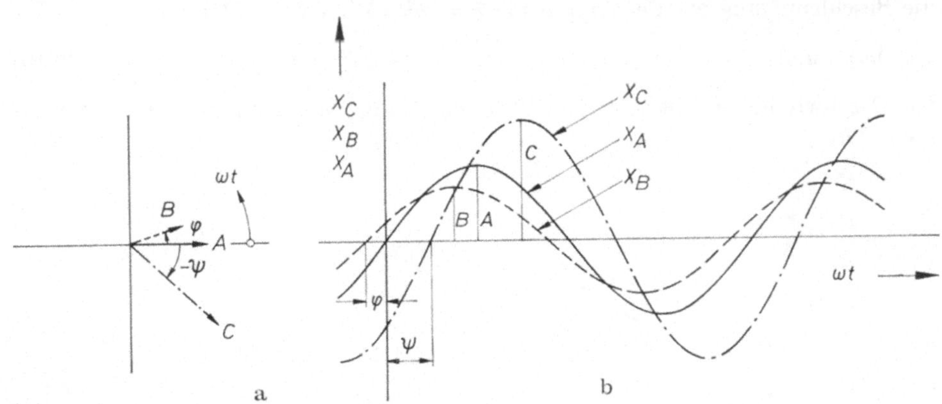

Bild 2.3 a, b. Voreilen und Nacheilen. $x_\mathrm{B}(t)$ eilt $x_\mathrm{A}(t)$ vor; $x_\mathrm{C}(t)$ eilt $x_\mathrm{A}(t)$ nach

Häufig bietet die komplexe Rechnung Vorteile. Schreibt man

$$\underline{x}=\hat{\underline{x}}\,\mathrm{e}^{\mathrm{i}(\omega t+\varphi)}=\hat{\underline{x}}[\cos(\omega t+\varphi)+\mathrm{i}\sin(\omega t+\varphi)],^{[1]} \tag{2.6}$$

dann ist die Sinusschwingung $x=\mathrm{Im}\,\underline{x}$. Wir haben jetzt ein Zeigerbild in der

---

[1] Unterstrichene Größen sind komplex.

Gaußschen Ebene. Aus

$$\underline{x} = \hat{x}\, \mathrm{e}^{\mathrm{i}(\omega t + \varphi)} = \hat{x}\, \mathrm{e}^{\mathrm{i}\varphi}\, \mathrm{e}^{\mathrm{i}\omega t} = \underline{\hat{x}}\, \mathrm{e}^{\mathrm{i}\omega t} \tag{2.7}$$

erkennt man, daß der komplexe Zeiger $\underline{\hat{x}} = \hat{x}\, \mathrm{e}^{\mathrm{i}\varphi}$ in der Zeit t um den Winkel ωt gedreht wird (Bild 2.4).

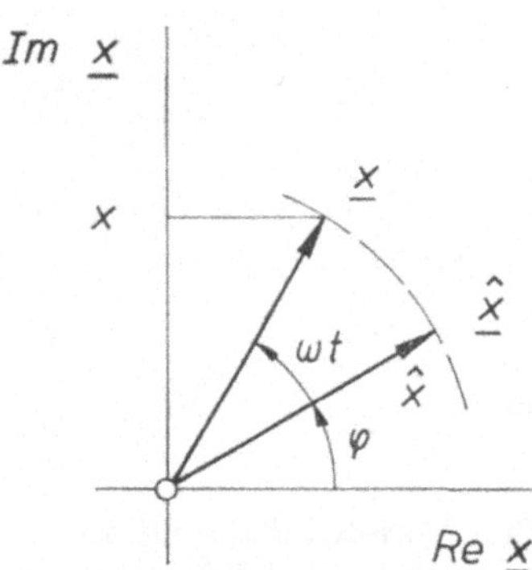

Bild 2.4. Zeigerbild in der Gaußschen Ebene

Bezeichnet $x = \hat{x} \sin(\omega t + \varphi)$ einen Schwingweg, dann ist

$$\dot{x} = \omega\hat{x}\cos(\omega t + \varphi) \tag{2.8}$$

die Geschwindigkeit mit der Amplitude $\hat{\dot{x}} = \omega\hat{x}$ und

$$\ddot{x} = -\omega^2\hat{x}\sin(\omega t + \varphi) \tag{2.9}$$

die Beschleunigung mit der Amplitude $\hat{\ddot{x}} = \omega^2 x$. Mit $\underline{x}$ nach (2.6) ist

$$\underline{\dot{x}} = \mathrm{i}\omega\underline{x} \quad \text{und} \quad \underline{\ddot{x}} = -\omega^2\underline{x}. \tag{2.10}$$

Die Geschwindigkeit eilt also dem Weg um $\frac{\pi}{2}$, die Beschleunigung um π voraus (Bild 2.5).

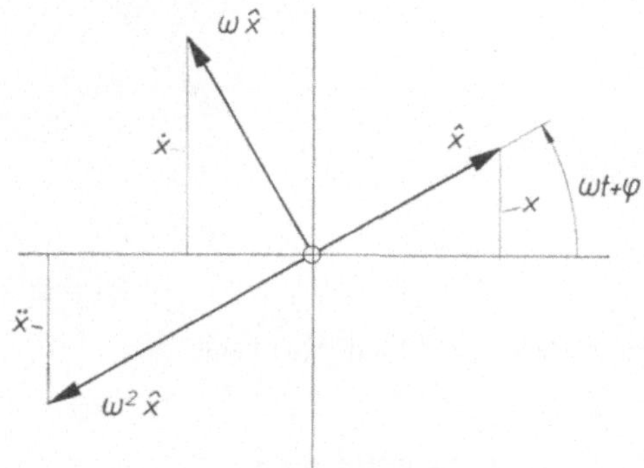

Bild 2.5. Zeigerbild für x, $\dot{x}$, $\ddot{x}$

Das Bild 2.6 zeigt in doppelt logarithmischer Darstellung den Zusammenhang zwischen der Frequenz und den Amplituden des Weges, der Geschwindigkeit und der Beschleunigung in den üblichen Einheiten. Mit jeweils zwei bekannten Größen können daraus die beiden fehlenden Größen abgelesen werden. So hat

z. B. eine Sinusschwingung mit der Frequenz 50 Hz ($\triangle$ 3000 1/min) und der Weg-amplitude $\hat{x} = 100\ \mu\mathrm{m}$ die Geschwindigkeitsamplitude $\hat{\dot{x}} = 31{,}4\ \mathrm{mm/s}$ und die Beschleunigungsamplitude $\hat{\ddot{x}} = 9{,}87\ \mathrm{m/s^2} \approx 1g$ mit g als der Erdbeschleunigung.

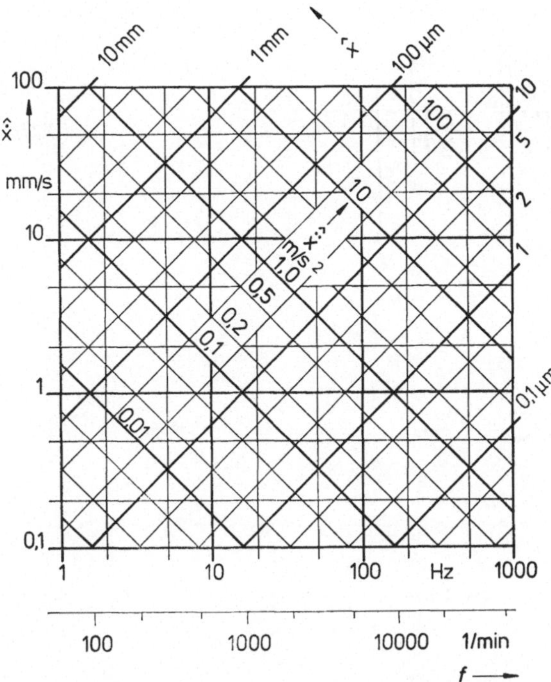

Bild 2.6. Amplituden der Sinus-schwingung in Abhängigkeit von der Frequenz

2.2 Summe zweier Sinusschwingungen

Gegeben seien die beiden Schwingungen $x_1 = \hat{x}_1 \sin(\omega_1 t + \varphi_1)$ und $x_2 = \hat{x}_2 \sin(\omega_2 t + \varphi_2)$, gefragt ist nach dem zeitlichen Verlauf ihrer Summe $x = x_1 + x_2$.

Bei gleicher Kreisfrequenz, also bei $\omega_2 = \omega_1 = \omega$ erkennt man aus dem Zeiger-bild, daß die Summe ebenfalls eine Sinusschwingung mit der Kreisfrequenz ω ist (Bild 2.7). Es gilt

$$x = \hat{x}_1 \sin(\omega t + \varphi_1) + \hat{x}_2 \sin(\omega t + \varphi_2) = \hat{x} \sin(\omega t + \varphi) \qquad (2.11)$$

mit

$$\hat{x} = \sqrt{\hat{x}_1^2 + \hat{x}_2^2 + 2\hat{x}_2\hat{x}_1 \cos(\varphi_2 - \varphi_1)} \qquad (2.12)$$

nach dem Kosinussatz und

$$\tan\varphi = \frac{\hat{x}_1 \sin\varphi_1 + \hat{x}_2 \sin\varphi_2}{\hat{x}_1 \cos\varphi_1 + \hat{x}_2 \cos\varphi_2}.$$

Bei ungleicher Frequenz ($\omega_2 \neq \omega_1$) wählen wir zur Vereinfachung den Nullpunkt der Zeit t so, daß $\varphi_2 = 0$ ist. Wir betrachten also

$$x = \hat{x}_1 \sin(\omega_1 t + \varphi_1) + \hat{x}_2 \sin\omega_2 t \qquad (2.13)$$

und finden nach längerer Rechnung, daß x auf die folgende Form gebracht werden kann

$$x = \hat{x}(t) \sin \left[\overline{\omega} t + \varphi(t) \right] \tag{2.14}$$

mit

$$\left. \begin{aligned} \hat{x}(t) &= \sqrt{\hat{x}_1^2 + \hat{x}_2^2 + 2\hat{x}_1\hat{x}_2 \cos (\omega_s t - \varphi_1)} \\ \varphi(t) &= \frac{\varphi_1}{2} - \arctan \left[\frac{\hat{x}_1 - \hat{x}_2}{\hat{x}_1 + \hat{x}_2} \tan \left(\frac{\omega_s}{2} t - \frac{\varphi_1}{2} \right) \right] \\ \overline{\omega} &= \frac{\omega_1 + \omega_2}{2}, \; \omega_s = \omega_2 - \omega_1 \end{aligned} \right\}. \tag{2.15}$$

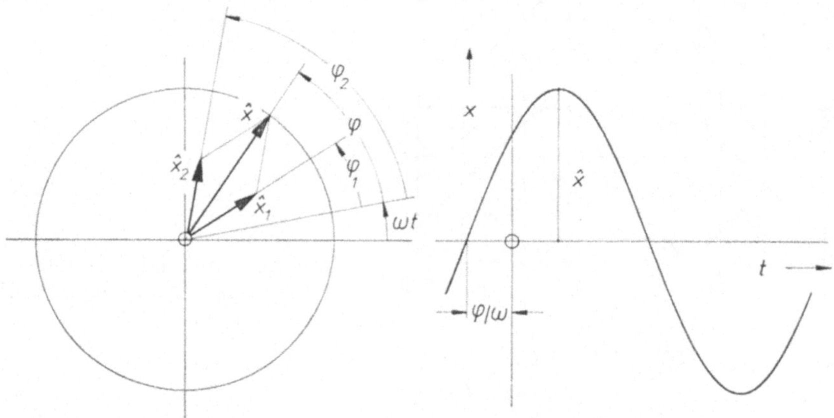

Bild 2.7. Summe zweier Sinusschwingungen mit gleicher Frequenz

Die Summenschwingung $x(t)$ verläuft nicht sinusförmig, da $\hat{x}$ und φ zeitlich veränderlich sind. Sie ist hingegen im allgemeinen periodisch, wie im folgenden gezeigt wird.

Mit ψ_1, ψ_2 als den Phasenwinkeln der Teilschwingungen nach (2.13) ist bei $t = 0$

$$\psi_1 = \varphi_1 \text{ und } \psi_2 = 0.$$

Der Vorgang wiederholt sich, wenn die Zeiger der Teilschwingungen die gleiche Stellung wie am Anfang haben, also bei $\psi_1 = \varphi_1 + n\,2\pi$ und $\psi_2 = m\,2\pi$ mit n, m als ganze, teilerfremde Zahlen. Diese Stellung existiert mit $T_1 = 2\pi/\omega_1$, $T_2 = 2\pi/\omega_2$ zur Zeit

$$T = nT_1 = mT_2, \tag{2.16}$$

der Periodendauer der Summenschwingung. Aus (2.16) folgt, daß Periodizität dann besteht, wenn

$$\frac{\omega_1}{\omega_2} = \frac{T_2}{T_1} = \frac{n}{m} \tag{2.17}$$

eine rationale Zahl ist. Bei endlicher Stellenzahl der Zahlenwerte der Frequenzen ist die Bedingung (2.17) immer erfüllt.

Beispiel

Wie groß ist die Periodendauer der Summenschwingung aus den Teilschwingungen mit den Frequenzen $f_1 = 27{,}2$ Hz und $f_2 = 50$ Hz?

Lösung: $\dfrac{T_2}{T_1} = \dfrac{f_1}{f_2} = \dfrac{27{,}2}{50} = \dfrac{68}{125}$;

somit ist $n = 68$ und $m = 125$,
bzw.

$$T = nT_1 = \frac{n}{f_1} = \frac{68}{27{,}2} = 2{,}5 \text{ s},$$

oder

$$T = mT_2 = \frac{m}{f_2} = \frac{125}{50} = 2{,}5 \text{ s}.$$

Bei $\hat{x}_2 = 0{,}4\hat{x}_1$ und $\varphi_1 = 37{,}2°$ ist

$$\frac{x}{\hat{x}_1} = \sin\left(2\pi\,\frac{t}{T_1} + 0{,}649\right) + 0{,}4\sin\left(1{,}84 \cdot 2\pi\,\frac{t}{T_1}\right) \tag{2.18}$$

(s. Bild 2.8).

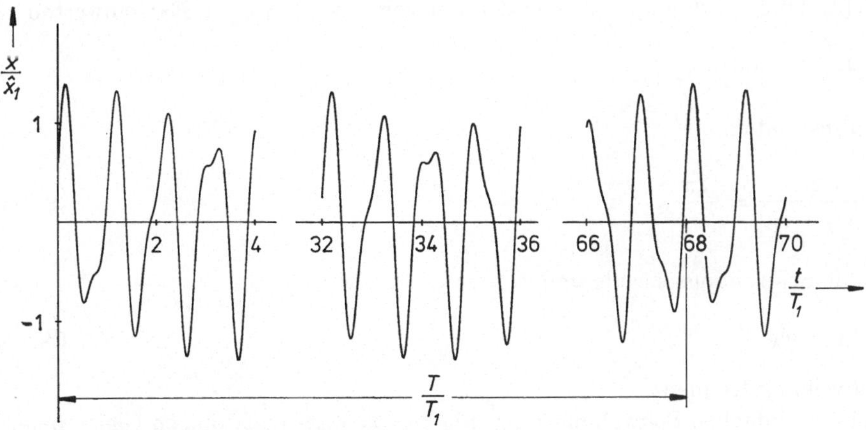

Bild 2.8. Bild der Schwingung nach Gl. (2.18)

2.3 Sinusverwandte Schwingungen

Bei der Sinusschwingung sind die Amplitude $\hat{x}$, die Kreisfrequenz ω und der Nullphasenwinkel φ konstant. Der Phasenwinkel $\psi = \omega t + \varphi$ ändert sich linear mit der Zeit. Ändert sich auch die Amplitude mit der Zeit und/oder der Phasenwinkel zeitlich nichtlinear, dann spricht man von einer sinusverwandten Schwin-

gung (DIN 5488). Dabei wird angenommen, daß die Änderungen während einer
mittleren Periodendauer klein sind.

Beispiele sinusverwandter Schwingungen sind die Schwebung, die modulierte
Schwingung und die exponentiell wachsende oder abklingende Sinusschwingung.
Die ersten beiden Arten werden in den folgenden Abschnitten 2.3.1 und 2.3.2 be-
handelt.

2.3.1 Schwebung

Im Abschnitt 2.2 wird die Summe zweier Sinusschwingungen mit gleicher oder
ungleicher Frequenz behandelt. Sind die Frequenzen der Teilschwingungen etwa
gleich groß, ist also $\omega_2 \approx \omega_1$, dann ist die Summenschwingung eine Schwebung.
Bei $\hat{x}_2 \neq \hat{x}_1$ spricht man von einer allgemeinen Schwebung (Bild 2.9), bei $\hat{x}_2 = \hat{x}_1$
von einer einfachen Schwebung (Bild 2.10). Es gelten (2.13) bzw. (2.14).

Mit $\omega_2 \approx \omega_1$ ist $|\omega_2 - \omega_1| \ll \dfrac{\omega_1 + \omega_2}{2}$ und somit die Schwebung annähernd
eine Schwingung mit

$$\overline{\omega} = \frac{\omega_1 + \omega_2}{2} \qquad \text{mittlere Frequenz,} \tag{2.19}$$

$$\overline{T} = \frac{2\pi}{\overline{\omega}} \qquad \text{mittlere Periodendauer.} \tag{2.20}$$

Die Schwebung wird eingehüllt von den Kurven $\pm x^*(t)$ mit den Extremwerten

$$\pm(\hat{x}_1 + \hat{x}_2) \quad \text{und} \quad \pm |\hat{x}_1 - \hat{x}_2|$$

im Zeitabstand von

$$T_\mathrm{s} = \frac{2\pi}{|\omega_2 - \omega_1|} = \frac{2\pi}{|\omega_\mathrm{s}|}. \tag{2.21}$$

T_s ist die Schwebungsperiode und

$$\omega_\mathrm{s} = \omega_2 - \omega_1 \tag{2.22}$$

die Schwebungsfrequenz.

Bei der einfachen Schwebung folgt mit $\hat{x} = \hat{x}_1 = \hat{x}_2$ nach obigen Gleichungen
oder aus direkter Herleitung

$$x = \hat{x}[\sin(\omega_1 t + \varphi_1) + \sin \omega_2 t] = 2\hat{x}\cos\left(\frac{\omega_\mathrm{s}}{2}\,t - \frac{\varphi_1}{2}\right)\sin\left(\overline{\omega}t + \frac{\varphi_1}{2}\right). \tag{2.23}$$

Liegt eine Messung in Form der Bilder 2.9 bzw. 2.10 vor, dann erhält man mit
den gemessenen Zeiten T_s und T_n (Dauer für n Schwingungen) aus $\omega_\mathrm{s} = 2\pi/T_\mathrm{s}$
und $\overline{\omega} = n\,2\pi/T_\mathrm{n}$ die Teilfrequenzen

$$\omega_1 = \overline{\omega} - \omega_\mathrm{s}/2; \qquad \omega_2 = \overline{\omega} + \omega_\mathrm{s}/2. \tag{2.24}$$

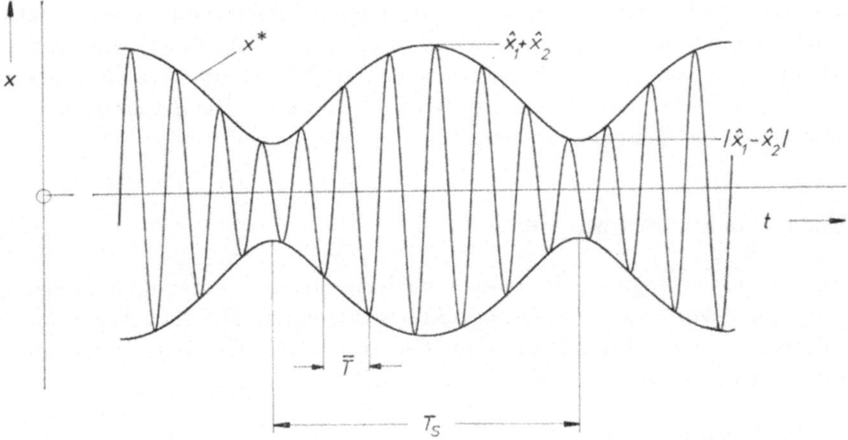

Bild 2.9. Allgemeine Schwebung

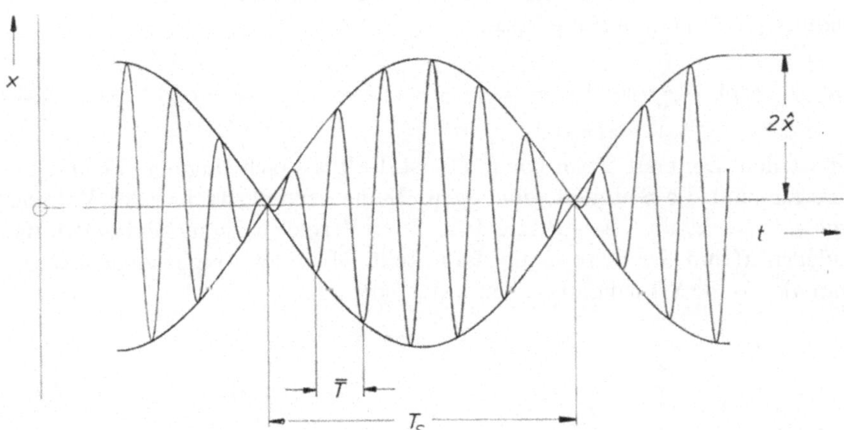

Bild 2.10. Einfache Schwebung

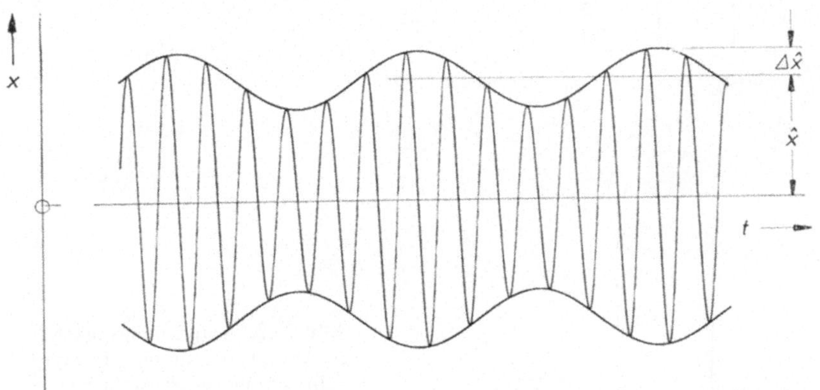

Bild 2.11. Amplitudenmodulierte Sinusschwingung

Man muß sich jedoch vergewissern, ob tatsächlich eine Schwebung vorliegt, denn eine amplitudenmodulierte Sinusschwingung (s. Abschnitt 2.3.2) sieht ähnlich aus. Häufig kann man diese beiden Schwingungsarten aus ihren Ursachen unterscheiden. Andernfalls hilft eine Frequenzanalyse (s. Bild 2.12). Die Berechnung nach (2.24) kann dann zur Kontrolle dienen.

2.3.2 Modulierte Sinusschwingung

Wird einer Sinusschwingung ein relativ niederfrequenter Vorgang überlagert, dann spricht man von einer modulierten Sinusschwingung. Die Modulation kann eine zeitliche, meist sinusförmige Änderung der Amplitude sein. Diese amplitudenmodulierte Sinusschwingung hat das Gesetz

$$x = (\hat{x} + \Delta\hat{x} \sin \omega_M t) \sin (\omega t + \varphi) \tag{2.25}$$

mit $\Delta\hat{x}$ Amplitudenhub, $\Delta\hat{x}/\hat{x}$ Modulationsgrad, ω_M Modulationsfrequenz.

Der zeitliche Verlauf dieser Schwingung ist aus Bild 2.11 ersichtlich.

Gleichung (2.25) kann auf die Form

$$x = \hat{x} \sin (\omega t + \varphi) + \frac{\Delta\hat{x}}{2} \cos [(\omega - \omega_M) t + \varphi] - \frac{\Delta\hat{x}}{2} \cos [(\omega + \omega_M) t + \varphi] \tag{2.26}$$

gebracht werden. Der erste Term von (2.26) ist die Trägerschwingung, die anderen beiden Terme sind die Seitenschwingungen. Dementsprechend hat der Vorgang ein Amplitudenspektrum nach Bild 2.12a. Zum Vergleich ist in Bild 2.12b das Amplitudenspektrum der Schwebung dargestellt. Mit dem Amplitudenspektrum kann man also beide Schwingungsarten unterscheiden.

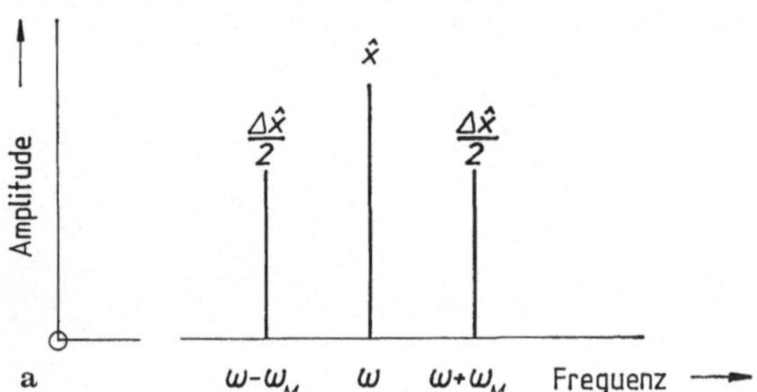

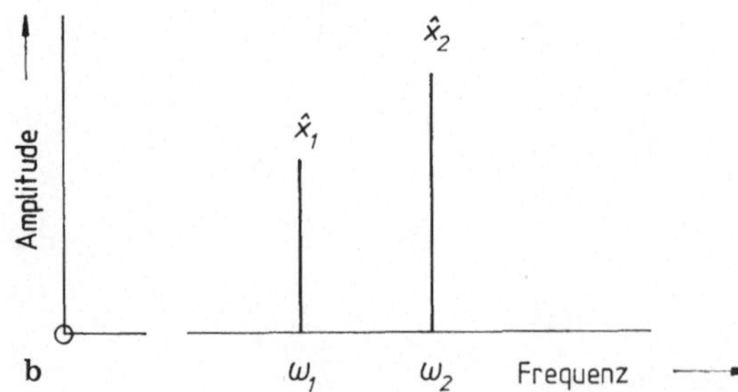

Bild 2.12. Amplitudenspektren. **a)** Amplitudenmodulierte Sinusschwingung; **b)** Schwebung

Neben der Amplitude kann auch die Frequenz moduliert werden. Bei der Sinusschwingung ist die Kreisfrequenz ω die zeitliche Ableitung des Phasenwinkels ψ. Entsprechend bezeichnen wir die Ableitung $\mathrm{d}\psi/\mathrm{d}t$ mit Augenblicks-Kreisfrequenz ω_t. Ein Vorgang mit sinusförmig modulierter Frequenz hat die Gleichung

$$x = \hat{x} \sin\left(\omega t + \varphi + \frac{\Delta\omega}{\omega_M}\sin \omega_M t\right) \tag{2.27}$$

mit

$$\frac{\mathrm{d}\psi}{\mathrm{d}t} = \omega_t = \omega + \Delta\omega \sin\left(\omega_M t + \frac{\pi}{2}\right).$$

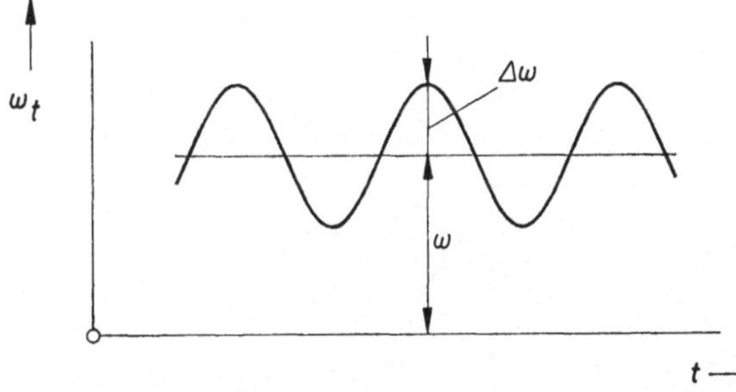

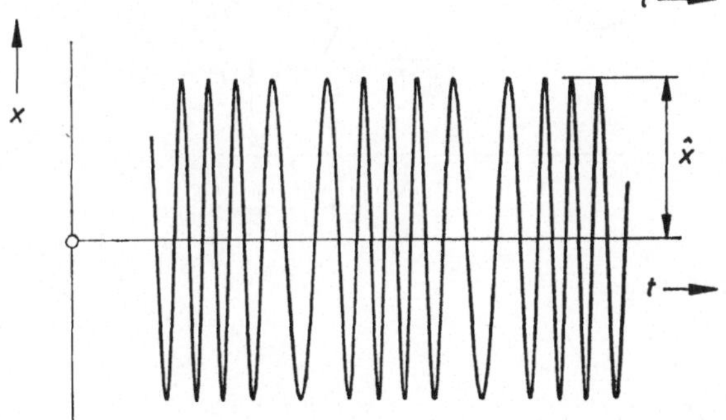

Bild 2.13. Frequenzmodulierte Sinusschwingung nach Gl. (2.27)

Aus (2.27) erkennt man, daß diese Art Frequenzmodulation gleichbedeutend mit einer Modulation des Nullphasenwinkels ist. Man nennt daher $\Delta\omega/\omega_M$ Phasenhub. Das Bild 2.13 zeigt den Zeitverlauf von x und ω_t einer solchen Schwingung.

2.4 Allgemeine periodische Schwingung

Eine Schwingung ist periodisch, wenn $x(t + T) = x(t)$ für jedes t gilt. T ist die Periodendauer und $f = 1/T$ die Grundfrequenz der Schwingung.

Bild 2.14 zeigt einen solchen Vorgang. Die Abzissenachse heißt Nullachse und der x-Wert bei $t = 0$ Nullwert x_0. Die Lage der Nullachse ist willkürlich. Weitere Begriffe sind x_G Größtwert, x_K Kleinstwert, $x_G - x_K$ Schwankung, Schwingungsbreite.

Der zeitliche lineare Mittelwert von $x(t)$ für eine Periode

$$\overline{x(t)} = \frac{1}{T} \int\limits_0^T x(t)\, \mathrm{d}t \quad^1 \tag{2.28}$$

heißt Gleichwert. Die Differenz zwischen dem Augenblickswert $x(t)$ und dem Gleichwert $\overline{x(t)}$ ist die „eigentliche" Schwingungsgröße, nämlich der Wechselanteil

$$x_\sim(t) = x(t) - \overline{x(t)}. \tag{2.29}$$

Die durch den Gleichwert bestimmte Achse heißt Gleichwertachse. Der zeitliche lineare Mittelwert von $x_\sim(t)$ für eine Periode ist Null.

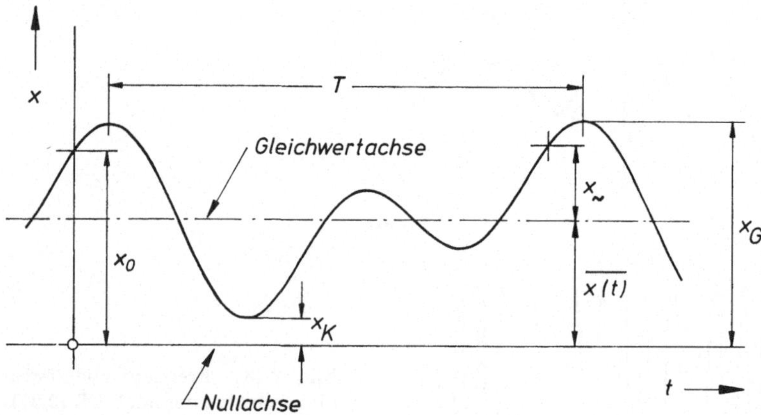

Bild 2.14. Allgemeine periodische Schwingung

Der quadratische Mittelwert ist

$$\overline{x^2(t)} = \frac{1}{T} \int\limits_0^T x(t)^2\, \mathrm{d}t.\ ^1 \tag{2.30}$$

Die Wurzel aus dem quadratischen Mittelwert ist der Effektivwert

$$x_{\mathrm{eff}} = \sqrt{\overline{x^2(t)}} = \sqrt{\frac{1}{T} \int\limits_0^T x(t)^2\, \mathrm{d}t}, \tag{2.31}$$

im Englischen RMS value (root mean square value) genannt. Meistens interessiert nur der Effektivwert des Wechselanteils. Bei der Sinusschwingung mit der

---

[1] Der lineare und quadratische Mittelwert einer periodischen Funktion sind konstant. Wir verwenden die bei den Zufallsschwingungen üblichen Bezeichnungen $\overline{x(t)}$ und $\overline{x^2(t)}$.

Amplitude $\hat{x}$ ist

$$x_{\text{eff}} = \hat{x}/\sqrt{2} = 0{,}707\hat{x}.$$

Dementsprechend nennt man bei beliebigem $x(t)$ den Ausdruck $\sqrt{2}\,x_{\text{eff}}$ äquivalente Amplitude.

Schließlich gibt es noch den Gleichrichtwert

$$x_{\text{g}} = \frac{1}{T} \int\limits_0^T |x(t)|\ \mathrm{d}t. \tag{2.32}$$

Bei der Sinusschwingung ist $x_{\text{g}} = \dfrac{2}{\pi}\,\hat{x} = 0{,}637\hat{x}$. Bei einem beliebigen $x(t)$ wäre

somit $\frac{\pi}{2}x_{\text{g}}$ ebenfalls eine äquivalente Amplitude. Zum Unterschied von $\sqrt{2}\,x_{\text{eff}}$ heißt der Ausdruck $\frac{\pi}{2}x_{\text{g}}$ äquivalenter Scheitelwert.

Eine allgemeine periodische Schwingung kann unter gewissen, in der Praxis immer erfüllten Voraussetzungen (s. Anhang 2), in der folgenden Weise durch die Fourier-Reihe ersetzt werden:

$$\begin{aligned}
x(t) &= a_0 + \sum_{n=1}^{\infty} [a_n \cos (n\omega_0 t) + b_n \sin (n\omega_0 t)] \\
&= a_0 + \sum_{n=1}^{\infty} c_n \sin (n\omega_0 t + \varphi_n)
\end{aligned} \tag{2.33}$$

mit

$$\omega_0 = \frac{2\pi}{T} \tag{2.34}$$

$$\left.\begin{aligned}
a_0 &= \frac{1}{T} \int\limits_0^T x(t)\ \mathrm{d}t \\[2ex]
a_n &= \frac{2}{T} \int\limits_0^T x(t) \cos (n\omega_0 t)\ \mathrm{d}t \\[2ex]
b_n &= \frac{2}{T} \int\limits_0^T x(t) \sin (n\omega_0 t)\ \mathrm{d}t
\end{aligned}\right\} \tag{2.35}$$

$$c_n = \sqrt{a_n^2 + b_n^2}\,; \qquad \tan \varphi_n = \frac{a_n}{b_n}. \tag{2.36}$$

Somit besteht $x(t)$ aus dem Gleichwert $\overline{x(t)} = a_0$ und aus unendlich vielen harmonischen Teilschwingungen (Harmonischen) mit der Frequenz $n\omega_0$ ($n = 1$, $2, \ldots, \infty$), der Amplitude c_n und dem Nullphasenwinkel φ_n (weitere Einzelheiten s. Anhang 2).

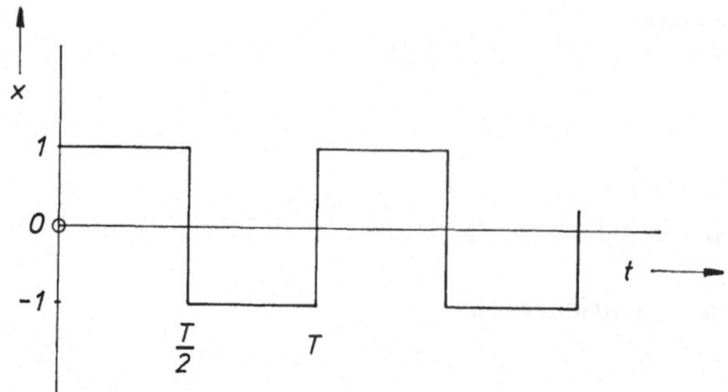

Bild 2.15. $x(t)$ stückweise konstant. Ungerade, wechselsymmetrische Funktion.
$a_0 = a_n = 0$; $b_n = 0$ bei n gerade. $b_1 = 1{,}273$; $b_3 = 0{,}424$; $b_5 = 0{,}255$. $b_n = \dfrac{4}{\pi n}$, n ungerade

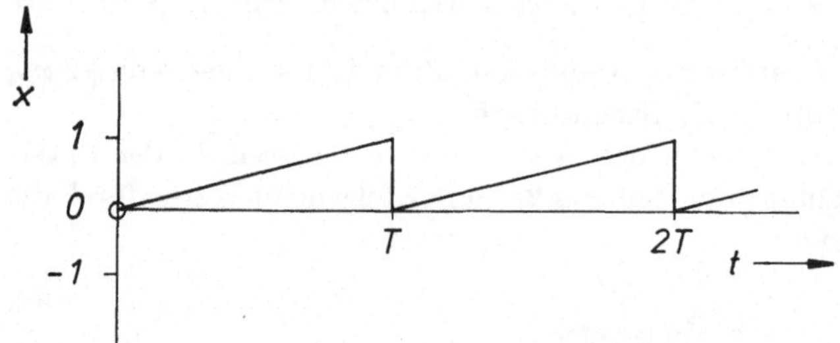

Bild 2.16. $x(t)$ stückweise linear. $x - a_0$ ist eine ungerade Funktion. $a_0 = 0{,}5$; $a_n = 0$.
$b_1 = -0{,}318$; $b_2 = -0{,}159$; $b_3 = -0{,}106$. $b_n = -\dfrac{1}{\pi n}$

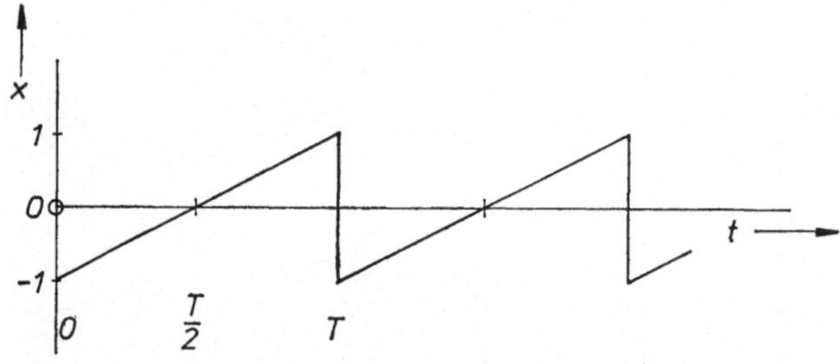

Bild 2.17. $x(t)$ stückweise linear. Gegenüber Bild 2.16 doppelte Steigung und Abszisse verschoben. $a_0 = 0$; $a_n = 0$. $b_1 = -0{,}637$; $b_2 = -0{,}318$; $b_3 = -0{,}212$. $b_n = -\dfrac{2}{\pi n}$

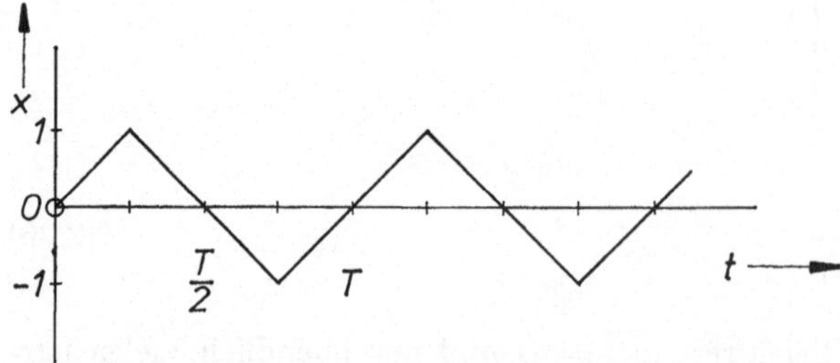

Bild 2.18. $x(t)$ stückweise linear. Ungerade, wechselsymmetrische Funktion. $a_0 = 0$; $a_n = 0$;
$b_n = 0$ bei n gerade. $b_1 = 0{,}8106$; $b_3 = -0{,}0901$; $b_5 = 0{,}0324$. $b_n = \pm\dfrac{8}{\pi^2 n^2}$,
n ungerade

Die Bestimmung der Koeffizienten a_n, b_n (bzw. c_n, φ_n) heißt Fourier-Analyse. Ist $x(t)$ ein einfacher analytischer Ausdruck, dann können die Integrale (2.35) geschlossen gelöst werden. Hierbei ergeben sich Vereinfachungen, wenn $x(t)$ gerade, ungerade oder wechselsymmetrisch ist (jeder Augenblickswert erscheint wieder nach einer halben Periode mit umgekehrten Vorzeichen).

Einige Beispiele zeigen die Bilder 2.15 bis 2.18. Weitere Beispiele von geschlossen berechneten Fourier-Koeffizienten siehe u. a. in [1] oder [2].

In den meisten Fällen liegt $x(t)$ nicht in integrierbarer Form vor, sondern als Meßergebnis oder als Wertetabelle. Man wendet dann die diskrekte Fourier-Transformation an (Anhang 2, Abschnitt 4). Hierbei teilt man die Periode T in $2N$ Abschnitte mit dem Zeitschritt $\Delta t = T/2N$. Man erhält eine endliche Fourier-Reihe, welche die Stützwerte exakt wiedergibt und den übrigen Verlauf von $x(t)$ sehr gut annähert.

Als Beispiel betrachten wir den im Bild 2.19a gezeigten Vorgang $x(t)$. Wir greifen einen Bereich der Dauer 1,33 s heraus und betrachten diesen als Periode. Damit ist die Grundfrequenz unserer Analyse

$$f_0 = \frac{1}{1{,}33} = 0{,}752 \, \text{Hz} \, .$$

Die Bilder 2.19b bis d stellen die Koeffizienten

$$C_n = \sqrt{A_n^2 + B_n^2}$$

für $N = 64$, 32 und 16 dar. Die Schwingung 8. Ordnung mit

$$f_8 = \frac{8}{1{,}33} = 6{,}02 \, \text{Hz}$$

dominiert. Ihre Amplitude (der Koeffizient C_8) beträgt 93 μm bei $N = 64$ und $N = 32$ und 81 μm bei $N = 16$. Dies sind 49% bzw. 43% des maximalen x-Wertes 190 μm. Die Wahl von N hat also hier wenig Einfluß auf die berechnete Amplitude.

2.5 Ebene Bewegung

Die Abschnitte 2.1 bis 2.4 handeln von den Schwingungen einer einzigen Größe x Für die Kinematik bedeutet dies, daß damit entweder eine Verschiebungsschwingung längs einer Geraden (Translation) oder eine Drehschwingung um eine Achse (Rotation) beschrieben wird. In beiden Fällen hat man eine eindimensionale Bewegung bzw. eine Bewegung mit einem Freiheitsgrad. Die allgemeine ebene Bewegung hat drei Freiheitsgrade, nämlich zwei der Verschiebung und einen der Drehung. Wir betrachten zuerst die reine Verschiebung und dann die ebene Verschiebung mit gleichzeitiger Drehung.

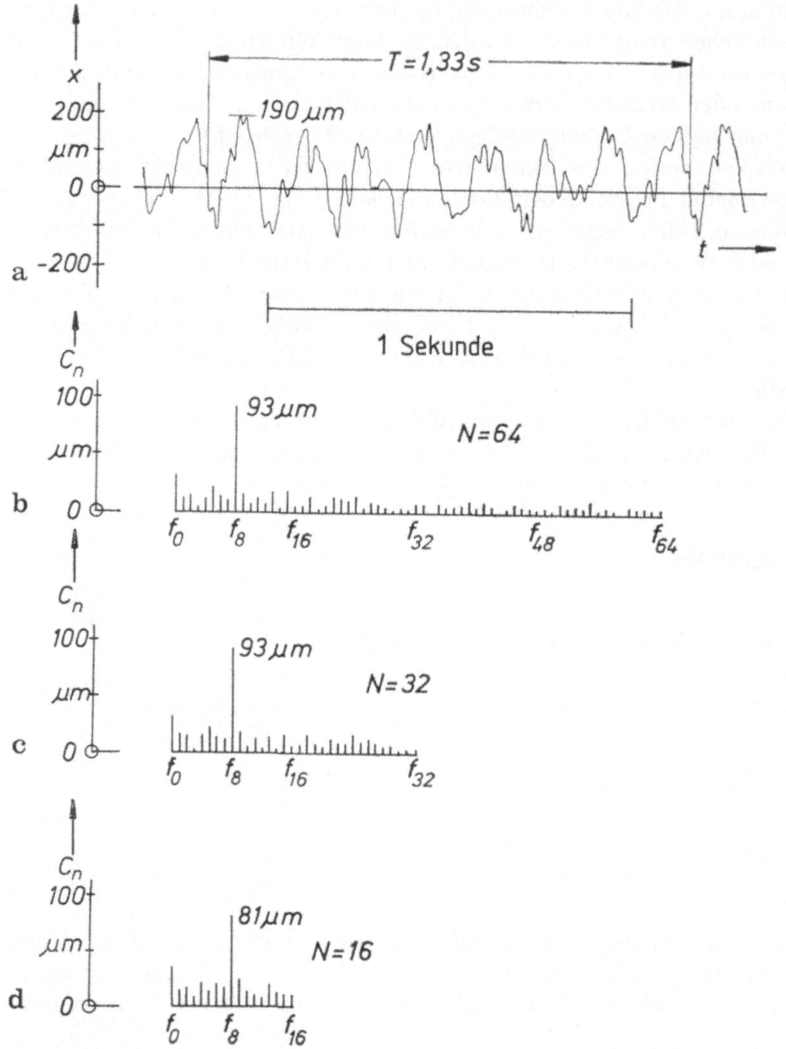

Bild 2.19 a—d. Beispiel einer diskreten Fourier-Transformation mit verschieden feiner Unterteilung

2.5.1 Verschiebung ohne Drehung

Bei einer ebenen Verschiebung ohne Drehung ist der momentane Ort eines Punktes durch

$$x = x(t) \quad \text{und} \quad y = y(t) \tag{2.37}$$

gegeben. Die Folge dieser Punkte ergibt die Bewegungsbahn (Bild 2.20).

Von besonderem Interesse sind periodische Zeitfunktionen und davon insbesonders harmonisch verlaufende, also

$$x = \hat{x} \cos (\omega_1 t + \varphi_1); \qquad y = \hat{y} \cos (\omega_2 t + \varphi_2). \tag{2.38}$$

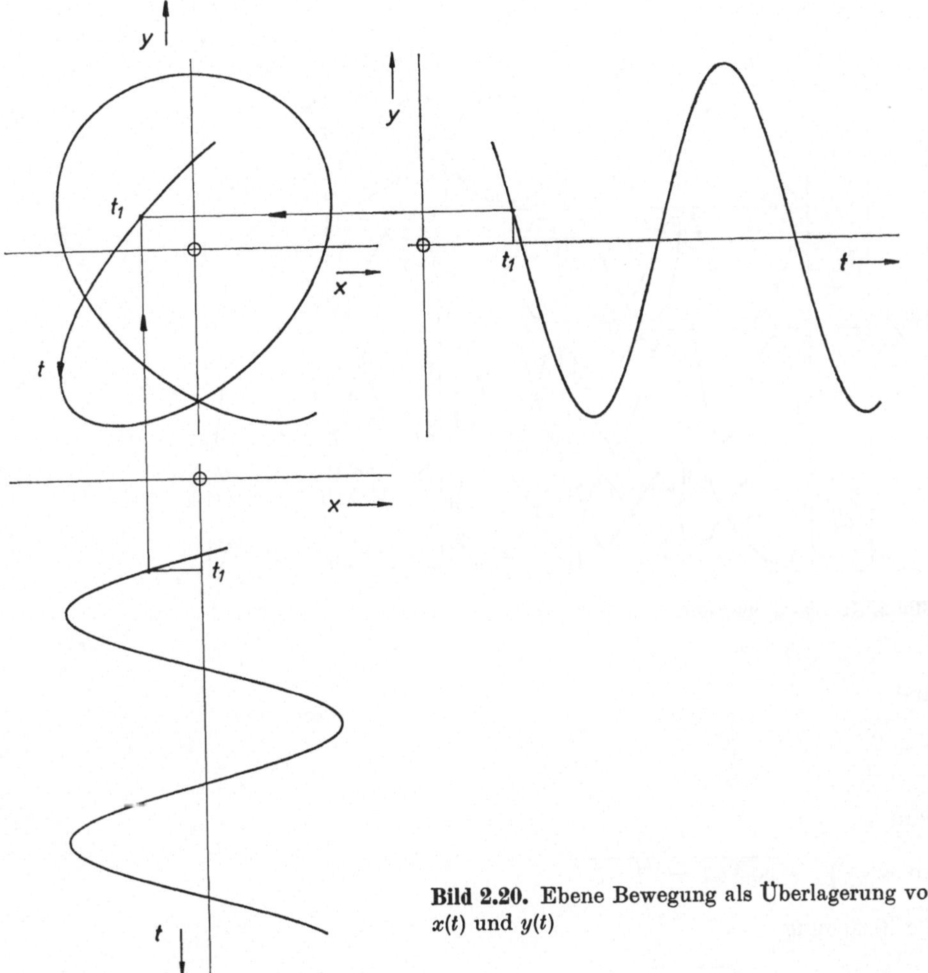

Bild 2.20. Ebene Bewegung als Überlagerung von $x(t)$ und $y(t)$

Die Bahn wird durch das Rechteck $x = \pm\hat{x}, y = \pm\hat{y}$ begrenzt. Die Bahnform sowie die Geschwindigkeit und Beschleunigung längs der Bahn hängen von den Parametern ab. Bei ganzzahligem Frequenzverhältnis ω_2/ω_1 entstehen die sogenannten Lissajous- oder auch Bowditch-Figuren (Bild 2.21). Bei gleicher Frequenz für $x(t)$ und $y(t)$, also bei $\omega = \omega_1 = \omega_2$ und einer Zeitverschiebung derart, daß $\varphi_1 = 0$ ist (Verschiebung um φ_1/ω_1) wird aus (2.38)

$$x = \hat{x} \cos \omega t; \qquad y = \hat{y} \cos (\omega t + \varphi). \tag{2.39}$$

Dies ist die Parameterform einer Ellipse. Der Parameter Zeit kann folgendermaßen eliminiert werden:

Aus

$$\bar{y} = \frac{y}{\hat{y}} = \cos (\omega t + \varphi) = \cos \omega t \cos \varphi - \sin \omega t \sin \varphi$$

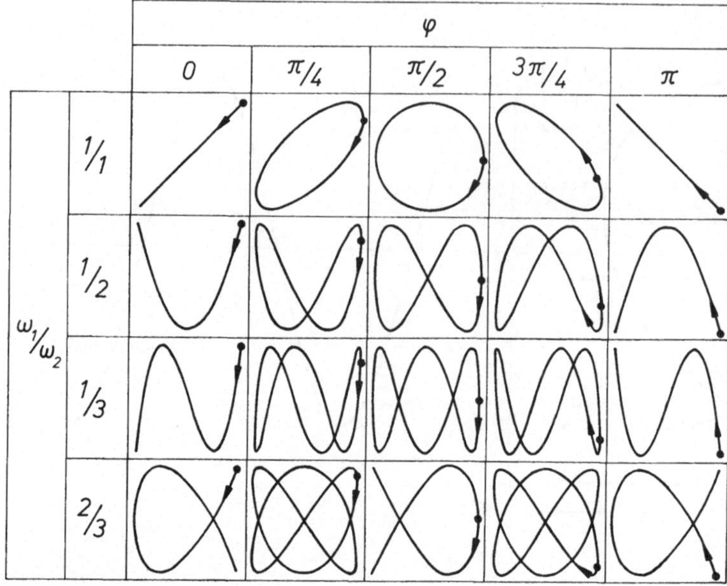

Bild 2.21. Lissajous-Figuren. $x = \hat{x}\cos\omega_1 t$; $y = \hat{y}\cos(\omega_2 t + \varphi)$; $\hat{y} = \hat{x}$

und

$$\bar{x} = \frac{x}{\hat{x}} = \cos\omega t$$

wird mit

$$\sin\omega t = \sqrt{1 - \cos^2\omega t} = \sqrt{1 - \bar{x}^2}$$

die Beziehung

$$\bar{y} - \bar{x}\cos\varphi = -\sqrt{1 - \bar{x}^2}\,\sin\varphi$$

und daraus nach Quadrieren die Gleichung

$$\bar{x}^2 + \bar{y}^2 - 2\bar{x}\bar{y}\cos\varphi = \sin^2\varphi, \tag{2.40}$$

also die Mittelpunktsgleichung einer Ellipse (Bild 2.22). Die Lage der Hauptachsen und die Beträge der Halbachsen ergeben sich nach Anhang 3 zu

$$\tan 2\psi = \frac{2\hat{x}\hat{y}\cos\varphi}{\hat{x}^2 - \hat{y}^2} \tag{2.41}$$

$$a, b = \frac{\sqrt{2}\,\hat{x}\hat{y}\sin\varphi}{\sqrt{\hat{x}^2 + \hat{y}^2 \mp \sqrt{\hat{x}^4 + \hat{y}^4 + 2\hat{x}^2\hat{y}^2\cos 2\varphi}}}. \tag{2.42}$$

Der Winkel 2ψ muß der Forderung genügen: Das Vorzeichen von $\sin 2\psi$ muß gleich dem Vorzeichen von $\hat{x}\hat{y}\cos\varphi$ sein.

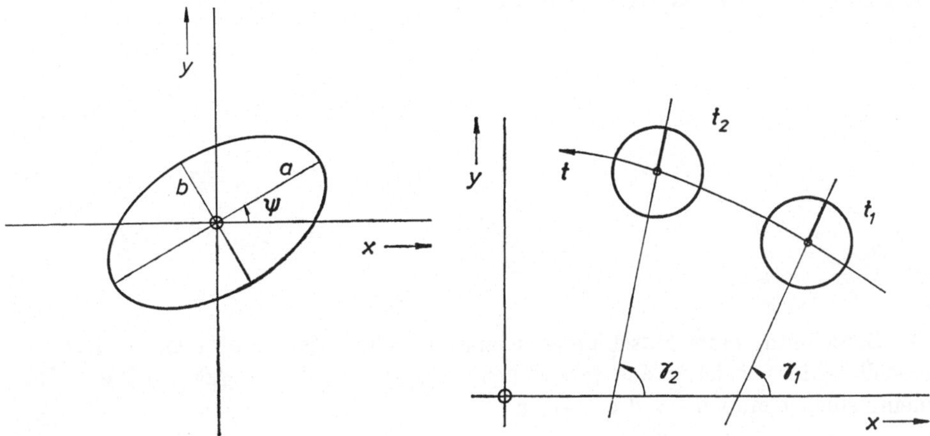

Bild 2.22. Ellipsenbahn aus harmonischer Bewegung in x- und y-Richtung mit gleicher Frequenz

Bild 2.23. Allgemeine ebene Bewegung

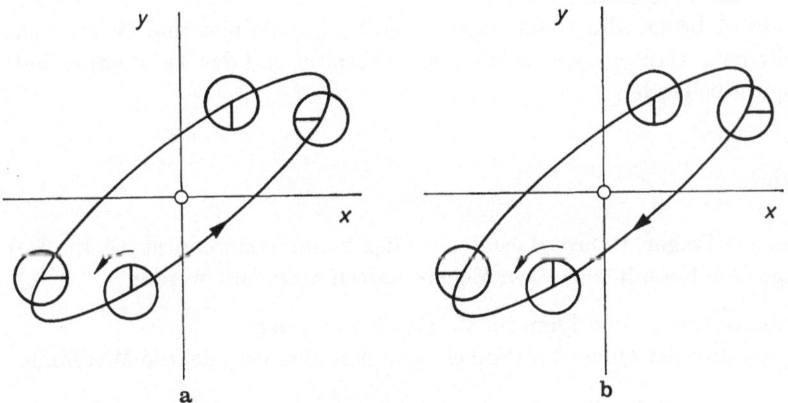

Bild 2.24. Ebene Bewegung. **a)** Gleichlauf; **b)** Gegenlauf

2.5.2 Verschiebung und Drehung

Die allgemeine ebene Bewegung einer Scheibe besteht aus einer Verschiebung und einer Drehung ($x(t)$, $y(t)$, $\gamma(t)$ in Bild 2.23).

Kann man einen Drehsinn der Verschiebungsbahn angeben, dann besteht Gleichlauf (Gegenlauf), wenn die Drehung γ gleichsinnig (gegensinnig) verläuft. Bild 2.24 zeigt diese beiden Zustände bei einer Ellipsenbahn.

3 Elemente von Rechenmodellen

Zur Berechnung einer Maschine oder eines Maschinenteils muß man ein Rechenmodell bilden, welches das tatsächliche System möglichst gut annähert. Elemente solcher Modelle sind vor allem

— Stäbe, Balken, Federn, Dämpfer;
— Punktmassen, starre Körper.

Bei der ersten Elementgruppe interessiert das Kraft-Verschiebungsverhalten, bei der zweiten das Trägheitsverhalten.

Dieses Kapitel bringt die Grundlagen über Stäbe, Balken und Schrauben- sowie Gummifedern. Dämpfungen werden im 4. Kapitel und das Trägheitsverhalten im 5. Kapitel behandelt.

3.1 Zugstab

Viele Bauteile, wie Träger, Rohre, Maschinenwellen können (zumindest stückweise) als stabförmige Gebilde mit folgenden Eigenschaften aufgefaßt werden:

— Die Querabmessungen sind klein im Vergleich zur Länge;
— die Schwerpunkte der Querschnittsflächen bilden eine Gerade, die Mittellinie.

Man spricht je nach Art der Belastung vom Zug-, Druck- oder Torsionsstab und bei Biegebelastung vom Balken.

Der Querschnitt kann längs der Mittellinie variieren. Die Beziehungen der elementaren Stab- bzw. Balkenlehre sind auf kleine Querschnittsänderungen beschränkt. Einzelheiten der Krafteinleitung bleiben außer acht.

Für eine beliebige Stelle x eines Stabes ist

$$\varepsilon = \frac{\mathrm{d}u}{\mathrm{d}x} = \frac{N}{EA} \tag{3.1}$$

mit ε Längsdehnung, u Längsverschiebung, N Längskraft, E Elastizitätsmodul, A Querschnittsfläche.

Ist $N = F = \text{const}$ (Bild 3.1), dann ist die Verlängerung

$$\Delta l = u_1 - u_0 = \int_0^l \mathrm{d}u = \int_0^l \varepsilon \,\mathrm{d}x = F \int_0^l \frac{1}{EA} \,\mathrm{d}x. \tag{3.2}$$

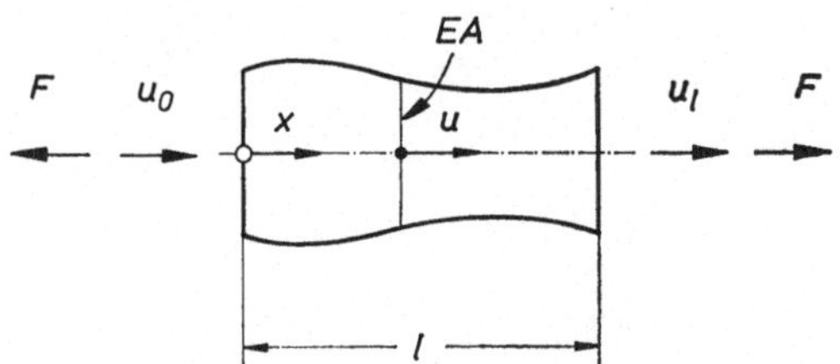

Bild 3.1. Zugstab

Man definiert

$$h = \frac{\Delta l}{F} = \int_0^l \frac{1}{EA}\, \mathrm{d}x \qquad \text{Nachgiebigkeit,}$$

$$k = \frac{F}{\Delta l} = \frac{1}{h} \qquad \text{Steifigkeit.} \tag{3.3}$$

Bei konstantem EA ist

$$h = \frac{l}{EA}. \tag{3.4}$$

Für einen aus n Teilstäben i mit den Größen l_i, E_i, A_i bestehenden Stab ist

$$h = \sum_{i=1}^{n} \frac{l_i}{E_i A_i}. \tag{3.5}$$

3.2 Torsionsstab

Für eine beliebige Stelle x eines Torsionsstabes ist

$$\frac{\mathrm{d}\varphi}{\mathrm{d}x} = \frac{M_\mathrm{T}}{GI_\mathrm{T}} \tag{3.6}$$

mit $\mathrm{d}\varphi/\mathrm{d}x$ Verwindung, φ Drehwinkel, M_T Drehmoment, G Schubmodul, I_T Drillwiderstand (Beispiele s. Tabelle 3.1).
Für einen Stab mit konstantem Drehmoment (Bild 3.2) ist

$$\Delta\varphi = \varphi_1 - \varphi_0 = M_\mathrm{T} \int_0^l \frac{1}{GI_\mathrm{T}}\, \mathrm{d}x \tag{3.7}$$

und

$$\hat{h} = \frac{\Delta\varphi}{M_\mathrm{T}} = \int_0^l \frac{1}{GI_\mathrm{T}}\, \mathrm{d}x \qquad \text{Torsionsnachgiebigkeit} \tag{3.8}$$

$$\hat{k} = \frac{M_\mathrm{T}}{\Delta\varphi} = \frac{1}{\hat{h}} \qquad \text{Torsionssteifigkeit.}$$

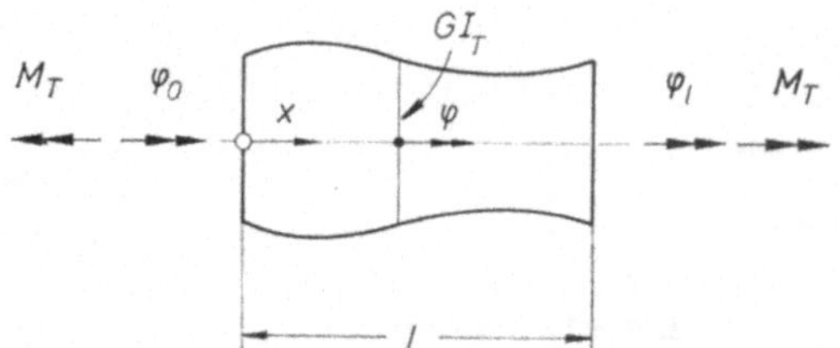

Bild 3.2. Torsionsstab

Tabelle 3.1. Drillwiderstand einiger Querschnitte

(Kreis mit Radius R)	$I_T = \dfrac{\pi}{2} R^4$
(Kreisring R, r)	$I_T = \dfrac{\pi}{2}(R^4 - r^4)$
(Ellipse a, b)	$I_T = \pi \dfrac{a^3 b^3}{a^2 + b^2}$
(gleichseitiges Dreieck a)	$I_T = 0{,}0216\, a^4$
(Rechteck a, b)	$I_T = \alpha \cdot a \cdot b^3$

a/b	1	2	4	8	∞
α	0,141	0,229	0,281	0,307	0,333

(dünnwandiger geschlossener Querschnitt; ds, t)	*Dünnwandiger Querschnitt; $t = t(s)$* *A vom mittleren Umfang eingeschlossene Fläche* $I_T = 4A^2 \Big/ \oint \dfrac{1}{t}\, ds \qquad (2.\,Bredtsche\ Formel)$
(dünnwandige Ellipse a, b, t)	$I_T = 4\pi \dfrac{a^3 b^2 t}{a^2 + b^2}$
(dünnwandiges Rechteck a, b, t)	$I_T = 2\,\dfrac{a^2 b^2 t}{a + b}$
(dünnwandiges Dreieck a, t)	$I_T = \dfrac{5}{12} a^3 t$

Bei $GI_T = \text{const}$ ist

$$\hat{h} = \frac{l}{GI_T}. \tag{3.9}$$

Bei einem aus n Teilstäben mit l_i, G_i, I_{Ti} ist

$$\hat{h} = \sum_{i=1}^{n} \frac{l_i}{G_i I_{Ti}}. \tag{3.10}$$

Statt des abgesetzten Stabes betrachtet man zur Veranschaulichung manchmal einen zylindrischen Stab gleicher Torsionsnachgiebigkeit mit zweckmäßig angenommenem GI_T. Aus

$$\hat{h} = \frac{1}{GI_T} \sum_{i=1}^{n} l_i \frac{GI_T}{G_i I_{Ti}} = \frac{l_{red}}{GI_T}$$

folgt dessen Länge zu

$$l_{red} = \sum_{i=1}^{n} l_i \frac{GI_T}{G_i I_{Ti}}.$$

Die meisten Querschnitte verwölben sich bei Torsion. Wird diese Verwölbung verhindert (Wölbkrafttorsion), dann ist der Drillwiderstand größer als nach der elementaren Theorie. Kreis- und Kreisringquerschnitte verwölben sich nicht, offene dünnwandige Querschnitte verwölben sich besonders stark.

3.3 Balken

Die Balkentheorie ist nicht so einfach wie die Stabtheorie. Im folgenden sind die wichtigsten Ergebnisse zusammengefaßt. Einzelheiten entnehme man den Lehrbüchern (z. B. [3, Bd. 21]).

Aus dem Gleichgewicht am Balkenelement folgt

$$Q' = -q; \quad M' = Q \quad \text{und daraus} \quad M'' = -q. \tag{3.11}$$

Bei linearem Verlauf der Längsspannung σ über der Balkenhöhe ist mit I als dem Trägheitsmoment

$$\sigma = \frac{M}{I} z \tag{3.12}$$

und sind die Spannungen an den Balkenrändern (s. Bild 3.3)

$$\sigma_1 = \frac{M}{I} e_1, \qquad \sigma_2 = \frac{M}{I} e_2. \tag{3.13}$$

Für die Durchbiegung $w(x)$ und die Drehung $\psi(x)$ (Bild 3.4) infolge den Belastungen $M(x)$ und $Q(x)$ erhält man mit den Annahmen linearen Werkstoffverhaltens

(Hookesches Gesetz) und Ebenbleiben der Querschnitte die Gleichungen

$$M = EI\psi' \tag{3.14}$$

und

$$Q = GA_s(w' + \psi) \tag{3.15}$$

mit $A_s = \varkappa A$ Schubfläche. (s. Tabelle 3.2)
Die Neigung w' der Biegelinie ist nach (3.15)

$$w' = -\psi + \frac{Q}{GA_s}, \tag{3.16}$$

sie besteht also aus dem Anteil $-\psi$, der nach (3.14) vom Biegemoment abhängt und dem von der Querkraft abhängigen Anteil Q/GA_s.

Tabelle 3.2. Trägheitsmomente, Trägheitsradien und Schubfaktoren

(Rechteck)	$I_1 = \dfrac{bh^3}{12}$	$i_1 = 0{,}577\dfrac{h}{2}$	$\varkappa = 0{,}85$
(Vollkreis)	$I = \dfrac{\pi}{4}R^4$	$i = 0{,}5\,R$	$\varkappa = 0{,}886$
(Kreisring)	$I = \dfrac{\pi}{4}(R^4 - r^4)$	$i = 0{,}5\sqrt{R^2 + r^2}$	$\varkappa = \dfrac{1}{1{,}13 + 3{,}03\,[\varrho\,/(1+\varrho^2)]^2}$ $\varrho = r/R$
(dünner Kreisring)	Bei $r \approx R$ ist mit $r_m = \dfrac{R+r}{2}$, $s = R-r$ $I \approx \pi r_m^3 s$	$i \approx 0{,}707\,r_m$	$\varkappa = 0{,}531$

Bei schlanken Balken darf das Glied Q/GA_s vernachlässigt werden (schubstarrer Balken). Damit ist

$$w' = -\psi \quad \text{und} \quad w'' = -\frac{M}{EI} \tag{3.17}$$

bzw.

$$(EIw'')'' = q. \tag{3.18}$$

Bei konstanter Biegesteifigkeit EI längs des Balkens ist

$$w^{VI} = \frac{q}{EI}. \tag{3.19}$$

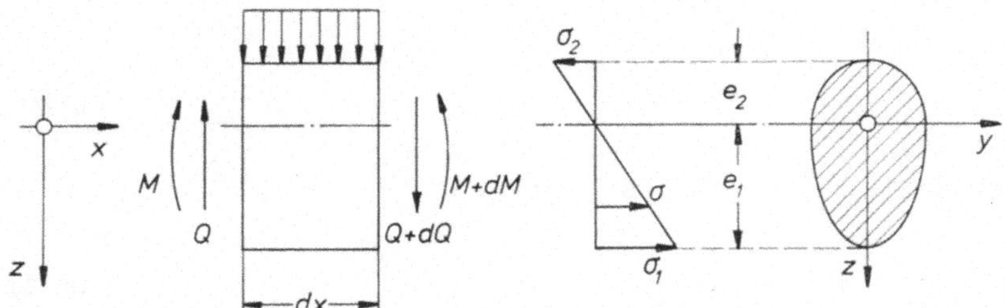

Bild 3.3. Kräfte und Normalspannungen am Balkenelement

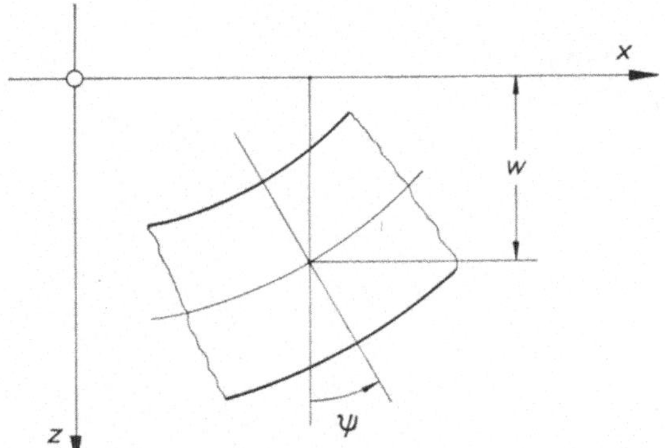

Bild 3.4. Verrückungen des Balkens.
w Verschiebung (Durchbiegung),
ψ Drehung

3.4 Schraubenfedern

Bei der Schwingungsisolierung verwendet man u. a. Schraubenfedern nach Bild 3.5.
Wir definieren

$$k_1 = \frac{F}{y} \qquad \text{als Längssteifigkeit,}$$

$$k_\mathrm{q} = \frac{Q}{x} \qquad \text{als Quersteifigkeit.}$$

Bei der Verschiebung x sollen beide Federenden unverdreht bleiben.

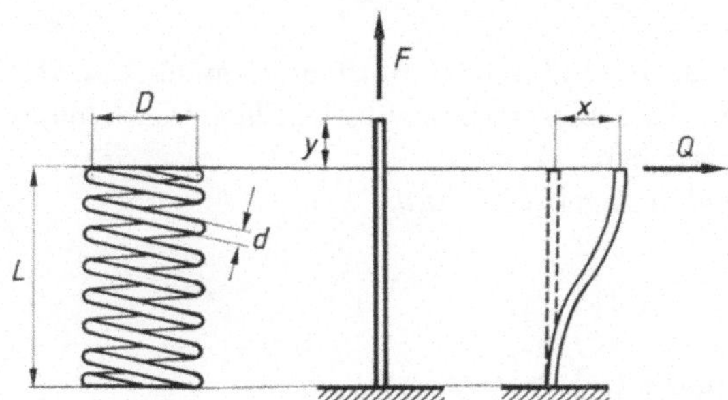

Bild 3.5. Schraubenfeder

Es ist

$$k_1 = \frac{Gd^4}{8nD^3} \tag{3.20}$$

mit G Gleitmodul, n wirksame Windungszahl und

$$\frac{k_q}{k_1} = \frac{\alpha}{\gamma \left(1 + \dfrac{\alpha}{K_2}\right) \tan \dfrac{1}{\gamma} - 1} \tag{3.21}$$

nach [54] bzw. Bild 3.6. Dabei ist

$$\alpha = \frac{y}{L}; \qquad \beta = \frac{L}{D}; \qquad \gamma = \frac{1}{\beta} \sqrt{\frac{K_1 K_2}{\alpha(K_2 + \alpha)}}$$

$$K_1 = \frac{2E}{E + 2G}; \qquad K_2 = \frac{E}{G}$$

Bei Stahl ist $E = 2{,}6G$, also $K_1 = 1{,}13$ und $K_2 = 2{,}6$.

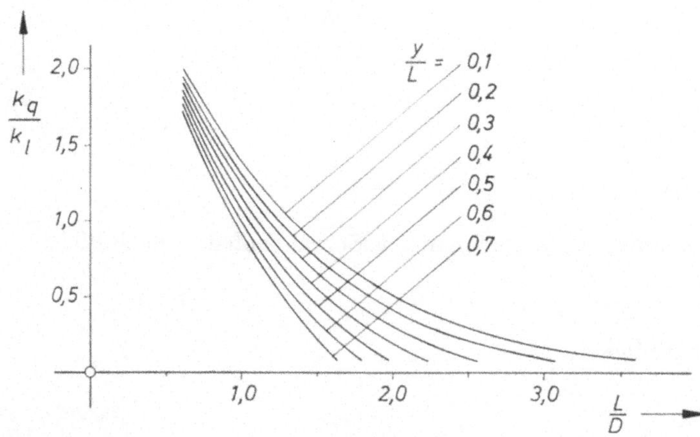

Bild 3.6. Verhältnis der Quer- zur Längssteifigkeit

3.5 Gummifedern

Gummifedern sind Federelemente aus gummiartigen Stoffen, nämlich Natur-
gummi und künstliche Gummiarten. Man nennt diese Stoffe Elastomere; eine
Übersicht wird in [6, Bl. 2, Tafel 2] gegeben.

Elastomere haben etwa die folgenden Eigenschaften:

Dichte	$0{,}9 \ldots 1{,}3$ g/cm³
Zugfestigkeit	$5 \ldots 25$ N/mm²
Bruchdehnung	$400 \ldots 1\,000\%$
Härte	$40 \ldots 95$ Shore A (nach DIN 53 505).

Gummifedern können gewöhnlich bei Temperaturen von $-50\,°C$ bis $+150\,°C$ verwendet werden. Gummi ist nahezu inkompressibel, womit $E \approx 3G$ ist. Der Elastizitätsmodul hängt u. a. ab von der

- Gummisorte,
- Härte,
- Temperatur,
- Frequenz,
- Mittelspannung,
- Spannungsamplitude.

Eine systematische Beschreibung dieser Einflüsse ist nicht möglich. Die wohl umfassendste Darstellung gibt B. J. Lazan in [7]. Im allgemeinen nimmt der Elastizitätsmodul mit der Härte und der Frequenz zu und mit der Temperatur ab.

Als Beispiel ist für eine Mischungsreihe in Bild 3.7 der Speichermodul (s. Abschnitt 4.3.1) und in Bild 3.8 der Verlustfaktor (s. (4.6)) über der Temperatur dargestellt.

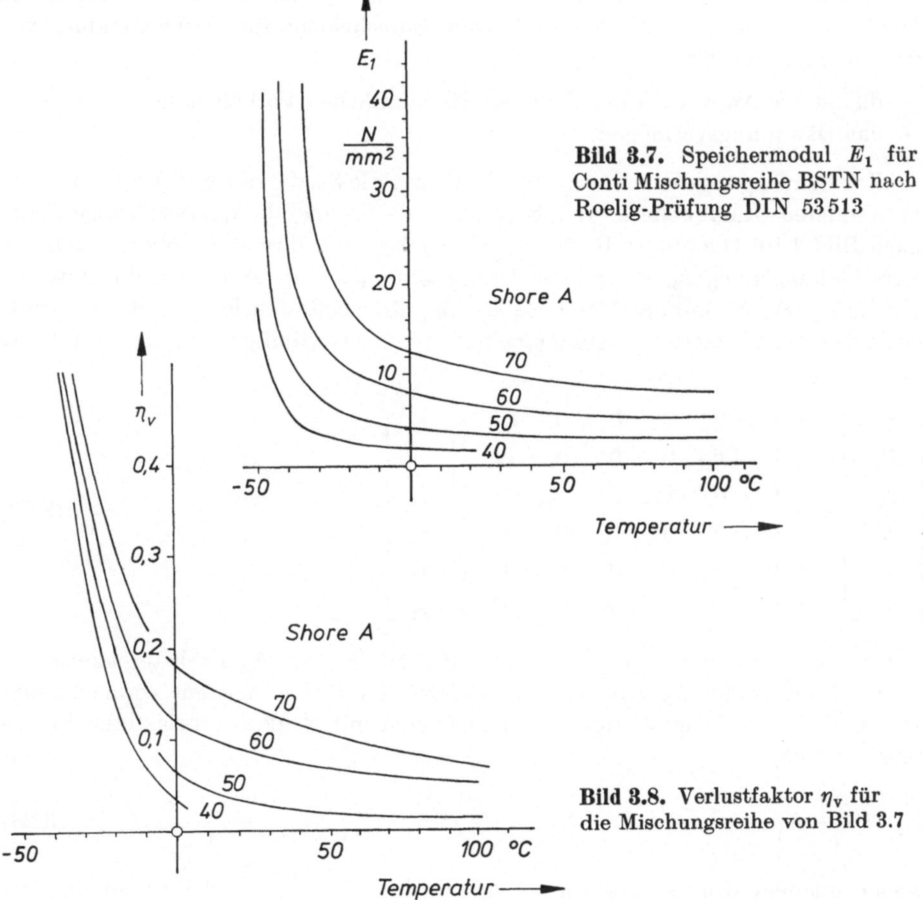

Bild 3.7. Speichermodul E_1 für Conti Mischungsreihe BSTN nach Roelig-Prüfung DIN 53 513

Bild 3.8. Verlustfaktor η_v für die Mischungsreihe von Bild 3.7

Nach diesem kurzen Überblick über die Eigenschaften von Gummi wenden
wir uns den Gummifedern zu. Nach E. F. Göbel [8] unterscheidet man zwischen
ungebundenen, gebundenen und gefügten Federn (Bild 3.9). Innerhalb dieser
Arten gibt es eine große Zahl von Ausführungsformen. Einige davon sind im
3. Kapitel von [8] beschrieben.

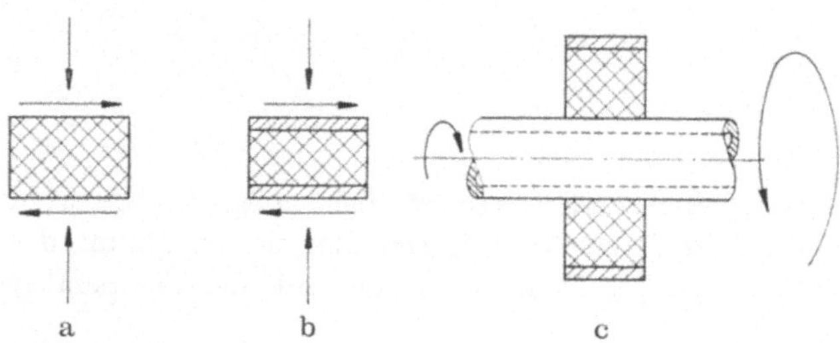

Bild 3.9. Arten von Gummifedern. **a**) Ungebunden; **b**) gebunden; **c**) gefügt

Gummifedern verwendet man vor allem zum Isolieren der Schwingungen von
Maschinen und für elastische Kupplungen. Entscheidend für die Verwendung von
Gummi sind vor allem

— die leichte Anpassung der Form an die räumlichen Verhältnisse,
— das Dämpfungsvermögen.

Zur Schwingungsberechnung braucht man die Steifigkeit und Dämpfung der
verwendeten Gummifedern. Wir behandeln als Beispiel die quaderförmige Feder
nach Bild 3.10. Die untere Platte sei starr gelagert, während die obere Platte die
Verschiebungen x_1, x_2, x_3 und die Drehungen φ_4, φ_5, φ_6 unter der Wirkung der
Kräfte F_1, F_2, F_3 und der Momente M_4, M_5, M_6 ausführen kann. Mit den Krafteinflußzahlen (Näheres s. Abschnitt 8.2) bzw. den Steifigkeiten k_{ik} lautet das
Kraftgesetz

$$
\begin{bmatrix} F_1 \\ F_2 \\ F_3 \\ M_4 \\ M_5 \\ M_6 \end{bmatrix}
=
\begin{bmatrix}
k_{11} & 0 & 0 & 0 & 0 & 0 \\
0 & k_{22} & 0 & 0 & 0 & k_{26} \\
0 & 0 & k_{33} & 0 & k_{35} & 0 \\
0 & 0 & 0 & k_{44} & 0 & 0 \\
0 & 0 & k_{53} & 0 & k_{55} & 0 \\
0 & k_{62} & 0 & 0 & 0 & k_{66}
\end{bmatrix}
\begin{bmatrix} x_1 \\ x_2 \\ x_3 \\ \varphi_4 \\ \varphi_5 \\ \varphi_6 \end{bmatrix}
\tag{3.22}
$$

mit k_{11} Längssteifigkeit ; k_{22}, k_{33} Quersteifigkeit; k_{44}, k_{55}, k_{66} Drehsteifigkeit.
    Die Steifigkeiten k_{26} bzw. k_{62} und k_{35} bzw. k_{53} dürfen meistens vernachlässigt
werden. Für die Längssteifigkeit gilt allgemein mit A als der belasteten Fläche
(hier $A = ab$)

$$
k_{11} = \frac{EA}{h}\, K_{\mathrm{F}},
\tag{3.23}
$$

wobei mit dem Korrekturfaktor K_F der Einfluß der veränderlichen Spannungs-

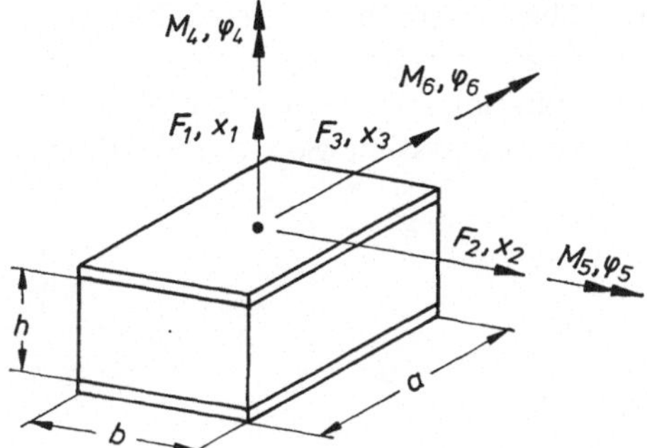

Bild 3.10. Quaderförmige Gummifeder

bzw. Dehnungsverteilung berücksichtigt wird. K_F ist näherungsweise vom Formfaktor

$$q = \frac{\text{belastete Fläche}}{\text{auswölbfähige Fläche}} \tag{3.24}$$

nach Bild 3.11 abhängig. Es ist

$$q = \frac{ab}{2h(a+b)} \qquad \text{für quaderförmige Feder,}$$

$$q = \frac{a}{4h} \qquad \text{für quaderförmige Feder mit } b = a,$$

$$q = \frac{d}{4h} \qquad \text{für zylinderförmige Feder mit Durchmesser } d.$$

Für die Quersteifigkeit gilt

$$k_{22} = k_{33} = \frac{GA}{h} K_F' \tag{3.25}$$

wobei meistens $K_F' = 1$ gesetzt werden darf.

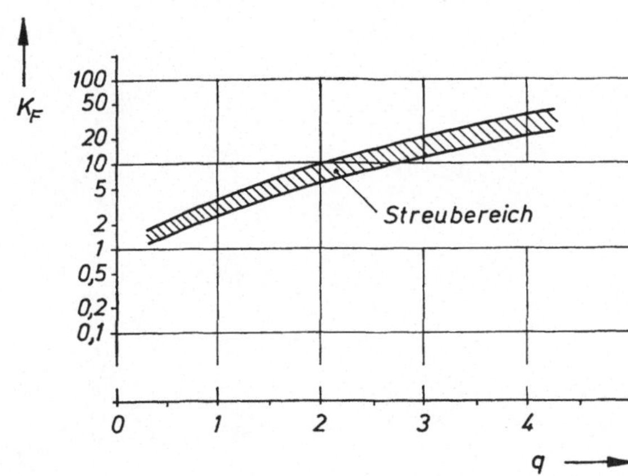

Bild 3.11. Korrekturfaktor K_F (nach Bild 8 von [6], Blatt 2). q Formfaktor nach Gl. (3.24)

Weitere Beziehungen für Steifigkeiten, insbesondere bei anderer Federgeometrie findet man u. a. in [8] und in den Katalogen der Hersteller.

Die Dämpfung von Gummifedern kann näherungsweise mit der Annahme eines Kelvin-Voigt-Modells (Abschnitt 4.2) bestimmt werden. So ist z. B. bei einer Längsschwingung nach (4.12)

$$d_{11} = \frac{k_{11}}{\omega}\,\eta_{\mathrm{v}}\,. \tag{3.26}$$

4 Dämpfung

4.1 Grundbegriffe

Die Dämpfung bewirkt, daß freie Schwingungen abklingen und harmonisch erregte Schwingungen in den Resonanzbereichen endlich groß bleiben.

Bei Dämpfung wird mechanische Energie in andere Energieformen, insbesondere in Wärme, umgewandelt. Bei freien Schwingungen wird die anfängliche Energie im Lauf der Zeit zerstreut, bei erzwungenen stationären Schwingungen muß die durch Dämpfung umgewandelte Energie laufend ersetzt werden.

Man unterscheidet hauptsächlich die folgenden Arten von Dämpfungen:

— Material- bzw. Werkstoffdämpfung.
  Alle Vorgänge im Innern des Werkstoffs,
    die zu den erwähnten Erscheinungen führen.
— Berührungs- oder Kontaktdämpfung.
    Dämpfung an Fügestellen, wie Schraub-, Niet- und Schrumpfverbindungen.
— Dämpfung durch das umgebende Medium,
    z. B. Luft bei Meßgeräten oder Wasser bei Schiffspropellern.

Die erste und zweite Dämpfungsart nennt man auch innere Dämpfung und die dritte Art äußere Dämpfung.

Die Dämpfung wird in verschiedener Weise quantitativ erfaßt. Wir beginnen mit der Darstellung durch die Dämpfungsarbeit. Hierzu betrachten wir ein beliebiges mechanisches Gebilde (z. B. eine Probe oder ein Maschinenteil (Bild 4.1a)), das durch eine harmonische Kraft $F(t)$ erregt wird. Die Antwort $x(t)$ in der Wirkungslinie von $F(t)$ ist im allgemeinen ebenfalls periodisch (mit derselben Periode wie die der Kraft), aber nicht harmonisch.

Das Kraft-Ausschlags-Diagramm ist eine geschlossene Linie, die während einer Periode einmal durchfahren wird (Bild 4.1b). Die Linie heißt Hystereseschleife, die eingeschlossene Fläche Hysteresefläche. Im Bild 4.1c ist der Zeitverlauf der Kraft und des Ausschlags dargestellt. Der Ausschlag eilt der Kraft nach.

Die Kraft F leistet auf dem Weg dx die Arbeit $dW = F\,dx$. Ist F_o die Kraft während des Zeitintervalls von t_0 bis t_2 und F_u die Kraft während t_2 bis t_4 (Bild 4.1b), dann ist die in einer Periode geleistete Arbeit

$$W = \int_{x_0}^{x_2} F_o\,dx - \int_{x_0}^{x_2} F_u\,dx = \int_{x_0}^{x_2} (F_o - F_u)\,dx = \oint F(x)\,dx. \tag{4.1}$$

Dies ist die Dämpfungsarbeit einer Periode.

Eine zweite Beziehung für die Dämpfungsarbeit liefert die Definition der Arbeit als Zeitintegral der Leistung. Mit $F = F(t)$ und $\dot{x}(t) = dx/dt$ ist

$$W = \int_0^T F(t)\,\dot{x}(t)\,dt \qquad (4.2)$$

Diese Gleichung eignet sich gut zur experimentellen Bestimmung der Dämpfungsarbeit. Man mißt $F(t)$ und $\dot{x}(t)$ während mehrerer Perioden und erhält bei n Perioden

$$W = \frac{1}{n} \int_0^{nT} F(t)\,\dot{x}(t)\,dt. \qquad (4.3)$$

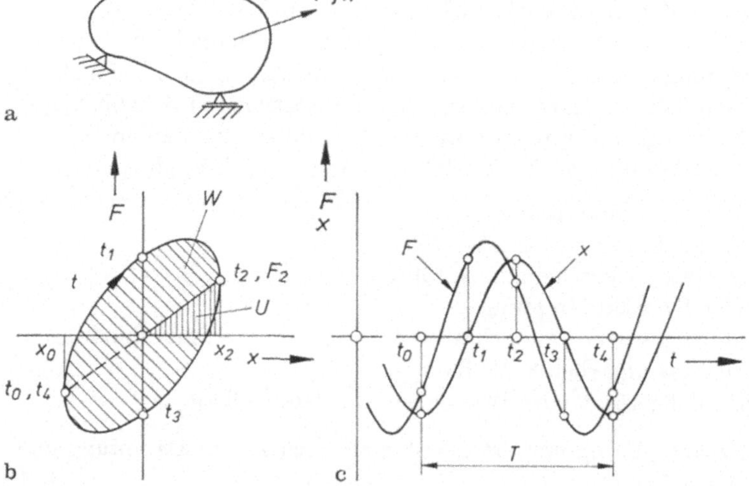

Bild 4.1. Kraft und Ausschlag bei Dämpfung. **a)** Mechanisches Gebilde; **b)** Hysteresefläche; **c)** Zeitverlauf von F und x

Es ist zweckmäßig, die Dämpfungsarbeit auf eine geeignete Größe zu beziehen. Man nimmt hierzu die Formänderungsarbeit

$$U = \frac{1}{2}\,F_2 x_2 \qquad \text{(Bild 4.1 b)} \qquad (4.4)$$

und nennt den Quotienten

$$\psi = \frac{W}{U} \qquad (4.5)$$

relative Dämpfung (specific damping capacity) und dessen 2π-fachen Teil

$$\eta_\mathrm{v} = \frac{\psi}{2\pi} = \frac{W}{2\pi U} \qquad (4.6)$$

Verlustfaktor.

Ein weiteres Dämpfungsmaß ist das logarithmische Dekrement

$$\vartheta = \ln \frac{x_n}{x_{n+1}} \tag{4.7}$$

mit x_n als dem Ausschlag einer freien Schwingung zu beliebiger Zeit t und x_{n+1} dem Ausschlag zur Zeit $t + T$, also eine Periode später.

Bei Messungen von Systemen mit schwacher Dämpfung rechnet man genauer mit dem Ausschlag x_{n+m} nach m Perioden. Damit ist

$$\vartheta = \frac{1}{m} \ln \frac{x_n}{x_{n+m}}. \tag{4.8}$$

Mit der Näherung $\ln y \approx y - 1$ (der Fehler beträgt $+9{,}7\%$ bei $y = 1{,}2$) wird aus (4.7)

$$\vartheta \approx \frac{x_n -\!\!-\ x_{n+1}}{x_{n+1}}, \tag{4.9}$$

wonach das logarithmische Dekrement bei schwacher Dämpfung gleich der relativen Abnahme des Ausschlags während einer Periode ist.

Die in der Literatur angegebenen Zahlenwerte von Dämpfungen streuen ziemlich stark. Dies dürfte weniger an unterschiedlicher Meßgenauigkeit liegen, als an unterschiedlichen Gegebenheiten der Objekte. Meistens fehlen nötige Angaben zur Erklärung der Unterschiede. Die Tabelle 4.1 zeigt wenigstens die Größenordnung für Stahl und Stahlbeton.

Tabelle 4.1 Logarithmisches Dekrement ϑ und Dämpfungsgrad D (nach Abschnitt 7.3.3)

	ϑ	$D \approx \vartheta/2\pi$
Stahl	0,02...0,10	0,003...0,016
Stahlbeton		
ungerissen	0,04...0,20	0,006...0,032
gerissen	0,06...0,31	0,010...0,049

4.2 Dämpfungsmodelle

Um die Dämpfung der Berechnung zugänglich zu machen, bildet man Dämpfungsmodelle und ermittelt deren Kraftgesetz. Die Modelle können 1-, 2- oder 3dimensional, linear oder nichtlinear sein [10, 11]. Einfache Elemente solcher Modelle sind Federn, Viskosedämpfer und Coulombdämpfer mit den Parametern Steifigkeit, Dämpfung und Reibungszahl. Bild 4.2 zeigt Beispiele von eindimensionalen Modellen.

Wir betrachten das Kelvin-Voigt-Modell etwas näher. Sein Kraftgesetz ist

$$F = kx + d\dot{x} \tag{4.10}$$

mit k Steifigkeit, d Dämpfung. (4.10) ist linear, man nennt die damit beschriebene Eigenschaft viskoelastisch.

Ist die Verschiebung harmonisch, gilt also

$$x(t) = \hat{x} \sin \omega t,$$

dann ist

$$F(t) = k\hat{x} \sin \omega t + d\omega\hat{x} \cos \omega t$$
$$= \hat{F}_k \sin \omega t + \hat{F}_d \cos \omega t = \hat{F} \sin (\omega t + \varphi)$$

mit

$$\hat{F}_k = k\hat{x} \qquad \text{Amplitude der Federkraft,}$$
$$\hat{F}_d = d\omega\hat{x} \qquad \text{Amplitude der Dämpfungskraft,} \tag{4.11}$$
$$\hat{F} = \sqrt{\hat{F}_k^2 + \hat{F}_d^2} \qquad \text{Amplitude der Resultierenden.}$$

Der Quotient aus $\hat{F}_d$ und $\hat{F}_k$

$$\frac{\hat{F}_d}{\hat{F}_k} = \frac{d\omega}{k} = \eta_v \tag{4.12}$$

ist der uns schon aus (4.6) bekannte Verlustfaktor.[1] Daß beide Gleichungen denselben Wert ergeben, wird am Schluß dieses Abschnitts gezeigt.

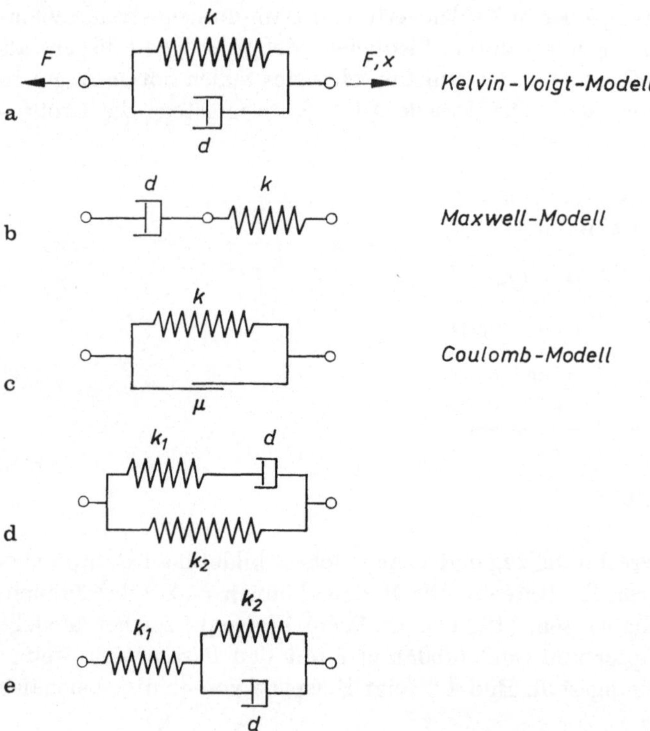

Bild 4.2. Dämpfungsmodelle. **a–c)** Zwei-Parameter-Modelle; **d, e)** Drei-Parameter-Modelle

---

[1] In DIN 1311, Bl. 2 wird der Verlustfaktor mit d bezeichnet. Wir bezeichnen ihn mit η_v, weil hier der Buchstabe d die Dämpfungskonstante bezeichnet.

Die Verschiebung eilt der Kraft um den Winkel φ nach (Bild 4.3). Man nennt diesen Winkel Verlustwinkel, und es ist

$$\tan \varphi = \eta_\mathrm{v}\,. \tag{4.13}$$

In komplexer Schreibweise ist

$$\underline{F} = k\underline{x} + \mathrm{d}\underline{\dot{x}}$$

und bei harmonischer Verschiebung mit

$$\underline{x} = \hat{x}\,\mathrm{e}^{\mathrm{i}\omega t} \quad \text{und} \quad \underline{F} = (k + i d\omega)\,\underline{x} \tag{4.14}$$

ist die komplexe Steifigkeit

$$\underline{k} = k + id\omega = \hat{k}\,\mathrm{e}^{\mathrm{i}\varphi}\,. \tag{4.15}$$

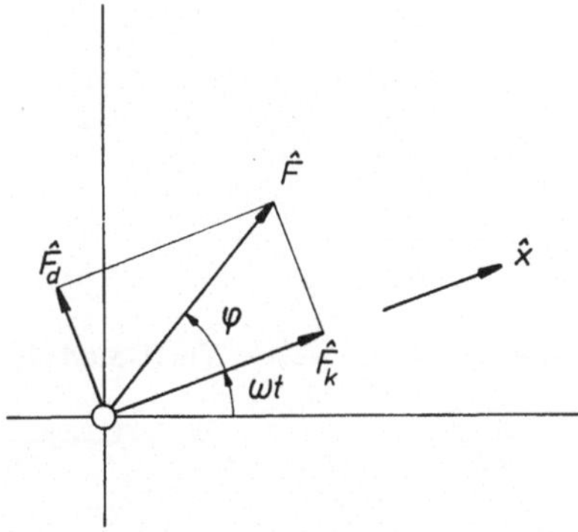

Bild 4.3. Kräfte und Verschiebung des Kelvin-Voigt-Modells

Der Betrag

$$\hat{k} = |\underline{k}| = \sqrt{k^2 + (d\omega)^2} \tag{4.16}$$

wird absolute Steifigkeit genannt.

Die Gleichung der Hystereseschleife erhält man durch Eliminieren der Zeit. Für die Federkraft gilt

$$F_\mathrm{k}(x) = \hat{F}_\mathrm{k}\,\frac{x}{\hat{x}}\,. \tag{4.17}$$

Für die Dämpfungskraft erhält man mit $F_\mathrm{d} = \hat{F}_\mathrm{d}\cos\omega t$ und $x = \hat{x}\sin\omega t$ die Beziehung

$$F_\mathrm{d}(x) = \hat{F}_\mathrm{d}\,\sqrt{1 - \left(\frac{x}{\hat{x}}\right)^2} \tag{4.18}$$

bzw. die Ellipsengleichung

$$\left(\frac{x}{\hat{x}}\right)^2 + \left(\frac{F_\mathrm{d}}{\hat{F}_\mathrm{d}}\right)^2 = 1 \tag{4.19}$$

mit den Halbachsen $\hat{x}$ und $\hat{F}_\mathrm{d}$.

Die Gleichung der Hystereseschleife ist mit diesen Beziehungen

$$F(x) = F_\mathrm{k}(x) + F_\mathrm{d}(x). \tag{4.20}$$

Ihr Bild ist nach (4.17) und (4.19) eine in Ordinatenrichtung verzerrte Ellipse (Bild 4.4). Die während einer Periode von der Gesamtkraft F geleistete Arbeit wird nur von der Dämpfungskraft bestimmt, da sich die Arbeiten der Federkraft aufheben. Die Dämpfungsarbeit ist gleich dem Flächeninhalt der Ellipse nach (4.19), nämlich

$$W = W_\mathrm{d} = \pi \hat{F}_\mathrm{d}\hat{x} = \pi d\omega\hat{x}^2. \tag{4.21}$$

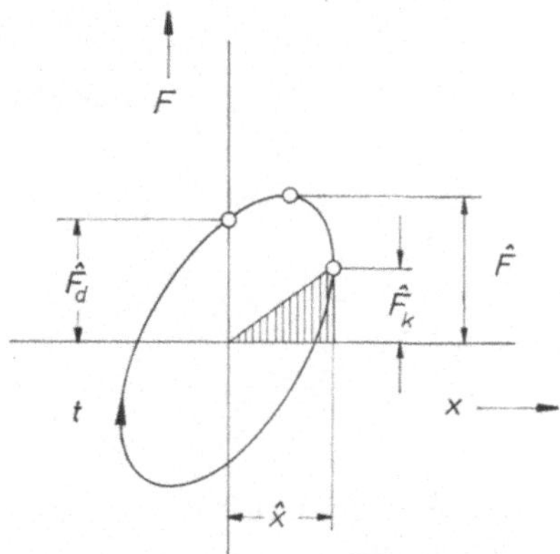

Bild 4.4. Hystereseschleife des Kelvin-Voigt-Modells

Mit der Arbeit der Federkraft während einer Viertelperiode (Formänderungsarbeit)

$$U = \frac{1}{2}\,k\hat{x}^2 \tag{4.22}$$

ist die relative Dämpfung des Kelvin-Voigt-Modells

$$\psi = \frac{W}{U} = 2\pi\,\frac{d\omega}{k}. \tag{4.23}$$

Der Zusammenhang mit dem Verlustfaktor folgt durch (4.12) zu

$$\eta_\mathrm{v} = \frac{\psi}{2\pi} \tag{4.24}$$

entsprechend (4.6).

4.3 Werkstoffdämpfung

4.3.1 Allgemeines

Die Grundbegriffe des Abschnitts 4.1 gelten für beliebige mechanische Gebilde. Nun beschränken wir uns auf den Werkstoff. Seine Dämpfung wird durch verschiedene Vorgänge verursacht, wie Verschiebungen, Gleitungen, atomare Umordnungen, sowie thermische und magnetische Vorgänge. Nähere Angaben findet man in dem grundlegenden Buch [7] von B. J. Lazan.

Für ein Volumenelement $\mathrm{d}V = \mathrm{d}x\,\mathrm{d}y\,\mathrm{d}z$ hängt die Spannung

$$\boldsymbol{\sigma} = (\sigma_x, \sigma_y, \sigma_z, \tau_{xy}, \tau_{yz}, \tau_{zx})^T$$

im allgemeinen nichtlinear von der Dehnung

$$\boldsymbol{\varepsilon} = (\varepsilon_x, \varepsilon_y, \varepsilon_z, \gamma_{xy}, \gamma_{yz}, \gamma_{zx})^T$$

und der Dehnungsgeschwindigkeit $\dot{\boldsymbol{\varepsilon}}$ ab:

$$\boldsymbol{\sigma} = f(\boldsymbol{\varepsilon}, \dot{\boldsymbol{\varepsilon}}).$$

Linearisiert man, dann ist

$$\boldsymbol{\sigma} = \boldsymbol{A}\boldsymbol{\varepsilon} + \boldsymbol{B}\dot{\boldsymbol{\varepsilon}} \tag{4.25}$$

mit den Matrizen $\boldsymbol{A}$ und $\boldsymbol{B}$, deren Elemente aus Elastizitätsmoduln und Querkontraktionszahlen bestehen. Man nennt einen Werkstoff, der sich entsprechend (4.25) verhält, viskoelastisch.

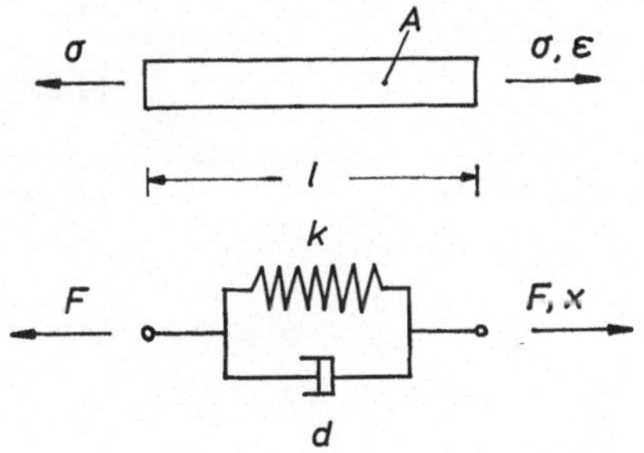

Bild 4.5. Zugstab und Kelvin-Voigt-Modell

Im eindimensionalen Spannungszustand wird aus (4.25) die Beziehung

$$\sigma = E_1 \varepsilon + E_2' \dot{\varepsilon} \tag{4.26}$$

mit den Moduln E_1 und E_2'.

Dieses Gesetz entspricht dem Kelvin-Voigt-Modell. Für den Zugstab (Bild 4.5) ergeben sich die Parameter

$$k = \frac{E_1 A}{l}, \tag{4.27}$$

$$d = \frac{E_2' A}{l}. \tag{4.28}$$

Ändert sich die Spannung harmonisch mit der Frequenz ω, ist also

$$\underline{\sigma} = \hat{\sigma}\,\mathrm{e}^{\mathrm{i}\omega t},$$

dann ist die Dehnung

$$\underline{\varepsilon} = \hat{\varepsilon}\, e^{i(\omega t - \varphi)}$$

und die Dehnungsgeschwindigkeit

$$\underline{\dot{\varepsilon}} = i\omega\underline{\varepsilon}\,.$$

Setzt man diese Beziehungen in (4.26) ein und dividiert mit $e^{i\omega t}$, dann erhält man

$$\hat{\sigma} = (E_1 + iE_2)\,\hat{\varepsilon}\, e^{-i\varphi} \tag{4.29}$$

mit

E_1 Speichermodul,

$$E_2 = \omega E_2' \qquad \text{Verlustmodul.} \tag{4.30}$$

Für (4.29) kann man auch schreiben

$$\hat{\sigma} = \underline{E}\underline{\varepsilon}$$

mit

$$\underline{E} = E_1 + iE_2 = \hat{E}\, e^{i\varphi} \qquad \text{komplexer Modul,} \tag{4.31}$$

$$\hat{E} = \sqrt{E_1^2 + E_2^2} \qquad \text{absoluter Modul,} \tag{4.32}$$

$$\tan \varphi = \frac{E_2}{E_1} \qquad \text{Tangens des Verlustwinkels,} \tag{4.33}$$

$$\underline{\varepsilon} = \hat{\varepsilon}\, e^{-i\varphi} \qquad \text{komplexe Dehnung.} \tag{4.34}$$

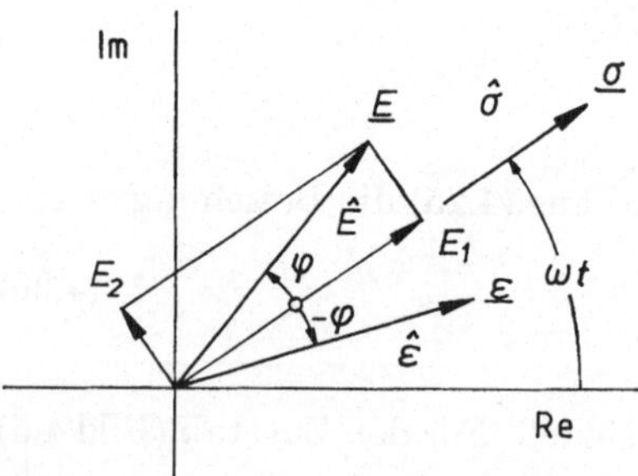

Bild 4.6. Spannung, Dehnung und Moduln in der Gaußschen Zahlenebene

Damit ist

$$\hat{\sigma} = \hat{E}\hat{\varepsilon}\,. \tag{4.35}$$

Die Zusammenhänge sind noch einmal in Bild 4.6 dargestellt.

Für ein Volumenelement ist die Dämpfungsarbeit während einer Periode nach (4.21)

$$dW = \pi E_2 \hat{\varepsilon}^2\, dV \tag{4.36}$$

und die Formänderungsarbeit im Zeitpunkt maximaler Dehnung nach (4.22)

$$\mathrm{d}U = \frac{1}{2}\, E_1 \hat{\varepsilon}^2 \, \mathrm{d}V\,. \tag{4.37}$$

Somit ist die relative Dämpfung

$$\psi = \frac{\mathrm{d}W}{\mathrm{d}U} = 2\pi\,\frac{E_2}{E_1}\,. \tag{4.38}$$

Bei viskoelastischem Werkstoff ist also die relative Dämpfung unabhängig von der Dehnungs- bzw. Spannungsamplitude. Stellt man fest, daß ψ von $\hat{\varepsilon}$ abhängt, dann ist der Werkstoff nicht viskoelastisch.

4.3.2 Metalle

Als Metalle bezeichnet man Roheisen, Gußeisen und Nichteisenmetalle. Die Dämpfung der Metalle hängt unter anderem ab von der

— Metallart,
— Legierung,
— Wärmebehandlung,
— Temperatur,
— Wechselspannung,
— Mittelspannung,
— Frequenz,
— Lastwechselzahl.

Obwohl sehr viele Veröffentlichungen vorliegen, hat man bei weitem noch keinen systematischen Überblick. Dies liegt einmal an der Vielzahl der Parameter, zum anderen daran, daß die verwendeten Begriffe uneinheitlich und die

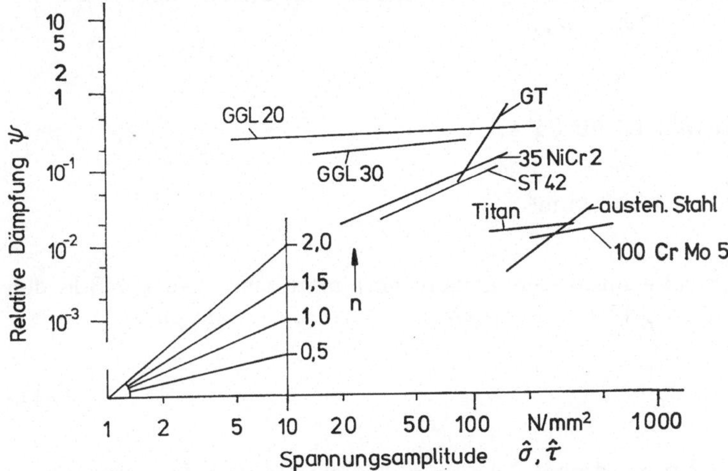

Bild 4.7. Relative Dämpfung von Grauguß und Stahl

Angaben meist unvollständig sind. Den wohl umfassendsten Überblick gibt
B. J. Lazan in [7]. Eine Zusammenstellung neuerer Ergebnisse zeigt J. R. Birchak
in [12].

Im Bild 4.7 ist die relative Dämpfung ψ einiger Metalle über der Spannungsamplitude $\hat{\sigma}$ bzw. $\hat{\tau}$ dargestellt. Bei GGL 20 und GGL 30 ist ψ annähernd konstant, womit diese Metalle sich in dem angegebenen Bereich viskoelastisch verhalten. Bei den übrigen angegebenen Metallen besteht eine Abhängigkeit, die
durch

$$\psi = \psi_0 \left(\frac{\hat{\sigma}}{\hat{\sigma}_0}\right)^n \quad \text{bzw.} \quad \psi_0 \left(\frac{\hat{\tau}}{\hat{\tau}_0}\right)^n \tag{4.39}$$

beschrieben werden kann. Dabei sind ψ_0, $\hat{\sigma}_0$ bzw. ψ_0, $\hat{\tau}_0$ beliebige zusammen-
gehörige Bezugswerte. Der Exponent n kann nach Bild 4.8 zu

$$n = \lg \psi_1 - \lg \psi_0 \tag{4.40}$$

berechnet oder aus der Steigungstafel von Bild 4.7 entnommen werden.

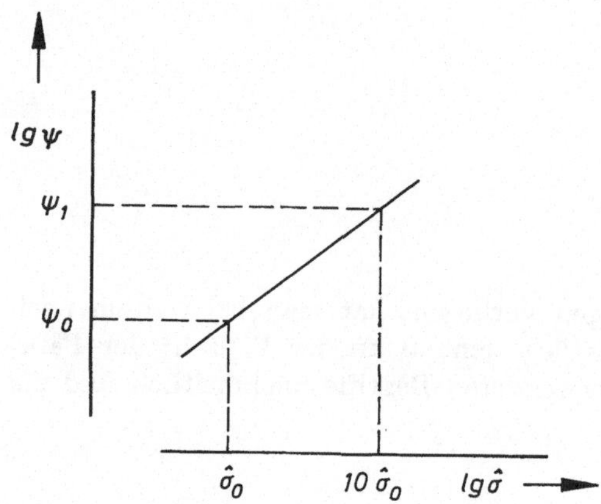

Bild 4.8. Zur Bestimmung von n

So ist z. B. nach Bild 4.7 für ST 42

$$\psi = 0{,}072 \left(\frac{\hat{\sigma}}{100}\right)^{1{,}16} \text{ mit } \hat{\sigma} \text{ in N/mm}^2.$$

Will man näherungsweise linearisieren, dann entnimmt man dem $\psi,\hat{\sigma}$-Bild den
vermutlich eintretenden ψ-Wert und erhält mit (4.23) die Dämpfung

$$d = \frac{\psi}{2\pi} \frac{k}{\omega}. \tag{4.41}$$

Sie ist der Steifigkeit k proportional. Ist $\psi = \psi(\omega)$, dann hat d die Frequenzabhängigkeit $\psi(\omega)/\omega$.

4.4 Dämpfung von Stäben und Balken

Die Dämpfung hängt im allgemeinen von der Spannungsamplitude ab (Bild 4.7).
Ist die Spannung in einem Bauteil örtlich verschieden, dann unterscheidet sich
die relative Dämpfung des Bauteils von jener des verwendeten Werkstoffs.
Um aus Messungen an solchen Bauteilen auf die Materialdämpfung schließen zu
können, muß man neben der relativen Bauteildämpfung — wir nennen sie ψ_B —
das Verhältnis zur relativen Werkstoffdämpfung ψ kennen. Dieses Verhältnis
wird im folgenden für einige Belastungsfälle des Balkens bestimmt.

Der Balken habe die Länge l und die veränderliche Querschnittsfläche $A(x)$.
Mit der auf das Volumen bezogenen örtlichen Formänderungsarbeit, der Dichte
der Formänderungsarbeit $u = \mathrm{d}U/\mathrm{d}V$ beträgt die Formänderungsarbeit des gesamten Balkens

$$U = \int_V u(x, y, z)\,\mathrm{d}V = \int_l U'(x)\,\mathrm{d}x \tag{4.42}$$

mit

$$U'(x) = \int_A u(x, y, z)\,\mathrm{d}A \tag{4.43}$$

als der auf die Länge bezogenen Formänderungsarbeit (Belag der Formänderungsarbeit).

Ebenso ist mit der Dichte der Dämpfungsarbeit während einer Periode $w = \mathrm{d}W/\mathrm{d}V$
die Dämpfungsarbeit des Balkens

$$W = \int_V w(x, y, z)\,\mathrm{d}V = \int_l W'(x)\,\mathrm{d}x \tag{4.44}$$

mit

$$W'(x) = \int_A w(x, y, z)\,\mathrm{d}A \tag{4.45}$$

als dem Belag der Dämpfungsarbeit.

Damit ist die relative Dämpfung des Balkens

$$\psi_B = \frac{W \ \text{nach} \ (4.44)}{U \ \text{nach} \ (4.42)} \,. \tag{4.46}$$

Bei linearem Spannungs-Dehnungs-Gesetz ist nach (4.37) die Dichte der Formänderungsarbeit

$$u = \frac{1}{2}\, E_1 \hat{\varepsilon}^2 \,. \tag{4.47}$$

Setzt man näherungsweise

$$E_1 = E \quad \text{und} \quad \hat{\sigma} = E\hat{\varepsilon} \,,$$

dann ist

$$u = \frac{\hat{\sigma}^2}{2E} \,. \tag{4.48}$$

Die Dichte der Dämpfungsarbeit ist andererseits mit (4.38)

$$w = \psi u$$

und mit ψ nach (4.39)

$$w = \psi_0 \left(\frac{\hat{\sigma}}{\hat{\sigma}_0}\right)^n u = \frac{\psi_0}{2E\hat{\sigma}_0^n}\,\hat{\sigma}^{n+2}, \tag{4.49}$$

wenn man die Näherung (4.48) für u einsetzt.

Zugstab

Der Stab habe beliebigen, längs seiner Achse veränderlichen Querschnitt und sei harmonisch belastet. Für ein Stabelement nach Bild 4.9 sei die Spannungsamplitude (stets positiv) $\hat{\sigma}$. Dann ist mit (4.48) und (4.49)

$$U' = \frac{\hat{\sigma}^2 A}{2E}, \qquad W' = \frac{\psi_0}{2E\hat{\sigma}_0^n}\,\hat{\sigma}^{n+2}A$$

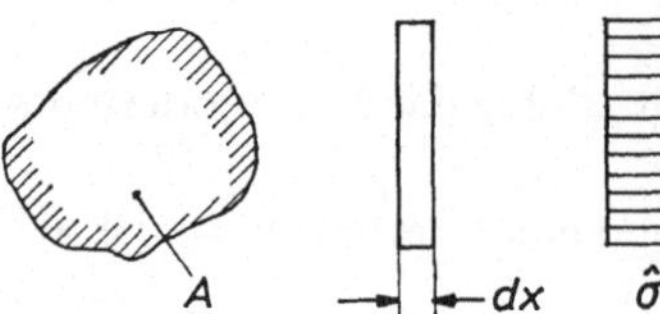

Bild 4.9. Element eines Zugstabes

und mit (4.46) die relative Dämpfung des ganzen Stabes

$$\psi_\mathrm{B} = \psi_0\,\frac{\displaystyle\int_l \hat{\sigma}^{n+2}A\,\mathrm{d}x}{\hat{\sigma}_0^n\displaystyle\int_l \hat{\sigma}^2 A\,\mathrm{d}x}, \tag{4.50}$$

wobei ψ_0 die relative Dämpfung des Werkstoffs bei der Spannungsamplitude $\hat{\sigma}_0$ ist.

Bei konstantem Querschnitt und konstanter Spannungsamplitude $\hat{\sigma}$ längs des Stabes ist

$$\psi_\mathrm{B} = \psi_0\left(\frac{\hat{\sigma}}{\hat{\sigma}_0}\right)^n, \tag{4.51}$$

also die Bauteildämpfung gleich der Werkstoffdämpfung.

Torsionsstab

Der Stab habe kreis- oder kreisringförmigen Querschnitt und werde harmonisch tordiert. Ist $\hat{\tau}_\mathrm{R}$ die Schubspannungsamplitude am Rand (Bild 4.10), dann ist am Radius r

$$\hat{\tau} = \hat{\tau}_\mathrm{R}\,\frac{r}{r_2} \tag{4.52}$$

und entsprechend (4.48) und (4.49)

$$u = \frac{\hat{t}^2}{2G} \quad \text{und} \quad w = \frac{\psi_0}{2G\hat{t}_0^n} \, \hat{t}^{n+2}$$

mit $\hat{t}$ nach (4.52).

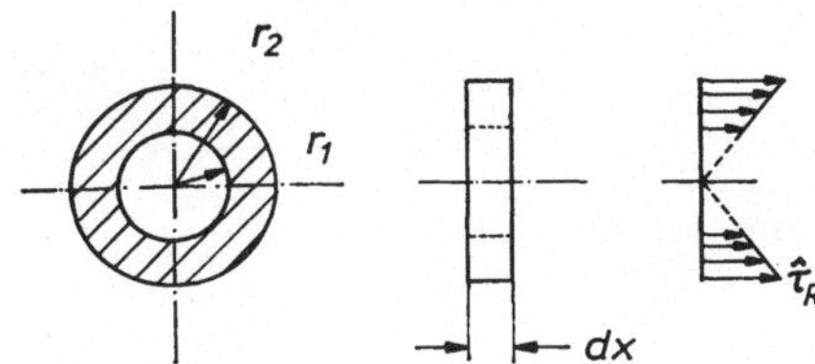

Bild 4.10. Element eines Torsionsstabes

Die Integration über den Querschnitt ergibt mit

$$\mathrm{d}A = 2\pi r \, \mathrm{d}r \qquad \text{Flächenelement}$$

$$\psi_R = \psi_0 \left(\frac{\hat{t}_R}{\hat{t}_0}\right)^n \qquad \text{relative Dämpfung des Werkstoffs bei } \hat{t} = \hat{t}_R$$

$$\text{und} \quad \varrho = \frac{r_1}{r_2}$$

die Arbeitsbeläge

$$U' = \frac{\pi}{4} \frac{(\hat{t}_R r_2)^2}{G} \, (1 - \varrho^4) \tag{4.53}$$

und

$$W' = \pi \frac{(\hat{t}_R r_2)^2}{G} \, \psi_R \, \frac{1 - \varrho^{n+4}}{n+4}. \tag{4.54}$$

Bei konstantem Querschnitt und konstanter Amplitude des Torsionsmoments längs des Stabes ist die relative Dämpfung des Stabes

$$\psi_B = \frac{W}{U} = \frac{W'}{U'} = \psi_R \, \frac{4}{n+4} \, \frac{1 - \varrho^{n+4}}{1 - \varrho^4} \tag{4.55}$$

für Kreisringquerschnitt, bzw.

$$\psi_B = \psi_R \, \frac{4}{n+4}$$

für vollen Kreisquerschnitt.

Biegebalken

Wir betrachten ein Balkenelement nach Bild 4.11, welches harmonisch gebogen wird. Mit der Spannungsamplitude $\hat{\sigma}_R$ bei $z = z_R$ ist die Spannungsamplitude bei beliebigem z

$$\hat{\sigma} = \hat{\sigma}_{\mathrm{R}}\, \frac{|z|}{z_{\mathrm{R}}}$$

und mit u nach (4.48) der Belag der Formänderungsarbeit

$$U' = \frac{1}{2E} \left(\frac{\hat{\sigma}_{\mathrm{R}}}{z_{\mathrm{R}}}\right)^2 \int_{z_0}^{z_{\mathrm{R}}} z^2 b \, \mathrm{d}z \tag{4.56}$$

bzw. mit w nach (4.49) der Belag der Dämpfungsarbeit

$$W' = \frac{\psi_0}{2E\hat{\sigma}_0^n} \left(\frac{\hat{\sigma}_{\mathrm{R}}}{z_{\mathrm{R}}}\right)^{n+2} \int_{z_0}^{z_{\mathrm{R}}} |z|^{n+2}\, b \, \mathrm{d}z . \tag{4.57}$$

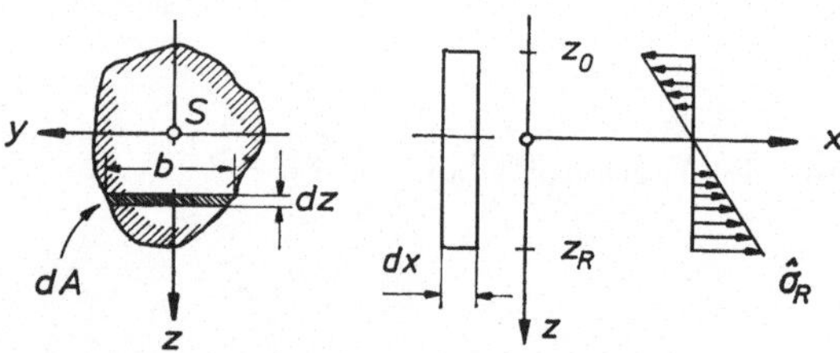

Bild 4.11. Element eines Biegebalkens

Setzt man

$$I_0 = \frac{1}{z_{\mathrm{R}}^2} \int_{z_0}^{z_{\mathrm{R}}} z^2 b \, \mathrm{d}z; \qquad I_{\mathrm{n}} = \frac{1}{z_{\mathrm{R}}^{n+2}} \int_{z_0}^{z_{\mathrm{R}}} |z|^{n+2}\, b \, \mathrm{d}z \tag{4.58}$$

und

$$\psi_{\mathrm{R}} = \psi_0 \left(\frac{\hat{\sigma}_{\mathrm{R}}}{\hat{\sigma}_0}\right)^n$$

für die relative Dämpfung des Werkstoffs bei $\hat{\sigma} = \hat{\sigma}_{\mathrm{R}}$, dann ist

$$U' = \frac{\hat{\sigma}_{\mathrm{R}}^2}{2E}\, I_0 , \tag{4.59}$$

$$W' = \frac{\hat{\sigma}_{\mathrm{R}}^2}{2E}\, \psi_{\mathrm{R}} I_{\mathrm{n}} . \tag{4.60}$$

Im allgemeinen Fall mit veränderlichem Querschnitt und veränderlichem Biege-moment längs des Balkens muß man nun mit (4.42) und (4.44) die Arbeiten U und W und daraus mit (4.46) die relative Dämpfung ψ_{B} des Balkens berechnen.

Bei konstantem Querschnitt und konstanter Amplitude des Biegemoments längs des Balkens ist mit (4.60) und (4.59)

$$\psi_{\mathrm{B}} = \frac{W'}{U'} = \psi_{\mathrm{R}}\, \frac{I_{\mathrm{n}}}{I_0} \tag{4.61}$$

Für Rechteckquerschnitt mit beliebigem Seitenverhältnis ist bei gerader Biegung nach (4.58)

$$\frac{I_\mathrm{n}}{I_0} = \frac{3}{n+3}. \tag{4.62}$$

Für Kreisringquerschnitt mit dem Radienverhältnis $\varrho = r_1/r_2$ ist

$$\frac{I_\mathrm{n}}{I_0} = \frac{1-\varrho^{n+4}}{1-\varrho^4}\frac{K_\mathrm{n}}{K_0} \tag{4.62a}$$

mit

$$K_\mathrm{n} = \int\limits_0^1 \zeta^{n+2}\sqrt{1-\zeta^2}\,\mathrm{d}\zeta; \quad K_0 = \int\limits_0^1 \zeta^2\sqrt{1-\zeta^2}\,\mathrm{d}\zeta; \quad \zeta = \frac{z}{r_2}.$$

Bild 4.12 zeigt I_n/I_0 für $n = 0\ldots3$.

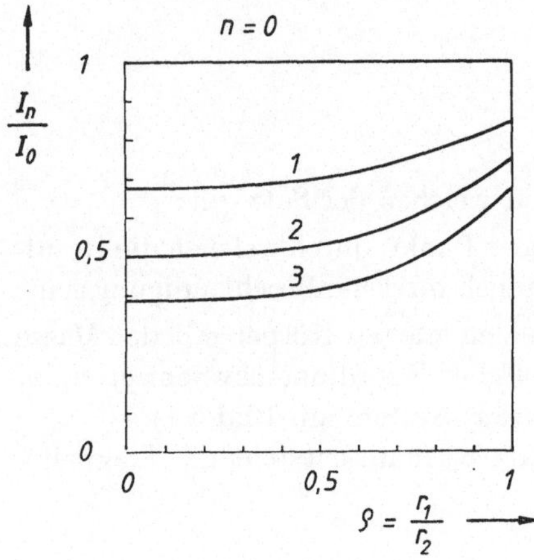

Bild 4.12. Verhältnis I_n/I_0 für Kreisquerschnitt

5 Massengeometrie

Zum Berechnen der Bewegung von Körpern muß man deren Trägheitseigenschaften berücksichtigen. Dies geschieht durch Begriffe wie Masse und Massenmomente, wobei der Massenmittelpunkt oder Schwerpunkt eine besondere Rolle spielt. Die genannten Begriffe werden in den Grundlagen der Technischen Mechanik ausführlich behandelt. Im folgenden wird eine Zusammenfassung der wesentlichen Begriffe und Beziehungen gebracht. Das Kapitel schließt mit einem Beispiel aus der Praxis.

5.1 Massenmittelpunkt, Schwerpunkt

Jeder Körper hat einen Massenmittelpunkt, für welchen der Satz gilt:

Der Massenmittelpunkt eines Körpers ist jener Punkt, durch welchen die Resultierende der Trägheitskräfte bei beliebiger translatorischer Beschleunigung geht.

Um diesen Satz zu beweisen, betrachten wir einen starren Körper mit der Masse m, versehen ihn mit einem körperfesten kartesischen Koordinatensystem y_1, y_2, y_3 und nehmen parallel dazu ein raumfestes x_1, x_2, x_3-System an (Bild 5.1).

Erteilt man dem Körper die Beschleunigung $\ddot{x}_3$, dann entsteht die Trägheitskraft

$$F_3 = -m\ddot{x}_3,$$

die parallel zu x_3 bzw. y_3 ist und nach der Momentengleichung

$$\int y_1 \ddot{x}_3 \, \mathrm{d}m = y_{\mathrm{M1}} \ddot{x}_3 m$$

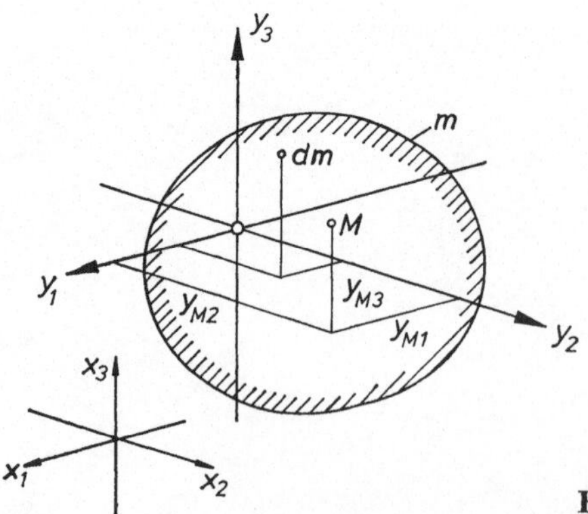

Bild 5.1. Zur Erklärung des Massenmittelpunkts

von der y_2, y_3-Ebene den Abstand

$$y_{M1} = \frac{1}{m} \int y_1 \, dm \tag{5.1}$$

hat. Ebenso folgt ihr Abstand von der y_3, y_1-Ebene zu

$$y_{M2} = \frac{1}{m} \int y_2 \, dm. \tag{5.2}$$

Bei einer Beschleunigung $\ddot{x}_1$ entsteht die zu x_1 bzw. y_1 parallele Kraft $F_1 = -m\ddot{x}_1$ mit den Abständen y_{M2} nach (5.2) und

$$y_{M3} = \frac{1}{m} \int y_3 \, dm. \tag{5.3}$$

Schließlich ergibt eine Beschleunigung $\ddot{x}_2$ eine Trägheitskraft F_2 mit den Abständen y_{M3} nach (5.3) und y_{M1} nach (5.1) von den entsprechenden Ebenen.

Man sieht, daß jede der Kräfte F_1, F_2, F_3 durch den Punkt m mit den Koordinaten y_{M1}, y_{M2}, y_{M3} geht. Damit geht auch die Resultierende

$$\boldsymbol{F} = (F_1, F_2, F_3)^T = -\int \ddot{\boldsymbol{x}} \, dm$$

der Trägheitskräfte für die beliebige translatorische Beschleunigung

$$\ddot{\boldsymbol{x}} = (\ddot{x}_1, \ddot{x}_2, \ddot{x}_3)^T$$

durch den Punkt M, womit dies der Massenmittelpunkt ist.

Besteht der Körper aus mehreren Einzelmassen m_r mit den Koordinaten y_{r1}, y_{r2}, y_{r3} ihrer Massenmittelpunkte, dann sind die Koordinaten des System-Massenmittelpunkts

$$y_{Mi} = \frac{1}{m} \sum_r m_r y_{ri}, \quad i = 1, 2, 3 \tag{5.4}$$

mit $m = \sum m_r$ als der Gesamtmasse.

Bei starren Körpern hat der Massenmittelpunkt bezüglich des Körpers konstante Lage. Bei elastischen Körpern hängt sein Ort vom Deformationszustand des Körpers ab. Man spricht deshalb bei zeitlich veränderlicher Deformation genauer vom Massenmittelpunkt in Ruhelage oder vom momentanen Massenmittelpunkt.

Hat der Körper überall gleiche Dichte, dann können obige Gleichungen damit gekürzt werden, und der Massenmittelpunkt fällt mit dem Volumenmittelpunkt zusammen

$$y_{Mi} = y_{Vi} = \frac{1}{V} \int y_i \, dV, \quad i = 1, 2, 3 \tag{5.5}$$

bzw.

$$y_{Mi} = \frac{1}{V} \sum_r V_r y_{ri}. \tag{5.6}$$

Für Flächen oder Linien (eben oder räumlich) ist in entsprechender Weise der Flächen- bzw. Linienmittelpunkt bestimmt. Für technisch wichtige Linien, Flächen und Körper findet man die Koordinaten dieser Mittelpunkte in den Nachschlagewerken, z. B. [13, 14].
Es gelten die Sätze:

— Der gemeinsame Mittelpunkt zweier Teilkörper (Teilflächen, Teillinien) liegt auf der Verbindungsgeraden durch die beiden Teilmittelpunkte.
— Hat ein Körper (Fläche, Linie) eine Symmetrieebene, dann liegt deren Mittelpunkt in dieser Ebene.

Geht man nicht von Trägheitskräften, sondern von Gewichtskräften infolge eines parallelen Gravitationsfeldes aus, dann sind für einen Körper mit dem Gewicht G die Koordinaten des Schwerpunktes

$$y_{si} = \frac{1}{G} \int y_i \, dG; \quad i = 1, 2, 3 \tag{5.7}$$

bzw.

$$y_{si} = \frac{1}{G} \sum_r G_r y_{ri}. \tag{5.8}$$

Bei überall gleicher, paralleler Erdbeschleunigung ist der Schwerpunkt mit dem Massenmittelpunkt identisch. Davon geht man in der gewöhnlichen Technik auch meistens aus und spricht auch in der Kinetik vom Schwerpunkt, wenn eigentlich der Massenmittelpunkt gemeint ist.

5.2 Massenmomente

Bei translatorischer Bewegung wird die Trägheit des Körpers durch *eine* Größe, nämlich die Masse, bestimmt. Bei der Drehung eines Körpers benötigt man sechs Größen, nämlich

$$\Theta_{11} = \int (y_2^2 + y_3^2) \, dm; \quad \Theta_{22} = \int (y_3^2 + y_1^2) \, dm; \quad \Theta_{33} = \int (y_1^2 + y_2^2) \, dm \tag{5.9}$$

$$\Theta_{12} = \int y_1 y_2 \, dm; \quad \Theta_{23} = \int y_2 y_3 \, dm; \quad \Theta_{31} = \int y_3 y_1 \, dm \tag{5.10}$$

mit y_1, y_2, y_3 als den Koordinaten des Massenelements dm für ein beliebig liegendes, körperfestes, kartesisches Koordinatensystem (Bild 5.2).
Man nennt die so definierten Größen Massenmomente und insbesondere die Ausdrücke Θ_{ii} nach (5.9) Massenträgheitsmomente — oder kurz Trägheitsmomente — und die Ausdrücke Θ_{ik} nach (5.10) Deviationsmomente oder Zentrifugalmomente.
Die Massenträgheitsmomente sind immer positiv, die Deviationsmomente können auch negativ sein. Man beachte, daß die Massenmomente nicht auf den Massenmittelpunkt bezogen sein müssen. Die auf den Massenmittelpunkt bezogenen Massenmomente haben für die Kinetik besondere Bedeutung, man nennt sie zentrale Massenmomente.

Die Zahlenwerte der Massenmomente hängen von der Lage des Bezugssystems im Körper ab. Geht man zu einem anderen Koordinatensystem über, dann sind die Massenmomente der beiden Systeme über die Transformationsgleichungen miteinander gekoppelt. Der Übergang kann in zwei Schritten geschehen, nämlich durch eine Parallelverschiebung und durch eine Drehung.

Zwischen den Massenmomenten Θ_{ik}^M bezüglich eines Systems y_1', y_2', y_3' mit dem Massenmittelpunkt M als Ursprung und den Massenmomenten Θ_{ik}^0 eines dazu parallelen Systems y_1, y_2, y_3 mit dem Ursprung 0 (Bild 5.3) bestehen die Huygens-Steiner-Beziehungen:

$$
\left.
\begin{aligned}
\Theta_{11}^0 &= \Theta_{11}^M + m(y_2^2 + y_3^2) \\[2mm]
\Theta_{22}^0 &= \Theta_{22}^M + m(y_3^2 + y_1^2) \\[2mm]
\Theta_{33}^0 &= \Theta_{33}^M + m(y_1^2 + y_2^2)
\end{aligned}
\right\} ; \tag{5.11}
$$

$$
\left.
\begin{aligned}
\Theta_{12}^0 &= \Theta_{12}^M + m y_1 y_2 \\[2mm]
\Theta_{23}^0 &= \Theta_{23}^M + m y_2 y_3 \\[2mm]
\Theta_{31}^0 &= \Theta_{31}^M + m y_3 y_1
\end{aligned}
\right\} . \tag{5.12}
$$

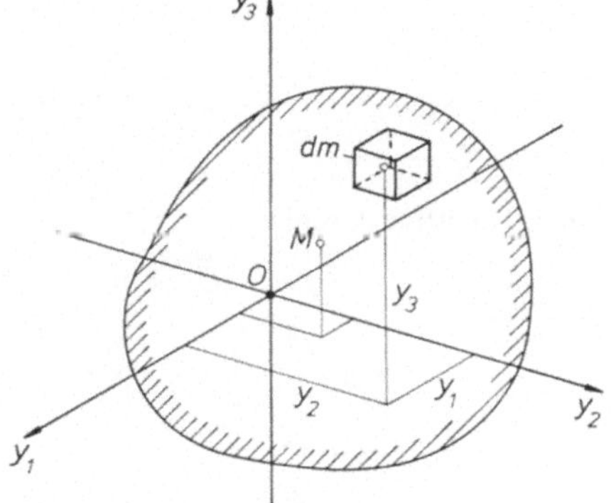

Bild 5.2. Koordinaten für Massen-momente

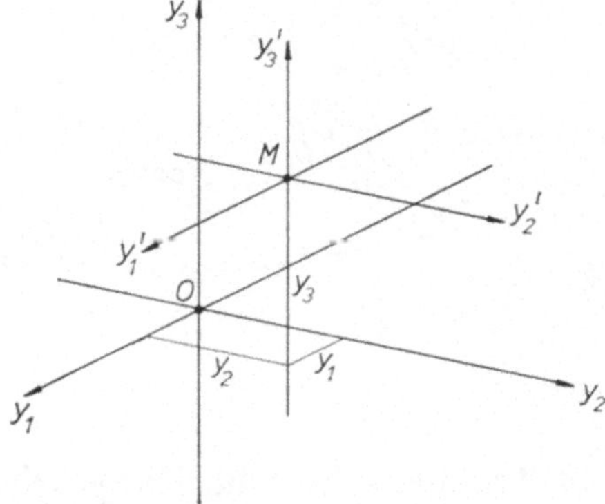

Bild 5.3. Koordinaten für die Gln. (5.11) und (5.12)

Aus (5.11) folgt der Satz:

Die Massenträgheitsmomente sind am kleinsten bzgl. eines Koordinatensystems mit dem Massenmittelpunkt als Ursprung.

Die Koordinaten eines Punktes im y_1, y_2, y_3-System hängen mit den Koordinaten desselben Punktes im dagegen gedrehten orthogonalen z_1, z_2, z_3-System mit demselben Ursprung über die Richtungskosinus der Achsen zusammen. Damit sind auch die Massenmomente der beiden Systeme mit den Richtungskosinus verbunden.

Sind Θ_{ik} die Massenmomente bezüglich des y-Systems, dann ist mit

$$
c_{i1} = \cos \alpha_i; \quad c_{i2} = \cos \beta_i; \quad c_{i3} = \cos \gamma_i \tag{5.13}
$$

als den Richtungskosinus der Achse z_i (Bild 5.4) das Massenmoment bezüglich dieser Achse

$$\Theta'_{ii} = \Theta_{11}c_{i1}^2 + \Theta_{22}c_{i2}^2 + \Theta_{33}c_{i3}^2 - 2\Theta_{12}c_{i1}c_{i2} - 2\Theta_{23}c_{i2}c_{i3} - 2\Theta_{31}c_{i3}c_{i1}. \qquad (5.14)$$

Sind außerdem c_{k1}, c_{k2}, c_{k3} und c_{l1}, c_{l2}, c_{l3} die Richtungskosinus von zwei beliebigen Achsen z_k, z_l des z-Systems, dann ist das diesbezügliche Zentrifugalmoment

$$\Theta'_{kl} = -\Theta_{11}c_{k1}c_{l1} - \Theta_{22}c_{k2}c_{l2} - \Theta_{33}c_{k3}c_{l3} + \Theta_{12}(c_{k1}c_{l2} + c_{k2}c_{l1})$$
$$+ \Theta_{23}(c_{k2}c_{l3} + c_{k3}c_{l2}) + \Theta_{31}(c_{k3}c_{l1} + c_{k1}c_{l3}). \qquad (5.15)$$

Mit (5.14) und (5.15) und den bekannten Θ_{ik} des y-Systems können alle Trägheits- und Zentrifugalmomente des z-Systems berechnet werden.

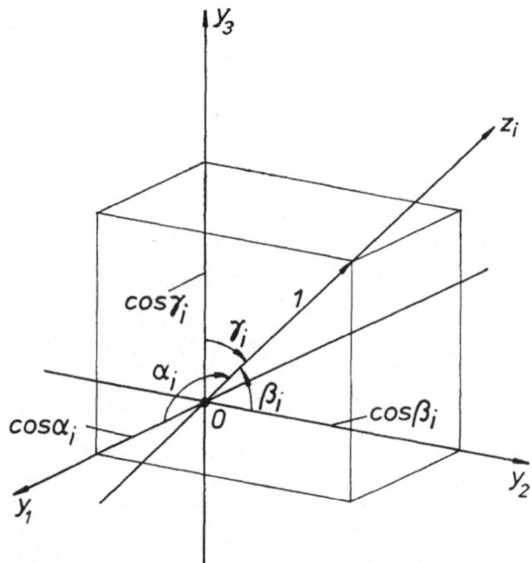

Bild 5.4. Richtungskosinus

5.3 Trägheitsellipsoid, Hauptachsen

Ein Punkt auf der z_i-Achse (Bild 5.4) mit dem Abstand r vom Ursprung hat die Koordinaten

$$y_1 = r \cos \alpha_i; \quad y_2 = r \cos \beta_i; \quad y_3 = r \cos \gamma_i.$$

Setzt man

$$r = \frac{1}{\sqrt{\Theta'_{ii}}} \qquad (5.16)$$

und dividiert (5.14) durch Θ'_{ii}, dann erhält man die Gleichung

$$\Theta_{11}y_1^2 + \Theta_{22}y_2^2 + \Theta_{33}y_3^2 - 2\Theta_{12}y_1y_2 - 2\Theta_{23}y_2y_3 - 2\Theta_{31}y_3y_1 = 1. \qquad (5.17)$$

Dies ist die Gleichung einer Fläche 2. Grades. Nach (5.16) ist der Abstand r eines beliebigen Punktes P der Fläche vom Ursprung 0 umgekehrt proportional der

Wurzel des Trägheitsmoments bezüglich der durch P gehenden Achse. Da die Trägheitsmomente endlich sind, haben die Punkte P der Fläche auch alle endlichen Abstand von 0 und somit beschreibt (5.17) die Oberfläche eines Ellipsoids mit dem Mittelpunkt 0. Es ist dies das Trägheits-, Cauchy- oder Poinsot-Ellipsoid.

Ein Ellipsoid hat drei zueinander senkrechte Hauptachsen. Wir ermitteln sie in gleicher Weise wie im Anhang 3 für die Ellipse beschrieben. Die linke Seite von (5.17) ist eine quadratische Form der Veränderlichen y_1, y_2, y_3; $Q = Q(y_1, y_2, y_3)$. Die zugehörige Matrix ist der Trägheitstensor

$$\Theta = \begin{bmatrix} \Theta_{11} & -\Theta_{12} & -\Theta_{13} \\ -\Theta_{21} & \Theta_{22} & -\Theta_{23} \\ -\Theta_{31} & -\Theta_{32} & \Theta_{33} \end{bmatrix}, \quad \Theta_{ki} = \Theta_{ik}. \tag{5.18}$$

Für den Durchstoßpunkt einer Hauptachse durch die Oberfläche des Ellipsoids ist der Normalenvektor dem Ortsvektor parallel bzw. er ist ihm proportional. Dies führt mit dem zunächst unbekannten Faktor λ auf die Beziehung

$$\Theta y = \lambda y$$

oder auf die Eigenwertaufgabe

$$(\Theta - \lambda E)\, y = 0 \tag{5.19}$$

und für Lösungen $y \neq 0$ auf die charakteristische Gleichung

$$|\Theta - \lambda E| = 0, \tag{5.20}$$

bzw. in entwickelter Form auf

$$a_3\lambda^3 + a_2\lambda^2 + a_1\lambda + a_0 = 0 \tag{5.21}$$

mit den Koeffizienten

$$\begin{aligned} a_3 &= 1 \\ a_2 &= -\Theta_{11} - \Theta_{22} - \Theta_{33} \\ a_1 &= \Theta_{11}\Theta_{22} + \Theta_{22}\Theta_{33} + \Theta_{33}\Theta_{11} - \Theta_{12}^2 - \Theta_{23}^2 - \Theta_{13}^2 \\ a_0 &= -\Theta_{11}\Theta_{22}\Theta_{33} + 2\Theta_{12}\Theta_{23}\Theta_{13} + \Theta_{11}\Theta_{23}^2 + \Theta_{22}\Theta_{13}^2 + \Theta_{33}\Theta_{12}^2. \end{aligned} \tag{5.22}$$

Die Koeffizienten a_2, a_1, a_0 ändern sich nicht für andere kartesische Koordinatensysteme mit demselben Ursprung (gedrehte Systeme). Dies ist die mathematische Bedingung dafür, daß die Matrix Θ ein Tensor ist. Die Größen a_2, a_1, a_0 sind die Invarianten des Trägheitstensors.

Mit den Lösungen λ_i, den Eigenwerten, erhält man aus (5.19) die Koordinaten der Eigenvektoren

$$y_i = (y_{1i}, y_{2i}, y_{3i})^T, \quad i = 1, 2, 3$$

durch welche die Hauptachsen y_1^H, y_2^H, y_3^H bestimmt sind. Eine der Koordinaten ist frei wählbar. Mit $y_{3i} = 1$ wird aus (5.19)

$$\begin{bmatrix} \Theta_{11} - \lambda_i & -\Theta_{12} \\ -\Theta_{12} & \Theta_{22} - \lambda_i \end{bmatrix} \begin{bmatrix} y_{1i} \\ y_{2i} \end{bmatrix} = \begin{bmatrix} \Theta_{13} \\ \Theta_{23} \end{bmatrix}, \tag{5.23}$$

womit die noch fehlenden Koordinaten y_{1i} und y_{2i} berechnet werden können.

Die Orthogonalitätseigenschaft

$$y_{1i}y_{1k} + y_{2i}y_{2k} + y_{3i}y_{3k} = 0 \tag{5.24}$$

für $i \neq k$ und $i, k = 1, 2, 3$

kann zur Kontrolle dienen.

Transformation der Gl. (5.17) von den Koordinaten y_i auf die Hauptkoordinaten y_i^{H} führt auf die Gleichung (vgl. (A3.18) Anhang 3)

$$\lambda_1(y_1^{\mathrm{H}})^2 + \lambda_2(y_2^{\mathrm{H}})^2 + \lambda_3(y_3^{\mathrm{H}})^2 = 1, \tag{5.25}$$

wonach die Eigenwerte gleich den Hauptträgheitsmomenten sind:

$$\Theta_{11}^{\mathrm{H}} = \lambda_1; \quad \Theta_{22}^{\mathrm{H}} = \lambda_2; \quad \Theta_{33}^{\mathrm{H}} = \lambda_3. \tag{5.26}$$

Zwischen den Halbachsen a, b, c (Bild 5.5) und den Hauptträgheitsmomenten bzw. den Eigenwerten bestehen nach (5.16) und (5.26) die folgenden Beziehungen

$$a = \sqrt{\frac{1}{\Theta_{11}^{\mathrm{H}}}} = \sqrt{\frac{1}{\lambda_1}}; \quad b = \sqrt{\frac{1}{\Theta_{22}^{\mathrm{H}}}} = \sqrt{\frac{1}{\lambda_2}}; \quad c = \sqrt{\frac{1}{\Theta_{33}^{\mathrm{H}}}} = \sqrt{\frac{1}{\lambda_3}}. \tag{5.27}$$

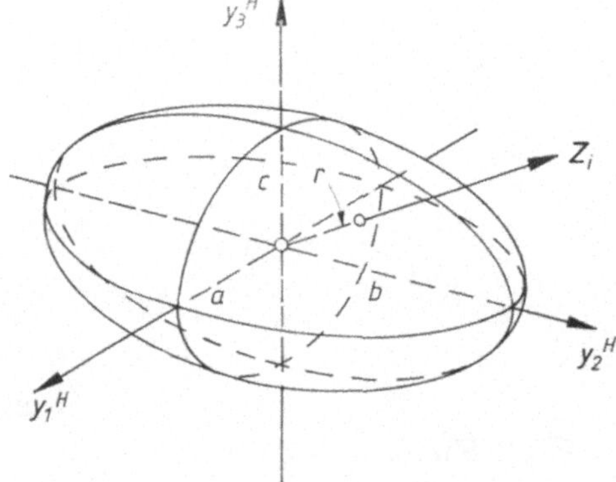

Bild 5.5. Trägheitsellipsoid

Das Koordinatensystem des Trägheitsellipsoids hat somit die Einheit $\mathrm{kg}^{-1/2}\,\mathrm{m}^{-1}$, während zum Berechnen der Trägheitsmomente das Koordinatensystem die Einheit m hat.

Für Massenmomente gelten die folgenden Sätze (s. [16] u. a.).

1. Die Summe der drei Massenträgheitsmomente eines starren Körpers ist bei festgehaltenem Bezugspunkt von Verdrehungen des Koordinatensystems unabhängig. Es gilt für Koordinatensysteme mit gleichem Ursprung immer

$$\Theta_{11} + \Theta_{22} + \Theta_{33} = 2 \int (y_1^2 + y_2^2 + y_3^2)\, \mathrm{d}m = 2 \int r^2\, \mathrm{d}m. \tag{5.28}$$

2. Die Summe zweier Massenträgheitsmomente eines starren Körpers ist stets größer oder gleich dem dritten Massenträgheitsmoment:

$$\Theta_{11} + \Theta_{22} \geqq \Theta_{33}; \quad \Theta_{22} + \Theta_{33} \geqq \Theta_{11}; \quad \Theta_{33} + \Theta_{11} \geqq \Theta_{22}. \tag{5.29}$$

3. Die Massenträgheitsmomente Θ_{11}, Θ_{22}, Θ_{33} für Achsen durch den Massenmittelpunkt sind kleiner als die für parallele, nicht durch den Massenmittelpunkt laufende Achsen.
4. Jeder starre Körper besitzt für jeden Bezugspunkt drei zueinander senkrechte Hauptachsen, für welche die Trägheitsmomente Extremwerte annehmen und die Deviationsmomente Null werden.
5. Wenn zwei der Hauptträgheitsmomente gleich groß sind, dann ist das Trägheitsellipsoid rotationssymmetrisch. Sind alle Hauptträgheitsmomente gleich, dann ist das Trägheitsellipsoid eine Kugel.
6. Alle homogenen regelmäßigen Polyeder, wie Tetraeder, Würfel, Oktaeder usw. haben kugelförmige Trägheitsellipsoide bzgl. ihres Mittelpunkts.
7. Hat ein Körper eine Symmetrieebene der Massenverteilung, dann ist jede Senkrechte zu dieser Ebene Trägheitshauptachse aller Koordinatensysteme, deren übrige Achsen in der Symmetrieebene liegen.
8. Existiert eine Symmetrieachse der Massenverteilung, so ist diese eine Hauptachse.
9. Die Massenmomente eines Verbandes von Körpern ist gleich der Summe der entsprechenden Massenmomente der Teilkörper bzgl. des gleichen Koordinatensystems.

Für die meisten Körperformen der Technik findet man Formeln ihrer Massenmomente in den Taschenbüchern. Tabelle 5.1 gibt davon einen Auszug. Zur praktischen Berechnung zusammengesetzter Körper verwendet man (5.11) und (5.12).

5.4 Beispiel

Gegeben sind zwei Maschinen, z. B. ein Motor und ein Verdichter, die auf einem Betonquader gelagert sind. Dieser wiederum ruht auf Federn. Für die Berechnung der Eigenschwingungen des als starr angenommenen Gesamtsystems muß man dessen Massenmomente bzw. Trägheitstensor kennen.

Eine vereinfachte Darstellung des Systems zeigt Bild 5.6. Dabei bedeuten die Quader A und B die Maschinen und der Quader C das Fundament. Das Getriebe zwischen den Maschinen wird zur Vereinfachung weggelassen.

Es sollen die folgenden Größen berechnet werden:

1. Massen der Teilsysteme,
2. Koordinaten des Gesamtschwerpunkts,
3. Massenmomente der Teilsysteme,
4. Koordinaten der Teilsysteme bezüglich des Gesamtschwerpunkts,
5. Massenmomente bezüglich des Gesamtschwerpunkts,
6. Hauptträgheitsmomente und Hauptachsen.

Tabelle 5.1 Einige Massenträgheitsmomente

	Hohlzylinder, Zylinder (r=0) $\Theta_{11} = m\,\dfrac{R^2 + r^2}{2}$ $\Theta_{22} = \Theta_{33} = m\left(\dfrac{R^2}{4} + \dfrac{r^2}{4} + \dfrac{l^2}{12}\right)$
	Quader $\Theta_{11} = m\,\dfrac{l_2^2 + l_3^2}{12}$ $\Theta_{22} = m\,\dfrac{l_3^2 + l_1^2}{12}$ $\Theta_{33} = m\,\dfrac{l_1^2 + l_2^2}{12}$
	Beliebiger Drehkörper $\Theta_{11} = \varrho\,\dfrac{\pi}{2}\displaystyle\int_0^l r^4\,dy_1$

Einzelheiten der Berechnung

1. Massen der Teilsysteme

Ergebnis einer Vorberechnung oder Wägung:

Maschine A　　　$m_\mathrm{A} = 10\ \mathrm{t}$

Maschine B　　　$m_\mathrm{B} = 20\ \mathrm{t}$

Fundament C　　$m_\mathrm{C} = 210\ \mathrm{t}$

2. Koordinaten des Gesamtschwerpunkts

Wir wählen ein Koordinatensystem, dessen Ursprung im Schwerpunkt M_C des Fundaments liegt (x_1, x_2, x_3-System von Bild 5.6). Entsprechend (5.4) sind die Koordinaten des Gesamtschwerpunkts M

$$x_{\mathrm{M}i} = \frac{1}{m}\,(m_\mathrm{A} x_{\mathrm{A}i} + m_\mathrm{B} x_{\mathrm{B}i}), \quad i = 1, 2, 3$$

wenn $m = m_\mathrm{A} + m_\mathrm{B} + m_\mathrm{C}$ die Gesamtmasse ist. Die Berechnung ergibt

$$x_{\mathrm{M}1} = -0{,}0104\ \mathrm{m}; \quad x_{\mathrm{M}2} = 0{,}0625\ \mathrm{m}; \quad x_{\mathrm{M}3} = 0{,}2625\ \mathrm{m}.$$

3. Massenmomente der Teilsysteme

Bei der späteren Berechnung der Hauptträgheitsmomente und der Hauptachsen sind kleine Differenzen großer Zahlen zu erwarten. Wir rechnen daher mit größerer Stellenzahl als sonst bei technischen Berechnungen üblich ist.

Die Berechnung, deren Einzelheiten hier weggelassen werden, ergibt folgendes:

Maschine A

$$\left.\begin{aligned}\Theta_{11} &= 4{,}7417 \text{ tm}^2 \\ \Theta_{22} &= 3{,}2833 \text{ tm}^2 \\ \Theta_{33} &= 5{,}2083 \text{ tm}^2\end{aligned}\right\} \quad \text{bezüglich Massenmittelpunkt } M_A,$$

Maschine B

$$\left.\begin{aligned}\Theta_{11} &= 18{,}750 \text{ tm}^2 \\ \Theta_{22} &= 9{,}150 \text{ tm}^2 \\ \Theta_{33} &= 20{,}400 \text{ tm}^2\end{aligned}\right\} \quad \text{bezüglich Massenmittelpunkt } M_B,$$

Fundament C

$$\left.\begin{aligned}\Theta_{11} &= 1\,277{,}5 \text{ tm}^2 \\ \Theta_{22} &= 371{,}88 \text{ tm}^2 \\ \Theta_{33} &= 1\,334{,}4 \text{ tm}^2\end{aligned}\right\} \quad \text{bezüglich Massenmittelpunkt } M_C.$$

Die Trägheitsmomente der Maschinen A und B gelten für Koordinatensysteme, die zum x_1, x_2, x_3-System parallel sind. Die Zentrifugalmomente der Maschinen werden vernachlässigt, für das Fundament sind sie ohnehin Null.

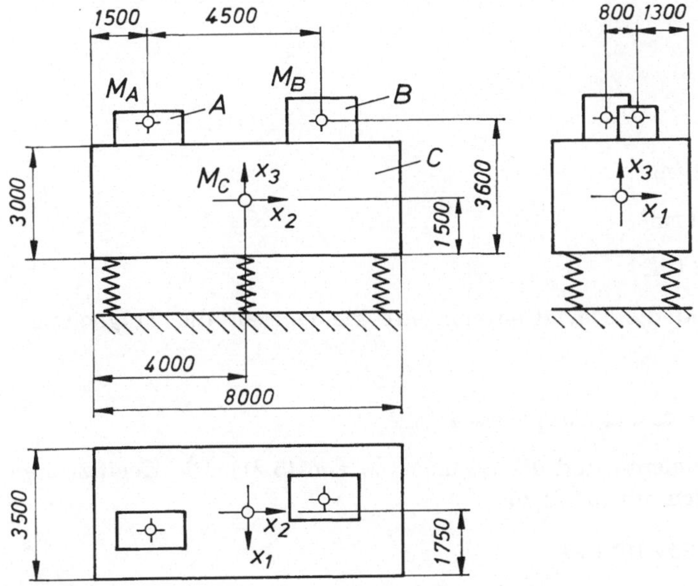

Bild 5.6. Beispiel zur Berechnung von Massenmomenten

4. Koordinaten der Teilsysteme bezüglich des Gesamtschwerpunkts

Der Gesamtschwerpunkt M hat bezüglich des x-Systems die unter 2. angegebenen Koordinaten. Wir legen durch M ein zum x-System paralleles y_1, y_2, y_3-System und erhalten mit den Maßen von Bild 5.6 die folgenden Koordinaten der Massenmittelpunkte

Maschine A

$$y_{A1} = 0{,}4604 \text{ m}; \quad y_{A2} = -2{,}5625 \text{ m}; \quad y_{A3} = 1{,}8375 \text{ m},$$

Maschine B

$$y_{B1} = -0{,}3396 \text{ m}; \quad y_{B2} = 1{,}9375 \text{ m}; \quad y_{B3} = 1{,}8375 \text{ m},$$

Fundament C $(y_{Ci} = -x_{Mi})$

$$y_{C1} = 0{,}0104 \text{ m}; \quad y_{C2} = -0{,}0625 \text{ m}; \quad y_{C3} = -0{,}2625 \text{ m}.$$

5. Massenmomente bezüglich des Gesamtschwerpunkts

Die unter 3. angegebenen Massenmomente der Teilsysteme A, B, C gelten jeweils bezüglich des eigenen Massenmittelpunkts und für Koordinatensysteme, die zum x-System bzw. y-System parallel sind. Der Bezug auf das y-System mit dem Ursprung M ist also eine Parallelverschiebung, so daß (5.11) und (5.12) gelten. Man muß mit diesen Gleichungen die Massenmomente jedes der Systeme A, B, C transformieren und erhält die Massenmomente des Gesamtsystems durch Addition der entsprechenden Massenmomente der Teilsysteme (9. Satz des Abschnitts 5.3).

Die Berechnung ergibt die folgenden Elemente des Trägheitstensors (5.18) für das Gesamtsystem bezüglich der Koordinaten y_1, y_2, y_3 mit M als Ursprung:

$$\Theta_{11} = 1\,558{,}317 \text{ tm}^2$$

$$\Theta_{22} = 504{,}525 \text{ tm}^2$$

$$\Theta_{33} = 1\,506{,}020 \text{ tm}^2$$

$$\Theta_{12} = \Theta_{21} = -25{,}093 \text{ tm}^2$$

$$\Theta_{13} = \Theta_{31} = -4{,}593 \text{ tm}^2$$

$$\Theta_{23} = \Theta_{32} = 27{,}562 \text{ tm}^2.$$

Erwartungsgemäß sind die Deviationsmomente klein gegen die Trägheitsmomente.

6. Hauptträgheitsmomente und Hauptachsen

Die Hauptträgheitsmomente sind die Lösungen λ_i von (5.21). Die Koeffizienten dieser Gleichung werden mit (5.22) zu

$$a_3 = 1; \quad a_2 = -3{,}56886 \cdot 10^3 \text{ tm}^2$$

$$a_1 = 3{,}89148 \cdot 10^6 \text{ t}^2\text{m}^4; \quad a_0 = -1{,}18190 \cdot 10^9 \text{ t}^3\text{m}^6.$$

Mit λ in tm² hat jedes Glied von (5.21) die Einheit t³m⁶. Die Lösungen sind

$$\lambda_1 = 503{,}165 \text{ tm}^2$$

$$\lambda_2 = 1\,506{,}488 \text{ tm}^2$$

$$\lambda_3 = 1\,559{,}210 \text{ tm}^2.$$

Die Lage der Hauptachsen im y_1, y_2, y_3-System ist durch die Eigenvektoren $\boldsymbol{y}_1$, $\boldsymbol{y}_2$, $\boldsymbol{y}_3$ bestimmt. Die Koordinaten dieser Vektoren ergeben sich mit (5.23) zu

$$\boldsymbol{y}_1 = (y_{11}, y_{21}, y_{31})^T = (-0{,}8665; 36{,}25; 1)^T$$

$$\boldsymbol{y}_2 = (y_{12}, y_{22}, y_{32})^T = (-0{,}0744; -0{,}0294; 1)^T$$

$$\boldsymbol{y}_3 = (y_{13}, y_{23}, y_{33})^T = (13{,}302; 0{,}290; 1)^T.$$

Zur Kontrolle prüfen wir die Orthogonalität dieser Vektoren. So stehen z. B. $\boldsymbol{y}_1$ und $\boldsymbol{y}_2$ aufeinander senkrecht, wenn nach (5.24) die folgende Summe Null ist

$$(-0{,}8665)\,(-0{,}0744) + 36{,}25(-0{,}0294) + 1 \cdot 1 = 0{,}0645 - 1{,}0658 + 1$$

$$= -0{,}0013.$$

Die Bedingung ist genügend genau erfüllt. Dies gilt auch für die Paare $\boldsymbol{y}_2$, $\boldsymbol{y}_3$ und $\boldsymbol{y}_3$, $\boldsymbol{y}_1$.

Die Lage der Eigenvektoren — und damit der Hauptachsen — ist besser vorstellbar, wenn man ihre Koordinaten auf gleichen Maximalwert normiert. Mit dem Maximalwert 100 erhält man

$$\boldsymbol{y}_1 = (-2{,}39; 100; 2{,}76)^T$$

$$\boldsymbol{y}_2 = (-7{,}44; -2{,}94; 100)^T$$

$$\boldsymbol{y}_3 = (100; 2{,}18; 7{,}52)^T.$$

Man erkennt, daß folgende Achsen benachbart sind:

Die 1. Hauptachse zur y_2-Achse,

die 2. Hauptachse zur y_3-Achse,

die 3. Hauptachse zur y_1-Achse.

Dementsprechend ist folgende Zuordnung sinnvoll:

$$\lambda_3 = \Theta_{11}^{\mathrm{H}} = 1\,559{,}210 \text{ tm}^2$$

$$\lambda_1 = \Theta_{22}^{\mathrm{H}} = 503{,}165 \text{ tm}^2$$

$$\lambda_2 = \Theta_{33}^{\mathrm{H}} = 1\,506{,}488 \text{ tm}^2.$$

Die Hauptträgheitsmomente Θ_{ii}^{H} unterscheiden sich von den unter 5. angegebenen Trägheitsmomenten Θ_{ii} nur um $+0{,}057\%$; $-0{,}27\%$ und $0{,}031\%$.

6 Grundgesetze der Kinetik

Die Bewegung eines Körpers oder Systems wird durch Grundgesetze bestimmt, die entweder als Kraft- bzw. Momentenaussagen oder als Energieaussagen formuliert sind. Zur ersten Gruppe gehören der Impuls- und Drallsatz, bzw. der Schwerpunkt- und Momentensatz, zur zweiten Gruppe zählen das Prinzip von d'Alembert, die Lagrangeschen Gleichungen und das Hamiltonsche Prinzip.

Die Herleitung der Bewegungsgleichungen aus dem Impuls- und Drallsatz wird synthetische Methode genannt, weil man hierbei ein System zuerst schneidet und dann unter Beachtung der Verträglichkeit wieder zusammensetzt. Beim Verwenden von Energieprinzipien spricht man von analytischer Methode. Diese ist der synthetischen Methode bei kinematisch komplizierten Systemen überlegen. Wir befassen uns hier vorwiegend mit kleinen, linearen Schwingungen kinematisch einfacher Systeme. Ausführlichere Darstellungen findet man u. a. in [15—21].

6.1 Impulssatz, Schwerpunktsatz

Das zweite Newtonsche Gesetz lautet:

Die Änderung der Bewegungsgröße ist der einwirkenden äußeren Kraft proportional und erfolgt längs der Geraden, in der diese Kraft wirkt.

Mit Bewegungsgröße ist das Produkt aus der Masse m und ihrer Geschwindigkeit v gemeint. Dies ist der Impuls

$$I = mv. \tag{6.1}$$

Mit $dI = v\,dm$ als dem Impuls des Massenelements dm liefert obiges Gesetz den Impulssatz des Massenelements

$$\frac{d}{dt}\,(v\,dm) = \frac{d}{dt}\,(dI) = dF, \tag{6.2}$$

wobei dF die Resultierende aller am Massenelement angreifenden Kräfte bezeichnet. Die zeitliche Ableitung muß auf ein raumfestes Koordinatensystem bezogen sein.

Bei konstanter Masse erhält der Impulssatz mit $a = \dot{v}$ die Form

$$a\,dm = dF, \tag{6.3}$$

in welcher man ihn als Kräftesatz bezeichnet:

Masse mal Beschleunigung eines Massenelements ist gleich der Resultierenden aller daran angreifenden Kräfte.

Mit der d'Alembertschen Trägheitskraft

$$\mathrm{d}\boldsymbol{F}_\mathrm{T} = -\boldsymbol{a}\mathrm{d}m \tag{6.4}$$

wird aus (6.3)

$$\mathrm{d}\boldsymbol{F}_\mathrm{T} + \mathrm{d}\boldsymbol{F} = 0, \tag{6.5}$$

womit der Kräftesatz nun folgende Form hat:

Die Summe aus der d'Alembertschen Trägheitskraft und der Resultierenden der äußeren Kräfte ist Null.

Betrachtet man das Massenelement als herausgeschnittenes Teil eines Körpers, dann ist

$$\mathrm{d}\boldsymbol{F} = \mathrm{d}\boldsymbol{F}_\mathrm{i} + \mathrm{d}\boldsymbol{F}_\mathrm{a}$$

mit $\mathrm{d}\boldsymbol{F}_\mathrm{i}$ Resultierende der inneren Kräfte, $\mathrm{d}\boldsymbol{F}_\mathrm{a}$ Resultierende der äußeren Kräfte. Durch Integration von (6.2) über den Körper erhält man

$$\int \frac{\mathrm{d}}{\mathrm{d}t}\,(\boldsymbol{v}\,\mathrm{d}m) = \int \mathrm{d}\boldsymbol{F}$$

bzw.

$$\frac{\mathrm{d}}{\mathrm{d}t} \int \boldsymbol{v}\,\mathrm{d}m = \int (\mathrm{d}\boldsymbol{F}_\mathrm{i} + \mathrm{d}\boldsymbol{F}_\mathrm{a}). \tag{6.6}$$

Daraus wird mit

$$\boldsymbol{I} = \int \boldsymbol{v}\,\mathrm{d}m \qquad \text{Impuls des Körpers,} \tag{6.7}$$

$$\int \mathrm{d}\boldsymbol{F}_\mathrm{i} = 0 \qquad \text{(die inneren Kräfte heben sich auf),}$$

$$\int \mathrm{d}\boldsymbol{F}_\mathrm{a} = \boldsymbol{F}_\mathrm{a} \qquad \text{Resultierende der am Körper angreifenden äußeren Kräfte}$$

der Impulssatz für den Körper

$$\frac{\mathrm{d}\boldsymbol{I}}{\mathrm{d}t} = \boldsymbol{F}_\mathrm{a}. \tag{6.8}$$

In Worten:

Die zeitliche Ableitung des Impulses eines Körpers bezüglich eines raumfesten Koordinatensystems ist gleich der Resultierenden seiner äußeren Kräfte.

Durch Einführen der Geschwindigkeit des Schwerpunkts kommt man vom Impulssatz zum Schwerpunktsatz, wie im folgenden gezeigt wird.

Mit $\boldsymbol{r}$ als dem Ortsvektor des Massenelements $\mathrm{d}m$ (Bild 6.1) ist nach (6.7) der Impuls des Körpers

$$\boldsymbol{I} = \int \dot{\boldsymbol{r}}\,\mathrm{d}m$$

Entsprechend Abschnitt 5.1 ist der Ortsvektor des Schwerpunkts

$$r_\mathrm{S} = \frac{1}{m} \int r \, \mathrm{d}m$$

und damit bei zeitlich konstanter Masse der Impuls

$$I = m\dot{r}_\mathrm{S} = m v_\mathrm{S} \tag{6.9}$$

mit v_S als der Geschwindigkeit des Schwerpunkts. Somit ist der Impuls eines Körpers mit konstanter Masse gleich dem Produkt aus Masse und Schwerpunktsgeschwindigkeit.

Aus dem Impulssatz nach (6.8) wird nun

$$m\dot{v}_\mathrm{S} = m a_\mathrm{S} = F_\mathrm{a} \tag{6.10}$$

mit $a_\mathrm{S} = \dot{v}_\mathrm{S}$ als der Beschleunigung des Schwerpunkts.

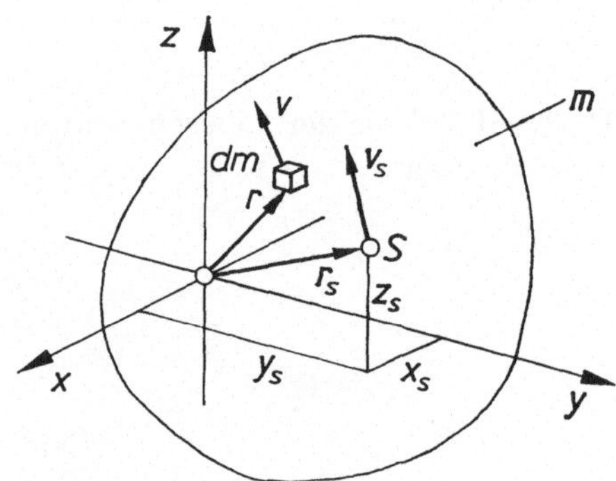

Bild 6.1. Zur Herleitung des Schwerpunktsatzes

Dies ist der Schwerpunktsatz:

> Masse mal Beschleunigung des Schwerpunkts bezüglich eines raumfesten Koordinatensystems ist gleich der Resultierenden der äußeren Kräfte.

Man beachte, daß beim Schwerpunktsatz die Lage der Resultierenden F_a im Raum keine Rolle spielt.

Ist der Körper mit n äußeren Kräften

$$F_\mathrm{r} = (F_\mathrm{xr},\, F_\mathrm{yr},\, F_\mathrm{zr})^T$$

belastet und sind x_S, y_S, z_S die Ortskoordinaten seines Schwerpunkts, dann lautet der Schwerpunktsatz in Koordinaten

$$m\ddot{x}_\mathrm{S} = \sum_r F_\mathrm{xr} = F_\mathrm{x}$$

$$m\ddot{y}_\mathrm{S} = \sum F_\mathrm{yr} = F_\mathrm{y} \tag{6.11}$$

$$m\ddot{z}_\mathrm{S} = \sum_r F_\mathrm{zr} = F_\mathrm{z}$$

mit den Koordinaten F_x, F_y, F_z der Resultierenden F_a der äußeren Kräfte.

6.2 Der Drall

Als Drall bezeichnet man das Moment des Impulses bezüglich eines Punktes. Bezüglich des Ursprungs 0 des raumfesten x, y, z-Systems ist der Drall eines Massenelements

$$\mathrm{d}\boldsymbol{D}_0 = \boldsymbol{r} \times \mathrm{d}\boldsymbol{I} = \boldsymbol{r} \times \boldsymbol{v} \, \mathrm{d}m \tag{6.12}$$

und der Drall des Körpers

$$\boldsymbol{D}_0 = \int (\boldsymbol{r} \times \boldsymbol{v}) \, \mathrm{d}m . \tag{6.13}$$

Für einen beliebigen anderen Punkt P, der fest oder bewegt sein kann, ist der Drall des Körpers

$$\boldsymbol{D}_\mathrm{P} = \int (\boldsymbol{y} \times \boldsymbol{v}) \, \mathrm{d}m \tag{6.14}$$

mit $\boldsymbol{y}$ als dem Ortsvektor bezüglich P und $\boldsymbol{v}$ als der Absolutgeschwindigkeit des Massenelements $\mathrm{d}m$ (Bild 6.2). Ist der Bezugspunkt P körperfest, hat er die Geschwindigkeit $\boldsymbol{v}_\mathrm{P} = \dot{\boldsymbol{s}}$, und hat der Körper die Winkelgeschwindigkeit $\boldsymbol{\omega}$, dann ist die Geschwindigkeit des Massenelements

$$\boldsymbol{v} = \boldsymbol{v}_\mathrm{P} + \boldsymbol{\omega} \times \boldsymbol{y} \tag{6.15}$$

und der Drall des Körpers bezüglich P

$$\boldsymbol{D}_\mathrm{P} = \int (\boldsymbol{y} \times \boldsymbol{v}_\mathrm{P}) \, \mathrm{d}m + \int [\boldsymbol{y} \times (\boldsymbol{\omega} \times \boldsymbol{y})] \, \mathrm{d}m . \tag{6.16}$$

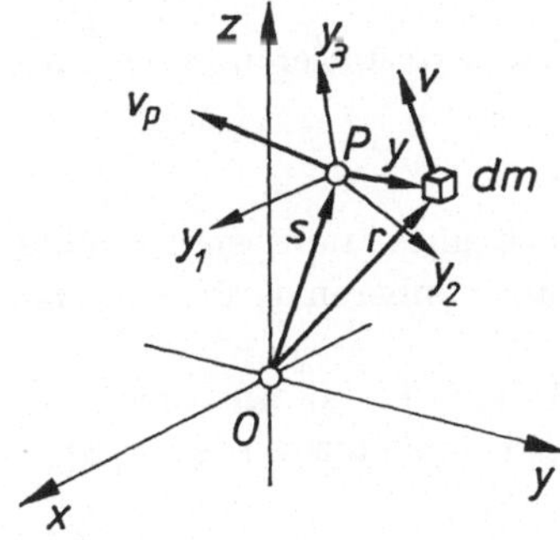

Bild 6.2. Zur Berechnung des Dralls

Ist P ein Fixpunkt, ist also $\boldsymbol{v}_\mathrm{P} = 0$, dann ist das erste Integral von (6.16) Null. Es ist auch Null, wenn man als Bezugspunkt P den Schwerpunkt S wählt, denn hierfür ist

$$\int (\boldsymbol{y} \times \boldsymbol{v}_\mathrm{S}) \, \mathrm{d}m = \underbrace{\int \boldsymbol{y} \, \mathrm{d}m}_{=\,0} \times \boldsymbol{v}_\mathrm{S} = 0 .$$

Ist also P Fixpunkt oder Schwerpunkt des Körpers, dann ist

$$\boldsymbol{D}_\mathrm{P} = \int [\boldsymbol{y} \times (\boldsymbol{\omega} \times \boldsymbol{y})] \, \mathrm{d}m$$

und mit dem Entwicklungssatz für das doppelte Vektorprodukt

$$\boldsymbol{D}_\mathrm{P} = \int (\boldsymbol{y}^T\boldsymbol{y})\,\boldsymbol{\omega}\,\mathrm{d}m - \int (\boldsymbol{y}^T\boldsymbol{\omega})\,\boldsymbol{y}\,\mathrm{d}m\,. \tag{6.17}$$

Die in die y_1-Achse fallende Koordinate D_1 von $\boldsymbol{D}_\mathrm{P}$ ist nach (6.17)

$$D_1 = \int [(y_1^2 + y_2^2 + y_3^2)\,\omega_1 - (y_1\omega_1 + y_2\omega_2 + y_3\omega_3)\,y_1]\,\mathrm{d}m$$

und mit (5.9) und (5.10) für die Massenmomente

$$D_1 = \Theta_{11}\omega_1 - \Theta_{12}\omega_2 - \Theta_{13}\omega_3\,.$$

Also ist für den Punkt P der Drall

$$\boldsymbol{D}_\mathrm{P} = \begin{bmatrix} D_1 \\ D_2 \\ D_3 \end{bmatrix}_\mathrm{P} = \begin{bmatrix} \Theta_{11} & -\Theta_{12} & -\Theta_{13} \\ -\Theta_{12} & \Theta_{22} & -\Theta_{23} \\ -\Theta_{13} & -\Theta_{23} & \Theta_{33} \end{bmatrix}_\mathrm{P} \cdot \begin{bmatrix} \omega_1 \\ \omega_2 \\ \omega_3 \end{bmatrix}_\mathrm{P} = \boldsymbol{\Theta}_\mathrm{P}\boldsymbol{\omega}_\mathrm{P}\,. \tag{6.18}$$

6.3 Drallsatz, Momentensatz

Der Impulssatz gibt die Beziehung zwischen der Translationsbewegung und den Kräften eines Körpers an. Entsprechend liefert der Drallsatz den Zusammenhang zwischen der Drehbewegung und dem Moment der Kräfte. Der Drallsatz lautet

$$\frac{\mathrm{d}\boldsymbol{D}_0}{\mathrm{d}t} = \boldsymbol{M}_{\mathrm{a},0} \tag{6.19}$$

mit $\boldsymbol{D}_0$ Drall bezüglich eines raumfesten Punktes 0, $\boldsymbol{M}_{\mathrm{a},0}$ Resultierende der Momente der äußeren Kräfte bezüglich 0.

In Worten:
Die zeitliche Ableitung des Dralls eines Körpers bezüglich eines raumfesten Punkts ist gleich dem resultierenden Moment der Momente aller äußeren Kräfte bezüglich desselben Punkts.

Der Drallsatz ist ebenso wie der Impulssatz ein Axiom. Er könnte auch vom Impulssatz mit Hilfe des Boltzmann-Axioms ($\tau_{\mathrm{ki}} = \tau_{\mathrm{ik}}$) hergeleitet werden ([18]).

Bei konstanter Masse lautet der Drallsatz

$$\frac{\mathrm{d}\boldsymbol{D}_0}{\mathrm{d}t} = \frac{\mathrm{d}}{\mathrm{d}t}\int (\boldsymbol{r}\times\dot{\boldsymbol{r}})\,\mathrm{d}m = \int [(\boldsymbol{r}\times\ddot{\boldsymbol{r}}) + (\dot{\boldsymbol{r}}\times\dot{\boldsymbol{r}})]\,\mathrm{d}m = \int (\boldsymbol{r}\times\ddot{\boldsymbol{r}})\,\mathrm{d}m\,.$$

Damit und mit $\boldsymbol{a} = \ddot{\boldsymbol{r}}$ als der Beschleunigung des Massenelements $\mathrm{d}m$ erhält der Drallsatz die Form

$$\int (\boldsymbol{r}\times\boldsymbol{a})\,\mathrm{d}m = \boldsymbol{M}_{\mathrm{a},0}\,. \tag{6.20}$$

Dies ist der Momentensatz:

Das Moment der Massenbeschleunigung ist gleich dem Moment der äußeren Kräfte (beide bezüglich desselben Punkts 0).

Wählt man einen Bezugspunkt P, der Fixpunkt oder Schwerpunkt des Körpers ist, dann gilt für den Drall (6.18), und der Drallsatz lautet

$$\frac{\mathrm{d}\boldsymbol{D}_\mathrm{P}}{\mathrm{d}t} = \frac{\mathrm{d}}{\mathrm{d}t}\,(\boldsymbol{\Theta}_\mathrm{P}\omega_\mathrm{P}) = \boldsymbol{M}_{\mathrm{a},\mathrm{P}}\,. \tag{6.21}$$

Ist der Körper starr und führt er nur kleine Drehungen φ_1, φ_2, φ_3 aus, dann vereinfacht sich der Drallsatz nach (6.21) mit $\omega_\mathrm{P} = \dot{\boldsymbol{\varphi}} = (\dot{\varphi}_1, \dot{\varphi}_2, \dot{\varphi}_3)^T$ auf

$$\boldsymbol{\Theta}_\mathrm{P}\ddot{\boldsymbol{\varphi}} = \boldsymbol{M}_{\mathrm{a},\mathrm{P}} \tag{6.22}$$

oder ausführlicher

$$\begin{bmatrix} \Theta_{11} & -\Theta_{12} & -\Theta_{13} \\ -\Theta_{12} & \Theta_{22} & -\Theta_{23} \\ -\Theta_{13} & -\Theta_{23} & \Theta_{33} \end{bmatrix} \begin{bmatrix} \ddot{\varphi}_1 \\ \ddot{\varphi}_2 \\ \ddot{\varphi}_3 \end{bmatrix} = \begin{bmatrix} M_{\mathrm{a}1} \\ M_{\mathrm{a}2} \\ M_{\mathrm{a}3} \end{bmatrix}. \tag{6.23}$$

6.4 Das Prinzip von d'Alembert

Nach [18] lautet das d'Alembertsche Prinzip in der Fassung von Lagrange:

Bei einer virtuellen Verschiebung eines Systems aus einer Momentanlage heraus ist die von den inneren, den äußeren und den Trägheitskräften insgesamt geleistete Arbeit gleich Null.

Als Gleichung:

$$\delta W_\mathrm{i} + \delta W_\mathrm{a} + \delta W_\mathrm{T} = 0 \tag{6.24}$$

mit den virtuellen Arbeiten δW_i der inneren Kräfte, δW_a der äußeren Kräfte und δW_T der Trägheitskräfte.

Die virtuellen Arbeiten entstehen bei gedachten — virtuellen — Verrückungen, die klein und mit den Bindungen des Systems verträglich sein müssen.

Das Prinzip wird u. a. im Abschnitt 9.1.2 angewendet.

7 Schwinger mit einem Freiheitsgrad

7.1 Einleitung

Die technischen Gebilde sind der Schwingungsberechnung nicht unmittelbar zugänglich. Man muß sie auf berechenbare Modelle abbilden. Die Modelle bestehen aus verschiedenartigen Elementen. Im einfachsten Fall sind dies starre Massen und masselose Federn und Dämpfer. Die Bewegung bzw. Schwingung des Modells wird durch die Bewegung seiner Massen bestimmt. Nehmen wir diese allgemein als ausgedehnt (nicht punktartig) an, dann ist die Bewegung einer Masse im Raum eindeutig durch drei Verschiebungen (Translationen) und drei Drehungen (Rotationen) beschrieben. Wir betrachten kleine Schwingungen um eine Mittellage und bezeichnen die dabei auftretenden Verschiebungen und Drehungen als Verrückungen. Diese werden in der Regel in einem rechtwinkligen Koordinatensystem gemessen. Die Beträge der Verrückungen werden Verrückungskoordinaten oder auch kurz Koordinaten genannt.

Zur Beschreibung der Schwingungen eines Modells mit z Massen sind im allgemeinen $n = 6\,z$ Koordinaten erforderlich. Man bezeichnet diese notwendige Zahl n als Freiheitsgrad des Modells.

Das einfachste Modell hat nur einen Freiheitsgrad, wir nennen es „einfachen Schwinger". Die Kenntnis seines Verhaltens ist grundlegend für das Verständnis von komplizierten Modellen und den mechanischen Gebilden, die diese Modelle annähern sollen. In diesem Kapitel wird daher die Dynamik des einfachen Schwingers ausführlich behandelt.

7.2 Bewegungsgleichung

Die Elemente eines einfachen Schwingers sind Masse, Feder und Dämpfer. Die Feder und der Dämpfer werden masselos angenommen. Wir beschränken uns auf lineare Schwinger, das sind solche, bei denen die Feder- bzw. Dämpfungskraft linear von der Verschiebung bzw. von der Verschiebungsgeschwindigkeit abhängen.

Bei der Abbildung technischer Gebilde auf einen einfachen Schwinger kommt man fast immer auf einen der folgenden Grundtypen:

— Längsschwinger,
— Biegeschwinger,
— Drehschwinger.

Wir beginnen mit dem Längsschwinger nach Bild 7.1. Seine Kinematik geht eindeutig aus Bild 7.1a hervor. Meistens wird dieser Schwinger durch Bild 7.1b symbolisiert.

Nach dem Kräftesatz ist

$$m\ddot{x} = \sum F$$

mit x als der Verschiebung der Masse gegen die statische Ruhelage und $\sum F$ als der Summe aller an der Masse angreifenden Kräfte. Mit Bild 7.1c gilt

$$m\ddot{x} = F(t) + kw_\mathrm{s} - G - kx - d\dot{x}.$$

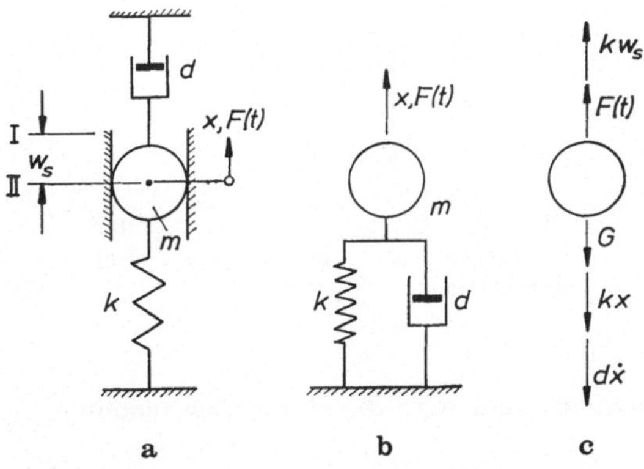

Bild 7.1. Einfacher Schwinger (Längsschwinger).
a, b) Gleichwertige Schwinger; **c)** äußere Kräfte an der herausgeschnittenen Masse.
I Ruhelage bei $g = 0$; II Ruhelage bei $g \neq 0$ (statische Ruhelage). m Masse; k Steifigkeit; d Dämpfung; w_s statische Verschiebung infolge $G = mg$; $F(t)$ Erregerkraft

Mit der statischen Verschiebung infolge des Gewichts

$$w_\mathrm{s} = \frac{G}{k}$$

ist $kw_\mathrm{s} - G = 0$, und man erhält nach Umordnung die Bewegungsgleichung dieses Schwingers zu

$$m\ddot{x} + d\dot{x} + kx = F(t). \tag{7.1}$$

In dieser Bewegungsgleichung kommt also die Gewichtskraft nicht vor. Dies ist meistens (jedoch nicht immer!) der Fall bei Bewegungsgleichungen bezüglich der statischen Ruhelage.

Interessiert beim Biegeschwinger, Bild 7.2, nur dessen Vertikalverschiebung x, dann ist dies ebenfalls ein einfacher Schwinger. Man erhält wie beim Schwinger nach Bild 7.1 die Bewegungsgleichung (7.1), wobei die Steifigkeit

$$k = 48 \frac{EI}{l^3} \tag{7.2}$$

beträgt.

Auch der Drehschwinger nach Bild 7.3a ist ein einfacher Schwinger, wenn man nur seine Drehung φ betrachtet. Hier führt der Drallsatz (6.22) zur Bewegungsgleichung. Mit Θ als dem Trägheitsmoment der Scheibe bezüglich der Drehachse (polares Trägheitsmoment) ist der Drall $D = \Theta\dot{\varphi}$ und der Drallsatz

$$\Theta\ddot{\varphi} = \sum M \, .$$

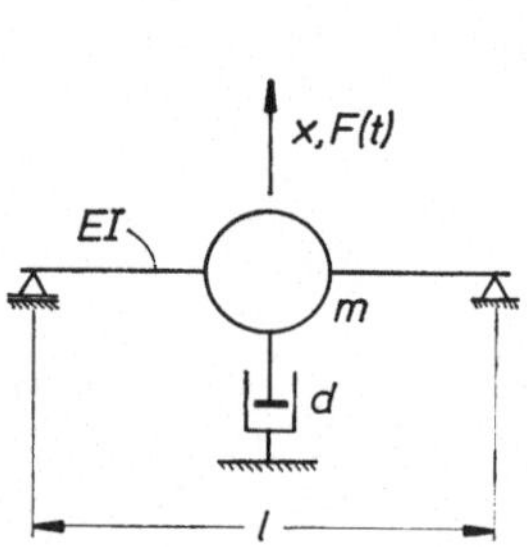

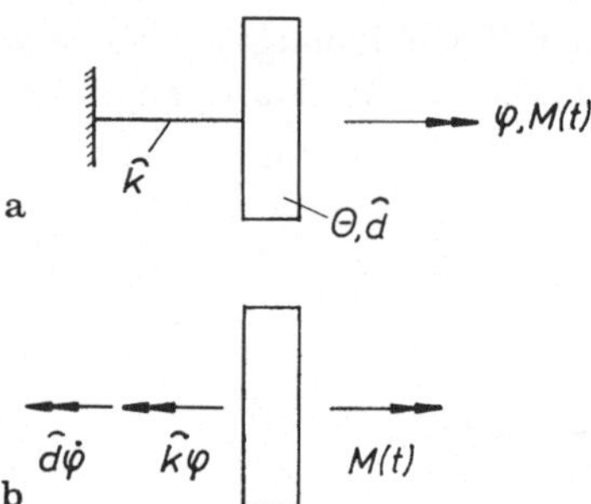

Bild 7.2. Biegeschwinger. Statische Ruhelage bei $x = 0$. Die Balkenmasse wird vernachlässigt.

Bild 7.3. Drehschwinger. **a)** Modell; **b)** Momente. $\hat{k}$ Drehsteifigkeit, $\hat{d}$ Drehdämpfung

Mit den in Bild 7.3b gezeigten Momenten erhält man die Bewegungsgleichung

$$\Theta\ddot{\varphi} + \hat{d}\dot{\varphi} + \hat{k}\varphi = M(t) \, . \tag{7.3}$$

Die Bewegungsgleichung der drei Modelle (Längs-, Biege- und Drehschwinger) ist immer vom gleichen Typ. Es ist eine gewöhnliche Differentialgleichung 2. Ordnung mit konstanten Koeffizienten und zeitabhängiger rechter Seite. Ihre Lösung wird in den nächsten Abschnitten behandelt.

7.3 Eigenschwingung

7.3.1 Eigenschwingung ohne Dämpfung

Die Bewegungsgleichung (7.1) hat die vollständige Lösung

$$x(t) = x_{\mathrm{h}}(t) + x_{\mathrm{p}}(t) \tag{7.4}$$

mit $x_{\mathrm{h}}(t)$ als der allgemeinen Lösung für $F(t) = 0$ — der homogenen Gleichung — und $x_{\mathrm{p}}(t)$ als der partikulären Lösung der vollständigen Gleichung.

Die Lösung $x_{\mathrm{h}}(t)$ erweist sich als die Eigenschwingung des Systems. Wir betrachten zunächst den Fall ohne Dämpfung. Hierfür ist die Bewegungsgleichung

$$m\ddot{x} + kx = 0 \, , \tag{7.5}$$

und sie hat die allgemeine Lösung

$$x(t) = x_{\mathrm{h}}(t) = A \cos \omega_{\mathrm{k}}t + B \sin \omega_{\mathrm{k}}t = C \sin (\omega_{\mathrm{k}}t + \varphi) \tag{7.6}$$

mit

$$\omega_{\mathrm{k}} = \sqrt{\frac{k}{m}} \qquad\qquad (7.7)$$

$$C = \sqrt{A^2 + B^2} \qquad\qquad (7.8)$$

$$\tan \varphi = \frac{A}{B}. \qquad\qquad (7.9)$$

Die Eigenschwingung des einfachen, ungedämpften Schwingers ist also eine Sinusschwingung mit

ω_{k} Eigenkreisfrequenz,

$f_{\mathrm{k}} = \dfrac{\omega_{\mathrm{k}}}{2\pi}$ Eigenfrequenz,

$T_{\mathrm{k}} = \dfrac{1}{f_{\mathrm{k}}} = \dfrac{2\pi}{\omega_{\mathrm{k}}}$ Eigenschwingungsdauer.

Die Konstanten A und B bzw. die Amplitude C und der Nullphasenwinkel φ werden durch die Anfangsbedingungen bestimmt. Beträgt zur Zeit $t = 0$ der Ausschlag x_0 und ist die Geschwindigkeit $\dot{x}_0$, dann sind die Konstanten

$$A = x_0 \quad \text{und} \quad B = \frac{\dot{x}_0}{\omega_{\mathrm{k}}}.$$

Bei der Eigenschwingung ohne Dämpfung wirken an der Masse nur die Federkraft und die Trägheitskraft, wenn man von der Gewichtskraft absieht.
Die an der Masse angreifende Federkraft ist

$$F_{\mathrm{k}} = -k x_{\mathrm{h}} = -kC \sin(\omega_{\mathrm{k}}t + \varphi) = -\hat{F}_{\mathrm{k}} \sin(\omega_{\mathrm{k}}t + \varphi) \qquad (7.10)$$

mit $\hat{F}_{\mathrm{k}} = kC$.

Die Trägheitskraft ist

$$F_{\mathrm{T}} = -m \ddot{x}_{\mathrm{h}} = m\omega_k^2 C \sin(\omega_{\mathrm{k}}t + \varphi) = \hat{F}_{\mathrm{T}} \sin(\omega_{\mathrm{k}}t + \varphi) \qquad (7.11)$$

mit $\hat{F}_{\mathrm{T}} = m\omega_k^2 C = kC = \hat{F}_{\mathrm{k}}$.

Die Federkraft wirkt an der Masse in entgegengesetzter Richtung zum Ausschlag. Zur Herstellung des Gleichgewichts wirkt die Trägheitskraft in Richtung des Ausschlags (Bild 7.4).

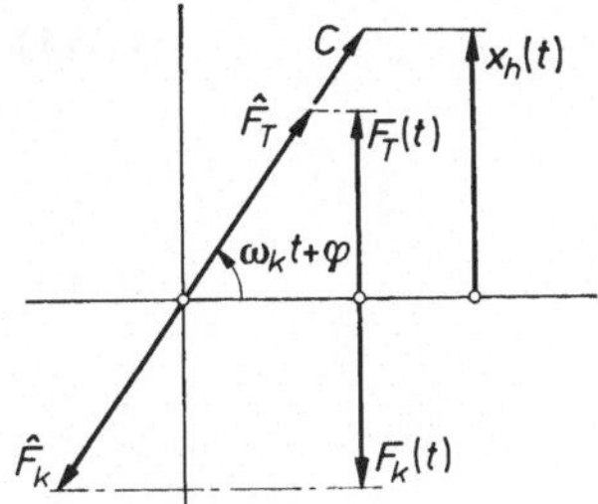

Bild 7.4. Kräfte bei ungedämpfter Eigenschwingung

Betrachten wir nun noch die Energien. Die Masse hat die kinetische Energie

$$T = \frac{1}{2}\, m\dot{x}_\mathrm{h}^2,$$

und die Feder hat die Formänderungsenergie (potentielle Energie)

$$U = \frac{1}{2}\, kx_\mathrm{h}^2.$$

Bei einer Sinusschwingung mit

$$x_\mathrm{h} = B \sin \omega_\mathrm{k} t$$

ist

$$T = \frac{1}{2}\, m(B\omega_\mathrm{k})^2 \cos^2 \omega_\mathrm{k} t = \frac{1}{2}\, m(B\omega_\mathrm{k})^2\, \frac{1}{2}\, (1 + \cos 2\omega_\mathrm{k} t) \tag{7.12}$$

$$U = \frac{1}{2}\, kB^2 \sin^2 \omega_\mathrm{k} t = \frac{1}{2}\, kB^2\, \frac{1}{2}\, (1 - \cos 2\omega_\mathrm{k} t). \tag{7.13}$$

Der zeitliche Verlauf von x_h, T und U ist im Bild 7.5 dargestellt.

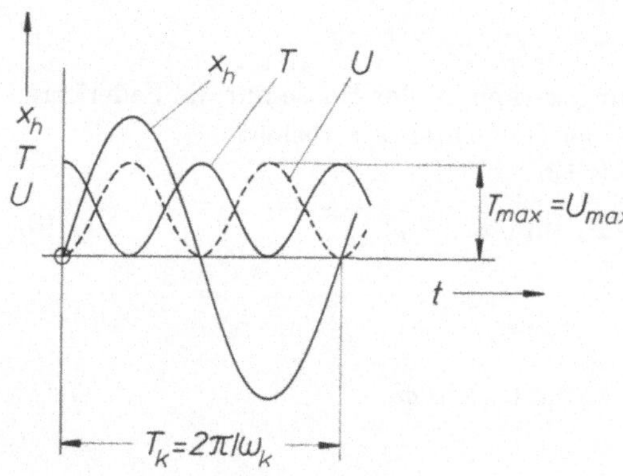

Bild 7.5. Zeitlicher Verlauf der Verschiebung und Energien bei ungedämpfter Eigenschwingung

Die Maximalwerte sind

$$U_\mathrm{max} = \frac{1}{2}\, kB^2 \tag{7.14}$$

und

$$T_\mathrm{max} = \frac{1}{2}\, m(B\omega_\mathrm{k})^2 = \frac{1}{2}\, kB^2 = U_\mathrm{max}. \tag{7.15}$$

Demnach ist jederzeit

$$T + U = T_\mathrm{max} = U_\mathrm{max} = \mathrm{const.} \tag{7.16}$$

Dies ist die Gleichung des Energiesatzes:

Bei einem ungedämpften Schwinger ist die Summe aus kinetischer und potentieller Energie jederzeit konstant. Die Maxima der beiden Energien sind gleich.

Mit

$$T' = \frac{T_{\max}}{\omega_k^2} \tag{7.17}$$

als der reduzierten kinetischen Energie erhält man aus (7.15)

$$\omega_k^2 = \frac{U_{\max}}{T'} . \tag{7.18}$$

Die rechte Seite dieser Gleichung ist der Rayleigh-Quotient. Beim einfachen Schwinger erscheint er trivial. Bei mehrfachen Schwingern erweist er sich als nützlich zur näherungsweisen Ermittlung von Eigenfrequenzen (s. Abschnitt 10.8).

Der Energiesatz bzw. Rayleigh-Quotient liefert unmittelbar die Eigenfrequenz wie das folgende, einfache Beispiel zeigt.

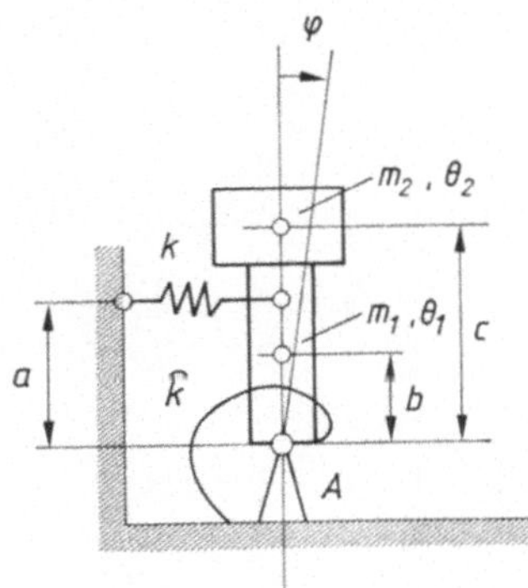

Bild 7.6. Einfacher Drehschwinger

Für den Schwinger nach Bild 7.6 soll die Eigenfrequenz mit dem Energiesatz berechnet werden. Er besteht aus dem starren Schaft mit der Masse m_1 und einer Zusatzmasse m_2. Die Massen haben bezüglich Drehung um ihre jeweiligen Schwerpunkte die Trägheitsmomente Θ_1 bzw. Θ_2. Der Schwinger ist gefesselt mit einer Feder bzw. Drehfeder mit den Steifigkeiten k bzw. $\hat{k}$.

Bei der Schwingung

$$\varphi = \hat{\varphi} \sin \omega_k t$$

mit der zunächst unbekannten Frequenz ω_k beträgt die (klein angenommene Winkelamplitude $\hat{\varphi}$ und die maximale Winkelgeschwindigkeit $\omega_k \hat{\varphi}$. Die maximalen Energien sind

$$2U_{\max} = \hat{k}\hat{\varphi}^2 + k(\hat{\varphi}a)^2,$$

$$2T_{\max} = \Theta_1(\omega_k\hat{\varphi})^2 + m_1(\omega_k\hat{\varphi}b)^2 + \Theta_2(\omega_k\hat{\varphi})^2 + m_2(\omega_k\hat{\varphi}c)^2 .$$

Mit $T_{\max} = U_{\max}$ nach (7.16) erhält man

$$\omega_k^2 = \frac{k^*}{\Theta^*}$$

mit

$$k^* = \hat{k} + ka^2$$

und

$$\Theta^* = \Theta_1 + m_1 b^2 + \Theta_2 + m_2 c^2.$$

Man erkennt, daß k^* die Drehsteifigkeit und Θ^* die Drehmasse des Schwingers bezüglich des Drehpunktes A sind.

Die Eigenfrequenz des einfachen Schwingers ohne Dämpfung ist nach (7.7) durch die Steifigkeit k und die Masse m bestimmt. Sie kann aber auch aus der statischen Verschiebung w_s der Masse infolge der Gewichtskraft $G = mg$ berechnet werden, denn mit

$$w_s = \frac{G}{k} = \frac{m}{k}\, g$$

ist

$$\omega_k = \sqrt{\frac{k}{m}} = \sqrt{\frac{g}{w_s}} \quad \text{bzw.} \quad f_k = \frac{\omega_k}{2\pi} = \frac{1}{2\pi}\sqrt{\frac{g}{w_s}}. \tag{7.19}$$

Einige Zahlenzuordnungen enthält Tabelle 7.1.

Tabelle 7.1. Statische Verschiebung w_s und Eigenfrequenz f_k. ($g = 9{,}81$ m/s²)

w_s	f_k	
mm	Hz	1/min
0,1	49,8	2 990
1	15,8	946
10	5	300

Da auch kompliziertere Systeme hinsichtlich ihrer 1. Eigenfrequenz als einfacher Schwinger angenähert werden können, liefert (7.19) einen Näherungswert für diese Eigenfrequenz, wenn die maximale statische Verschiebung w_s infolge des Gewichts bekannt ist. Man beachte aber stets, daß w_s eine Hilfsgröße ist und die Eigenfrequenz grundsätzlich durch die Steifigkeit und die Masse bestimmt ist.

Nach (7.6) hat die Eigenschwingung die maximale Beschleunigung

$$(\ddot{x}_h)_{\max} = \omega_k^2 C \quad \text{bzw.} \quad = \frac{g}{w_s}\, C, \tag{7.20}$$

wenn man $\omega_k{}^2$ aus (7.19) einsetzt. Daraus folgt der Satz:

Ist bei der Eigenschwingung eines einfachen Schwingers die Verschiebungsamplitude gleich der statischen Verschiebung infolge Eigengewicht, dann ist die maximale Beschleunigung gleich der Erdbeschleunigung. Die Amplitude der Trägheitskraft ist dabei gleich der Gewichtskraft.

7.3.2 Eigenschwingung mit Dämpfung

Die Bewegungsgleichung der Eigenschwingung mit Dämpfung ist nach (7.1)

$$m\ddot{x} + d\dot{x} + kx = 0. \tag{7.21}$$

Mit dem Lösungsansatz

$$x(t) = x_h(t) = C\,e^{\lambda t} \tag{7.22}$$

erhält man $(m\lambda^2 + d\lambda + k)\,x_h = 0$ bzw. für $x_h \neq 0$ die Bedingung

$$m\lambda^2 + d\lambda + k = 0, \tag{7.23}$$

woraus die beiden Werte

$$\lambda_{1,2} = -\frac{d}{2m} \pm \sqrt{\left(\frac{d}{2m}\right)^2 - \frac{k}{m}}$$

folgen. Setzt man

$$\delta = \frac{d}{2m} \tag{7.24}$$

und

$$\omega_k = \sqrt{\frac{k}{m}} \quad \text{nach (7.7), dann ist}$$

$$\lambda_{1/2} = -\delta \pm \sqrt{\delta^2 - \omega_k^2}. \tag{7.25}$$

Die Größe δ nach (7.24) ist ein Maß für die Dämpfung; man nennt sie Abklingkonstante. Je nachdem ob $\delta < \omega_k$ oder $> \omega_k$ ist, spricht man von schwacher oder starker Dämpfung.[1]

Schwache Dämpfung

Mit $\delta < \omega_k$ wird aus (7.25)

$$\lambda_{1,2} = -\delta \pm \mathrm{i}\sqrt{\omega_k^2 - \delta^2} = -\delta \pm \mathrm{i}\omega_d, \tag{7.26}$$

wobei

$$\omega_d = \sqrt{\omega_k^2 - \delta^2} \tag{7.27}$$

ist.

---

[1] Diese Bezeichnungen sind zwar kurz, aber nicht ganz zutreffend, denn schon ab $\delta \approx 0{,}2\omega_k$ erscheint die Eigenschwingung als stark gedämpft.

Die Lösung (7.22) ist in diesem Fall

$$x_h(t) = C_1\, \mathrm{e}^{\lambda_1 t} + C_2\, \mathrm{e}^{\lambda_2 t},$$

woraus nach Einsetzen mit der Euler-Gleichung und mit

$$A = C_1 + C_2, \quad B = \mathrm{i}(C_1 - C_2)$$

die Lösung schließlich folgende Form bekommt:

$$x_h(t) = \mathrm{e}^{-\delta t}(A \cos \omega_d t + B \sin \omega_d t) = C\, \mathrm{e}^{-\delta t} \sin (\omega_d t + \varphi) \qquad (7.28)$$

mit C nach (7.8) und φ nach (7.9).

Der Vergleich mit der Lösung der ungedämpften Eigenschwingung (7.6) zeigt, daß bei schwacher Dämpfung der Faktor $\mathrm{e}^{-\delta t}$ hinzukommt und die Frequenz ω_d statt ω_k beträgt.

Infolge des Faktors $\mathrm{e}^{-\delta t}$ klingt die Schwingung im Laufe der Zeit ab, man nennt ihn daher Abklingfaktor.

Bild 7.7 zeigt den zeitlichen Verlauf der schwach gedämpften Eigenschwingung. Die Zeiten der Extremwerte und Nullwerte haben den Abstand $T_d = 2\pi/\omega_d$

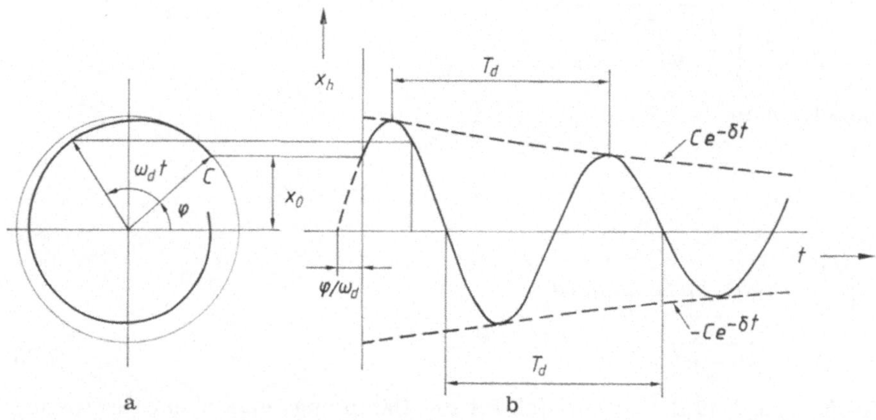

Bild 7.7. Schwach gedämpfte Eigenschwingung. **a)** Zeigerbild; **b)** Zeitverlauf

Die Geschwindigkeit der schwach gedämpften Eigenschwingung folgt aus (7.28) zu

$$\dot{x}_h(t) = \mathrm{e}^{-\delta t}[\omega_d(-A \sin \omega_d t + B \cos \omega_d t) - \delta(A \cos \omega_d t + B \sin \omega_d t)]$$

$$= C\, \mathrm{e}^{-\delta t}[\omega_d \cos (\omega_d t + \varphi) - \delta \sin (\omega_d t + \varphi)]$$

$$= \omega_k C\, \mathrm{e}^{-\delta t} \cos (\omega_d t + \varphi + \Theta) \qquad (7.29)$$

mit

$$\tan \Theta = \frac{\delta}{\omega_d}. \qquad (7.30)$$

Der Zeiger für die Geschwindigkeit entsteht demnach durch Multiplikation des Verschiebungszeigers mit ω_k und positive Drehung um $\pi/2 + \Theta$. Dementsprechend ist die Beschleunigung

$$\ddot{x}_h(t) = -\omega_k^2 C \, e^{-\delta t} \sin (\omega_d t + \varphi + 2\Theta). \tag{7.31}$$

Die Konstanten A, B bzw. C, φ folgen wieder aus den Anfangsbedingungen. Betragen zur Zeit $t = 0$ der Ausschlag x_0 und die Geschwindigkeit $\dot{x}_0$, dann sind die Konstanten

$$A = x_0 \quad \text{und mit (7.29)} \quad B = \frac{\delta x_0 + \dot{x}_0}{\omega_d}. \tag{7.32}$$

Beim gedämpften Schwinger wirkt an der Masse neben der Trägheitskraft $F_T = -m\ddot{x}_h$ und der Federkraft $F_k = -kx_h$ noch die Dämpfungskraft $F_d = -d\dot{x}_h$. Mit (7.28), (7.29) und (7.31) sind die Kräfte

$$F_k = -kC \, e^{-\delta t} \sin (\omega_d t + \varphi),$$

$$F_d = -\omega_k dC \, e^{-\delta t} \cos (\omega_d t + \varphi + \Theta), \tag{7.33}$$

$$F_T = \omega_k^2 mC \, e^{-\delta t} \sin (\omega_d t + \varphi + 2\Theta).$$

Die Faktoren der Zeitfunktion (momentane Amplituden) sind

$$\hat{F}_k = kC \, e^{-\delta t}; \quad \hat{F}_d = \frac{\omega_k d}{k} \hat{F}_k; \quad \hat{F}_T = \frac{\omega_k^2 m}{k} \hat{F}_k = \hat{F}_k. \tag{7.34}$$

Mit dem Dämpfungsgrad nach (7.38) ist

$$\hat{F}_d = 2D\hat{F}_k \quad \text{und} \quad \tan \Theta = \frac{D}{\sqrt{1 - D^2}}. \tag{7.35}$$

Im Bild 7.8 sind die Zeigerbilder und Momentanwerte der Verschiebungen und

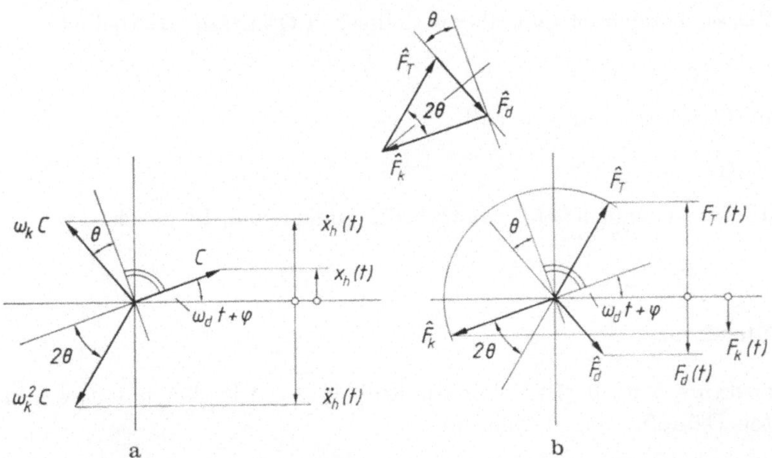

Bild 7.8. Zeigerbilder und Momentanwerte der gedämpften Eigenschwingung.
a) Verschiebung, Geschwindigkeit, Beschleunigung; b) an der Masse wirkende Kräfte

der Kräfte dargestellt. Die drei Kräfte sind jederzeit im Gleichgewicht. Man beachte die Symmetrie der momentanen Amplituden.

Starke Dämpfung

Mit starker Dämpfung bezeichnet man den Fall $\delta > \omega_k$. Damit werden die Werte λ_1, λ_2 nach (7.25) beide negativ, und die Lösung nach (7.22) wird

$$x_h(t) = C_1\, e^{\lambda_1 t} + C_2\, e^{\lambda_2 t}, \qquad \lambda_1, \lambda_2 < 0. \tag{7.36}$$

Der Zeitverlauf dieser Bewegung hängt wesentlich von den Anfangsbedingungen ab. Der Ausschlag kann entweder monoton gegen Null gehen oder zuerst ein Maximum oder einen Nulldurchgang haben, um dann monoton gegen Null zu gehen (Bild 7.9).

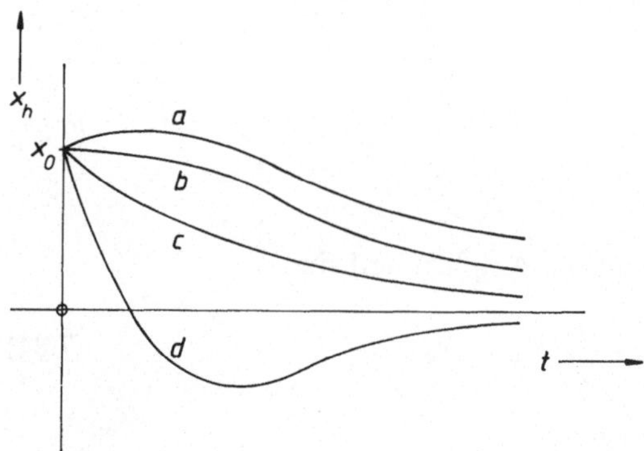

Bild 7.9. Stark gedämpfte Eigenschwingungen.

a) $\dot{x}_0 > 0$;   b) $\dot{x}_0 = 0$;   c) $\dot{x}_0 < 0$, $|\dot{x}_0| < \left(\delta + \sqrt{\delta^2 - \omega_k^2}\right) x_0$

d) $\dot{x}_0 < 0$; $|\dot{x}_0| > \left(\delta + \sqrt{\delta^2 - \omega_k^2}\right) x_0$

Den Fall $\delta = \omega_k$ bezeichnet man als aperiodischen Grenzfall. Hierbei ist

$$\lambda_1 = \lambda_2 = -\delta = -\omega_k.$$

Die Lösung von (7.21) ist in diesem Fall

$$x_h(t) = (C_1 + C_2 t)\, e^{-\delta t}. \tag{7.37}$$

Die Zeitverläufe bei verschiedenen Anfangsbedingungen sind die gleichen wie im Bild 7.9.

7.3.3 Dämpfungsgrad

Die Abklingkonstante δ nach (7.24) hat die Einheit 1/s. Division mit ω_k ergibt den sogenannten Dämpfungsgrad (ohne Einheit)

$$D = \frac{\delta}{\omega_k} = \frac{d}{2m\omega_k} = \frac{d}{2\sqrt{km}} = \frac{d\omega_k}{2k}. \tag{7.38}$$

Der Dämpfungsgrad hat folgende Zahlenwerte:

$D < 1$ bei schwacher Dämpfung $(\delta < \omega_k)$,

$D = 1$ beim aperiodischen Grenzfall $(\delta = \omega_k)$,

$D > 1$ bei starker Dämpfung $(\delta > \omega_k)$.

Die Eigenkreisfrequenz bei schwacher Dämpfung ist mit (7.27)

$$\omega_d = \sqrt{\omega_k^2 - \delta^2} = \omega_k \sqrt{1 - D^2}. \tag{7.39}$$

Die im Maschinenbau vorkommenden Dämpfungsgrade liegen meistens im Bereich 0,01 bis 0,20. Damit ist ω_d höchstens 2% kleiner als ω_k. Man vernachlässigt daher gewöhnlich diesen Unterschied.

Zum logarithmischen Dekrement nach (4.7) besteht der folgende Zusammenhang.

Mit $x_n = x_h(t)$ und $x_{n+1} = x_h(t + T_d)$ ist

$$\vartheta = \ln \frac{x_n}{x_{n+1}} = \delta T_d = 2\pi \frac{\delta}{\omega_d} = \frac{2\pi D}{\sqrt{1 - D^2}} \tag{7.40}$$

bzw.

$$\vartheta \approx 2\pi D \quad \text{bei} \quad D \ll 1. \tag{7.41}$$

7.3.4 Eigenwerte

Der Ansatz $x_h(t) = C\, e^{\lambda t}$ führt auf (7.23) bzw. auf λ_1 und λ_2 nach (7.25). Die Werte λ_1, λ_2 sind dem System eigen, man nennt sie daher Eigenwerte.

Bei schwacher Dämpfung ist nach (7.26)

$$\lambda_1 = -\delta + i\omega_d; \qquad \lambda_2 = -\delta - i\omega_d$$

und nach Division mit ω_k

$$\bar{\lambda}_1 = \frac{\lambda_1}{\omega_k} = -D + i\sqrt{1 - D^2}; \qquad \bar{\lambda}_2 = \frac{\lambda_2}{\omega_k} = -D - i\sqrt{1 - D^2}. \tag{7.42}$$

Bild 7.10 zeigt die Lage der Eigenwerte in der Gaußschen Ebene. Ihr Betrag ist ω_k bzw. 1 und ihr Argument $\pm (\frac{\pi}{2} + \Theta)$. Der Winkel Θ in Bild 7.10 heißt Dämpfungswinkel. Mit (7.40) ist

$$\tan \Theta = \frac{\delta}{\omega_d} = \frac{D}{\sqrt{1 - D^2}} = \frac{\vartheta}{2\pi} \tag{7.43}$$

bzw.

$$\Theta \approx D \quad \text{bei} \quad D \ll 1.$$

Zwischen dem Dämpfungswinkel Θ und dem im 4. Kapitel erwähnten Verlustwinkel φ besteht der folgende Zusammenhang. Nach (4.12) und (4.13) ist

$$\tan\varphi = \frac{d\omega}{k}$$

mit ω als Kreisfrequenz der Bewegung. Für $\omega = \omega_k$ ist

$$\tan\varphi = \frac{d\omega_k}{k} = \frac{d}{\sqrt{km}} = 2D \tag{7.44}$$

und mit (7.43)

$$\tan\varphi = 2\sqrt{1 - D^2}\,\tan\Theta \tag{7.45}$$

bzw.

$$\varphi \approx 2\Theta \quad \text{bei} \quad D \ll 1.$$

Damit ist bei sehr schwacher Dämpfung und bei einer Schwingung mit $\omega = \omega_k$ der Verlustwinkel doppelt so groß wie der Dämpfungswinkel.

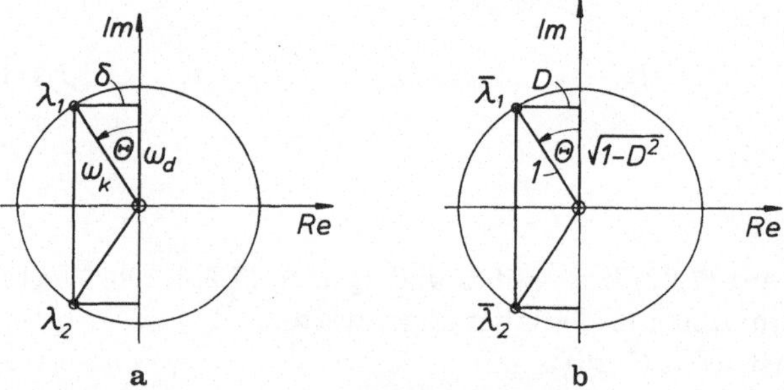

Bild 7.10. Eigenwerte und Dämpfungswinkel bei schwacher Dämpfung.
a) Normale Eigenwerte; **b)** bezogene Eigenwerte

7.4 Harmonische Erregung

7.4.1 Erregung an der Masse

Der einfache Schwinger nach Bild 7.1 werde durch eine harmonische Kraft mit der konstanten Amplitude $\hat{F}$ und der Frequenz ω erregt. Die Bewegungsgleichung (7.1) ist damit

$$m\ddot{x} + d\dot{x} + kx = \hat{F}\sin\omega t, \tag{7.46}$$

und sie hat die partikuläre Lösung

$$x_p = x_s \sin\omega t + x_c \cos\omega t, \tag{7.47}$$

die nach Einsetzen und Koeffizientenvergleich auf die Gleichung

$$\begin{bmatrix} k - m\omega^2 & -d\omega \\ d\omega & k - m\omega^2 \end{bmatrix} \begin{bmatrix} x_s \\ x_c \end{bmatrix} = \begin{bmatrix} \hat{F} \\ 0 \end{bmatrix} \tag{7.48}$$

führt. Die Konstanten x_s und x_c ergeben sich daraus zu

$$x_s = \hat{F} \frac{k - m\omega^2}{\Delta}, \quad x_c = -\hat{F} \frac{d\omega}{\Delta} \tag{7.49}$$

mit $\Delta = (k - m\omega^2)^2 + (d\omega)^2$.

Man kann (7.47) in bekannter Weise auf die Form

$$x_p = \hat{x} \sin (\omega t - \varepsilon), \tag{7.50}$$

bringen. Dabei ist

$$\hat{x} = \frac{\hat{F}}{\sqrt{(k - m\omega^2)^2 + (d\omega)^2}} \tag{7.51}$$

und

$$\tan \varepsilon = \frac{d\omega}{k - m\omega^2}. \tag{7.52}$$

Die Gesamtlösung ist

$$x(t) = x_h(t) + x_p(t)$$

bzw. bei schwacher Dämpfung

$$x(t) = e^{-\delta t}(A \cos \omega_d t + B \sin \omega_d t) + \hat{x} \sin (\omega t - \varepsilon). \tag{7.53}$$

Die Konstanten A und B der Eigenschwingung müssen nun mit den Anfangsbedingungen der Gesamtlösung bestimmt werden.

Hierzu braucht man die erste Ableitung

$$\dot{x}(t) = e^{-\delta t}[(\omega_d B - \delta A) \cos \omega_d t - (\omega_d A + \delta B) \sin \omega_d t] + \omega \hat{x} \cos (\omega t - \varepsilon). \tag{7.54}$$

Sind zur Zeit $t = 0$ die Anfangswerte

$$x(0) = x_{0g} \quad \text{und} \quad \dot{x}(0) = \dot{x}_{0g},$$

dann folgen aus (7.53) und (7.54) die Konstanten zu

$$A = x_{0g} + \hat{x} \sin \varepsilon$$

und

$$B = \frac{1}{\omega_d} [\dot{x}_{0g} + \delta x_{0g} + \hat{x}(\delta \sin \varepsilon - \omega \cos \varepsilon)], \tag{7.55}$$

womit die Gesamtlösung (7.53) vollständig bestimmt ist.

Die Eigenschwingung klingt mit der Zeit ab und wird nach etlichen Perioden vernachlässigbar klein, während die partikuläre Lösung in voller Stärke bestehen bleibt. Man nennt daher die partikuläre Lösung quasistationär bzw. stationär oder auch Dauerlösung.

Nach (7.50) ist die Dauerlösung eine harmonische Schwingung mit gleicher Frequenz wie die Erregerkraft (Gleichtaktlösung). Die Verschiebung eilt der Erregung um den Winkel ε nach. Aus (7.51) erkennt man folgende Eigenschaften:

— Die Amplitude $\hat{x}$ ist der Amplitude $\hat{F}$ der Erregerkraft proportional.
— Mit zunehmender Dämpfung d nimmt $\hat{x}$ ab.
— Mit zunehmender Steifigkeit k nimmt $\hat{x}$ bei $\omega < \omega_\mathrm{k}$ ab und bei $\omega > \omega_\mathrm{k}$ zu.
— Mit zunehmender Masse m nimmt $\hat{x}$ bei $\omega < \omega_\mathrm{k}$ zu und bei $\omega > \omega_\mathrm{k}$ ab.

Die Masse und Steifigkeit haben also auf die Ausschlagsamplitude $\hat{x}$ entgegengesetzten Einfluß.

Man nennt die Kurve $\hat{x}(\omega)$ Amplitudengang. Nimmt man in (7.51) die Steifigkeit k vor die Wurzel, dann ist mit dem Dämpfungsgrad D und dem Frequenzverhältnis $\eta = \omega/\omega_\mathrm{k}$

$$\hat{x} = \frac{\hat{F}}{k}\,\frac{1}{\sqrt{(1 - \eta^2)^2 + (2D\eta)^2}} \tag{7.56}$$

bzw. mit

$$V = \frac{1}{\sqrt{(1 - \eta^2)^2 + (2D\eta)^2}} \tag{7.57}$$

und

$$x_\mathrm{st} = \frac{\hat{F}}{k} \tag{7.58}$$

als der statischen Verschiebung infolge $\hat{F}$ die Verschiebungsamplitude

$$\hat{x} = x_\mathrm{st} V. \tag{7.59}$$

Die Funktion $V(\eta)$ heißt Vergrößerungsfunktion; ein bestimmter Funktionswert von $V(\eta)$ wird Vergrößerungsfaktor genannt. Bild 7.11 zeigt die Vergrößerungsfunktion für verschiedene Dämpfungsgrade. Bei der Frequenz Null (Statik) ist $V = 1$, also $\hat{x} = x_\mathrm{st}$. Mit wachsender Erregerfrequenz nimmt bei $D < 1/\sqrt{2}$ der Vergrößerungsfaktor zu und erreicht bei der sogenannten Gipfelfrequenz

$$\omega^* = \eta^* \omega_k \quad \text{mit} \quad \eta^* = \sqrt{1 - 2D^2} \tag{7.60}$$

das Maximum

$$V_\mathrm{max} = \frac{1}{2D\,\sqrt{1 - D^2}}. \tag{7.61}$$

Bei weiterer Steigerung der Erregerfrequenz geht V monoton gegen Null. Bei $\omega \gg \omega_\mathrm{k}$ ist das System dynamisch steif, bei $\omega = \infty$ ist es dynamisch starr.

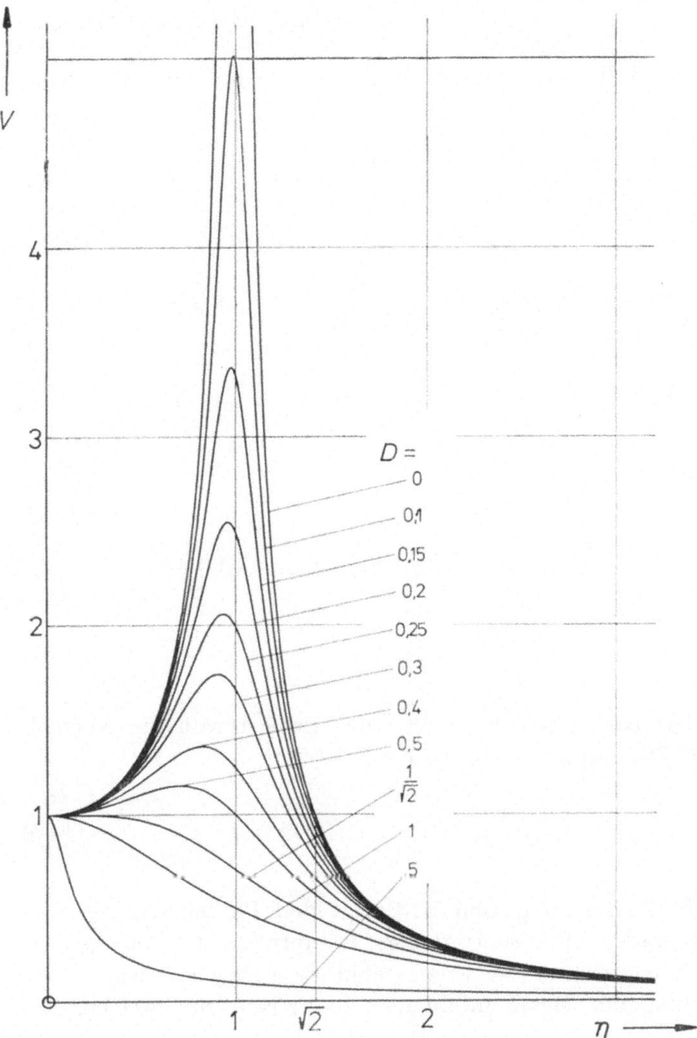

Bild 7.11. Vergrößerungsfunktion $V(\eta)$ nach Gl. (7.57)

Bei ausgeprägtem Gipfel (kleine Dämpfung) nennt man den Amplitudengang oder die Vergrößerungsfunktion auch „Resonanzkurve". Einige damit zusammenhängende Begriffe machen wir uns anhand von Bild 7.12 klar.

Die Resonanzkurve hat bei $\frac{1}{\sqrt{2}}\,\hat{x}_{\mathrm{max}} = 0{,}707\hat{x}_{\mathrm{max}}$ die sogenannte Halbwertsbreite

$$\Delta\omega = \frac{d}{m} = 2\delta = 2D\omega_{\mathrm{k}}. \tag{7.62}$$

Ermittelt man aus Messungen $\Delta\omega$ und ω_{k}, dann kann daraus mit

$$D = \frac{\Delta\omega}{2\omega_{\mathrm{k}}} \tag{7.63}$$

der Dämpfungsgrad berechnet werden.

Die Größe $\omega_k/\Delta\omega$ wird Resonanzschärfe Q (quality factor) genannt. Nach (7.62) und (7.61) ist

$$Q = \frac{\omega_k}{\Delta\omega} = \frac{1}{2D} = \frac{\hat{x}_{max}}{x_{st}}\sqrt{1 - D^2}. \tag{7.64}$$

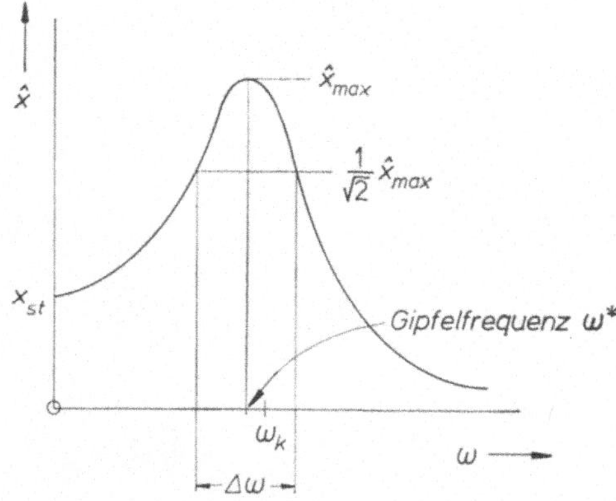

Bild 7.12. Resonanzkurve

Die Verschiebung x_p hat nach (7.50) gegenüber der Erregerkraft den Nacheilwinkel ε. Mit D nach (7.38) und $\eta = \omega/\omega_k$ wird aus (7.52)

$$\tan\varepsilon = \frac{2D\eta}{1 - \eta^2}. \tag{7.65}$$

Die Funktion $\varepsilon(\eta)$ heißt Phasengang. Bild 7.13 zeigt den Phasengang bei verschiedenen Dämpfungsgraden. Bei sehr kleiner Dämpfung sind bei $\omega < \omega_k$ Ausschlag und Kraft gleichgerichtet, bei $\omega > \omega_k$ sind sie entgegen gerichtet.

Neben dem Ausschlag der Masse interessiert die Kraft, mit welcher der

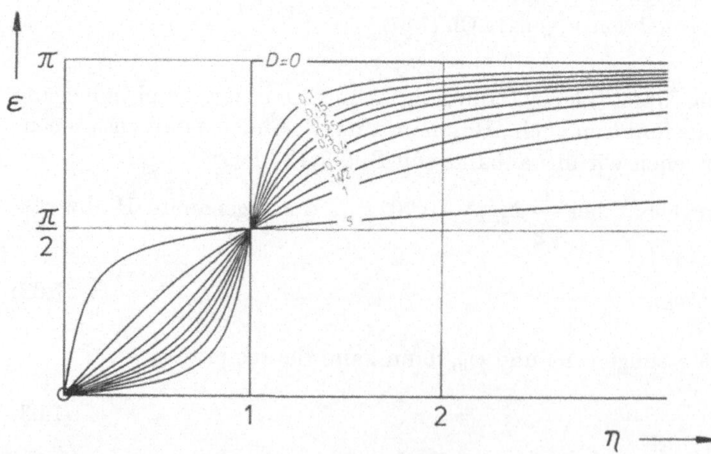

Bild 7.13. Phasengang $\varepsilon(\eta)$ nach Gl. (7.65)

Schwinger seine Befestigung beansprucht. Diese sogenannte Bodenkraft F_B besteht aus der Federkraft und der Dämpferkraft. Im eingeschwungenen Zustand ist

$$F_\mathrm{B} = kx_\mathrm{p} + d\dot{x}_\mathrm{p} = k\hat{x}\,\sin\,(\omega t - \varepsilon) + d\omega\hat{x}\,\cos\,(\omega t - \varepsilon)$$

$$= \hat{x}\,\sqrt{k^2 + (d\omega)^2}\,\sin\,(\omega t - \varepsilon + \varphi) \qquad\qquad (7.66)$$

mit $\tan\varphi = \dfrac{d\omega}{k}$.

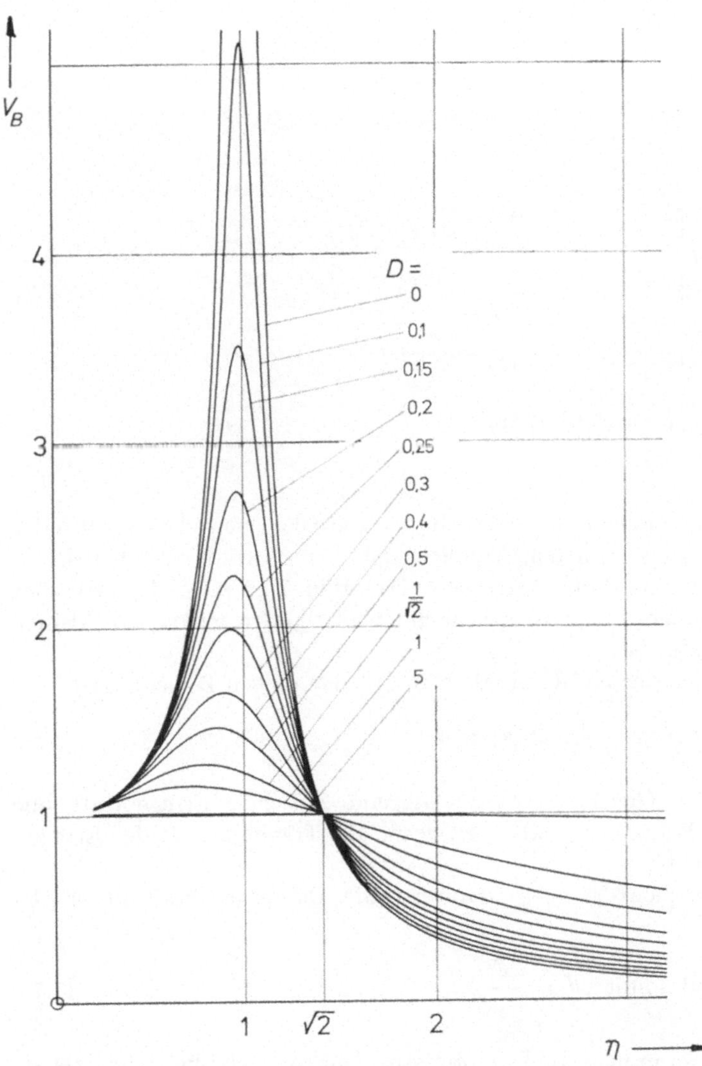

Bild 7.14. Vergrößerungsfunktion der Bodenkraft. $V_\mathrm{B}(\eta)$ nach Gl. (7.67)

Ersetzt man $\hat{x}$ durch den Ausdruck von (7.56), dann wird

$$F_{\mathrm{B}} = \hat{F} V_{\mathrm{B}} \sin(\omega t - \gamma)$$

mit

$$V_{\mathrm{B}} = \frac{\sqrt{1 + (2D\eta)^2}}{\sqrt{(1 - \eta^2)^2 + (2D\eta)^2}} = V \sqrt{1 + (2D\eta)^2} \qquad \text{(Bild 7.14)} \qquad (7.67)$$

$$\tan \gamma = \tan(\varepsilon - \varphi) = \frac{2D\eta^3}{1 - \eta^2 + (2D\eta)^2} \qquad \text{(Bild 7.15)}. \qquad (7.68)$$

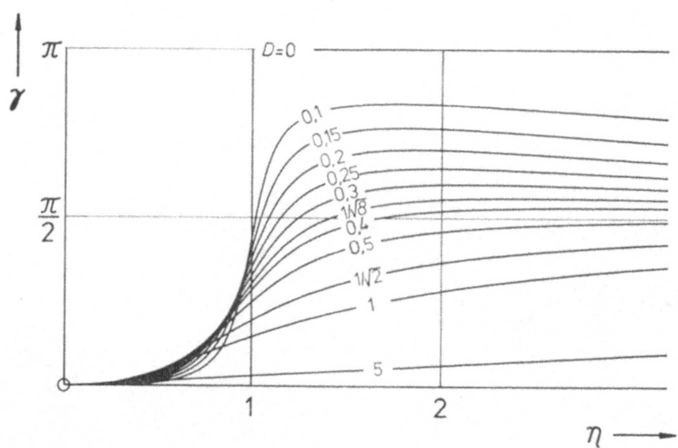

Bild 7.15. Phasengang $\gamma(\eta)$ nach Gl. (7.68)

Auch bei dieser Bewegung muß natürlich jederzeit Gleichgewicht zwischen den an der Masse wirkenden Kräften, nämlich der Erregerkraft, Trägheitskraft, Dämpfungskraft und Federkraft herrschen. Das Bild 7.16 zeigt die typischen Stellungen der Kraftzeiger zueinander, je nachdem ob die Erregerfrequenz kleiner, gleich oder größer als ω_{k} ist.

Für die Amplituden der Kräfte erhält man mit den obigen Beziehungen

$$\hat{F}_{\mathrm{k}} = V\hat{F}; \quad \hat{F}_{\mathrm{d}} = 2D\eta V\hat{F}; \quad \hat{F}_{\mathrm{T}} = \eta^2 V\hat{F}. \qquad (7.69)$$

Bei $\omega \ll \omega_{\mathrm{k}}$ wird das Gleichgewicht vorwiegend zwischen Erregerkraft und Federkraft gebildet. Bei $\omega \gg \omega_{\mathrm{k}}$ hält vorwiegend die Trägheitskraft der Erregerkraft das Gleichgewicht.

Ist die Erregerfrequenz $\omega = \omega_{\mathrm{k}}$, dann ist die Dämpfungskraft gleich der Erregerkraft,

$$\hat{F}_{\mathrm{d}} = d\omega_{\mathrm{k}}\hat{x} = \hat{F} \quad \text{und somit} \quad d = \frac{\hat{F}}{\omega_{\mathrm{k}}\hat{x}}. \qquad (7.70)$$

Mit dieser Gleichung kann man die Dämpfung berechnen, wenn die rechts stehenden Größen z. B. aus Messungen bekannt sind.

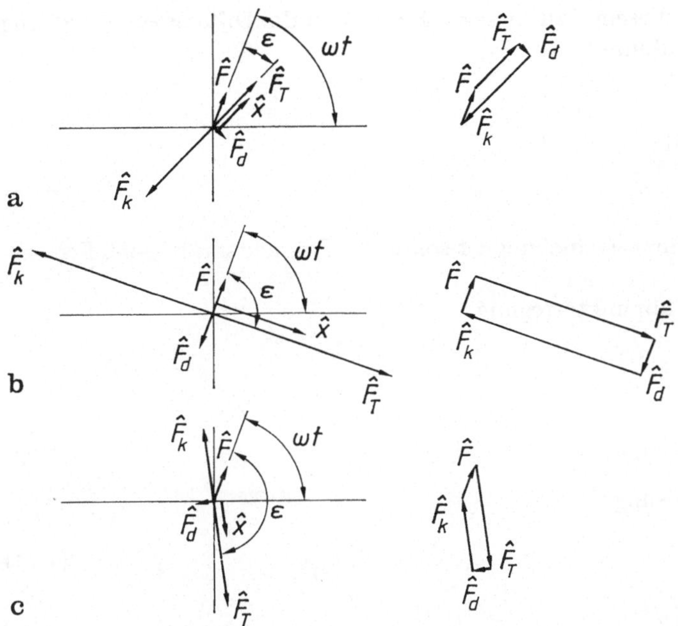

Bild 7.16. Zeigerbild und Kräfteplan eines einfachen Schwingers bei harmonischer Erregung. Dämpfungsgrad $D = 0{,}1$. **a)** $\omega = 0{,}8\omega_\mathrm{k}$; **b)** $\omega = \omega_\mathrm{k}$; **c)** $\omega = 1{,}2\omega_\mathrm{k}$

7.4.2 Fußpunkterregung

Wir betrachten jetzt einen einfachen Schwinger nach Bild 7.17, der nicht durch eine äußere Kraft, sondern durch eine Verschiebung $z(t)$ seines Fußpunkts zu Schwingungen angeregt wird (Fußpunkterregung).

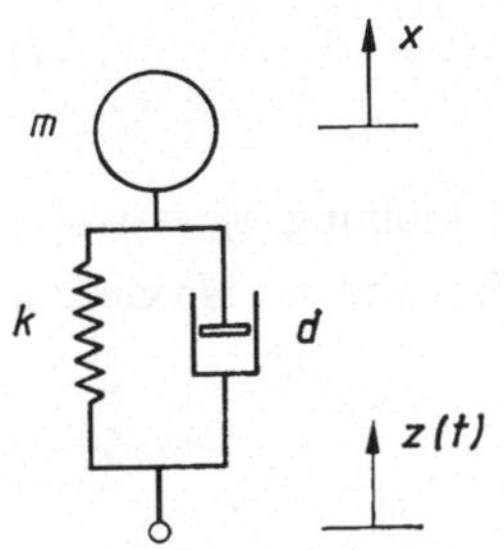

Bild 7.17. Einfacher Schwinger mit Fußpunkterregung

Wir können wieder, wie in Abschnitt 7.2 gezeigt, das Gewicht der Masse m außer acht lassen; der Nullpunkt der Verschiebung x fällt also mit der statischen Ruhelage zusammen. Damit ist die Bewegungsgleichung

$$m\ddot{x} = k(z - x) + d(\dot{z} - \dot{x})$$

oder

$$m\ddot{x} + d\dot{x} + kx = kz + d\dot{z}. \tag{7.71}$$

Erregerkraft ist also in diesem Fall $kz + d\dot{z}$. Führt man die Differenzverschiebung zwischen Masse und Fußpunkt

$$y = x - z$$

ein, dann wird aus (7.71)

$$m\ddot{y} + d\dot{y} + ky = -m\ddot{z}. \tag{7.72}$$

Hinsichtlich der Differenzverschiebung ist somit die Trägheitskraft $-m\ddot{z}$ Erregerkraft.

Bei harmonischer Fußpunkterregung

$$z(t) = \hat{z} \sin \omega t$$

wird aus (7.72)

$$m\ddot{y} + d\dot{y} + ky = m\hat{z}\omega^2 \sin \omega t \tag{7.73}$$

mit der partikulären Lösung

$$y_{\mathrm{p}} = \hat{y} \sin (\omega t - \varepsilon) \tag{7.74}$$

bei

$$\hat{y} = \frac{m\hat{z}\omega^2}{\sqrt{(k - m\omega^2)^2 + (d\omega)^2}} \tag{7.75}$$

und ε nach (7.52).

Division durch k im Zähler und Nenner von (7.75) ergibt

$$\hat{y} = \hat{z} \, \frac{\eta^2}{\sqrt{(1 - \eta^2)^2 + (2D\eta)^2}} = \hat{z} V_{\mathrm{U}} \tag{7.76}$$

mit

$$V_{\mathrm{U}} = \eta^2 V \tag{7.77}$$

und V nach (7.57).

$V_{\mathrm{U}}(\eta)$ ist die Vergrößerungsfunktion der Relativverschiebung $y = x - z$ (Bild 7.18). Das Maximum für $D < 1/\sqrt{2}$ hat den gleichen Wert wie das Maximum von V nach (7.61):

$$V_{\mathrm{U,max}} = \frac{1}{2D \sqrt{1 - D^2}}.$$

Es entsteht bei der Gipfelfrequenz

$$\omega_k{}^* = \eta_k \omega_k \quad \text{mit} \quad \eta^* = \frac{1}{\sqrt{1 - 2D^2}}.$$

Die Absolutverschiebung der Masse ist im eingeschwungenen Zustand

$$x_{\mathrm{p}} = y_{\mathrm{p}} + z = \hat{y} \sin (\omega t - \varepsilon) + \hat{z} \sin \omega t = \hat{x} \sin (\omega t - \alpha) \tag{7.78}$$

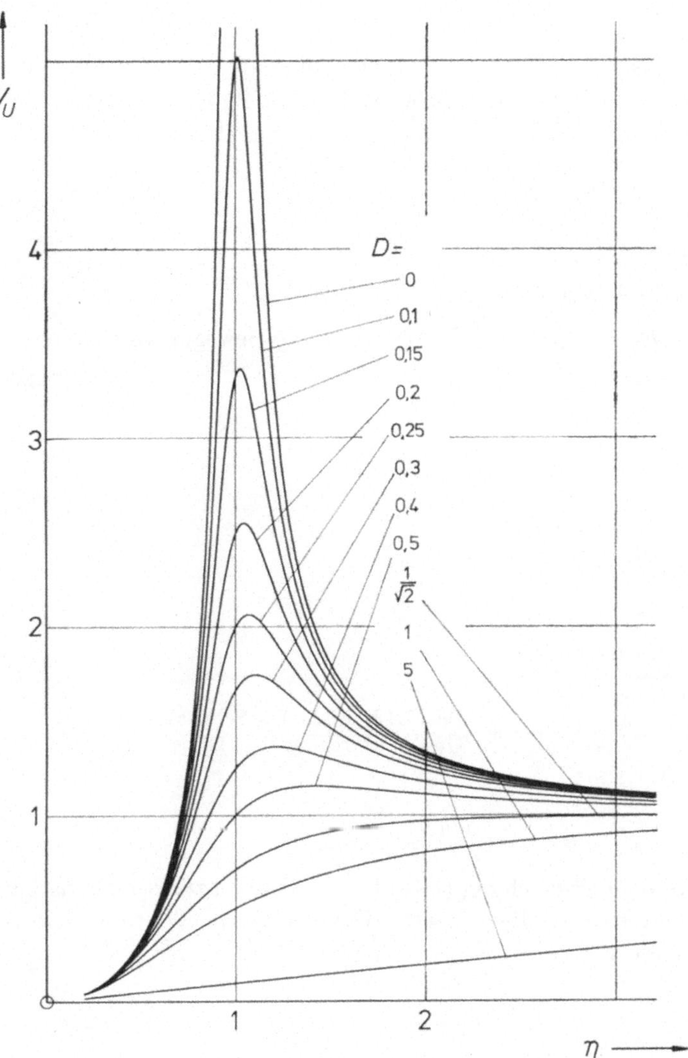

Bild 7.18. Vergrößerungsfunktion $V_U(\eta)$ nach Gl. (7.77)

mit

$$\hat{x} = \hat{z}\,\sqrt{1 + V_U^2 + 2V_U \cos \varepsilon} \qquad (7.79)$$

und

$$\tan \alpha = \frac{V_U \sin \varepsilon}{1 + V_U \cos \varepsilon}. \qquad (7.80)$$

Die Bodenkraft beträgt

$$F_B = ky_p + d\dot{y}_p. \qquad (7.81)$$

7.4.3 Unwuchterregung

Ein wichtiger Fall der Maschinendynamik ist die Erregung durch Unwuchtkräfte.
Wir betrachten hierzu den einfachen Schwinger nach Bild 7.19. Er wird durch zwei
gegenläufig rotierende Massen $m_0/2$ zu Schwingungen angeregt. Die resultierende
Erregerkraft wirkt in x-Richtung und hat das Gesetz

$$F(t) = m_0 e \omega^2 \sin \omega t. \tag{7.82}$$

Mit dem Schwerpunktsatz ist

$$(m_1 + m_0)\, \ddot{x} = -d\dot{x} - kx + m_0 e \omega^2 \sin \omega t,$$

und somit gilt mit $m = m_1 + m_0$ als der Gesamtmasse die Bewegungsgleichung

$$m\ddot{x} + d\dot{x} + kx = m_0 e \omega^2 \sin \omega t. \tag{7.83}$$

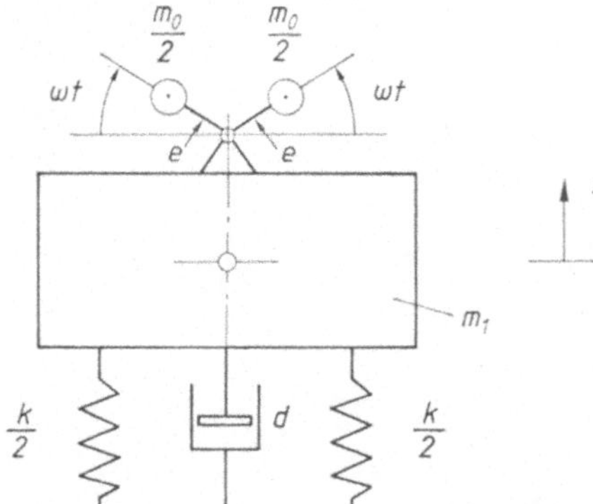

Bild 7.19. Einfacher Schwinger mit
Unwuchterregung

(7.83) entspricht der Bewegungsgleichung (7.73) für die Differenzverschiebung bei
Fußpunkterregung, wenn man $m_0 e$ für $m\hat{z}$ setzt. Dementsprechend ist die Dauerlösung bei Unwuchterregung

$$x_{\mathrm{p}} = \hat{x} \sin(\omega t - \varepsilon) \tag{7.84}$$

mit

$$\hat{x} = \frac{m_0}{m_1 + m_0}\, e V_{\mathrm{U}} \tag{7.85}$$

bei V_{U} nach (7.77) und ε nach (7.52). Die Amplitude der erzwungenen Schwingung
ist der Unwucht $m_0 e$ direkt proportional und der Gesamtmasse $m_1 + m_0$ umgekehrt
proportional.

7.4.4 Übertragungsfunktion und Ortskurve

Wir haben in diesem Abschnitt bisher nur reell gerechnet. Nun nehmen wir die
Erregerkraft und die Verschiebung komplex an.

 Mit

$$\underline{F}(t) = \hat{\underline{F}}\, e^{i\omega t} \quad \text{und} \quad \underline{x}(t) \tag{7.86}$$

ist die Bewegungsgleichung

$$m\ddot{\underline{x}} + d\dot{\underline{x}} + k\underline{x} = \underline{\hat{F}}\, e^{i\omega t} \tag{7.87}$$

und die Dauerlösung

$$\underline{x}_{\mathrm{p}}(t) = \underline{\hat{x}}\, e^{i\omega t}. \tag{7.88}$$

Diese in (7.87) eingesetzt ergibt

$$(-m\omega^2 + id\omega + k)\,\underline{x}_{\mathrm{p}}(t) = \underline{F}(t)$$

oder

$$\underline{x}_{\mathrm{p}}(t) = \frac{1}{k - m\omega^2 + id\omega}\,\underline{F}(t). \tag{7.89}$$

Das Verhältnis der komplexen Dauerlösung zur komplexen Erregerkraft ist die Übertragungsfunktion:

$$\underline{H}(\omega) = \frac{\underline{x}_{\mathrm{p}}(t)}{\underline{F}(t)} = \frac{1}{k - m\omega^2 + id\omega} = |H(\omega)|\, e^{-i\varepsilon} \tag{7.90}$$

mit

$$|H(\omega)| = \sqrt{\frac{1}{(k - m\omega^2)^2 + (d\omega)^2}}; \quad \tan\varepsilon = \frac{d\omega}{k - m\omega^2} \tag{7.91}$$

oder in bezogener Form

$$|H(\eta)| = \frac{1}{k}\sqrt{\frac{1}{(1 - \eta^2)^2 + (2D\eta)^2}} = \frac{1}{k}\,V = hV \tag{7.92}$$

mit V als der Vergrößerungsfunktion nach (7.57). Für $\tan\varepsilon(\eta)$ gilt (7.65).
Den Betrag der Übertragungsfunktion nennen wir dynamische Nachgiebigkeit.

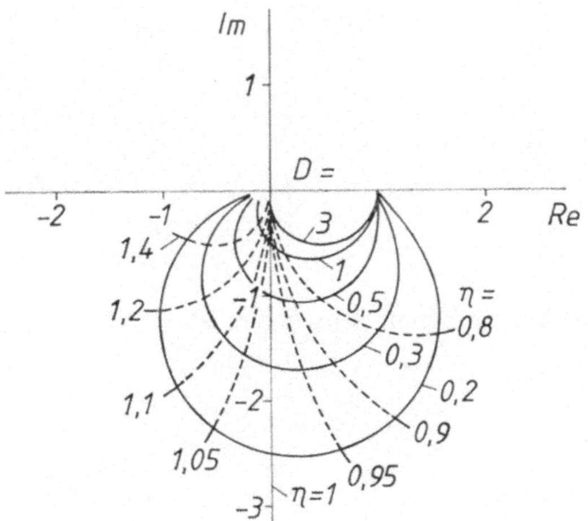

Bild 7.20. Ortskurve $V\, e^{-i\varepsilon}$ mit V nach Gl. (7.57) und ε nach Gl. (7.65)

Als Ortskurve bezeichnet man die Darstellung der Übertragungsfunktion in der Gaußschen Ebene. Bild 7.20 zeigt die dimensionslose Ortskurve

$$k\underline{H}(\eta) = V\,\mathrm{e}^{-\mathrm{i}\varepsilon} \tag{7.93}$$

für verschiedene Dämpfungsgrade D. Die gestrichelten Kurven geben den geometrischen Ort für jeweils konstante Erregerfrequenz η an.

7.5 Transiente Erregung

Transiente Erregung liegt vor, wenn sich die Erregerkraft nur begrenzte Dauer zeitlich ändert und dann wieder auf Null geht oder konstanten Betrag annimmt. Die Dauer der Kraftänderung geht von Null (plötzliche Kraftänderung) bis in die Größenordnung der Periode des Schwingers. Der Schwinger wird dadurch zu einer Bewegung angeregt, die bei vorhandener Dämpfung im Laufe der Zeit abklingt. Der Ausschlag, die Bewegung oder Schwingung ist transient.

Im folgenden betrachten wir das Verhalten des einfachen Schwingers bei Erregung durch die Sprungfunktion, die Anstiegsfunktion und den Rechteckstoß bzw. Kraftstoß. Mit diesen Standardfällen kann die Wirkung beliebiger Stoßfunktionen gut abgeschätzt werden.

7.5.1 Sprungfunktion

Eine Funktion nach Bild 7.21 heißt Sprungfunktion. Sie hat das Gesetz

$$F(t) = \begin{cases} 0 & \text{bei } \ t < 0 \\ F_0 & \text{bei } \ t \geqq 0. \end{cases} \tag{7.94}$$

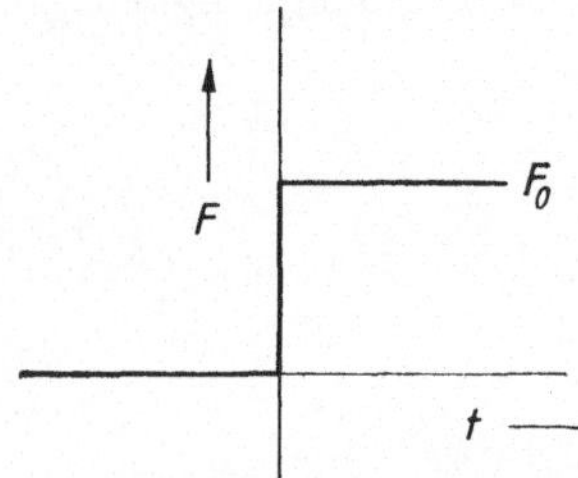

Bild 7.21. Sprungfunktion

Die Bewegungsgleichung eines so erregten einfachen Schwingers ist

$$m\ddot{x} + d\dot{x} + kx = F_0,$$

und sie hat die partikuläre Lösung

$$x_\mathrm{p} = \frac{F_0}{k} = x_\mathrm{st}.$$

Mit $x_h(t)$ nach (7.28) für schwache Dämpfung ist die vollständige Lösung

$$x(t) = e^{-\delta t}(A \cos \omega_d t + B \sin \omega_d t) + x_{st}. \tag{7.95}$$

Wird der Schwinger vom Ruhezustand aus angestoßen, ist also $x(0) = 0$ und $\dot{x}(0) = 0$, dann ergeben sich die Konstanten zu

$$A = -x_{st} \quad \text{und} \quad B = -\frac{\delta}{\omega_d} x_{st},$$

und die Lösung ist

$$x(t) = x_{st} \left[1 - e^{-\delta t} \left(\cos \omega_d t + \frac{\delta}{\omega_d} \sin \omega_d t \right) \right]$$

bzw.

$$x(t) = x_{st}[1 - \alpha\, e^{-\delta t} \cos (\omega_d t - \Theta)] \tag{7.96}$$

mit

$$\alpha = \sqrt{1 + \left(\frac{\delta}{\omega_d} \right)^2} = \sqrt{\frac{1}{1 - D^2}}$$

und

$$\tan \Theta = \frac{\delta}{\omega_d} = \frac{D}{\sqrt{1 - D^2}}.$$

Führt man noch $\tau = \omega_k t = 2\pi \dfrac{t}{T}$ ein, dann erhält man schließlich für $D < 1$

$$x(t) = x_{st} \left[1 - \sqrt{\frac{1}{1 - D^2}}\, e^{-D\tau} \cos \left(\sqrt{1 - D^2}\, \tau - \Theta \right) \right]. \tag{7.97a}$$

In ähnlicher Weise findet man für $D = 1$

$$x(t) = x_{st}[1 - (1 + \tau)\, e^{-\tau}] \tag{7.97b}$$

und für $D > 1$

$$x(t) = x_{st} \left[1 - \frac{D + \varkappa}{2\varkappa} e^{-(D - \varkappa)\tau} + \frac{D - \varkappa}{2\varkappa} e^{-(D + \varkappa)\tau} \right] \tag{7.97c}$$

mit

$$\varkappa = \sqrt{D^2 - 1}.$$

Das Bild 7.22 zeigt den Verlauf von x/x_{st} über t/T für verschiedene Dämpfungsgrade D (Sprung-Übergangsfunktion). Man erkennt, daß sich der gedämpfte Schwinger von seiner anfänglichen Lage $x = 0$ im Laufe der Zeit auf die Endlage $x = x_{st}$ einpendelt. Der ungedämpfte Schwinger ($D = 0$) bewegt sich immer zwischen Null und dem doppelten statischen Ausschlag; das erste Maximum wird bei der halben Eigenschwingungsdauer erreicht.

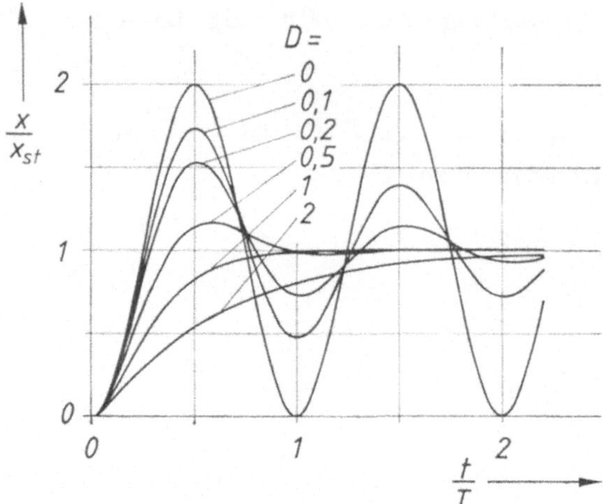

Bild 7.22. Ausschlag eines einfachen Schwingers bei Erregung durch eine Sprungfunktion nach Bild 7.21

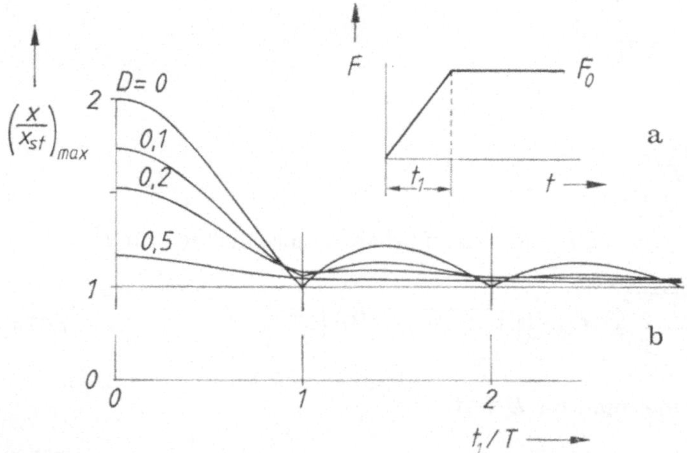

Bild 7.23. Maximaler Ausschlag eines einfachen Schwingers bei Erregung durch eine Anstiegsfunktion. **a)** Kraftverlauf (Anstiegsfunktion); **b)** maximaler Ausschlag in Abhängigkeit von der Anstiegszeit und der Dämpfung. $x_{st} = F_0/k$ statischer Ausschlag

7.5.2 Anstiegsfunktion

Erregung durch eine Anstiegsfunktion liegt vor bei einem Kraftverlauf nach Bild 7.23 a. Man löst die Bewegungsgleichung zuerst für den linearen Kraftverlauf und dann mit $x(t_1)$ und $\dot{x}(t_1)$ als Anfangsbedingungen für konstante Kraft F_0. Der Ausschlag x hat ähnlichen Zeitverlauf wie nach Bild 7.22. Der dabei auftretende maximale Ausschlag ist im Bild 7.23 b über der bezogenen Anstiegszeit t_1/T aufgetragen. Der Stoß ist milder als bei der Sprungfunktion, die Maxima nehmen mit der Anstiegszeit ab. Man beachte, daß der ungedämpfte Schwinger bei den Anstiegszeiten $t_1 = T, 2T, \ldots$ nur den statischen Ausschlag erreicht.

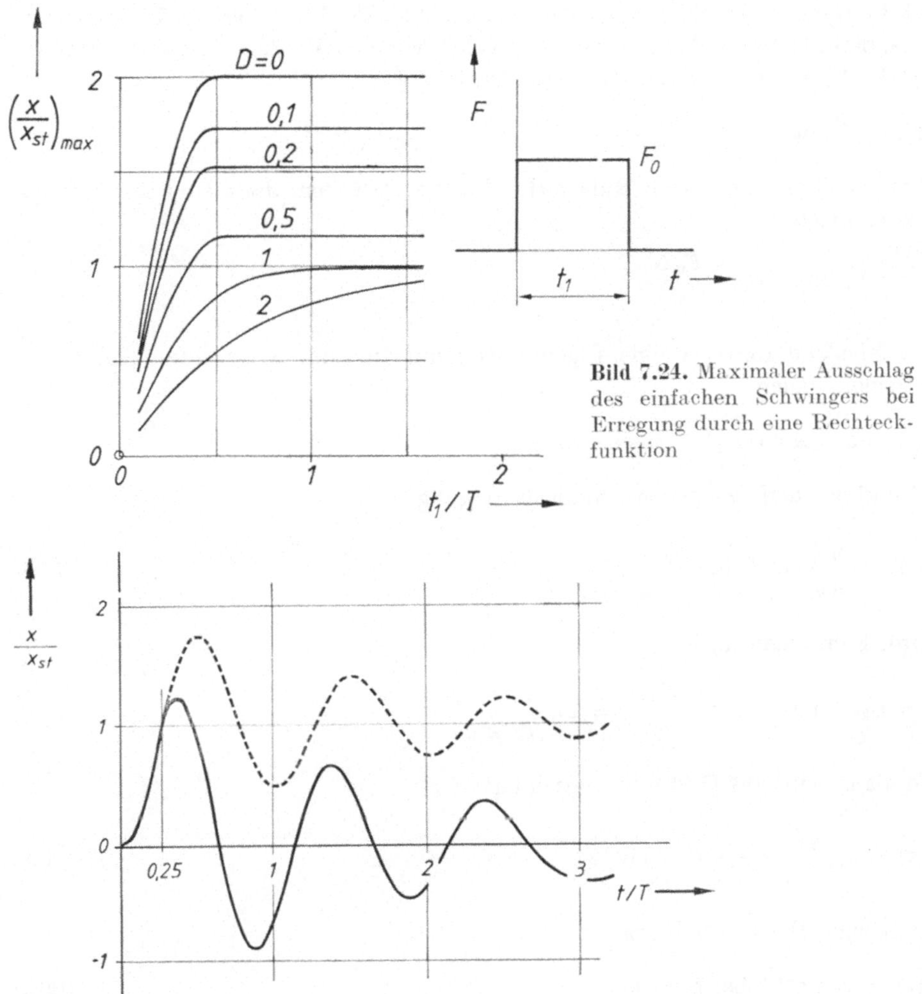

Bild 7.24. Maximaler Ausschlag des einfachen Schwingers bei Erregung durch eine Rechteckfunktion

Bild 7.25. Zeitlicher Verlauf des Ausschlags des einfachen Schwingers bei Rechteckstoß der Dauer $t_1 = 0{,}25T$, $D = 0{,}1$

7.5.3 Rechteckstoß, Dirac-Stoß

Beim Rechteckstoß der Dauer t_1 entstehen die im Bild 7.24 aufgetragenen maximalen Ausschläge. Größere Dämpfung ergibt immer kleinere Maxima. Bei kleiner Dämpfung mit $D \ll 1$ haben nur Stoßzeiten $t_1 \leqq 0{,}5T$ Einfluß auf die Größe des absoluten Maximums des Ausschlags. Dies geht aus Bild 7.22 hervor, wonach bei schwacher Dämpfung das absolute Maximum bei etwa $0{,}5T$ auftritt.

Den zeitlichen Verlauf des Ausschlags bei einer Stoßzeit $t_1 = 0{,}25T$ zeigt das Bild 7.25. Nach dem Ende des Stoßes schwingt die Masse frei aus und nähert sich oszillierend der anfänglichen Lage. Zum Vergleich ist (gestrichelt) der Verlauf bei unendlich langer Stoßzeit angegeben.

Ist die Dauer t_1 des Rechteckstoßes sehr viel kleiner als die Periode T des Schwingers, dann kann die Aufgabe wie folgt gelöst werden. Mit $\Delta t = t_1$ hat der Stoß die Stärke $F_0 \Delta t$ und verleiht der Masse den Impuls

$$m\dot{x}_0 = F_0 \Delta t.$$

Wird der Schwinger vom Ruhezustand aus angestoßen, dann sind die Anfangsbedingungen

$$x_0 = 0 \quad \text{und} \quad \dot{x}_0 = \frac{F_0 \Delta t}{m}.$$

Anschließend führt er eine Eigenschwingung aus, deren Gleichung bei $D < 1$ allgemein gleich

$$x(t) = \mathrm{e}^{-\delta t}(A \cos \omega_\mathrm{d} t + B \sin \omega_\mathrm{d} t)$$

ist und mit den gegebenen Anfangsbedingungen zu

$$x(t) = \frac{F_0 \, \Delta t}{m \omega_\mathrm{d}} \, \mathrm{e}^{-\delta t} \sin \omega_\mathrm{d} t \tag{7.98}$$

wird. Führt man noch

$$\tau = \omega_\mathrm{k} t \quad \text{und} \quad x_{F_0} = \frac{F_0 \, \Delta t}{\sqrt{km}} = 2\pi \, \frac{\Delta t}{T} \, \frac{F_0}{k} \tag{7.99}$$

ein, dann wird aus (7.98) die Beziehung

$$x(\tau) = x_{F_0} \sqrt{\frac{1}{1 - D^2}} \, \mathrm{e}^{-D\tau} \sin\left(\sqrt{1 - D^2}\, \tau\right). \tag{7.100a}$$

In gleicher Weise erhält man

$$x(\tau) = x_{F_0} \tau \, \mathrm{e}^{-\tau} \quad \text{bei } D = 1 \tag{7.100b}$$

und mit $\varkappa = \sqrt{D^2 - 1}$:

$$x(\tau) = x_{F_0} \frac{1}{2\varkappa} \left[\mathrm{e}^{-(D-\varkappa)\tau} - \mathrm{e}^{-(D+\varkappa)\tau}\right] \quad \text{bei } D > 1. \tag{7.100c}$$

Die Lösungen gelten bei endlichem Δt näherungsweise. Beim Dirac-Stoß mit $\Delta t \to 0$ und endlichem Produkt $F_0 \Delta t$ ist die Lösung exakt und heißt Stoß- oder Impuls-Übertragungsfunktion. Bild 7.26 zeigt diese Funktion für verschiedene Dämpfungsgrade. Bei $D = 0$ erzeugt der Dirac-Stoß eine Sinusschwingung mit der Anfangsgeschwindigkeit $\dot{x}_0 = F_0 \Delta t/m$ (unmittelbar nach Stoßbeginn) und der Frequenz ω_k. Ihre Amplitude beträgt

$$\hat{x} = \frac{\dot{x}_0}{\omega_\mathrm{k}} = \frac{F_0 \Delta t}{\sqrt{km}} = x_{F_0} \tag{7.101}$$

wie das Bild 7.26 zeigt.

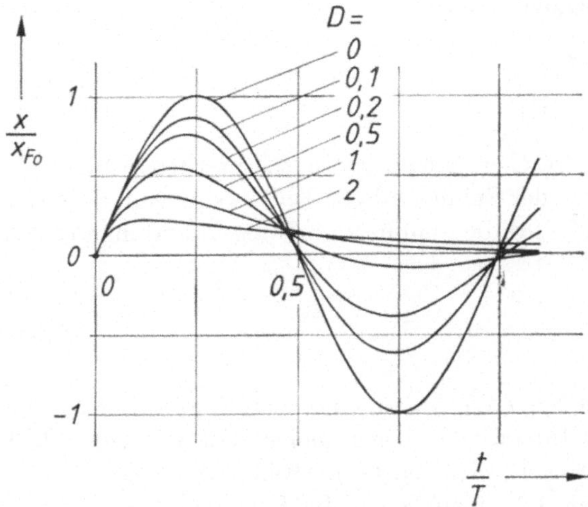

Bild 7.26. Ausschlag eines einfachen Schwingers bei Erregung durch einen Kraftstoß

7.6 Beliebige Erregung

Die Erregerkraft darf nun praktisch beliebigen Zeitverlauf haben. Die Antwort $x(t)$ auf einen solchen Kraftverlauf kann für beliebige Anfangswerte auf folgende Arten berechnet werden:

— Faltungsintegral,
— Fourier Entwicklung,
— Polygonverfahren.

7.6.1 Faltungsintegral

Ein beliebiger Kraftverlauf kann durch eine Folge von Kraftstößen nach Bild 7.27 ersetzt werden. Betrachten wir zunächst die Wirkung eines zur Zeit $t = t'$ einsetzenden Stoßes von der Dauer $\Delta t'$. Die Antwort des Schwingers wird durch die Stoß-Übergangsfunktion ((7.98) und (7.100)) bestimmt. Schreibt man diese in der Form

$$x(t) = F_0 \, \Delta t \, g(t), \tag{7.102}$$

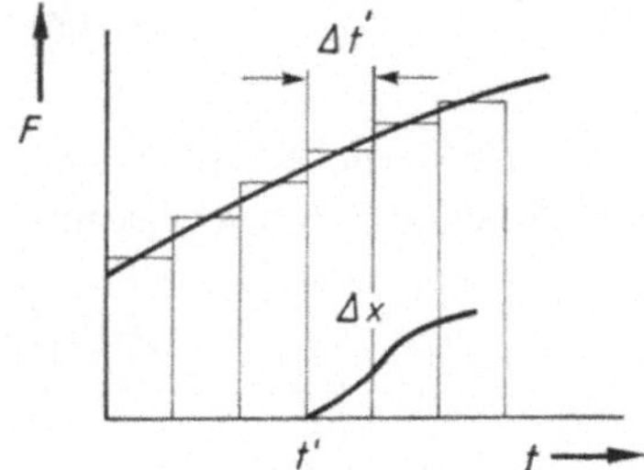

Bild 7.27. Beliebige Funktion $F(t)$ als Folge von Rechteckstößen

dann gilt für die Wirkung des betrachteten Stoßes

$$\Delta x(t) = \begin{cases} 0 & \text{für} \quad t < t' \\ F(t')\,\Delta t' g(t - t') & \text{für} \quad t \geq t'. \end{cases} \tag{7.103}$$

Alle übrigen bis zur Zeit t aufgetretenen Stöße liefern entsprechende Beiträge. Die gesamte Bewegung ist gleich der Summe dieser Teilbewegungen, da unser Schwinger linear ist. Mit $\Delta t' \to \mathrm{d}t'$ wird die Summe zum Integral und man erhält die Lösung

$$x(t) = \int\limits_0^t F(t')\, g(t - t')\, \mathrm{d}t'. \tag{7.104}$$

Das Integral (7.104) muß für jeden t-Wert gesondert berechnet werden. Die Faktoren $F(t')$ bzw. $g(t - t')$ des Integranden liegen gleich weit von der linken bzw. rechten Grenze des Integrationsbereichs entfernt (Bild 7.28). Spiegelt man $g(t)$ an der strichpunktierten Linie $t/2$, dann liegen die Faktoren $F_1 g_1$, $F_2 g_2$, ... übereinander. Die gleiche Lage erhält man durch Linksverschieben von $g(t)$ um t und anschließendes Falten um die Ordinatenachse. Daher nennt man die rechte Seite von (7.104) Faltungsintegral.

Die der Stoß-Übergangsfunktion entsprechende Funktion $g(t)$ nach (7.102) — in der Regelungstechnik Gewichtsfunktion genannt — lautet für den einfachen Schwinger nach (7.100a) bis (7.100c)

$$g(t) = \begin{cases} \sqrt{\dfrac{1}{km}}\,\sqrt{\dfrac{1}{1 - D^2}}\;\mathrm{e}^{-D\tau}\,\sin\!\left(\sqrt{1 - D^2}\,\tau\right) & \text{bei} \quad D < 1 & (7.105\,\mathrm{a}) \\[2.5ex] \sqrt{\dfrac{1}{km}}\,\tau\,\mathrm{e}^{-\tau} & \text{bei} \quad D = 1 & (7.105\,\mathrm{b}) \\[2.5ex] \sqrt{\dfrac{1}{km}}\,\dfrac{1}{2\varkappa}\,[\mathrm{e}^{-(D-\varkappa)\tau} - \mathrm{e}^{-(D+\varkappa)\tau}] & \text{bei} \quad D > 1 & (7.105\,\mathrm{c}) \end{cases}$$

mit $\;t = \dfrac{\tau}{\omega_\mathrm{k}} = \dfrac{T}{2\pi}\,\tau\quad$ nach (7.99).

Mit diesen Gleichungen kann die Antwort $x(t)$ eines einfachen Schwingers berechnet werden, der vom Ruhezustand $x_0 = 0$, $\dot{x}_0 = 0$ mit einer beliebigen Erregerkraft $F(t)$ belastet wird. Bei anderen Anfangsbedingungen muß man noch die homogene Lösung $x_\mathrm{h}(t)$ hinzunehmen. Bei schwacher Dämpfung ($D < 1$) ist dann die Lösung

$$x(t) = \mathrm{e}^{-\delta t}(A\,\cos\,\omega_\mathrm{d}t + B\,\sin\,\omega_\mathrm{d}t) + \int\limits_0^t F(t')\, g(t - t')\, \mathrm{d}t'. \tag{7.106}$$

Die zur Bestimmung der Konstanten A und B u. a. erforderliche Anfangsgeschwindigkeit des partikulären Teils (2. Glied von (7.106)) kann näherungsweise mit

$$\dot{x}_\mathrm{p}(0) \approx \frac{x_\mathrm{p}(0 + \Delta t)}{\Delta t} \tag{7.107}$$

berechnet werden.

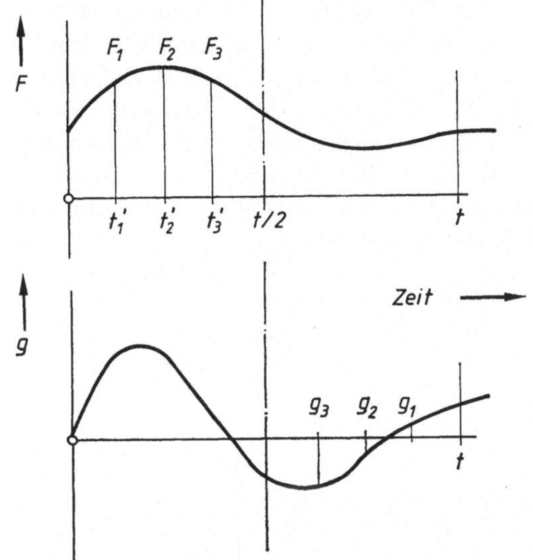

Bild 7.28. Zur Berechnung des Faltungsintegrals

Ersetzt man den Kraftverlauf nicht durch eine Folge von Rechteckstößen, sondern durch einen Anfangssprung mit $F(0)$ und anschließende, infinitesimale Kraftsprünge mit dem Betrag $\Delta F \to \mathrm{d}F$ (Bild 7.29), dann erhält die Gesamtlösung die Form

$$x(t) = x_\mathrm{h}(t) + F(0)\, h(t) + \int\limits_0^t \dot{F}(t')\, h(t - t')\, \mathrm{d}t' . \tag{7.108}$$

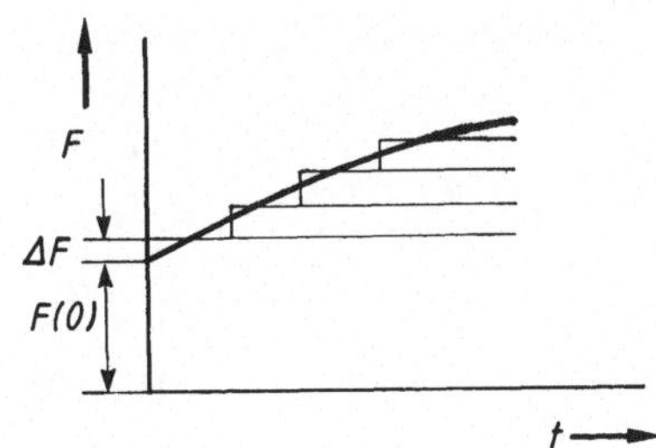

Bild 7.29. Beliebige Funktion $F(t)$ als Folge von Sprungfunktionen

Die Übergangsfunktion $h(t)$ ist die durch den Kraftsprung dividierte Sprung-Übergangsfunktion nach den Gleichungen (7.97a) bis (7.97c). Das Integral ist das Duhamel-Integral. Die Lösung (7.108) läßt erkennen, daß hier Unstetigkeiten von $F(t)$, wie z. B. der Anfangssprung von Null auf $F(0)$, gesondert berücksichtigt werden müssen.

7.6.2 Fourier-Entwicklung

Entwickelt man die Erregerkraft $F(t)$ in eine Fourier-Reihe, dann kann die Bewegungsgleichung gliedweise gelöst werden. Die Gesamtlösung ist die Summe der Einzellösungen. Voraussetzung ist Periodizität von $F(t)$. Da man aber in der

Praxis immer nur die Lösung für endliche Zeit braucht, kann man bei nicht-periodischem Kraftverlauf annehmen, daß er sich nach dieser Zeit wiederholt. Will man also die Lösung von $t = 0$ bis t_z kennen, dann nimmt man t_z als Periode T an. Dabei wählt man t_z derart, daß $F(t_z) = F(0)$ ist, um das Gibbsche Phänomen (Überschwingen der entwickelten Funktion) zu vermeiden. Den vorliegenden Anfangszustand von $x(t)$ bekommt man durch Hinzunahme der homogenen Lösung $x_h(t)$ mit entsprechenden Konstanten A, B. Mit $F(t + T) = F(t)$ kann die Erregerkraft in die folgende Fourier-Reihe entwickelt werden.

$$F(t) = F_0 + \sum_{n=1}^{\infty} F_n \sin (n\omega_0 t + \varphi_n) \tag{7.109}$$

mit

$$F_0 = \frac{1}{T} \int_0^T F(t) \, \mathrm{d}t, \quad F_n = \sqrt{a_n^2 + b_n^2}$$

$$a_n = \frac{2}{T} \int_0^T F(t) \cos (n\omega_0 t) \, \mathrm{d}t, \quad b_n = \frac{2}{T} \int_0^T F(t) \sin (n\omega_0 t) \, \mathrm{d}t \tag{7.110}$$

$$\tan \varphi_n = \frac{a_n}{b_n}, \quad \omega_0 = \frac{2\pi}{T}$$

Die vollständige Lösung $x(t)$ der Bewegungsgleichung besteht aus der homogenen Lösung $x_h(t)$, der Lösung x_0 aus der konstanten Kraft F_0 und dem Wechselanteil $x_\sim(t)$ aus den Harmonischen der Erregerkraft

$$x(t) = x_h(t) + x_0 + x_\sim(t). \tag{7.111}$$

Der statische Anteil ist

$$x_0 = \frac{F_0}{k} = hF_0. \tag{7.112}$$

Der Wechselanteil ist

$$x_\sim(t) = \sum_{n=1}^{\infty} x_n(t). \tag{7.113}$$

Nach den Gleichungen des Abschnitts 7.4 folgt die Antwort $x_n(t)$ auf die n-te Harmonische $F_n \sin (n\omega_0 t + \varphi_n)$ zu

$$x_n(t) = |\underline{H}(n\omega_0)| \, F_n \sin (n\omega_0 t + \varphi_n - \varepsilon_n) \tag{7.114}$$

mit dem Betrag der Übertragungsfunktion $|\underline{H}(n\omega_0)|$ und dem Phasenverschiebungswinkel ε_n nach den Gleichungen (7.91) mit $\omega = n\omega_0$.

In (7.114) können auch bezogene Größen — $|\underline{H}(n\omega_0)| \to |\underline{H}(\eta_n)|$ und $\varepsilon_n(n\omega_0) \to \varepsilon_n(\eta_n)$ — eingeführt werden mit

$$|\underline{H}(\eta_n)| = \frac{1}{k}\, V_n = h V_n \tag{7.115}$$

nach (7.92) und $\varepsilon_n(\eta_n)$ nach (7.65) mit

$$\eta = \eta_n = \frac{n\omega_0}{\omega_k}. \tag{7.116}$$

Die praktische Berechnung führt man zweckmäßig mit der diskreten Fourier-Reihe durch (Anhang A2). Hierfür ist

$$x_\sim(t) = \sum_{n=1}^{N-1} x_n(t) + x_N(t) \tag{7.117}$$

mit

$$\left.\begin{aligned}
&F_0 = \frac{1}{2N} \sum_{k=0}^{2N-1} F(t_k); \quad F_n = \sqrt{A_n^2 + B_n^2}\\[2mm]
&A_n = \frac{1}{N} \sum_{k=0}^{2N-1} F(t_k) \cos\left(\frac{nk}{N}\,\pi\right)\\[2mm]
&B_n = \frac{1}{N} \sum_{k=0}^{2N-1} F(t_k) \sin\left(\frac{nk}{N}\,\pi\right)\\[2mm]
&F_N = \frac{1}{2N} \sum_{k=0}^{2N-1} F(t_k) \cos k\,\pi; \quad \tan \varphi_n = \frac{A_n}{B_n}\\[2mm]
&x_n(t) \text{ nach (7.114)}\\[2mm]
&x_N(t) = |\underline{H}(N\omega_0)|\, F_N \cos(N\omega_0 t)
\end{aligned}\right\} \tag{7.118}$$

Die folgende komplexe Darstellung bietet einen weiteren Einblick in die Lösung und ermöglicht die einfache Berechnung ihres quadratischen Mittelwertes.

Wir schreiben die komplexe Fourier-Reihe von $F(t)$ in der Form von (A2.11) zu

$$F(t) = F_0 + \mathrm{Re}\left(\sum_{n=1}^{\infty} \underline{F}_n\, e^{in\omega_0 t}\right) \tag{7.119}$$

mit F_0 nach (7.110) und

$$\underline{F}_n = \frac{2}{T} \int_0^T F(t)\, e^{-in\omega_0 t}\, \mathrm{d}t, \tag{7.120}$$

wobei wir den Faktor 2 von (A2.11) beim Koeffizienten $\underline{F}_n$ nach (A2.9) berücksichtigen.

Für den Wechselanteil $x_\sim(t)$ gilt (7.113). Dabei ist

$$x_\mathrm{n}(t) = \mathrm{Re}\,\underline{x}_\mathrm{n}(t) \tag{7.121}$$

mit der komplexen Harmonischen

$$\underline{x}_\mathrm{n}(t) = \underline{H}(n\omega_0)\,\underline{F}_\mathrm{n}\,\mathrm{e}^{\mathrm{i}n\omega_0 t}.$$

Die Übertragungsfunktion ist nach (7.90)

$$\underline{H}(n\omega_0) = \frac{1}{k - m(n\omega_0)^2 + \mathrm{i}dn\omega_0} = |\underline{H}(n\omega_0)|\,\mathrm{e}^{-\mathrm{i}\varepsilon_n} \tag{7.122}$$

und somit

$$\underline{x}_\mathrm{n}(t) = |\underline{H}(n\omega_0)|\,\underline{F}_\mathrm{n}\,\mathrm{e}^{\mathrm{i}(n\omega_0 t - \varepsilon_n)}. \tag{7.123}$$

Zum Schluß dieses Abschnitts wollen wir noch feststellen, welche Parameter bei beliebiger Erregung $F(t)$ für die Lösung $x(t)$ wesentlich sind. Hierzu stellen wir die Bewegungsgleichung

$$m\ddot{x} + d\dot{x} + kx = F(t)$$

mit folgenden Größen auf bezogene Form um:

$$\left.\begin{aligned}
&\tau = \omega_0 t = 2\pi\frac{t}{T}, \quad (\ )' = \frac{\mathrm{d}(\ )}{\mathrm{d}\tau} \\[2ex]
&\alpha_\mathrm{k} = \frac{\omega_\mathrm{k}}{\omega_0} \qquad \text{bezogene Eigenfrequenz} \\[2ex]
&F_\mathrm{B} \qquad\qquad \text{angenommene Bezugskraft} \\[2ex]
&f(t) = \frac{F(t)}{F_\mathrm{B}} \qquad \text{bezogene Erregerkraft} \\[2ex]
&x_\mathrm{S} = \frac{F_\mathrm{B}}{k} = hF_\mathrm{B} \quad \text{statische Verschiebung infolge } F_\mathrm{B} \\[2ex]
&y = \frac{x}{x_\mathrm{S}} \qquad\qquad \text{bezogene Verschiebung}
\end{aligned}\right\}. \tag{7.124}$$

Damit erhält die Bewegungsgleichung die Form

$$y'' + 2D\alpha_\mathrm{k}y' + \alpha_\mathrm{k}^2 y = \alpha_\mathrm{k}^2 f(\tau). \tag{7.125}$$

Der Schwinger ist also für die bezogene Antwort repräsentiert durch seine bezogene Eigenfrequenz und seinen Dämpfungsgrad.

Beispiel

Für den Kraftverlauf nach Bild 7.30a soll die Antwort eines einfachen Schwingers bis zur Zeit $t = T$ berechnet werden. Der Schwinger hat die Eigenfrequenz

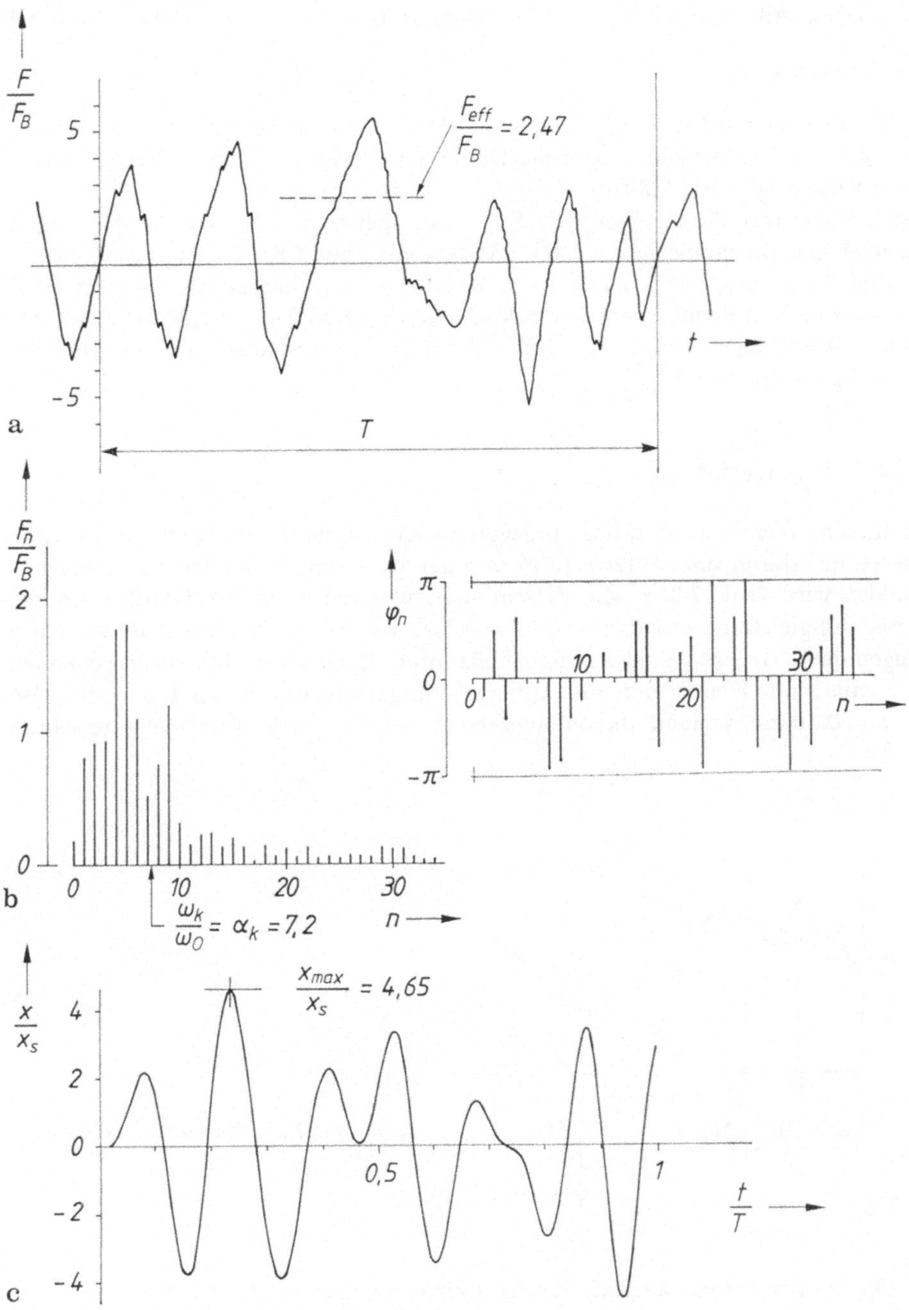

Bild 7.30. Beispiel zur Lösung durch Fourier-Entwicklung.
a) Zeitverlauf der Erregerkraft; **b)** Betrag und Phasenwinkel der Harmonischen der Erregerkraft; **c)** Zeitverlauf der Antwort

$\omega_k = 7{,}2\omega_0$ mit $\omega_0 = 2\pi/T$ und den Dämpfungsgrad $D = 0{,}05$. Bei $t = 0$ sei $x = 0$ und $\dot{x} = 0$.

Zur Lösung wurde $F(t)$ in eine diskrete Fourier-Reihe entwickelt. Dabei wurde T in $2N = 70$ Intervalle unterteilt. Die feinen Zacken von $F(t)$ bleiben hierbei unberücksichtigt (Bild 7.30 b).

Der Effektivwert der Erregerkraft F_{eff} ergab sich zu $2{,}47F_{\text{B}}$. Die Analyse ergab die stärksten Harmonischen bei $4\omega_0$ und $5\omega_0$ mit etwa $1{,}8F_{\text{B}}$.

Bild 7.30 c zeigt den berechneten Zeitverlauf der bezogenen Antwort x/x_{S}. Der maximale Ausschlag beträgt $4{,}65x_{\text{S}}$ oder das $4{,}65/2{,}47 = 1{,}88$fache des statischen Ausschlags infolge F_{eff}. Mit solchen Verhältniszahlen können ähnliche Fälle abgeschätzt werden.

7.6.3 Polygonverfahren

Bei diesem Verfahren wird der vorgegebene Kraftverlauf $F(t)$ durch ein Polygon ersetzt, das durch die Stützwerte F_i von genügend eng liegenden Stützstellen t_i gebildet wird (Bild 7.31). Mit diesem näherungsweisen Kraftverlauf kann die Bewegungsgleichung stückweise exakt gelöst werden, wobei die Anfangsbedingungen jedes Intervalls gleich den bekannten Endwerten des vorhergehenden Intervalls sind. Kennt man die Anfangsbedingungen des ersten Intervalls, also für $t = 0$, dann können davon ausgehend beliebig viele Intervalle berechnet werden.

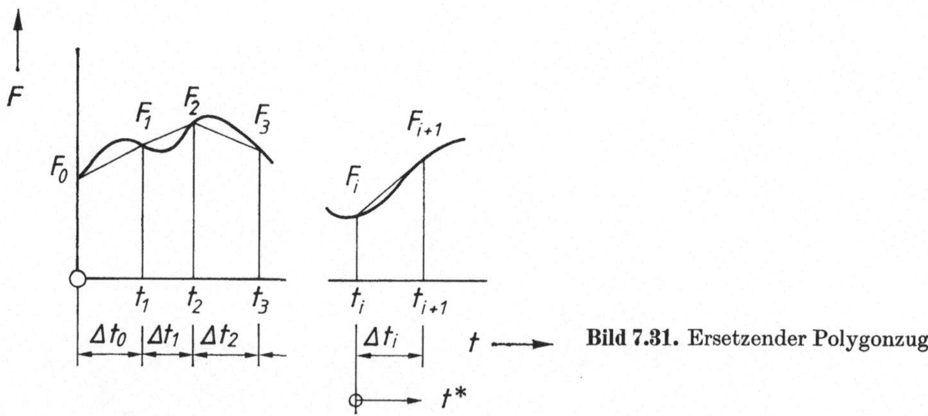

Bild 7.31. Ersetzender Polygonzug

Für das i-te Intervall ist die Bewegungsgleichung für $x(t^*)$ mit $t^* = t - t_i$

$$m\ddot{x} + d\dot{x} + kx = F_i + s_i t^* \tag{7.126}$$

bei

$$s_i = \frac{F_{i+1} - F_i}{t_{i+1} - t_i} = \frac{\Delta F_i}{\Delta t_i}. \tag{7.127}$$

(7.126) hat die partikuläre Lösung

$$x_\mathrm{p} = x_\mathrm{a} + x_\mathrm{b} t^*$$

mit

$$x_\mathrm{a} = \frac{1}{k}\left(F_\mathrm{i} - \frac{d}{k}\,s_\mathrm{i}\right) \quad \text{und} \quad x_\mathrm{b} = \frac{1}{k}\,s_\mathrm{i}. \tag{7.128}$$

Bei schwacher Dämpfung $(D < 1)$ ist mit (7.28) die vollständige Lösung

$$x(t^*) = \mathrm{e}^{-\delta t^*}(A\cos\omega_\mathrm{d}t^* + B\sin\omega_\mathrm{d}t^*) + x_\mathrm{a} + x_\mathrm{b}t^*. \tag{7.129}$$

Mit den Anfangsbedingungen

$$x = x_\mathrm{i} \quad \text{und} \quad \dot{x} = \dot{x}_\mathrm{i}$$

bei $t = t_\mathrm{i}$ bzw. $t^* = 0$ sind die Konstanten

$$A = x_\mathrm{i} - x_\mathrm{a} \quad \text{und} \quad B = \frac{1}{\omega_\mathrm{d}}[\dot{x}_\mathrm{i} + \delta(x_\mathrm{i} - x_\mathrm{a}) - x_\mathrm{b}], \tag{7.130}$$

womit die Lösung nach (7.129) vollständig bestimmt ist.

Um die Anfangsbedingungen für das nächste Intervall berechnen zu können, braucht man noch die Geschwindigkeit. Diese ist nach (7.29)

$$\dot{x}(t^*) = \mathrm{e}^{-\delta t^*}[(\omega_\mathrm{d}B - \delta A)\cos\omega_\mathrm{d}t^* - (\omega_\mathrm{d}A + \delta B)\sin\omega_\mathrm{d}t^*] + x_\mathrm{b}. \tag{7.131}$$

Mit diesen Gleichungen können nacheinander die Lösungen in den einzelnen Intervallen berechnet werden. Die Intervalle Δt_i dürfen unterschiedlich groß sein. Innerhalb eines jeden Intervalls können beliebig viele Zwischenwerte berechnet werden.

Beschränkt man sich auf die Lösung an den Stützstellen t_i und nimmt man in der ganzen Berechnung gleich große Intervalle $\Delta t = \Delta t_\mathrm{i}$ an, dann kann die Lösung auf die folgende Form gebracht werden.

Nach (7.127) bis (7.131) sind die Verschiebung $x_\mathrm{i+1}$ und die Geschwindigkeit $\dot{x}_\mathrm{i+1}$ linear abhängig von x_i bzw. $\dot{x}_\mathrm{i}$ und von F_i bzw. $F_\mathrm{i+1}$. Man kann also schreiben

$$\begin{bmatrix} x_\mathrm{i+1} \\ \dot{x}_\mathrm{i+1} \end{bmatrix} = \begin{bmatrix} a_{11} & a_{12} \\ a_{21} & a_{22} \end{bmatrix} \begin{bmatrix} x_\mathrm{i} \\ \dot{x}_\mathrm{i} \end{bmatrix} + \begin{bmatrix} b_{11} & b_{12} \\ b_{21} & b_{22} \end{bmatrix} \begin{bmatrix} F_\mathrm{i} \\ F_\mathrm{i+1} \end{bmatrix}. \tag{7.132}$$

Die Elemente a_ik, b_ik folgen aus den obigen Gleichungen durch entsprechendes Sortieren. Sie hängen nur von den Parametern des Schwingers und der Schrittlänge Δt ab.

Für die Berechnung führt man zweckmäßig bezogene Größen ein. Mit

$$y_\mathrm{i} = \frac{x_\mathrm{i}}{x_\mathrm{s}}; \quad y'_\mathrm{i} = \frac{\dot{x}_\mathrm{i}}{\omega_\mathrm{k}x_\mathrm{s}}; \quad x_\mathrm{s} = \frac{F_\mathrm{B}}{k}; \quad \overline{F}_\mathrm{i} = \frac{F_\mathrm{i}}{F_\mathrm{B}} \tag{7.133}$$

bei beliebigem, passend gewähltem F_B wird aus (7.132)

$$\begin{bmatrix} y_\mathrm{i+1} \\ y'_\mathrm{i+1} \end{bmatrix} = \begin{bmatrix} \alpha_{11} & \alpha_{12} \\ \alpha_{21} & \alpha_{22} \end{bmatrix} \begin{bmatrix} y_\mathrm{i} \\ y'_\mathrm{i} \end{bmatrix} + \begin{bmatrix} \beta_{11} & \beta_{12} \\ \beta_{21} & \beta_{22} \end{bmatrix} \begin{bmatrix} \overline{F}_\mathrm{i} \\ \overline{F}_\mathrm{i+1} \end{bmatrix}. \tag{7.134}$$

Nach einigen Umformungen erhält man für die Elemente der Matrizen

$$
\left.
\begin{aligned}
&\alpha_{11} = a_{11} = C + DS \\[2mm]
&\alpha_{12} = \omega_{\mathrm{k}} a_{12} = S \\[2mm]
&\alpha_{21} = \frac{a_{21}}{\omega_{\mathrm{k}}} = -\alpha_{12} \qquad
\begin{array}{l} (C \text{ nach } (7.138),\ D \text{ Dämpfungsgrad,} \\ \ \ S \text{ nach } (7.139)) \end{array} \\[2mm]
&\alpha_{22} = a_{22} = C - DS
\end{aligned}
\right\}
\tag{7.135}
$$

$$
\left.
\begin{aligned}
&\beta_{11} = k b_{11} = \frac{1}{\Delta\tau} \left[2D - (2D + \Delta\tau)\,C + (1 - 2D^2 - \Delta\tau D)\,S\right] \\[2mm]
&\beta_{12} = k b_{12} = \frac{1}{\Delta\tau} \left[\Delta\tau + (C - 1)\,2D - (1 - 2D^2)\,S\right] \\[2mm]
&\beta_{21} = \frac{k}{\omega_{\mathrm{k}}} b_{21} = \frac{1}{\Delta\tau} \left[C - 1 + (D + \Delta\tau)\,S\right] \\[2mm]
&\beta_{22} = \frac{k}{\omega_{\mathrm{k}}} b_{22} = \frac{1}{\Delta\tau} \left[1 - C - DS\right]
\end{aligned}
\right\} .
\tag{7.136}
$$

Dabei ist

$$
\Delta\tau = \omega_{\mathrm{k}}\,\Delta t = 2\pi\,\frac{\Delta t}{T}
\tag{7.137}
$$

$$
C = \mathrm{e}^{-D\Delta\tau} \cos\left(\sqrt{1 - D^2}\,\Delta\tau\right)
\tag{7.138}
$$

$$
S = \frac{1}{\sqrt{1 - D^2}}\,\mathrm{e}^{-D\Delta\tau} \sin\left(\sqrt{1 - D^2}\,\Delta\tau\right).
\tag{7.139}
$$

In der bezogenen Darstellung treten also in den Elementen nur noch die bezogene Schrittweite $\Delta t/T$ und der Dämpfungsgrad D auf. Zur Lösung müssen die Ele-

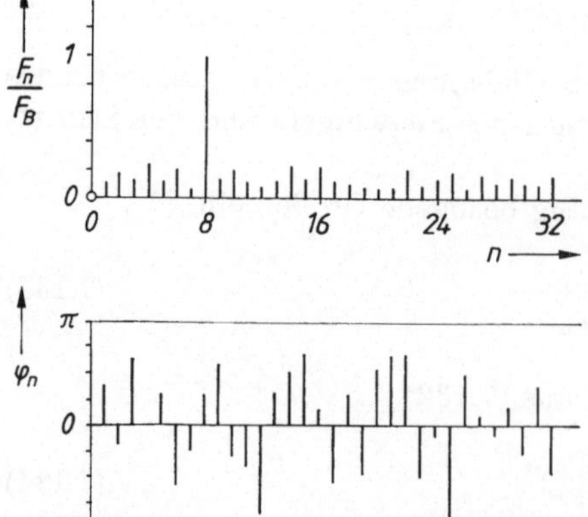

Bild 7.32. Beispiel zum Polygonverfahren. Amplituden und Phasenwinkel der Harmonischen der Erregerkraft

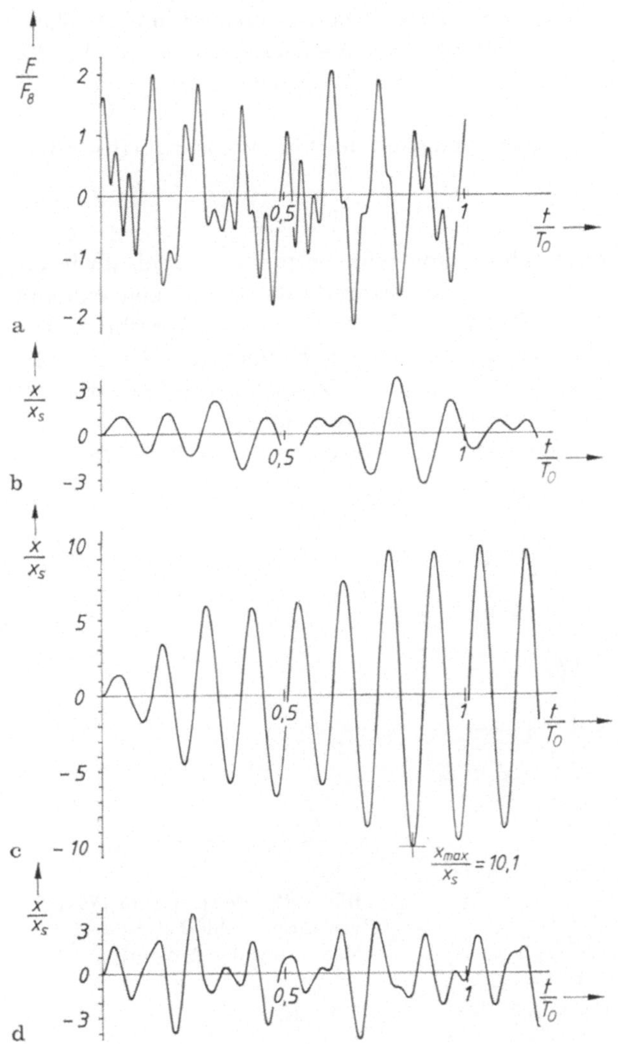

Bild 7.33. Beispiel zum Polygonverfahren. **a)** Erregerkraft; **b)**—**d)** Antwort verschiedener Schwinger mit $D = 0,05$. **b)** $\omega_k = 6\omega_0$; **c)** $\omega_k = 8\omega_0$; **d)** $\omega_k = 12\omega_0$

mente α_{ik}, β_{ik} nur einmal berechnet werden. Anschließend wendet man (7.134) so oft rekursiv an, bis die gewünschte Endzeit erreicht ist.

Zur Güte des Verfahrens kann folgendes bemerkt werden. Der einzige Verfahrensfehler liegt in der Annäherung des Kraftverlaufs durch ein Polygon. Durch entsprechend feine Unterteilung kann er beliebig klein gemacht werden. So sollte z. B. eine Periode einer Sinusfunktion mindestens durch 6 Intervalle angenähert werden. Mit 20 Intervallen erhält man ein sehr gutes Ergebnis. Rundungsfehler bleiben klein, da jedes neue Intervall mit der exakten Lösung berechnet wird. Vergleichungsrechnungen ergaben, daß das Polygonverfahren den bekannten Direkt-Integrationsverfahren hinsichtlich Genauigkeit und Rechenzeit deutlich überlegen ist. Dieser Vorteil geht teilweise oder ganz verloren bei der Integration von Gleichungen mit zeitabhängigen Koeffizienten oder von nichtlinearen Gleichungen.

Mit dem folgenden Beispiel soll die Genauigkeit des Verfahrens gezeigt werden.

Beispiel

Um die Genauigkeit des Polygonverfahrens kontrollieren zu können, geben wir uns die Koeffizienten der Fourier-Entwicklung der Erregerkraft vor und können dann nach den Ausführungen des Abschnitts 7.6.2 die exakte Lösung berechnen. Die gewählten Vorgaben sind im Bild 7.32 dargestellt (die 8. Harmonische dominiert).

Es soll die Antwort eines einfachen Schwingers mit $D = 0,05$ berechnet werden, wenn die Eigenfrequenz ω_k die Werte $6\omega_0$, $8\omega_0$ (Resonanz mit dominierender Erregung) und $12\omega_0$ hat. Der Schwinger soll jeweils aus der Ruhe erregt werden.

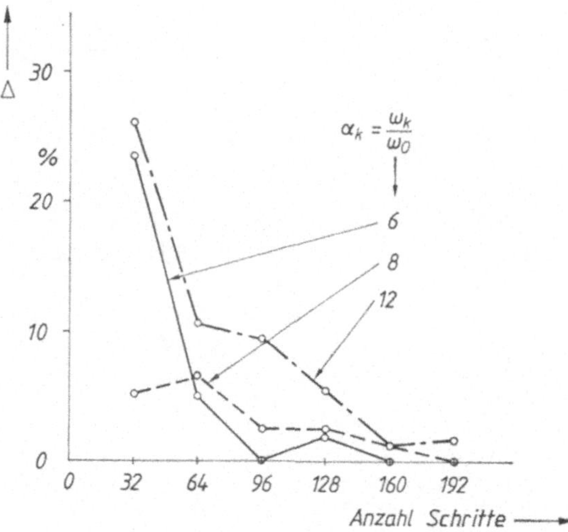

Bild 7.34. Beispiel zum Polygonverfahren. Fehlerbetrag des Maximums der Antwort

Das Bild 7.33 a zeigt den Bild 7.32 entsprechenden Zeitverlauf der Erregerkraft. In den Bildern 7.33 b bis d sind die mit der Fourier-Entwicklung berechneten exakten Antworten der genannten Schwinger dargestellt. Als Bezugskraft F_B wurde die Amplitude F_8 gewählt. Somit ist $x_s = F_8/k$. Bei Resonanz mit der dominierenden Harmonischen ($\omega_k = 8\omega_0$) dominiert die 8. Harmonische auch in der Antwort. Dabei entsteht in der 7. Periode der Wert $x_{max} = 10,1x_s$. Der Faktor 10,1 stimmt gut mit $Q = 1/2D = 1/(2 \cdot 0,05) = 10$ überein.

Die Berechnung mit dem Polygonverfahren wurde mit verschiedener Schrittweite durchgeführt. Es wurde jeweils mit 32, 64, 96, 128, 160 und 192 Schritten je Grundperiode T_0 gerechnet. Als Maß für die Güte wird die Abweichung des Maximums der Antwort gegenüber der exakten Lösung angesehen (Bild 7.34). Bei 160 Schritten pro Grundperiode, bzw. 20 Schritten während der 8. Harmonischen, beträgt dieser Fehler etwa 1%, was für die Praxis genügend genau ist.

8 Statik von Strukturen

Beim Aufstellen von Bewegungsgleichungen erfordert die Statik des Systems meistens die größte Mühe. Die Statik ist die Grundlage der Kinetik oder Dynamik, wie man allgemein sagt. Die Kenntnis der Statik ist Voraussetzung für das Verständnis von dynamischen Vorgängen.

Wesentlicher Inhalt dieses Kapitels sind die beiden Arten von Einflußzahlen, nämlich die Verschiebungs- und die Krafteinflußzahlen. Sie werden allgemein definiert, und es wird gezeigt, wie man sie in den einzelnen Fällen zweckmäßig berechnet. Der Begriff der Koordinaten (Gesamtheit der betrachteten Verrückungen) spielt dabei eine grundlegende Rolle. Der Wechsel auf andere Koordinatensysteme wird im Abschnitt 8.2.4 allgemein behandelt. Im Abschnitt 8.4 wird gezeigt, wie man die Anzahl der Koordinaten vermindern kann. Das Kapitel schließt mit einem Abschnitt über unsymmetrische Matrizen, die vor allem in der Rotordynamik vorkommen.

8.1 Verschiebungseinflußzahlen

Wir betrachten Systeme (Strukturen), bei denen die Verschiebungen den einwirkenden Kräften proportional sind (linear elastische Systeme). Dabei verstehen wir hier unter Verschiebungen auch Drehungen und entsprechend fallen unter den Begriff Kräfte auch Momente. Die Verschiebungen seien klein im Vergleich zu den Abmessungen des Systems, so daß lineare Lagebeziehungen gelten.

Zur Vereinfachung befassen wir uns zunächst mit einem ebenen System nach Bild 8.1. Die Verschiebungen der Punkte A und B seien x_1, x_2, x_3 bzw. x_4, x_5, x_6, die entsprechenden Kräfte seien mit F_1, F_2, F_3 bzw. F_4, F_5, F_6 bezeichnet. Man nennt

A, B Knoten

$x_1, \ldots, x_6$ Koordinaten des Systems.

Mit h_{ik} als Proportionalitätsfaktoren gelten die folgenden Gleichungen für die Verschiebungen:

$$
\begin{aligned}
x_1 &= h_{11}F_1 + h_{12}F_2 + h_{13}F_3 + h_{14}F_4 + h_{15}F_5 + h_{16}F_6 \\
x_2 &= h_{21}F_1 + h_{22}F_2 + \cdots \qquad\qquad\qquad + h_{26}F_6 \\
&\;\vdots \\
x_6 &= h_{61}F_1 + h_{62}F_2 + \cdots \qquad\qquad\qquad + h_{66}F_6 .
\end{aligned}
\tag{8.1}
$$

Die Faktoren h_{ik} heißen Verschiebungseinflußzahlen.

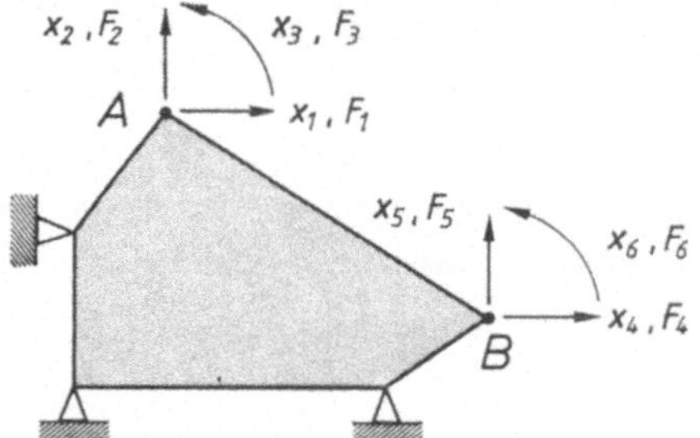

Bild 8.1. Modell zur Erklärung von Verschiebungseinflußzahlen

Es ist leicht einzusehen, daß man auch bei mehr als zwei Knoten und bei räumlichen Systemen die Verschiebungen in der Form von (8.1) angeben kann; man hat nur entsprechend mehr Koordinaten. Somit gilt bei n Koordinaten mit

$$\boldsymbol{x} = (x_1, x_2, \ldots, x_n)^{\mathrm{T}} \qquad \text{Verschiebungsvektor,}$$

$$\boldsymbol{f} = (F_1, F_2, \ldots, F_n)^{\mathrm{T}} \qquad \text{Kraftvektor,}$$

$$\boldsymbol{H} = (h_{\mathrm{ik}}) \qquad \text{Matrix der Verschiebungseinflußzahlen (Nachgiebigkeitsmatrix)}$$

die Gleichung

$$\boldsymbol{x} = \boldsymbol{H}\boldsymbol{f}. \tag{8.2}$$

Mit x_{ik} als der Verschiebung x_{i} infolge der Kraft F_{k} ist

$$h_{\mathrm{ik}} = \frac{x_{\mathrm{ik}}}{F_{\mathrm{k}}}. \tag{8.3}$$

Die Verschiebungseinflußzahl h_{ik} ist somit die Verschiebung in Richtung der Koordinate x_{i} bei *alleiniger* Belastung des Systems durch F_{k}, geteilt durch die Kraft F_{k}.

Damit haben wir die allgemeine Definition der Verschiebungseinflußzahl. Neben der linearen Elastizität ist noch kinematisch stabile Lagerung Voraussetzung: das System muß gefesselt sein und darf nicht wackeln. Der Grad der inneren oder äußeren statischen Unbestimmtheit darf beliebig sein.

Ist das System nicht nur linear elastisch, sondern auch noch konservativ, dann gilt der Satz von Maxwell

$$h_{\mathrm{ki}} = h_{\mathrm{ik}}, \tag{8.4}$$

die $\boldsymbol{H}$-Matrix ist symmetrisch.

Ein System wird konservativ genannt, wenn bei Verschiebung eines beliebigen Punkts zu einem Nachbarpunkt die dabei erforderliche Arbeit unabhängig davon ist, auf welchem Weg der Nachbarpunkt erreicht wird. Die Arbeit ist dann für einen geschlossenen Weg insgesamt Null; auf dem Hinweg wird sie „konserviert" und auf dem Rückweg wieder freigegeben.

Zum Beweis des Satzes von Maxwell belasten wir ein System zunächst mit der Kraft F_{i}. Die Verschiebung in Richtung von F_{i} ist dann $x_{\mathrm{ii}} = h_{\mathrm{ii}}F_{\mathrm{i}}$, und F_{i}

leistet die Arbeit

$$W_{ii} = \frac{1}{2}\,F_i x_{ii} = \frac{1}{2}\,h_{ii}F_i^2 \quad \text{(Bild 8.2)}. \tag{8.5}$$

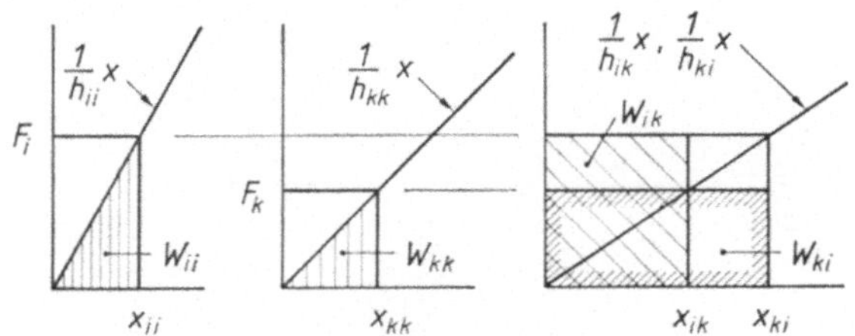

Bild 8.2. Arbeiten bei Belastung mit F_i und F_k

Anschließend bringen wir an der gleichen oder an einer anderen Stelle die Kraft F_k auf. Diese Kraft leistet die Arbeit

$$W_{kk} = \frac{1}{2}\,F_k x_{kk} = \frac{1}{2}\,h_{kk}F_k^2.$$

Außerdem wird dabei die Kraft F_i um $x_{ik} = h_{ik}F_k$ in ihrer Richtung verschoben, so daß sie die Zusatzarbeit

$$W_{ik} = F_i x_{ik} = F_i h_{ik} F_k \tag{8.6}$$

leisten muß. Die Gesamtarbeit beträgt damit

$$W = W_{ii} + W_{kk} + W_{ik}. \tag{8.7}$$

Belastet man das System in umgekehrter Reihenfolge, also zuerst mit F_k und dann mit F_i, dann werden wieder Arbeiten W_{kk} und W_{ii} geleistet. Die Kraft F_k erfährt beim Aufbringen von F_i die Verschiebung $x_{ki} = h_{ki}F_i$, so daß jetzt die Zusatzarbeit

$$W_{ki} = F_k x_{ki} = F_k h_{ki} F_i$$

entsteht. Die Gesamtarbeit ist bei dieser Reihenfolge

$$W' = W_{kk} + W_{ii} + W_{ki}.$$

In beiden Fällen entsteht die gleiche Endverformung, sie wird nur im allgemeinen auf verschiedenen Wegen erreicht. So wird im Beispiel von Bild 8.3 bei der Lastfolge F_i, F_k der Weg 1 und bei der Folge F_k, F_i der Weg 2 zurückgelegt. Ist die Gesamtarbeit vom Weg unabhängig, ist also $W' = W$, dann ist $W_{ki} = W_{ik}$ und somit $h_{ki} = h_{ik}$, was zu beweisen war.

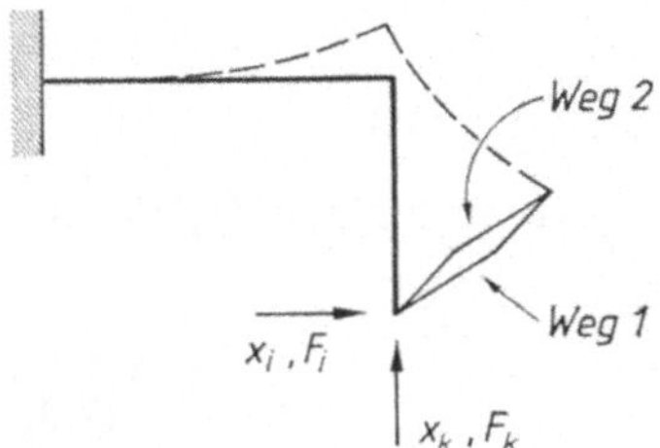

Bild 8.3. Wege bei verschiedener Lastfolge

Die Einflußzahlen h_{ik} können mit den Regeln der Elastostatik berechnet oder durch Messungen ermittelt werden. Zur Berechnung liefert die Zusatzarbeit W_{ik} nach (8.6) sehr zweckmäßige Beziehungen. Wir machen uns dies am Balken nach Bild 8.4 klar.

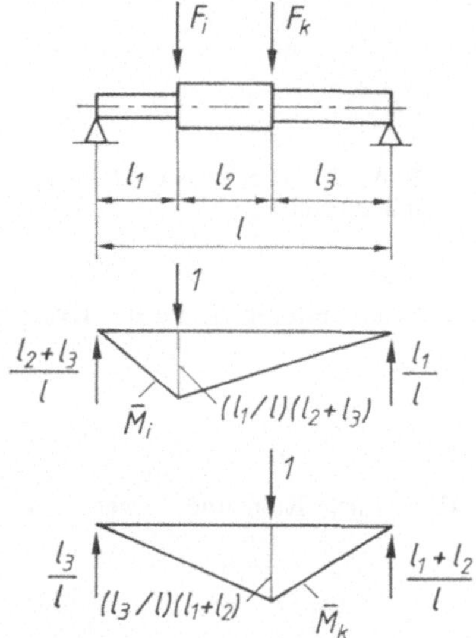

Bild 8.4. Beispiel zur Berechnung von Einfluß-zahlen

Die Lasten F_i und F_k des Balkens leisten die Arbeit W, die nach dem Arbeitssatz gleich der Formänderungsarbeit sein muß:

$$W = U = \frac{1}{2} \int \frac{M^2}{EI}\, \mathrm{d}x \tag{8.8}$$

(x bezeichnet jetzt neben der Verschiebung noch die Ortskoordinate des Balkens in Längsrichtung. Wir bleiben bei diesem Brauch und achten auf den Unterschied).

Das Biegemoment M besteht aus M_i infolge F_i und M_k infolge F_k, so daß mit

$$M^2 = (M_i + M_k)^2 = M_i^2 + M_k^2 + 2M_i M_k$$

aus (8.8) und (8.7) folgt

$$W_{ii} + W_{kk} + W_{ik} = \frac{1}{2} \int \frac{M_i^2}{EI}\, \mathrm{d}x + \frac{1}{2} \int \frac{M_k^2}{EI}\, \mathrm{d}x + \int \frac{M_i M_k}{EI}\, \mathrm{d}x .$$

Man erkennt die einander entsprechenden Arbeiten. Insbesondere ist die Zusatzarbeit

$$W_{ik} = \int \frac{M_i M_k}{EI}\, \mathrm{d}x ,$$

woraus mit W_{ik} nach (8.6) nach Division mit $F_i F_k$, sowie mit $\overline{M}_i = M_i/F_i$ und $\overline{M}_k = M_k/F_k$ der Ausdruck

$$h_{ik} = \int \frac{\overline{M}_i \overline{M}_k}{EI}\, \mathrm{d}x \tag{8.9}$$

folgt. Entsprechend ist

$$h_{ii} = \int \frac{\overline{M}_i^2}{EI}\,dx \quad \text{bzw.} \quad h_{kk} = \int \frac{\overline{M}_k^2}{EI}\,dx. \tag{8.10}$$

Was hier für den Balken gezeigt wurde, darf verallgemeinert werden:

Die Einflußzahl h_{ik} ist gleich einem Integral der Art von (8.9) mit Gliedern, die durch dimensionslose Einheitsbelastungen entsprechend den Koordinaten x_i und x_k entstanden sind.

Aus obigem folgt auch, daß bei beliebiger Biegebelastung eines Balkens die Verschiebung

$$x_i = \int \frac{M_0 \overline{M}_i}{EI}\,dx \tag{8.11}$$

ist, wenn M_0 das Biegemoment infolge der vorhandenen Belastung ist und $\overline{M}_i$ obige Bedeutung hat.

Für einige weitere Grundelemente erhält man in gleicher Weise die folgenden Beziehungen:

Zugstab

$$h_{ik} = \int \frac{\overline{S}_i \overline{S}_k}{EA}\,dx \tag{8.12}$$

$\overline{S}_i$, $\overline{S}_k$ Längskraft bei $F_i = 1$, $F_k = 1$

Feder

$$h_{ik} = \frac{\overline{S}_i \overline{S}_k}{k_l} \tag{8.13}$$

k_l Längssteifigkeit

Torsionstab

$$h_{ik} = \int \frac{\overline{M}_{Ti} \overline{M}_{Tk}}{GI_T}\,dx \tag{8.14}$$

$\overline{M}_{Ti}$, $\overline{M}_{Tk}$ Drehmoment bei $F_i = 1$, $F_k = 1$

Drehfeder

$$h_{ik} = \frac{\overline{M}_{Ti} \overline{M}_{Tk}}{\hat{k}} \tag{8.15}$$

$\hat{k}$ Drehsteifigkeit

Balken mit Schubnachgiebigkeit

$$h_{ik} = \int \frac{\overline{M}_i \overline{M}_k}{EI}\,dx + \int \frac{\overline{Q}_i \overline{Q}_k}{GA_s}\,dx, \tag{8.16}$$

$\overline{Q}_i$, $\overline{Q}_k$ \quad Querkraft bei $F_i = 1$, $F_k = 1$

$A_s = \varkappa A$ Schubfläche; $\varkappa$ siehe Tabelle 3.2.

Diese Ausdrücke sind bezogene Arbeiten, man nennt sie Arbeitsintegrale. Für eine Struktur aus mehreren Elementen erhält man die Einflußzahlen durch einfache Addition der Arbeitsintegrale der einzelnen Elemente (das Integral einer Summe ist gleich der Summe der Einzelintegrale). In der Praxis hat man meistens lineare Funktionen oder kann solche näherungsweise annehmen. Hierfür können die Arbeitsintegrale mit der sogenannten Koppeltafel (Tabelle 8.1) berechnet werden.

Tabelle 8.1. Koppeltafel: $\int_0^l A(x)\, B(x)\, dx$

$A(x)$ \ $B(x)$	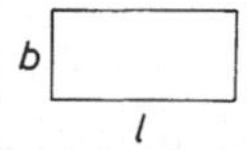	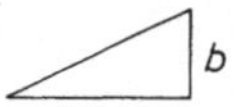	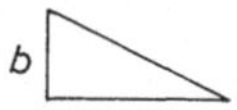	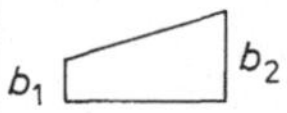
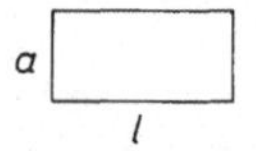	abl	$abl/2$	$abl/2$	$a(b_1+b_2)\,l/2$
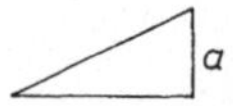	$abl/2$	$abl/3$	$abl/6$	$a(b_1+2b_2)\,l/6$
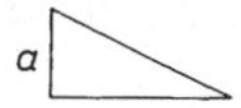	$abl/2$	$abl/6$	$abl/3$	$a(2b_1+b_2)\,l/6$
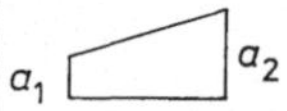	$(a_1+a_2)\,bl/2$	$(a_1+2a_2)\,bl/6$	$(2a_1+a_2)\,bl/6$	*

* $(2a_1b_1+a_1b_2+a_2b_1+2a_2b_2)\,l/6$; *bei* $b_1=a_1$ *und* $b_2=a_2$: $(a_1^2+a_1a_2+a_2^2)\,l/3$

Beispiel

Für den Balken nach Bild 8.5 sollen die Nachgiebigkeiten entsprechend den angegebenen Koordinaten berechnet werden.

Zur Lösung zeichnet man zuerst die den Einheitsbelastungen entsprechenden Momenten- bzw. Längskraftpläne und berechnet danach die Arbeitsintegrale.

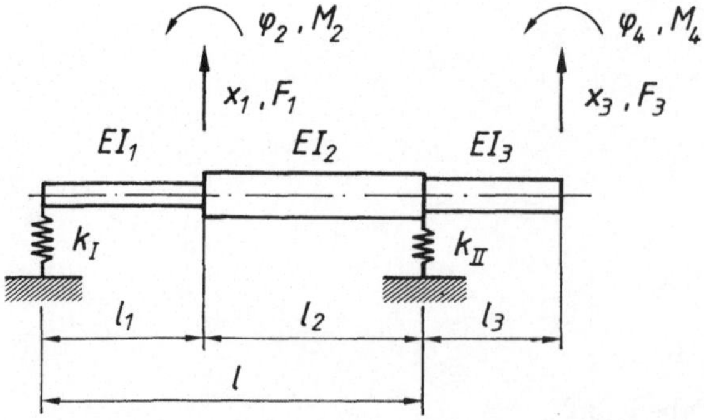

Bild 8.5. Abgesetzter, elastisch gelagerter Balken des Beispiels

Mit den Einheitsbelastungen (ohne Einheit) für F_1, M_2, F_3 und M_4 erhält man die vier im Bild 8.6 dargestellten Momenten- und Längskraftpläne. Dieses Beispiel kann noch algebraisch behandelt werden, bei umfangreicheren Systemen rechnet man gleich mit Zahlen. Es empfiehlt sich, die Vorzeichen überall besonders hervorzuheben ($\oplus$, $\ominus$), um bei den Multiplikationen Fehler zu vermeiden.

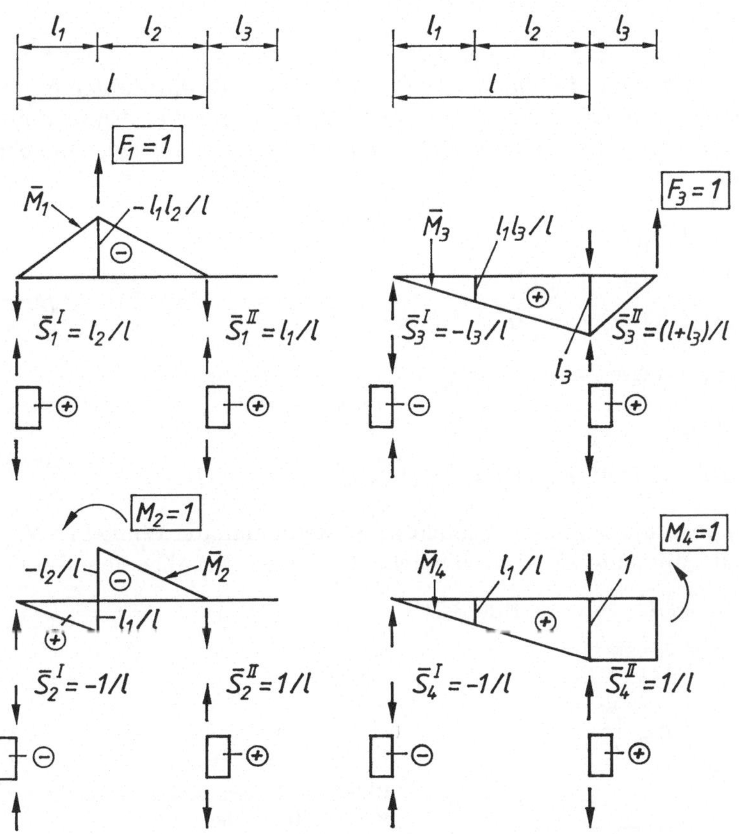

Bild 8.6. Momenten- und Längskraftpläne zu Bild 8.5

Mit (8.9) und (8.13) ist in unserem Beispiel

$$h_{ik} = \int \frac{\overline{M}_i \overline{M}_k}{EI}\, dx + \frac{\overline{S}_i^I \overline{S}_k^I}{k_I} + \frac{\overline{S}_i^{II} \overline{S}_k^{II}}{k_{II}}.$$

Das Integral wird abschnittsweise mit den Ausdrücken von Tabelle 8.1 berechnet. Wir zeigen dies für h_{11} und h_{14}. Bei h_{11} müssen die Momente und Längskräfte aus $F_1 = 1$ miteinander multipliziert werden. Man erhält

$$h_{11} = \frac{1}{EI_1}\left(\frac{-l_1 l_2}{l}\right)^2 \frac{l_1}{3} + \frac{1}{EI_2}\left(\frac{-l_1 l_2}{l}\right)^2 \frac{l_2}{3} + \frac{1}{k_I}\left(\frac{l_2}{l}\right)^2 + \frac{1}{k_{II}}\left(\frac{l_1}{l}\right)^2.$$

Bei h_{14} müssen die Momente und Längskräfte aus $F_1 = 1$ und $M_4 = 1$ miteinander multipliziert werden. Dies ergibt

$$h_{14} = \frac{1}{EI_1}\left(\frac{-l_1 l_2}{l}\right)\frac{l_1}{l}\frac{l_1}{3} + \frac{1}{EI_2}\left(\frac{-l_1 l_2}{l}\right)\left(2\frac{l_1}{l} + 1\right)\frac{l_2}{6} + \frac{1}{k_I}\frac{l_2}{l}\left(-\frac{1}{l}\right)$$
$$+ \frac{1}{k_{II}}\frac{l_1}{l}\frac{1}{l}.$$

In gleicher Weise erhält man die übrigen Einflußzahlen. Die Einflußzahlen haben verschiedene Einheiten. Kennzeichnet man Einflußzahlen gleicher Einheit mit einem oberen Index, dann haben in unserem Beispiel die Verschiebungsgleichungen folgendes Aussehen

$$x_1 = h_{11}^{a}F_1 + h_{12}^{b}M_2 + h_{13}^{a}F_3 + h_{14}^{b}M_4$$
$$\varphi_2 = h_{21}^{c}F_1 + h_{22}^{d}M_2 + h_{23}^{c}F_3 + h_{24}^{d}M_4$$
$$x_3 = h_{31}^{a}F_1 + h_{32}^{b}M_2 + h_{33}^{a}F_3 + h_{34}^{b}M_4 \tag{8.17}$$
$$\varphi_4 = h_{41}^{c}F_1 + h_{42}^{d}M_2 + h_{43}^{c}F_3 + h_{44}^{d}M_4$$

mit den Einflußzahlen

$$h_{ik}^{a} \ (\text{m/N}), \ h_{ik}^{b} \ (\text{m/Nm} = 1/\text{N}), \ h_{ik}^{c} \ (1/\text{N}), \ h_{ik}^{d} \ (1/\text{Nm}).$$

Die Einflußzahlen bekommen alle die Einheit m/N, wenn man die Winkel zu Verschiebungen und die Momente zu Kräften macht. Dies geschieht allgemein durch

$$x = \varphi l \quad \text{bzw.} \quad F = M/l. \qquad\qquad \text{(Bild 8.7)}$$

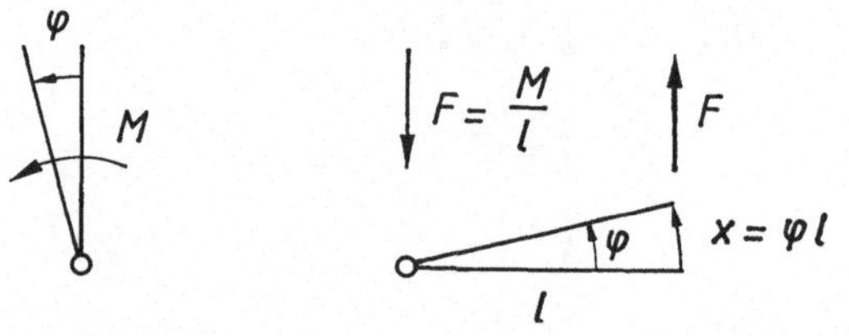

Bild 8.7. Größen zum Homogenisieren von Einflußzahlen

In unserem Beispiel ist damit

$$x_2 = \varphi_2 l, \quad x_4 = \varphi_4 l, \quad F_2 = M_2/l, \quad F_4 = M_4/l.$$

Schreibt man jetzt

$$\boldsymbol{x} = (x_1, x_2, x_3, x_4)^{\text{T}}, \quad \boldsymbol{f} = (F_1, F_2, F_3, F_4)^{\text{T}},$$

dann wird obiges Gleichungssystem zu

$$\boldsymbol{x} = \boldsymbol{Hf}$$

mit

$$\boldsymbol{H} = (h_{ik}) \text{ bei } h_{ik} = h_{ik}^{a}; \ h_{ik}^{b}l; \ h_{ik}^{c}l; \ h_{ik}^{d}l^2. \tag{8.18}$$

Mit diesen Transformationen sind alle Elemente der Matrix dimensionsgleich.

Eine Zusammenstellung aller Einflußzahlen dieses Beispiels und einiger weiterer Fälle ist im Anhang 4 gegeben.

8.2 Krafteinflußzahlen

8.2.1 Allgemeines

Bei der einfachen Feder ist die Verschiebung

$$x = hF \quad \text{und die Kraft} \quad F = \frac{1}{h}\,x = kx$$

mit k als der Federsteifigkeit. Bei einem linear elastischen System ist entsprechend

$$\boldsymbol{x} = \boldsymbol{H}\boldsymbol{f} \quad \text{und} \quad \boldsymbol{f} = \boldsymbol{H}^{-1}\boldsymbol{x} = \boldsymbol{K}\boldsymbol{x} \tag{8.19}$$

mit $\boldsymbol{K} = \boldsymbol{H}^{-1}$ als der Steifigkeitsmatrix.

(8.19) sieht im einzelnen folgendermaßen aus:

$$
\begin{aligned}
F_1 &= k_{11}x_1 + k_{12}x_2 + \ldots + k_{1n}x_n = \sum f_{1k} \\
F_2 &= k_{21}x_1 + k_{22}x_2 + \ldots + k_{2n}x_n = \sum f_{2k} \\
&\vdots \\
F_i &= k_{i1}x_1 + k_{i2}x_2 + \ldots + k_{in}x_n = \sum f_{ik} \\
&\vdots \\
F_n &= k_{n1}x_1 + k_{n2}x_2 + \ldots + k_{nn}x_n = \sum f_{nk}\,.
\end{aligned}
\tag{8.20}
$$

Die Koeffizienten k_{ik} heißen Krafteinflußzahlen. Während man mit Verschiebungseinflußzahlen für gegebene Kräfte die resultierenden Verschiebungen erhält, liefern Krafteinflußzahlen die zu vorgegebenen Verschiebungen gehörenden Kräfte.

In obiger Gleichung ist das Glied f_{ik} jener Anteil der Kraft F_i, welcher der alleinigen Verschiebung x_k entspricht. Aus $f_{ik} = k_{ik}x_k$ folgt

$$k_{ik} = \frac{f_{ik}}{x_k}\,. \tag{8.21}$$

Demnach ist die Krafteinflußzahl k_{ik} gleich der in Richtung von x_i wirkenden Kraft bei *alleiniger* Verschiebung x_k, geteilt durch x_k.

Man beachte die entsprechende Bedeutung der Verschiebungseinflußzahl. Während bei deren Herleitung das System unverändert bleibt, wird es jetzt neben seiner vorhandenen Lagerung noch an allen Koordinaten, außer an x_k, festgehalten.

Als Beispiel betrachten wir den Balken nach Bild 8.8 mit den Koordinaten x_1, x_2. Zum Berechnen der Krafteinflußzahlen braucht man hier zwei Systeme, eines mit $x_2 = 0$ und ein anderes mit $x_1 = 0$. Die Einflußzahlen sind damit

$$k_{11} = \frac{f_{11}}{x_1}; \quad k_{21} = \frac{f_{21}}{x_1}; \quad k_{12} = \frac{f_{12}}{x_2}; \quad k_{22} = \frac{f_{22}}{x_2}.$$

Beim Kragbalken nach Bild 8.9 muß einmal die Drehung x_2, zum anderen die Verschiebung x_1 Null sein.

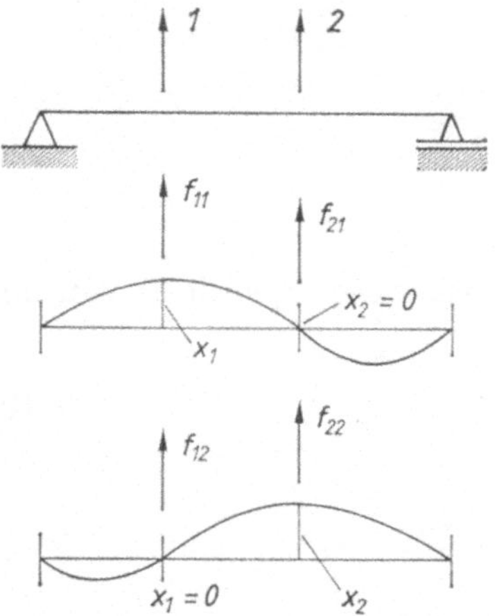

Bild 8.8. Zweifach gelagerter Balken. Systeme zum Berechnen der Krafteinflußzahlen

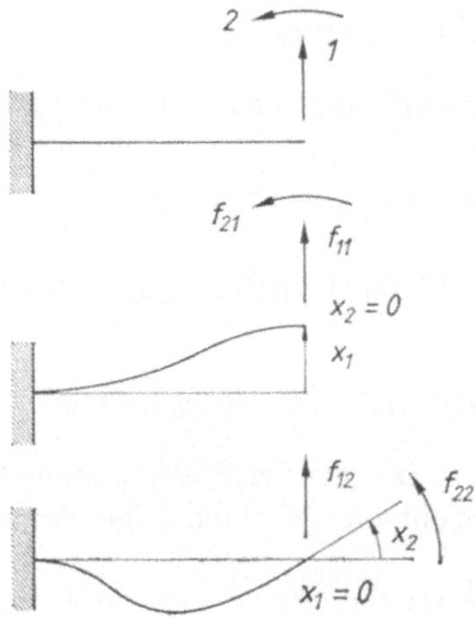

Bild 8.9. Kragbalken. Systeme zum Berechnen der Krafteinflußzahlen

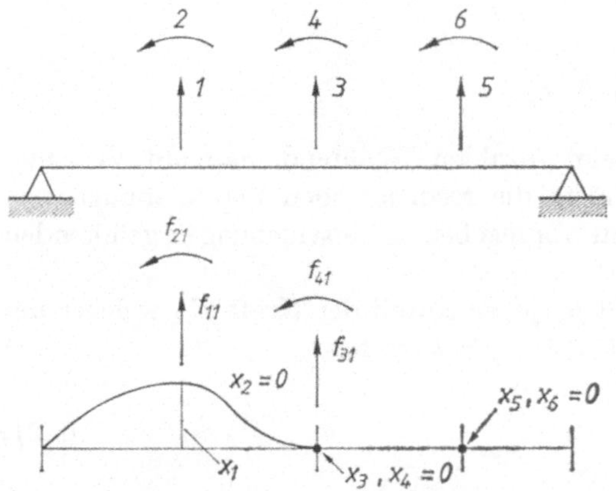

Bild 8.10. Beispiel zur Demonstration des Bandcharakters der Steifigkeitsmatrix

Da die Inverse einer symmetrischen Matrix ebenfalls symmetrisch ist, gilt bei gegebenen Voraussetzungen auch hier der Satz von Maxwell, nämlich $k_{ki} = k_{ik}$.

Die beiden Beispiele zeigen, daß die Berechnung von k_{ik} mehr Aufwand erfordert als von h_{ik}. Zwei Umstände sind jedoch bei den Krafteinflußzahlen besonders vorteilhaft. Zum einen sind Steifigkeitsmatrizen meistens nur schwach besetzt, zum andern gewinnt man die K-Matrix einer Struktur in einfacher Weise aus den Matrizen ihrer Elemente (s. Abschnitt 8.2.2).

Als Beispiel zur Besetzung der K-Matrix betrachten wir den Balken nach Bild 8.10 mit den Koordinaten x_1 bis x_6. Zum Berechnen der Krafteinflußzahlen infolge x_1 muß das gezeichnete Verformungsbild ($x_1 \neq 0$, x_2 bis $x_6 = 0$) angenommen werden. Durch die Bedingung x_3, $x_4 = 0$ sind das dritte und das vierte Balkenfeld abgeschirmt. Dadurch haben diese Felder einerseits auf k_{11}, k_{21}, k_{31} und k_{41} keinen Einfluß, andrerseits werden sie nicht durch x_1 beeinflußt, womit k_{51} und k_{61} Null sind. Aus gleichem Grund treten auch k_{52} und k_{62} nicht auf. Die Steifigkeitsmatrix dieses Beispiels ist also folgendermaßen besetzt:

$$K = (k_{\mathrm{ik}}) = \begin{bmatrix} x & x & x & x & & \\ x & x & x & x & & \\ x & x & x & x & x & x \\ x & x & x & x & x & x \\ & & x & x & x & x \\ & & x & x & x & x \end{bmatrix}.$$

Man erkennt, daß die K-Matrix eines Balkens für ebene Biegung in jeder Zeile höchstens 6 Elemente hat, unabhängig davon, wieviele Felder bzw. Koordinaten angenommen werden.

An dem Beispiel Bild 8.10 erkennt man, daß Krafteinflußzahlen auch für ungebundene Systeme bestehen, was für Verschiebungseinflußzahlen nicht zutrifft. Läßt man die Lager weg, dann ändern sich die Randelemente k_{11}, $k_{12} = k_{21}$, k_{22} und k_{55}, $k_{56} = k_{65}$, k_{66}. Nach dem Verformungsbild für $x_3 \neq 0$, (übrige $x_{\mathrm{i}} = 0$) bleibt die 3. Spalte von K unverändert. Ebenso bleiben die Elemente der 4. Spalte und wegen $k_{\mathrm{ki}} = k_{\mathrm{ik}}$ die übrigen Elemente der 3. und 4. Zeile unverändert. Wie erwähnt, existiert bei ungebundenen Systemen $K^{-1} = H$ nicht, die Steifigkeitsmatrix ist singulär.

8.2.2 Steifigkeitsmatrizen von Strukturen

Wir beginnen mit der einfachsten Struktur, dem Verband zweier Stäbe nach Bild 8.11. Die beiden Stäbe haben die Längssteifigkeit

$$k_1 = \frac{EA_1}{l_1}; \quad k_2 = \frac{EA_2}{l_2}$$

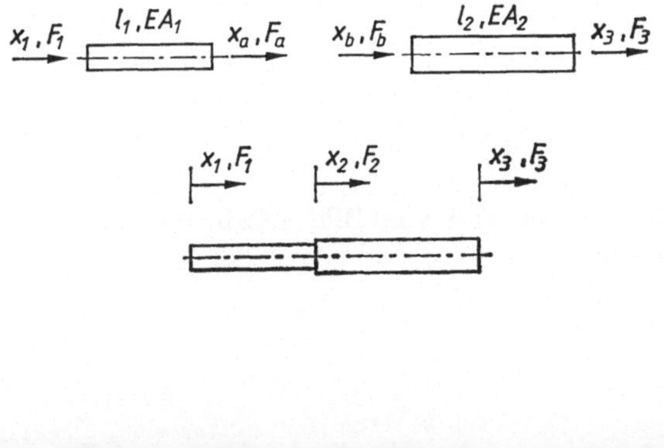

Bild 8.11. Verband aus zwei Stäben

und die Kraftgleichungen

$$F_1 = k_1 x_1 - k_1 x_a$$
$$F_a = -k_1 x_1 + k_1 x_a$$

(8.22)

$$F_b = k_2 x_b - k_2 x_3$$
$$F_3 = -k_2 x_b + k_2 x_3.$$

(8.23)

An der Schnittstelle ist die Bedingung der Verträglichkeit

$$x_2 = x_a = x_b$$

(8.23a)

und des Gleichgewichts

$$F_2 = F_a + F_b.$$

(8.23b)

Die Kräfte F_a und F_b sind positiv in Richtung positiver Verschiebungen x_a und x_b. Wir nennen sie Randkräfte zur Unterscheidung von Schnittkräften, die an den beiden Schnittufern verschiedene Richtung haben. Die Summe der Randkräfte ist nach (8.23b) gleich der äußeren Kraft. Damit gilt für den Verband

$$\begin{bmatrix} F_1 \\ F_2 \\ F_3 \end{bmatrix} = \begin{bmatrix} k_1 & -k_1 & 0 \\ -k_1 & k_1 + k_2 & -k_2 \\ 0 & -k_2 & k_2 \end{bmatrix} \begin{bmatrix} x_1 \\ x_2 \\ x_3 \end{bmatrix}.$$

(8.24)

Die K-Matrix des Verbandes entsteht somit aus den K-Matrizen der Elemente, indem man die Krafteinflußzahlen mit gemeinsamer Koordinate und Kraft (x_2, F_2) addiert und die übrigen Elemente beibehält. Dies geht noch deutlicher aus der folgenden Schreibweise hervor.

Mit

$$f_1 = K_1 x_1$$ entsprechend (8.22)

und

$$f_2 = K_2 x_2$$ entsprechend (8.23)

ist

$$K = \boxed{K_1} + \boxed{K_2} = \boxed{}$$

(8.25)

und nach (8.24)

$$f = Kx.$$

Als zweites Beispiel betrachten wir den Verband von Bild 8.12b, der aus zwei Balkenelementen nach Bild 8.12a besteht.

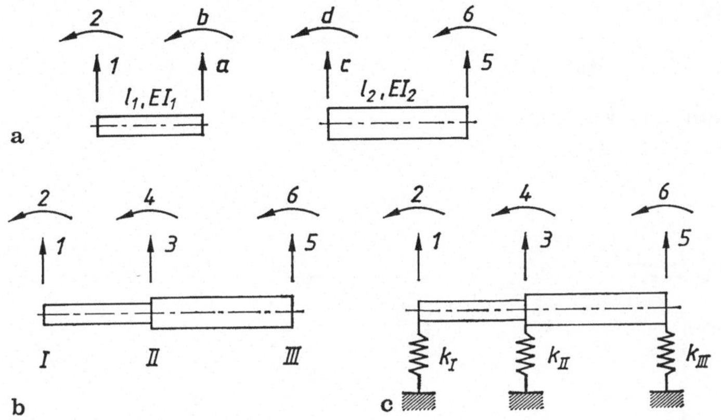

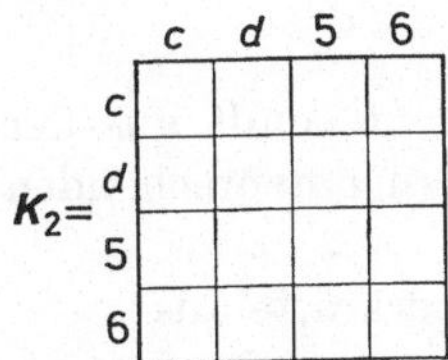

Bild 8.12. Verband aus zwei Balken

Für den ersten Balken ist mit

$$\boldsymbol{x}_1 = (x_1, \varphi_2, x_{\mathrm{a}}, \varphi_{\mathrm{b}})^{\mathrm{T}}; \quad \boldsymbol{f}_1 = (F_1, M_2, F_{\mathrm{a}}, M_{\mathrm{b}})^{\mathrm{T}}$$

die Kraftgleichung

$$\boldsymbol{f}_1 = \boldsymbol{K}_1 \boldsymbol{x}_1,$$

wobei die Indizierung der Steifigkeitsmatrix aus folgendem Schema ersichtlich ist.

$$\boldsymbol{K}_1 = \begin{array}{c|c|c|c|c} & 1 & 2 & a & b \\ \hline 1 & & & & \\ \hline 2 & & & & \\ \hline a & & & & \\ \hline b & & & & \end{array}$$

Die Elemente von $\boldsymbol{K}_1$ sind im Abschnitt 8.2.3 angegeben. Entsprechend ist für den zweiten Balken mit

$$\boldsymbol{x}_2 = (x_{\mathrm{c}}, \varphi_{\mathrm{d}}, x_5, \varphi_6)^{\mathrm{T}}; \quad \boldsymbol{f}_2 = (F_{\mathrm{c}}, M_{\mathrm{d}}, F_5, M_6)^{\mathrm{T}}$$

die Kraftgleichung

$$\boldsymbol{f}_2 = \boldsymbol{K}_2 \boldsymbol{x}_2$$

mit

$$\boldsymbol{K}_2 = \begin{array}{c|c|c|c|c} & c & d & 5 & 6 \\ \hline c & & & & \\ \hline d & & & & \\ \hline 5 & & & & \\ \hline 6 & & & & \end{array}$$

Mit den Bedingungen der Verträglichkeit

$$x_3 = x_{\mathrm{a}} = x_{\mathrm{c}}; \quad \varphi_4 = \varphi_{\mathrm{b}} = \varphi_{\mathrm{d}}$$

und des Gleichgewichts

$$F_3 = F_\mathrm{a} + F_\mathrm{c}; \quad M_4 = M_\mathrm{b} + M_\mathrm{d}$$

lautet die Kraftgleichung des Verbandes

$$\boldsymbol{f} = \boldsymbol{K}\boldsymbol{x}$$

mit

$$\boldsymbol{f} = (F_1, M_2, F_3, M_4, F_5, M_6)^\mathrm{T}$$

$$\boldsymbol{x} = (x_1, \varphi_2, x_3, \varphi_4, x_5, \varphi_6)^\mathrm{T}$$

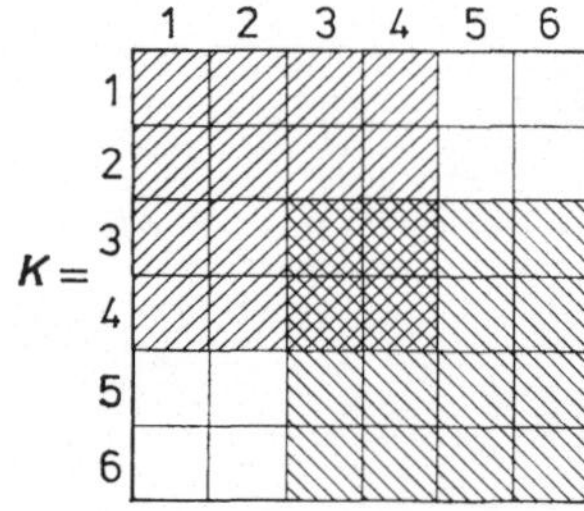

Die einfach schraffierten Felder enthalten k_ik der Einzelbalken ($\boxtimes$ Balken 1, $\boxtimes$ Balken 2), in den doppelt schraffierten Feldern stehen die Summen

$$k_{33} = k_\mathrm{aa} + k_\mathrm{cc}; \qquad\qquad k_{34} = k_\mathrm{ab} + k_\mathrm{cd}$$

$$k_{43} = k_\mathrm{ba} + k_\mathrm{dc} = k_{34}; \qquad\qquad k_{44} = k_\mathrm{bb} + k_\mathrm{dd}.$$

Lagert man den Balkenverband an den Knoten I, II, III auf Federn mit den Steifigkeiten k_I, k_II, k_III (Bild 8.12 c), dann erhält man die Steifigkeitsmatrix dieses Systems aus dem vorherigen durch Addition von k_I, k_II, k_III zu k_{11}, k_{33}, k_{55}. Die übrigen Elemente von $\boldsymbol{K}$ bleiben ungeändert.

Bei starrer Lagerung ist die betreffende Verrückung Null. Ist z. B. Lager I starr gegen Verschiebung und Lager II starr gegen Verdrehung, dann sind x_1 und φ_4 Null. Für die verbleibenden Koordinaten lautet dann das Kraftgesetz

$$\begin{bmatrix} M_2 \\ F_3 \\ F_5 \\ M_6 \end{bmatrix} = \begin{bmatrix} k_{22} & k_{23} & 0 & 0 \\ k_{32} & k_{33} & k_{35} & k_{36} \\ 0 & k_{53} & k_{55} & k_{56} \\ 0 & k_{63} & k_{65} & k_{66} \end{bmatrix} \begin{bmatrix} \varphi_2 \\ x_3 \\ x_5 \\ \varphi_6 \end{bmatrix}. \tag{8.26}$$

Die Steifigkeitsmatrix eines derart gelagerten Systems entsteht somit aus der ursprünglichen Matrix durch Streichen der den starren Lagern entsprechenden Spalten und zugehörigen Zeilen.

Hat man die Verrückungen berechnet, dann folgen die Lagerkräfte aus

$$F_1 = k_{12}\varphi_2 + k_{13}x_3$$

$$M_4 = k_{42}\varphi_2 + k_{43}x_3 + k_{45}x_5 + k_{46}\varphi_6. \tag{8.27}$$

Aus den beiden einfachen Beispielen — Verband zweier Stäbe bzw. Balken — geht das allgemeine Bildungsgesetz der Steifigkeitsmatrix einer ebenen oder räumlichen Struktur aus beliebig vielen, beliebigartigen Elementen hervor:

Man wählt an den Verbindungsknoten gemeinsame Koordinaten bzw. Kräfte und addiert die betreffenden Krafteinflußzahlen der Partner.

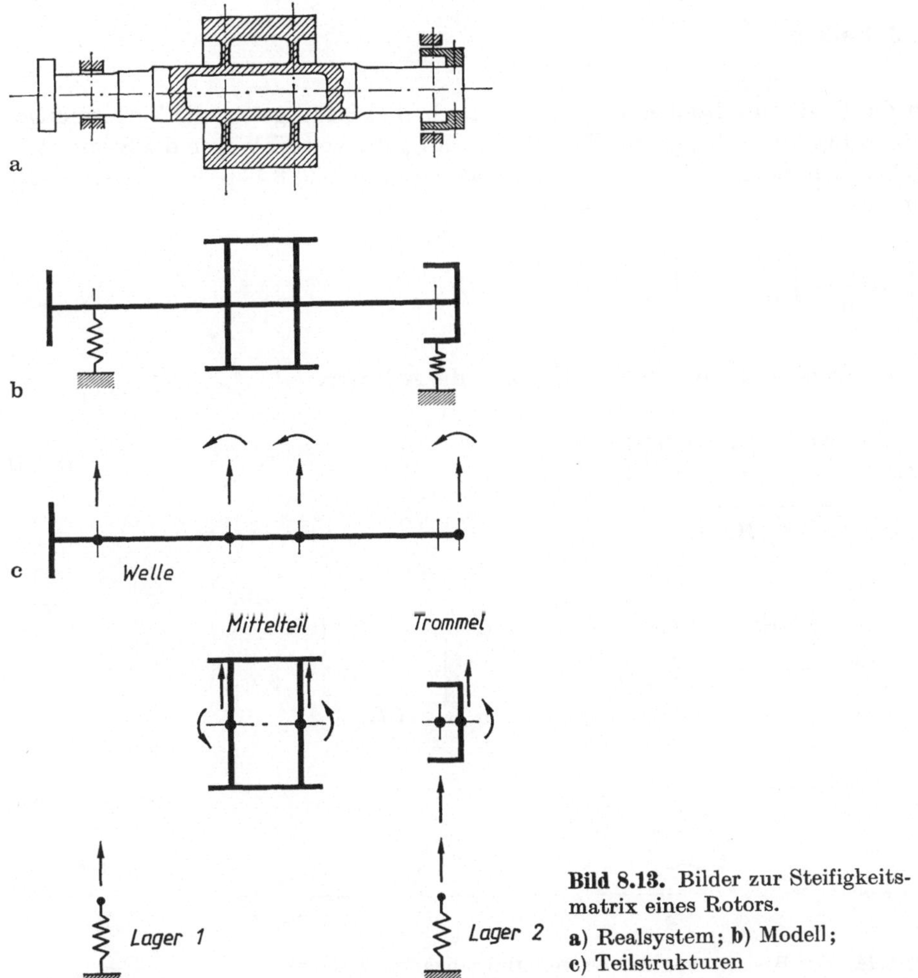

Bild 8.13. Bilder zur Steifigkeitsmatrix eines Rotors.
a) Realsystem; b) Modell; c) Teilstrukturen

So kann z. B. die Steifigkeitsmatrix eines Rotors nach Bild 8.13a folgendermaßen berechnet werden:

Der Rotor wird auf das Modell nach Bild 8.13b abgebildet (zur besseren Übersicht wurden Feinheiten weggelassen). Sodann teilt man das Modell in die Teilstrukturen Welle, Mittelteil, Trommel, Lager 1 und Lager 2. Für den Zusammenschluß wählt man neben den sonst erforderlichen Koordinaten die im Bild 8.13c gezeichneten Koordinaten. Anschließend bestimmt man für jede Teil-

struktur die K-Matrix und addiert diese in der angegebenen Weise zur K-Matrix
der Gesamtstruktur.

Bei diesem Vorgehen muß selbstverständlich jede Teilstruktur so viele Koordinaten haben, daß sie für sich allein im Gleichgewicht sein kann (Gleichgewicht
an der herausgeschnittenen Teilstruktur).

8.2.3 Balken

Für die Krafteinflußzahlen des Balkens nach Bild 8.14a gelten die Verformungsbilder 8.14c. Jedes liefert die Elemente einer Spalte von K. Wegen der Symmetrie
ergeben sich die k_{1k} aus jenen des Kragbalkens nach Bild 8.14b. Für diesen erhält
man aus der Verschiebungsgleichung

$$\begin{bmatrix} x \\ \varphi \end{bmatrix} = \frac{l}{6EI} \begin{bmatrix} 2l^2 & 3l \\ 3l & 6 \end{bmatrix} \begin{bmatrix} F \\ M \end{bmatrix}$$

durch Inversion die Kraftgleichung bzw. die K-Matrix

$$\begin{bmatrix} F \\ M \end{bmatrix} = \frac{EI}{l^3} \underbrace{\begin{bmatrix} 12 & -6l \\ -6l & 4l^2 \end{bmatrix}}_{K} \begin{bmatrix} x \\ \varphi \end{bmatrix}. \tag{8.28}$$

Bild 8.14. Zur Bestimmung der Krafteinflußzahlen des Balkens

Die Kraftgleichung des freien Balkens bzw. seine K-Matrix folgt daraus zu

$$\begin{bmatrix} F_1 \\ M_2 \\ F_3 \\ M_4 \end{bmatrix} = \frac{EI}{l^3} \begin{bmatrix} 12 & 6l & -12 & 6l \\ 6l & 4l^2 & -6l & 2l^2 \\ -12 & -6l & 12 & -6l \\ 6l & 2l^2 & -6l & 4l^2 \end{bmatrix} \begin{bmatrix} x_1 \\ \varphi_2 \\ x_3 \\ \varphi_4 \end{bmatrix}. \tag{8.29}$$

Beim schubelastischen Balken besteht die K-Matrix aus Anteilen für die Biege-
und Schubsteifigkeit. Nach [24] ist hierfür

$$K = \frac{1}{1+c}\frac{EI}{l^3}\begin{bmatrix} 12 & 6l & -12 & 6l \\ 6l & 4l^2 & -6l & 2l^2 \\ -12 & -6l & 12 & -6l \\ 6l & 2l^2 & -6l & 4l^2 \end{bmatrix} + c\begin{bmatrix} 0 & 0 & 0 & 0 \\ 0 & l^2 & 0 & -l^2 \\ 0 & 0 & 0 & 0 \\ 0 & -l^2 & 0 & l^2 \end{bmatrix} \tag{8.30}$$

mit

$$c = \frac{12EI}{l^2GA\varkappa} \tag{8.30a}$$

und $\varkappa$ als dem Schubfaktor (Tabelle 3.2).

Die K-Matrix eines allgemeinen Balkens für Beanspruchung durch gerade und
schiefe Biegung und Zug bzw. Torsion ist in Abschnitt 10.1.4 angegeben.

8.2.4 Elastisch gelagerter, starrer Körper

Die Frage nach der Steifigkeitsmatrix eines elastisch gelagerten, starren Körpers
entsteht bei der Schwingungsberechnung von Blockfundamenten. Ein solches
Fundament besteht aus einem meist quaderförmigen, sehr steifen Block, der auf
Federn gelagert ist. Zur Schwingungsberechnung nimmt man den Block als starr
und die Federn als masselos an. Wir befassen uns zuerst mit dem ebenen, dann
mit dem räumlichen Problem.

8.2.4.1 Ebenes Problem

Gegeben ist eine starre Scheibe, die mit r beliebig angeordneten Federn ohne Vorspannung in ihrer Ebene kinematisch stabil gehalten wird (Bild 8.15). Es soll die
Steifigkeitsmatrix für kleine Verrückungen x_1, x_2, φ_3 berechnet werden.

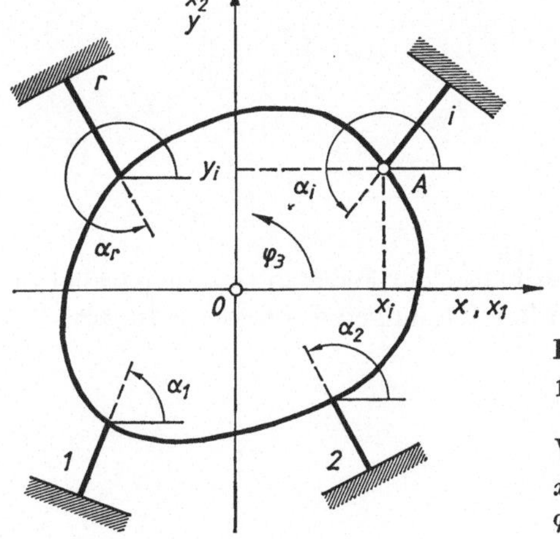

Bild 8.15. Elastisch gelagerte Scheibe.
1, 2, i, r ebene Federn; x, y raumfestes Koordi-
natensystem;
Verrückungen der Scheibe:
x_1, x_2 Verschiebungen in x- bzw. y-Richtung;
φ_3 Drehung

Wir beginnen mit dem Einfluß der Feder i.

Mit

$$x_i'' = (x_1'', x_2'', \varphi_3'')^{\mathrm{T}} \quad \text{und} \quad f_i'' = (F_1'', F_2'', M_3'')^{\mathrm{T}}$$

entsprechend Bild 8.16 ist

$$f_i'' = K_i'' x_i''. \tag{8.31}$$

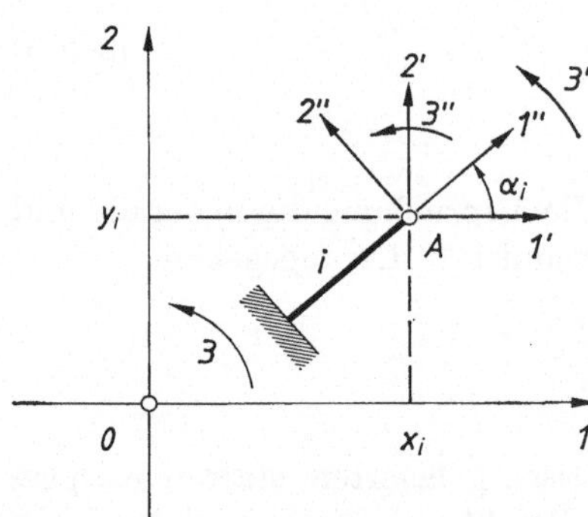

Bild 8.16. Koordinaten einer Feder in der Ebene

Die Verrückungen x_1'', x_2'', φ_3'' heißen lokale Koordinaten. Ist die Feder ein Balken, dann ist

$$K_i'' = \begin{bmatrix} k_{11}'' & 0 & 0 \\ 0 & k_{22}'' & k_{23}'' \\ 0 & k_{23}'' & k_{33}'' \end{bmatrix}_i \tag{8.32}$$

mit

$$k_{11}'' = \left(\frac{EA}{l}\right)_i$$

und

$$\begin{bmatrix} k_{22}'' & k_{23}'' \\ k_{23}'' & k_{33}'' \end{bmatrix} = \left(\frac{EI}{l^3}\right)_i \begin{bmatrix} 12 & -6l_i \\ -6l_i & 4l_i^2 \end{bmatrix} \tag{8.33}$$

nach (8.28).

Als zweiten Schritt drehen wir die Koordinaten der Feder so, daß sie parallel zu den Koordinaten der Scheibe sind. Mit den Bezeichnungen des Bildes 8.16 gilt

$$x_1'' = x_1' \cos \alpha_i + x_2' \sin \alpha_i$$

$$x_2'' = -x_1' \sin \alpha_i + x_2' \cos \alpha_i$$

$$\varphi_3'' = \varphi_3'$$

bzw.

$$x_i'' = T_i' x_i' \quad \text{mit} \quad T_i' = \begin{bmatrix} \cos\alpha_i & \sin\alpha_i & 0 \\ -\sin\alpha_i & \cos\alpha_i & 0 \\ 0 & 0 & 1 \end{bmatrix}. \tag{8.34}$$

Ebenso ist

$$f_i'' = T_i' f_i'. \tag{8.35}$$

Die Transformationsmatrix T_i' ist orthonormal, es ist also

$$T_i'^{-1} = T_i'^{\mathrm{T}} \quad \text{und} \quad \det T_i' = 1. \tag{8.36}$$

Mit (8.34) und (8.35) wird aus (8.31)

$$T_i' f_i' = K_i'' T_i' x_i'$$

bzw.

$$f_i' = K_i' x_i' \quad \text{mit} \quad K_i' = T_i'^{\mathrm{T}} K_i'' T_i'. \tag{8.37}$$

Mit der Steifigkeitsmatrix (8.32) und $c = \cos\alpha_i$, $s = \sin\alpha_i$ ist

$$K_i' = \begin{bmatrix} k_{11}'' c^2 + k_{22}'' s^2 & (k_{11}'' - k_{22}'')\,cs & -k_{23}'' s \\ (k_{11}'' - k_{22}'')\,cs & k_{11}'' s^2 + k_{22}'' c^2 & k_{23}'' c \\ -k_{23}'' s & k_{23}'' c & k_{33}'' \end{bmatrix}_i = (k_{ik}')_i. \tag{8.38}$$

Die transformierte Matrix ist voll besetzt.

Im dritten Schritt ersetzen wir die Koordinaten des $1'$, $2'$, $3'$-Systems durch die Koordinaten x_1, x_2, φ_3, die sogenannten globalen Koordinaten.

Nach Bild 8.16 ist

$$\begin{bmatrix} x_1' \\ x_2' \\ \varphi_3' \end{bmatrix}_i = \begin{bmatrix} x_1 - \varphi_3 y_i \\ x_2 + \varphi_3 x_i \\ \varphi_3 \end{bmatrix}$$

bzw.

$$x_i' = T_i x_i \quad \text{mit} \quad T_i = \begin{bmatrix} 1 & 0 & -y_i \\ 0 & 1 & x_i \\ 0 & 0 & 1 \end{bmatrix}. \tag{8.39}$$

Außerdem ist

$$\begin{bmatrix} F_1' \\ F_2' \\ M_3' \end{bmatrix} = \begin{bmatrix} F_1 \\ F_2 \\ M_3 + F_1 y_i - F_2 x_i \end{bmatrix}$$

bzw.

$$f_i' = T_i^* f_i \quad \text{mit} \quad T_i^* = \begin{bmatrix} 1 & 0 & 0 \\ 0 & 1 & 0 \\ y_i & -x_i & 1 \end{bmatrix}. \tag{8.40}$$

Damit wird aus (8.37)

$$T_i^* f_i = K_i' T_i x_i$$

und nach Multiplikation mit

$$T_i^{*-1} = T_i^{\mathrm{T}} \tag{8.41}$$

$$f_i = T_i^{\mathrm{T}} K_i' T_i x_i = K_i x_i \tag{8.42}$$

mit

$$K_i = T_i^{\mathrm{T}} K_i' T_i = T_i^{\mathrm{T}} T_i'^{\mathrm{T}} K_i'' T_i' T_i \tag{8.43}$$

als der von den lokalen Koordinaten x_1'', x_2'', φ_3'' auf die globalen Koordinaten x_1, x_2, φ_3 transformierten Steifigkeitsmatrix der Feder i.

Bei der letzten Transformation (Parallelverschiebung des Koordinatensystems um $-x_i$ und $-y_i$) werden nur die Elemente der 3. Zeile und der 3. Spalte von K_i' verändert. Mit k_{ik}' als den Elementen von K_i' erhält man

$$K_i = \begin{bmatrix} k_{11}' & k_{12}' & k_{13} \\ k_{12}' & k_{22}' & k_{23} \\ k_{13} & k_{23} & k_{33} \end{bmatrix} = (k_{ik})_i \tag{8.44}$$

mit

$$k_{13} = -k_{11}' y_i + k_{12}' x_i + k_{13}'; \quad k_{23} = -k_{12}' y_i + k_{22}' x_i + k_{23}'$$
$$k_{33} = k_{11}' y_i^2 - 2k_{12}' x_i y_i + k_{22}' x_i^2 - 2k_{13}' y_i + 2k_{23}' x_i + k_{33}''. \tag{8.45}$$

Hat man in dieser Weise alle r Federn der Scheibe auf das selbe globale Koordinatensystem transformiert, dann ist die gesamte Steifigkeitsmatrix

$$K = \sum_{i=1}^{r} K_i, \tag{8.46}$$

womit die Aufgabe gelöst ist.

Die doppelte Transformation kann auch mit dem Prinzip der virtuellen Arbeiten

$$\delta W^i + \delta W^a = 0$$

durchgeführt werden, wie im folgenden gezeigt wird. Die virtuellen Arbeiten der Feder i, ausgedrückt in den Koordinaten bzw. Kräften des $1''$, $2''$, $3''$-Systems, sind mit dem Vektor $\delta x_i''$ der virtuellen Verschiebung

$$\delta W^i = \delta x_i''^{\mathrm{T}}(-K_i'' x_i'') \quad \text{und} \quad \delta W^a = \delta x_i''^{\mathrm{T}} f_i''.$$

Also gilt

$$\delta x_i''^{\mathrm{T}}(-K_i'' x_i'' + f_i'') = 0. \tag{8.47}$$

Mit (8.34) und (8.39) ist

$$x_i'' = T_i' x_i' = T_i' T_i x_i$$

und somit

$$\delta x_i'' = T_i' T_i\, \delta x_i \quad \text{bzw.} \quad \delta x_i''^{\mathrm{T}} = \delta x_i^{\mathrm{T}} T_i^{\mathrm{T}} T_i'^{\mathrm{T}}.$$

Weiter ist nach (8.35) und (8.40)

$$f_i'' = T_i' f_i' = T_i' T_i^* f_i.$$

Setzt man diese Beziehungen in (8.47) ein und kürzt mit δx_i^{T}, dann erhält man

$$T_i^{\mathrm{T}} T_i'^{\mathrm{T}} (-K_i'' T_i' T_i x_i + T_i' T_i^* f_i) = 0$$

und mit (8.41) und K_i nach (8.43) die gesuchte Gleichung

$$f_i = K_i x_i.$$

8.2.4.2 Räumliches Problem

Es sei nun ein starrer Körper gegeben, der von r beliebig angeordneten Federn im Raum kinematisch stabil und ohne Vorspannung gehalten wird (Bild 8.17).

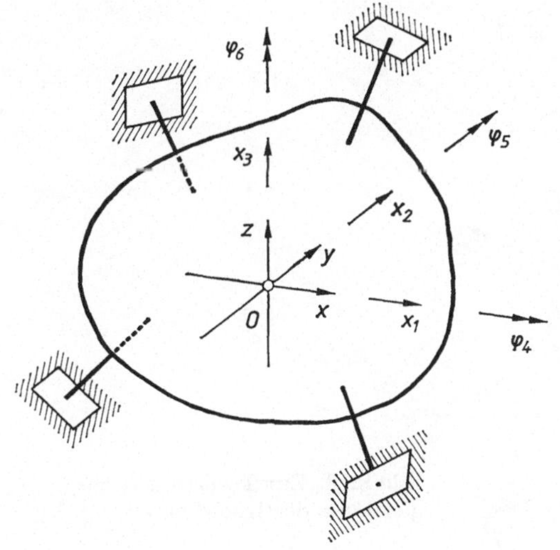

Bild 8.17. Elastisch gelagerter Körper. x, y, z raumfestes Koordinatensystem; x_1, x_2, x_3 Verschiebungen } Verrückungen $\varphi_4, \varphi_5, \varphi_6$ Drehungen } des Körpers

Durch die Kraft

$$f = (F_1, F_2, F_3, M_4, M_5, M_6)^{\mathrm{T}}$$

wird die Verschiebung

$$x = (x_1, x_2, x_3, \varphi_4, \varphi_5, \varphi_6)^{\mathrm{T}}$$

bewirkt. Es soll die Steifigkeitsmatrix K berechnet werden.

Wie beim ebenen System setzt sich K nach (8.46) aus den Anteilen K_i der einzelnen Federn zusammen, die nach (8.43) aus K_i'' und den entsprechenden Transformationsmatrizen hervorgehen.

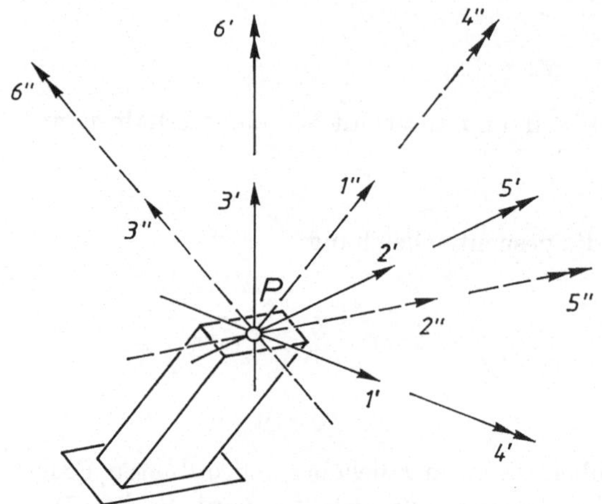

Bild 8.18. Koordinaten einer Feder im Raum

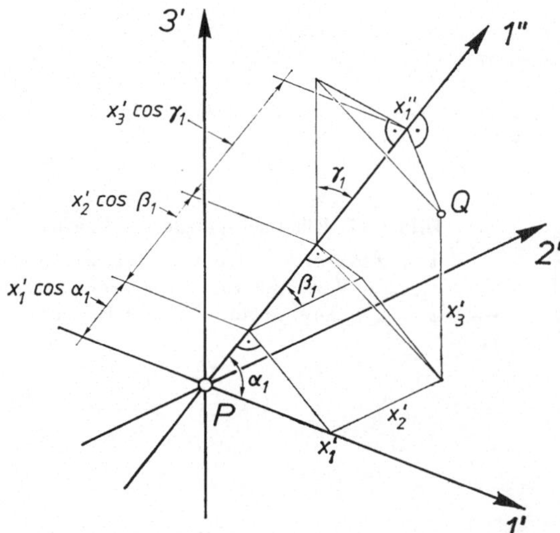

Bild 8.19. Zur Transformationsgleichung der Koordinaten

Die Feder i habe am Anschlußpunkt P zum Körper die lokalen Koordinaten x_1'', x_2'', x_3'', φ_4'', φ_5'', φ_6'' und die entsprechende Steifigkeitsmatrix K_i'' (Bild 8.18). Wir transformieren zuerst vom x_1'', x_2'', x_3''-System auf ein x_1', x_2', x_3'-System, das den globalen Koordinaten x_1, x_2, x_3 parallel ist.

Mit $\alpha_1, \beta_1, \gamma_1$ als den Winkeln zwischen der 1''-Achse und der 1'-, 2'- bzw. 3'-Achse ist nach Bild 8.19

$$x_1'' = x_1' \cos \alpha_1 + x_2' \cos \beta_1 + x_3' \cos \gamma_1.$$

Entsprechende Beziehungen gelten für x_2'' und x_3'', womit die Transformationsgleichung lautet

$$\begin{bmatrix} x_1'' \\ x_2'' \\ x_3'' \end{bmatrix} = \begin{bmatrix} \cos\alpha_1 & \cos\beta_1 & \cos\gamma_1 \\ \cos\alpha_2 & \cos\beta_2 & \cos\gamma_2 \\ \cos\alpha_3 & \cos\beta_3 & \cos\gamma_3 \end{bmatrix} \begin{bmatrix} x_1' \\ x_2' \\ x_3' \end{bmatrix} \qquad (8.48)$$
$$\quad\boldsymbol{v}'' \qquad\qquad\qquad \boldsymbol{T}^0 \qquad\qquad\qquad \boldsymbol{v}'$$

bzw.

$$\boldsymbol{v}'' = \boldsymbol{T}^0 \boldsymbol{v}'.$$

Die Drehungen werden als klein vorausgesetzt und können daher wie die Verschiebungen als Vektoren betrachtet und wie diese transformiert werden. Somit ist für die Feder i die erste Transformationsmatrix

$$\boldsymbol{T}_i' = \begin{bmatrix} \boldsymbol{T}_i^0 & 0 \\ 0 & \boldsymbol{T}_i^0 \end{bmatrix}. \qquad (8.49)$$

Die Richtungskosinus von (8.48) erhält man aus den Ortskoordinaten dreier besonderer Punkte A, B, C. Die Punkte A und B sollen auf der $1''$-Achse liegen (Bild 8.20). Die Ortskoordinaten von A und B im $1'$, $2'$, $3'$-System seien x_A', y_A', z_A' bzw. x_B', y_B', z_B'. Mit dem Ortsvektor von A nach B

$$\boldsymbol{a} = \boldsymbol{e}_1'(x_B' - x_A') + \boldsymbol{e}_2'(y_B' - y_A') + \boldsymbol{e}_3'(z_B' - z_A') = (a_1, a_2, a_3)$$

ist die Lage und Richtung der $1''$-Achse bestimmt.

Der dritte Punkt C (x_c', y_c', z_c') soll irgendwo in der $1''$, $2''$-Ebene, jedoch nicht auf der $1''$-Achse liegen. Mit dem Ortsvektor zwischen A und C

$$\boldsymbol{d} = \boldsymbol{e}_1'(x_c' - x_A') + \boldsymbol{e}_2'(y_c' - y_A') + \boldsymbol{e}_3'(z_c' - z_A') = (d_1, d_2, d_3)$$

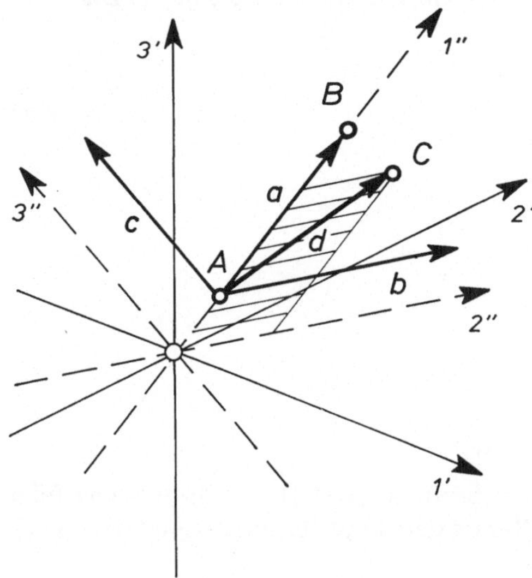

Bild 8.20. Zur Berechnung des Richtungskosinus

und dem Vektor $\boldsymbol{a}$ ist die Lage der $1''$, $2''$-Ebene bestimmt. Der Vektor

$$\boldsymbol{c} = \boldsymbol{a} \times \boldsymbol{d} = \begin{vmatrix} e_1' & e_2' & e_3' \\ a_1 & a_2 & a_3 \\ d_1 & d_2 & d_3 \end{vmatrix} = (c_1, c_2, c_3)$$

steht senkrecht auf der $1''$, $2''$-Ebene und hat die Richtung der $3''$-Achse. Schließlich ist der Vektor

$$\boldsymbol{b} = \boldsymbol{c} \times \boldsymbol{a}$$

parallel der $2''$-Achse und bestimmt ihre Richtung.

Der Richtungskosinus eines Vektors ist gleich der betreffenden Koordinate, geteilt durch den Betrag des Vektors.

Die Richtungskosinus der Vektoren $\boldsymbol{a}$, $\boldsymbol{b}$, $\boldsymbol{c}$ sind die gesuchten Richtungskosinus der Achsen $1''$, $2''$, $3''$. Mit

$$\bar{a}_1 = \cos \alpha_1 = \frac{a_1}{|\boldsymbol{a}|}; \quad \bar{a}_2 = \cos \beta_1 = \frac{a_2}{|\boldsymbol{a}|}; \ldots$$

$$\bar{b}_1 = \cos \alpha_2 = \frac{b_1}{|\boldsymbol{b}|}; \quad \text{usw.}$$

ist die Transformationsmatrix von (8.48)

$$\boldsymbol{T}^0 = \begin{bmatrix} \bar{a}_1 & \bar{a}_2 & \bar{a}_3 \\ \bar{b}_1 & \bar{b}_2 & \bar{b}_3 \\ \bar{c}_1 & \bar{c}_2 & \bar{c}_3 \end{bmatrix}. \tag{8.50}$$

Die zweite Transformation vom $(1', \ldots, 6')$-System mit dem Anschlußpunkt P der Feder i als Ursprung zum $(1, \ldots, 6)$-System mit dem Ursprung 0 (Bild 8.17) geschieht mit

$$\boldsymbol{T}_i = \begin{bmatrix} \boldsymbol{E} & \boldsymbol{T}_i^{\square} \\ \boldsymbol{0} & \boldsymbol{E} \end{bmatrix} \tag{8.51}$$

($\boldsymbol{0}$ Nullmatrix, $\boldsymbol{E}$ Einheitsmatrix)

bei

$$\boldsymbol{T}_i^{\square} = \begin{bmatrix} 0 & z_i & -y_i \\ -z_i & 0 & x_i \\ y_i & -x_i & 0 \end{bmatrix} \tag{8.52}$$

mit x_i, y_i, z_i als den Ortskoordinaten von P.

Die Steifigkeitsmatrix $\boldsymbol{K}_i$ der Feder i bezüglich des $(1, \ldots, 6)$-Systems folgt schließlich wie im ebenen Fall nach (8.43) mit den Transformationsmatrizen nach (8.49) und (8.51).

8.2.4.3 Entkoppelung

Bei beliebiger Anordnung der Federelemente an einem starren Körper sind die
Verschiebungen und Drehungen mehr oder weniger miteinander gekoppelt. Um
klar überschaubare Eigenschwingungen und Resonanzbewegungen zu bekommen,
strebt man solche Lagerungen an, für die ein kartesisches Koordinatensystem mit
den folgenden Eigenschaften existiert:

— Eine Kraft F_i bewirkt nur eine Verschiebung
　$x_i\ (i = 1, 2, 3)$.

— Ein Moment M_k bewirkt nur eine Drehung
　$\varphi_k\ (k = 4, 5, 6)$.

Der Ursprung eines solchen Systems heißt elastisches Zentrum, und die Achsen
nennt man elastische Hauptachsen.

Wir suchen die elastischen Hauptachsen des ebenen Systems nach Bild 8.21.

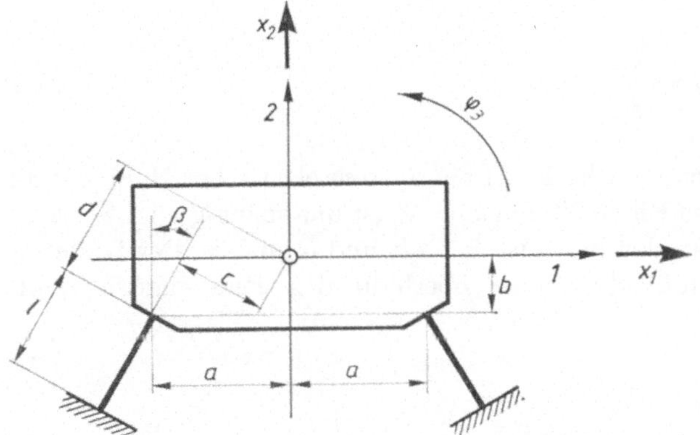

Bild 8.21. Elastisch gelagerte
Scheibe

Es besteht aus einer Scheibe mit zwei gleichen, symmetrisch zur 2-Achse angeordneten Federn. Eine Feder soll die Steifigkeit K'' nach (8.32) haben. Bei dieser
Federanordnung bewirkt eine Kraft F_2 nur eine Verschiebung x_2, so daß die 2-
Achse eine elastische Hauptachse ist und die Kraft-Verschiebungs-Gleichung
folgende Besetzung hat:

$$
\begin{bmatrix} F_1 \\ F_2 \\ F_3 \end{bmatrix} =
\begin{bmatrix} k_{11} & 0 & k_{13} \\ 0 & k_{22} & 0 \\ k_{13} & 0 & k_{33} \end{bmatrix}
\begin{bmatrix} x_1 \\ x_2 \\ \varphi_3 \end{bmatrix}.
\tag{8.53}
$$

Die Steifigkeiten des Systems findet man durch direktes Herleiten oder mit den
Gleichungen des Abschnitts 8.2.4.1 zu

$$k_{11} = 2(k''_{11} \sin^2 \beta + k''_{22} \cos^2 \beta)$$

$$k_{22} = 2(k''_{11} \cos^2 \beta + k''_{22} \sin^2 \beta) \tag{8.54}$$

$$k_{33} = 2(k''_{11}c^2 + k''_{22}d^2 - 2k''_{23}d + k''_{33})$$

mit

$$c = a \cos \beta - b \sin \beta; \qquad d = a \sin \beta + b \cos \beta \tag{8.55}$$

und

$$k_{13} = 2[b(k_{11}'' \sin^2 \beta + k_{22}'' \cos^2 \beta) - a(k_{11}'' - k_{22}'') \sin \beta \cos \beta - k_{23}'' \cos \beta], \tag{8.56}$$

wobei k_{11}'', k_{22}'', k_{33}'', k_{23}'' die Steifigkeiten einer Feder entsprechend den lokalen Koordinaten nach Bild 8.16 sind.

Vollständige Entkoppelung bzw. ein System elastischer Hauptachsen hat man bei $k_{13} = 0$, also bei

$$b(k_{11}'' \sin^2 \beta + k_{22}'' \cos^2 \beta) - a(k_{11}'' - k_{22}'') \sin \beta \cos \beta - k_{23}'' \cos \beta = 0. \tag{8.57}$$

Sind die Federn des Systems Schraubenfedern, dann ist $k_{11}'' = k_1$, $k_{22}'' = k_q$ nach Abschnitt 3.4 und k_{23}'' vernachlässigbar klein. Damit wird nach (8.57) das notwendige Verhältnis

$$\frac{b}{a} = \frac{(1 - q) \tan \beta}{q + \tan^2 \beta} \quad \text{mit} \quad q = \frac{k_q}{k_1}, \tag{8.58}$$

für welches das 1, 2, 3,-System von Bild 8.21 ein System elastischer Hauptachsen ist. Die Funktion b/a zeigt das Bild 8.22. Bei $k_q = k_1$ ist unabhängig vom Winkel β der Abstand b immer Null. In der Regel ist $k_q < k_1$ und b positiv. Der Ursprung des Koordinatensystems muß also dabei oberhalb des Federangriffspunkts liegen.

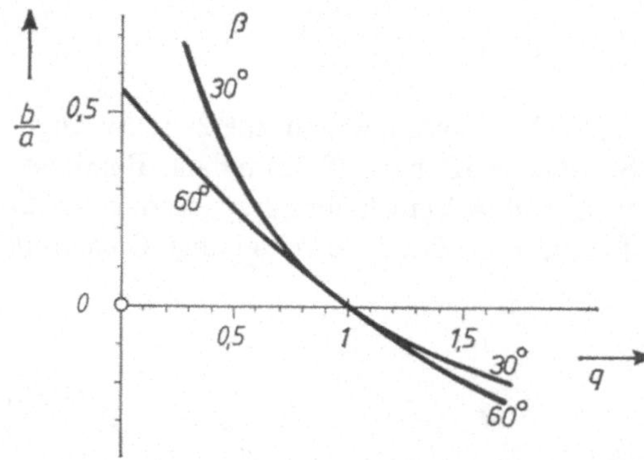

Bild 8.22. Verhältnisse b/a, für welche die Koordinaten des Systems von Bild 8.21 elastische Hauptachsen sind

Ist die Scheibe auf zwei gleichen Balken mit der Länge l, der Querschnittsfläche A und der Biegesteifigkeit EI gelagert, dann erhält man mit den Steifigkeiten nach (8.33) aus (8.57) das notwendige Verhältnis

$$\frac{b}{a} = \frac{(\lambda^2 - 12) \sin \beta \cos \beta - 6(l/a) \cos \beta}{\lambda^2 \sin^2 \beta + 12 \cos^2 \beta} \tag{8.59}$$

mit

$$\lambda = l/i, \qquad i^2 = I/A.$$

Bei senkrecht stehenden Federn ist $\beta = 0$ und nach (8.59) $b = -l/2$. Der Ursprung der elastischen Hauptachsen müßte hierbei also auf halber Federhöhe liegen.

Der behandelte Fall zeigt, daß bei ebenen Systemen elastische Hauptachsen nach obiger Definition existieren. Auch bei räumlichen Systemen kann man ein elastisches Zentrum mit einem System elastischer Hauptachsen durch entsprechende Lage, Richtung und Gestaltung der Federn erzeugen. Wir begnügen uns mit diesem Hinweis, da eine einigermaßen systematische Behandlung dieser Aufgabe sehr umfangreich ist.

8.3 Kraftgrößenverfahren

Die meisten Strukturen sind statisch unbestimmt. Im Abschnitt 8.2.2 wird gezeigt, wie man unabhängig vom Grad der statischen Unbestimmtheit die Krafteinflußzahlen durch einfaches Überlagern bekommt. Dennoch ist es manchmal vorteilhafter, zunächst die Verschiebungseinflußzahlen zu bestimmen und deren Matrix zu invertieren, wenn man die K-Matrix braucht. Verschiebungseinflußzahlen von statisch unbestimmten Systemen berechnet man zweckmäßig mit dem Kraftgrößenverfahren. Es besteht darin, daß man die statisch überzähligen Bindungen entfernt, die dort erforderlichen Kräfte berechnet (daher der Name des Verfahrens) und am Schluß die Wirkungen der Lasten und der berechneten Kräfte überlagert. Das folgende Beispiel zeigt alle wesentlichen Schritte dieses Verfahrens.

Für den Rotor nach Bild 8.23a sollen Verschiebungseinflußzahlen h_{ik} berechnet werden. Mit dem Kraftgrößenverfahren geschieht dies mit den folgenden Schritten:

1. Herstellen eines statisch bestimmten Systems durch Entfernen von statisch überzähligen Bindungen. Welche Bindungen man entfernt, ist an sich gleichgültig, die Wahl kann sich aber auf die Numerik auswirken. Günstig sind solche Hauptsysteme, deren Verschiebungen wenig von denen des statisch unbestimmten Systems abweichen.

   Unser System ist 2fach statisch unbestimmt. Wir entfernen die Unterstützung der Feder des Mittellagers und der Drehfeder des rechten Lagers und erhalten das statisch bestimmte System, Bild 8.23b (Hauptsystem).

2. Belasten des Hauptsystems mit der Kraft $F_k = 1$ und ermitteln der Verschiebungen γ_{1k}, γ_{2k} an den Schnittstellen und der Verschiebungen ε_{ik} für alle Koordinaten (hier $i = 1 \dots 16$). Mit $F_k = 1$ sind γ_{1k}, γ_{2k}, ε_{ik} Verschiebungseinflußzahlen.

3. Belasten des 1. Nebensystems (Bild 8.23c) an der ersten Schnittstelle mit $X_{1k} = 1$ und ermitteln der Einflußzahlen δ_{11}, δ_{21} sowie für alle Koordinaten $\varepsilon_{ik}^{(1)}$.

4. Belasten des 2. Nebensystems mit $X_{2k} = 1$ (Bild 8.23d) und ermitteln der Einflußzahlen δ_{12}, δ_{22} und $\varepsilon_{ik}^{(2)}$.

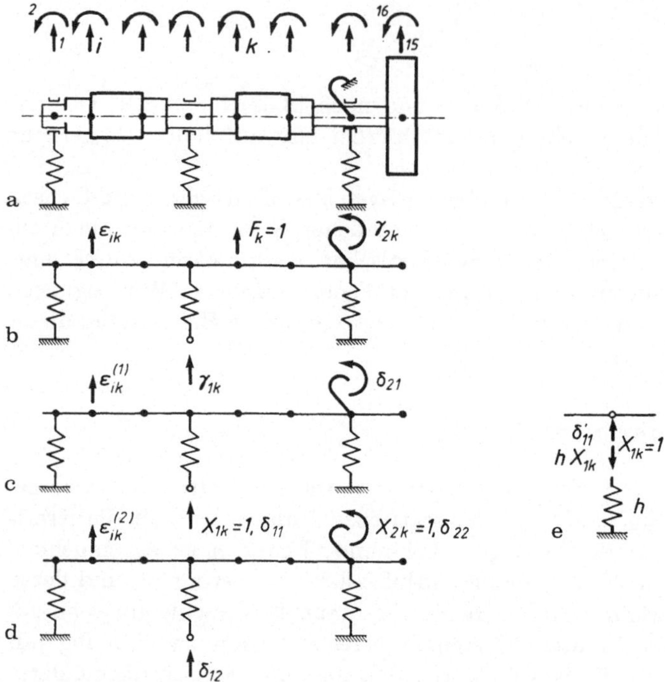

Bild 8.23. Beispiel zum Kraftgrößenverfahren.

a) gegebenes System;

b) k-tes Hauptsystem;

c) 1. Nebensystem;

d) 2. Nebensystem;

e) alternative Schnittstelle

5. Berechnen der statisch Unbestimmten X_{1k}, X_{2k} aus den Randbedingungen

$$\delta_{11}X_{1k} + \delta_{12}X_{2k} + \gamma_{1k} = 0$$
$$\delta_{21}X_{1k} + \delta_{22}X_{2k} + \gamma_{2k} = 0.$$

$$(8.60)$$

6. Berechnen der Einflußzahl durch Überlagern der Einflüsse aus F_k, X_{1k} und X_{2k}

mit

$$h_{ik} = \varepsilon_{ik} + \varepsilon_{ik}^{(1)}X_{1k} + \varepsilon_{ik}^{(2)}X_{2k}.$$

$$(8.61)$$

Man erhält so die Elemente der Spalte k der Matrix $\boldsymbol{H}$. Die Elemente aller Spalten von $\boldsymbol{H}$ bekommt man aus den n verschiedenen Hauptsystemen mit $F_1 = 1$, $F_2 = 1, \ldots, F_n = 1$.

Hätte man zur Bildung des statisch bestimmten Systems am Mittellager oben geschnitten statt unten (Bild 8.23e), dann müßte mit

$$\delta_{11}' = \delta_{11} - hX_{1k}$$

die erste der beiden Gleichungen (8.60) lauten

$$\delta'_{11}X_{1k} + \delta_{12}X_{2k} + \gamma_{1k} = -hX_{1k},$$

was natürlich zum selben Ergebnis führt.

Ist die Struktur m-fach statisch unbestimmt, dann bildet man m Nebensysteme. Die Einflußzahlen γ_{ik}, ε_{ik} und δ_{ik} gelten alle für das gewählte statisch bestimmte System, sie können also verhältnismäßig einfach berechnet (am besten mit Arbeitsintegralen) oder durch Messungen gewonnen werden, wenn deren Berechnung fragwürdig ist.

8.4 Koordinatenreduktion

Um die Statik einer Struktur möglichst genau zu erfassen, unterteilt man sie fein genug. Dabei erhält man oft viel mehr Koordinaten als für die dynamische Berechnung nötig ist. Man möchte deshalb die Anzahl der Koordinaten reduzieren, ohne das statische Verhalten an den bevorzugten Koordinaten zu verfälschen.

Beschreibt man die Statik der Struktur durch

$$\boldsymbol{x} = \boldsymbol{Hf},$$

dann ist die Reduktion einfach. Will man z. B. die Koordinate i unterdrücken, dann nimmt man an, daß dort auch keine äußere Kraft angreift, womit die i-te Spalte auf der rechten Seite dieser Gleichung entfällt. Die i-te Zeile der Gleichung läßt man außerdem weg, weil ja die Koordinate x_i nicht gebraucht wird. Eine Nachgiebigkeitsmatrix wird also einfach durch Streichen von Spalten und zugehörigen Zeilen reduziert.

Steifigkeitsmatrizen dürfen nicht in dieser Weise reduziert werden. Streicht man in der Gleichung

$$\boldsymbol{f} = \boldsymbol{Kx}$$

auf der rechten Seite z. B. die Spalte i, dann bedeutet dies, daß die Verschiebung x_i Null ist, die Struktur also dort ein Lager bekommt, was aber nicht sein soll.

Um eine Steifigkeitsmatrix zu reduzieren, ordnet (partitioniert) man zuerst nach Vorzugskoordinaten (a) und Nebenkoordinaten (b)

$$\boldsymbol{f} = \boldsymbol{Kx} \Rightarrow \begin{bmatrix} \boldsymbol{f}_a \\ \boldsymbol{f}_b \end{bmatrix} = \begin{bmatrix} \boldsymbol{K}_{aa} & \boldsymbol{K}_{ab} \\ \boldsymbol{K}_{ba} & \boldsymbol{K}_{bb} \end{bmatrix} \begin{bmatrix} \boldsymbol{x}_a \\ \boldsymbol{x}_b \end{bmatrix} \tag{8.62}$$

und berechnet mit $\qquad \boldsymbol{f}_b = \boldsymbol{0}$

den Vektor $\qquad \boldsymbol{x}_b = -\boldsymbol{K}_{bb}^{-1}\boldsymbol{K}_{ba}\boldsymbol{x}_a$

und daraus $\qquad \boldsymbol{f}_a = (\boldsymbol{K}_{aa} - \boldsymbol{K}_{ab}\boldsymbol{K}_{bb}^{-1}\boldsymbol{K}_{ba})\,\boldsymbol{x}_a.$

Die reduzierte Steifigkeitsmatrix ist also

$$\boldsymbol{K}_{red} = \boldsymbol{K}_{aa} - \boldsymbol{K}_{ab}\boldsymbol{K}_{bb}^{-1}\boldsymbol{K}_{ba}. \tag{8.63}$$

Für statische Berechnungen hat diese Reduktion wenig Bedeutung, da für eine Struktur meistens nur wenig Fälle berechnet werden müssen und sich hierfür die Reduktion nicht lohnt. Sie ist wichtig bei dynamischen Problemen (s. Abschnitt 10.6.1), z. B. wenn zur Bestimmung von Frequenzgängen die Bewegungsgleichung sehr oft gelöst werden muß.

8.5 Übertragungsverfahren

In den Gleichungen $x = Hf$ oder $f = Kx$ treten die Verschiebungen und Kräfte je als Vektor geordnet auf. Die Lösung statischer Aufgaben mit diesen Gleichungen erfordert die Lösung eines mehr oder weniger umfangreichen linearen Gleichungssystems. Bei kettenartigen Strukturen kann man dies durch Lösen mit dem sogenannten Übertragungsverfahren vermeiden. Seine Grundzüge soll das folgende Beispiel zeigen. Einzelheiten können der Literatur [5, 27—29] entnommen werden.

Gegeben ist ein Balken mit veränderlichem Querschnitt und beliebiger Lagerung, der durch Einzelkräfte und Streckenlasten auf Biegung beansprucht ist. Gesucht sind die Zustandsgrößen Durchbiegung w, Drehung ψ, Biegemoment M und Querkraft Q an beliebigen Stellen des Balkens.

Zur Lösung teilt man den Balken in einzelne Elemente. Für die Art der Teilung sind verschiedene Gesichtspunkte maßgebend. Bei kontinuierlich veränderlichem Querschnittsverlauf nimmt man näherungsweise stückweise konstanten Querschnitt und wählt entsprechend viele Elemente. Außerdem sollte an Lagerstellen geteilt werden, um die dadurch bedingte Änderung von Zustandsgrößen einfach berücksichtigen zu können.

Für ein beliebiges Element k nach Bild 8.24 erhält man durch Integration der Balkengleichungen die folgende Beziehung zwischen den Zustandsgrößen der Ränder i und k

$$
\begin{bmatrix} w_k \\ \psi_k \\ M_k \\ Q_k \\ 1 \end{bmatrix} = \begin{bmatrix} 1 & -l & -a & -b & w_k^* \\ 0 & 1 & c & a & \psi_k^* \\ 0 & 0 & 1 & l & M_k^* \\ 0 & 0 & 0 & 1 & Q_k^* \\ 0 & 0 & 0 & 0 & 1 \end{bmatrix} \begin{bmatrix} w_i \\ \psi_i \\ M_i \\ Q_i \\ 1 \end{bmatrix}, \qquad (8.64)^1
$$

oder

$$
z_k = A_k z_i
$$

mit

$$
a = \frac{l^2}{2EI}; \quad b = \frac{l^3}{6EI}; \quad c = \frac{l}{EI}. \qquad (8.65)
$$

---

[1] Die letzte Zeile des Systems (8.64) ist erforderlich, um die letzte Spalte der Matrix zu berücksichtigen.

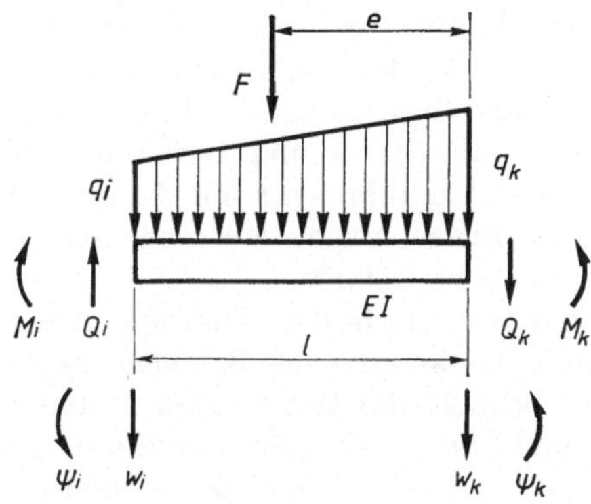

Bild 8.24. Übertragungsverfahren, Balken-element k

Die (*)-Größen enthalten den Einfluß der Lasten. Sie wurden in die Matrix einbezogen, um die folgende Übertragung besonders deutlich und einfach beschreiben zu können. Für die Belastung nach Bild 8.24 ist z. B.

$$w_k^* = \frac{Fe^3}{6EI} + \frac{(4q_i + q_k)\, l^4}{120EI}$$

$$\psi_k^* = -\frac{Fe^2}{2EI} - \frac{(3q_i + q_k)\, l^3}{24EI}$$

$$M_k^* = -Fe - \frac{(2q_i + q_k)\, l^2}{6}$$

$$Q_k^* = -F - \frac{(q_i + q_k)\, l}{2}.$$

$$(8.66)$$

Mit der Matrix A_{k+1} (Übertragungsmatrix) des nächsten Feldes $k+1$ ist

$$z_{k+1} = A_{k+1} z_k = A_{k+1} A_k z_i. \tag{8.67}$$

Beginnt man mit dem ersten Feld und wendet (8.67) bis zum letzten Balkenfeld an (es habe den Index n), dann erhält man die Gleichung

$$z_n = A_n A_{n-1} \dots A_1 z_0 = \left(\prod_{k=n}^{1} A_k \right) z_0. \tag{8.68}$$

Der Einfluß von Zwischenlagern wird unterwegs durch die entsprechenden Änderungen der Zustandsgrößen berücksichtigt.

Von den Zustandsvektoren z_0 und z_n sind aus den Randbedingungen je zwei Größen bekannt. So sind z. B. bei freiem Rand $M = 0$ und $Q = 0$. Die restlichen vier Zustandsgrößen der Ränder können aus (8.68) berechnet werden. Damit kennt man den vollständigen Vektor z_0 und kann mit (8.64) alle weiteren Zwischenvektoren berechnen.

Wesentliche Eigenschaften des Verfahrens sind, daß sein Formalismus einfach ist und der Grad der statischen Unbestimmtheit keinen Einfluß auf den Rechenaufwand hat. In beidem unterscheidet es sich vorteilhaft vom Kraftgrößenverfahren. Es hat seinen Ursprung im Holzer-Tolle-Gümbel-Verfahren zum Berechnen von Drehschwingungen. Myklestad zeigte in [29] seine Anwendung für die Berechnung der Eigenschwingungen von Balken. In der Folge erschienen zahlreiche Arbeiten über weitere Anwendungen für die Statik und Dynamik von Strukturen, die man als einfache Kette aus Elementen abbilden kann. Diese sind neben den Stäben und Balken mit beliebigem Querschnittsverlauf auch Kreisscheiben oder -platten, Rotationsschalen und ähnliche Gebilde.

Zum Schluß dieses Abschnitts wollen wir uns noch den Zusammenhang zwischen der Übertragungsmatrix und der Steifigkeitsmatrix des Balkenelements klarmachen. Läßt man beim Element nach Bild 8.24 die Belastungen F und q weg, dann entfallen in (8.64) die letzte Spalte und letzte Zeile. Löst man die ersten beiden Zeilen dieses reduzierten Gleichungssystems nach M_i und Q_i auf und ersetzt in der 3. und 4. Zeile M_i und Q_i durch die gewonnenen Ausdrücke, dann erhält man nach entsprechendem Umordnen eine Beziehung entsprechend (8.29) und damit die Steifigkeitsmatrix.

Das Übertragungsverfahren hat mit der Einführung der Methode der finiten Elemente an Bedeutung verloren. Bemerkt sei noch, daß es in manchen Fällen numerisch empfindlich ist und es nur bei kettenartigen Strukturen oder bei einfachen Verbänden solcher Ketten (z. B. Doppelbalken) vorteilhaft ist.

8.6 Unsymmetrische Steifigkeitsmatrix

Im allgemeinen ist die Steifigkeitsmatrix einer mechanischen Struktur symmetrisch. Im Maschinenbau kommem aber auch unsymmetrische Matrizen vor. Beispiele sind Gleitlager von Rotoren oder Strömungskräfte bei unterschiedlichen Spaltverlusten (Spalterregung].

Um das Grundsätzliche zu erkennen, untersuchen wir eine ebene Feder mit dem Kraftgesetz

$$\begin{bmatrix} F_1^* \\ F_2^* \end{bmatrix} = \begin{bmatrix} k_{11} & k_{12} \\ k_{21} & k_{22} \end{bmatrix} \begin{bmatrix} x_1 \\ x_2 \end{bmatrix} \tag{8.69}$$

wobei $k_{21} \neq k_{12}$ sei. Mit

$$\bar{k} = \frac{1}{2}(k_{12} + k_{21}) \quad \text{und} \quad \Delta k = \frac{1}{2}(k_{21} - k_{12}) \tag{8.70}$$

kann die Steifigkeitsmatrix in einen symmetrischen und einen antimetrischen Teil zerlegt werden:

$$\begin{bmatrix} k_{11} & k_{12} \\ k_{21} & k_{22} \end{bmatrix} = \begin{bmatrix} k_{11} & \bar{k} \\ \bar{k} & k_{22} \end{bmatrix} + \begin{bmatrix} 0 & -\Delta k \\ \Delta k & 0 \end{bmatrix}. \tag{8.71}$$

Wir untersuchen beide Teile getrennt. Für den symmetrischen Teil ist

$$\begin{bmatrix} F_1 \\ F_2 \end{bmatrix} = \begin{bmatrix} k_{11} & \bar{k} \\ \bar{k} & k_{22} \end{bmatrix} \begin{bmatrix} x_1 \\ x_2 \end{bmatrix}. \tag{8.72}$$

Diese Gleichung kann durch Hauptachsentransformation auf Diagonalform gebracht werden (s. Anhang 3). Mit I, II als Kennzeichen für Hauptachsen wird aus (8.72)

$$\begin{bmatrix} F_\mathrm{I} \\ F_\mathrm{II} \end{bmatrix} = \begin{bmatrix} k_\mathrm{I} & 0 \\ 0 & k_\mathrm{II} \end{bmatrix} \begin{bmatrix} x_\mathrm{I} \\ x_\mathrm{II} \end{bmatrix}. \tag{8.73}$$

Die Hauptachsen I, II sind gegenüber den ursprünglichen Achsen 1, 2 um den Winkel α_1 gedreht. Nach (A3.13) folgt dieser Winkel aus

$$\tan 2\alpha_1 = \frac{2\bar{k}}{k_{11} - k_{22}}. \tag{8.74}$$

Die Hauptsteifigkeiten k_I und k_II sind nach (A3.9)

$$k_\mathrm{I,II} = \frac{1}{2}\left(k_{11} + k_{22} \mp \sqrt{(k_{11} - k_{22})^2 + 4k^2}\right). \tag{8.75}$$

Eine ebene Feder mit symmetrischer Matrix kann somit immer durch ein Modell nach Bild 8.25 dargestellt werden. Eine Auslenkung r unter dem Winkel α zur I-Achse besteht aus den Verschiebungen

$$x_\mathrm{I} = r \cos \alpha \quad \text{und} \quad x_\mathrm{II} = r \sin \alpha$$

und erfordert eine Kraft mit den Komponenten

$$F_\mathrm{I} = k_\mathrm{I} r \cos \alpha \quad \text{und} \quad F_\mathrm{II} = k_\mathrm{II} r \sin \alpha.$$

Bild 8.26 zeigt für $k_\mathrm{II} = 2k_\mathrm{I}$ den Betrag und die Richtung der Federkraft bei konstanter Auslenkung r und verschiedenem Winkel α. Daraus folgt allgemein für ebene Federn mit symmetrischer Steifigkeitsmatrix:

— In den Hauptrichtungen sind Auslenkung und Federkraft gleichgerichtet.
— Bei Auslenkung in anderen Richtungen besteht bei $k_\mathrm{II} \neq k_\mathrm{I}$ ein Winkel zwischen Auslenkung und Federkraft.

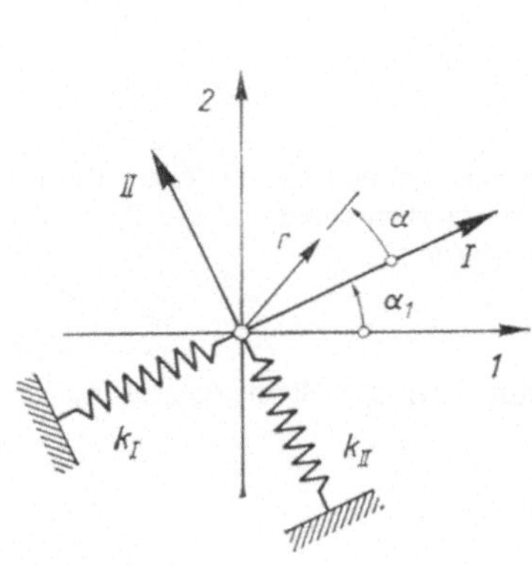

Bild 8.25. Ersatzbild einer ebenen Feder mit symmetrischer Matrix

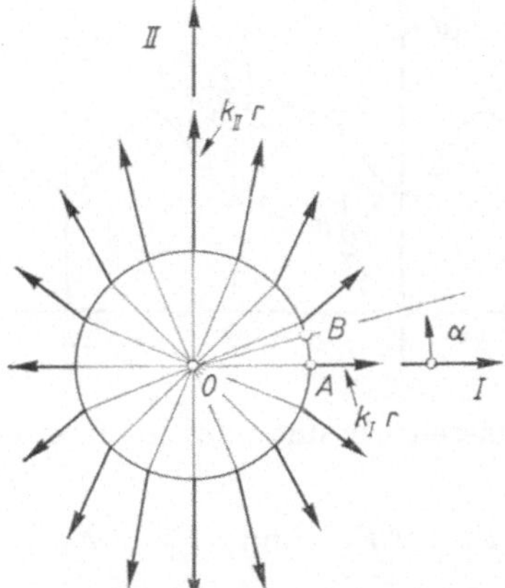

Bild 8.26. Kraftfeld einer ebenen Feder mit symmetrischer Matrix für Auslenkung auf einem Kreis

— Bei $k_{\mathrm{II}} = k_{\mathrm{I}}$ sind Auslenkung und Federkraft immer gleichgerichtet.
— Das Kraftfeld für Auslenkungen auf einem Kreis ist symmetrisch zu den Hauptachsen.

Auf dem Weg von 0 nach A und von A nach B (Bild 8.26) leistet die Federkraft die Arbeit

$$W = W_{0\mathrm{A}} + W_{\mathrm{AB}} = \frac{1}{2}\, k_{\mathrm{I}} r^2 + \int\limits_0^{\alpha_{\mathrm{B}}} F_{\mathrm{t}}^{\mathrm{B}} r \, \mathrm{d}\alpha, \tag{8.76}$$

wenn mit F_{t} die in die Kreistangente fallende Komponente der Federkraft bezeichnet wird. Mit den Bezeichnungen von Bild 8.26 ist

$$F_{\mathrm{t}} = -F_{\mathrm{I}} \sin \alpha + F_{\mathrm{II}} \cos \alpha = (-k_{\mathrm{I}} + k_{\mathrm{II}})\, r \cos \alpha \sin \alpha$$

$$= \frac{1}{2}\, (k_{\mathrm{II}} - k_{\mathrm{I}})\, r \sin 2\alpha$$

und damit

$$W_{\mathrm{AB}} = \frac{1}{2}\, (k_{\mathrm{II}} - k_{\mathrm{I}})\, r^2 \int\limits_0^{\alpha_{\mathrm{B}}} \sin 2\alpha \, \mathrm{d}\alpha = \frac{1}{4}\, (k_{\mathrm{II}} - k_{\mathrm{I}})\, r^2 (1 - \cos 2\alpha_{\mathrm{B}}). \tag{8.77}$$

Bei Bewegung auf einem Kreis pendelt also die Arbeit der Federkraft harmonisch zwischen $k_{\mathrm{I}} r^2/2$ und $k_{\mathrm{II}} r^2/2$ (Bild 8.27). Beschreibt man einen vollen Kreis um 0 (links- oder rechtsherum), dann erreicht man am Ende wieder dasselbe Energieniveau wie am Anfang. Dies gilt auch für eine Hin- und Herbewegung zwischen zwei beliebigen Punkten eines radialen Strahls. Da jede geschlossene Bahn aus Wegelementen der beschriebenen Art zusammengesetzt werden kann, ist auf dieser Bahn die Summe der Arbeiten Null. Eine ebene Feder mit symmetrischer Matrix ist konservativ.

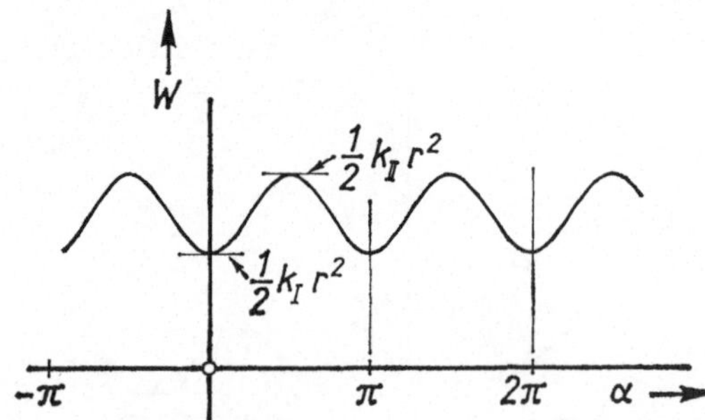

Bild 8.27. Arbeit der Federkraft einer konservativen ebenen Feder längs eines Kreises

Befassen wir uns nun mit dem unsymmetrischen Teil der Steifigkeitsmatrix. Mit

$$F_1^* = F_1 + \Delta F_1 \quad \text{und} \quad F_2^* = F_2 + \Delta F_2$$

ist nach (8.69) bis (8.72)

$$\begin{bmatrix} \Delta F_1 \\ \Delta F_2 \end{bmatrix} = \begin{bmatrix} 0 & -\Delta k \\ \Delta k & 0 \end{bmatrix} \begin{bmatrix} x_1 \\ x_2 \end{bmatrix}. \tag{8.78}$$

Eine Auslenkung r unter dem Winkel β zur 1-Achse besteht aus den Verschiebungen

$$x_1 = r \cos \beta \quad \text{und} \quad x_2 = r \sin \beta$$

und ergibt die Komponenten

$$\Delta F_1 = -\Delta kr \sin \beta \quad \text{und} \quad \Delta F_2 = \Delta kr \cos \beta$$

der Federkraft. Die Resultierende $\Delta F = \Delta kr$ steht immer senkrecht auf der Auslenkung r (Bild 8.28). Da der Betrag von ΔF unabhängig vom Winkel β ist, ist Δk invariant gegen Koordinatendrehung. Dies zeigt auch die folgende Berechnung.

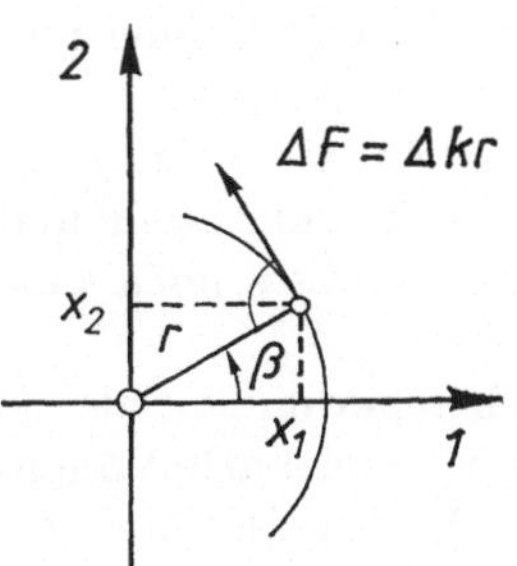

Bild 8.28. Federkraft aus antimetrischem Anteil
$\Delta k = \dfrac{1}{2}\,(k_{21} - k_{12})$ der Steifigkeit

Nach den Gleichungen des Abschnitts 8.2.4 ist für ein $1'$, $2'$-System, welches um den Winkel β gegen das $1, 2$-System gedreht ist

$$k'_{12} = (k_{22} - k_{11}) \sin \beta \cos \beta + k_{12} \cos^2 \beta - k_{21} \sin^2 \beta$$

$$k'_{21} = (k_{22} - k_{11}) \sin \beta \cos \beta - k_{12} \sin^2 \beta + k_{21} \cos^2 \beta$$

und

$$\Delta k' = \frac{1}{2}\,(k'_{21} - k'_{12}) = \frac{1}{2}\,(k_{21} - k_{12}) = \Delta k.$$

Δk ist also von β unabhängig.

Wie im symmetrischen Fall betrachten wir die Arbeit für eine radiale Verschiebung und für Verschiebung auf einem Kreisbogen. Da ΔF senkrecht auf r steht, muß bei radialer Verschiebung keine Arbeit geleistet werden. Eine Verschiebung längs eines Bogens $r\beta$ ergibt die Arbeit

$$\Delta W = \Delta kr^2\beta. \tag{8.79}$$

Hier ist — im Gegensatz zum symmetrischen Fall — die Richtung der Bewegung entscheidend. Bewegt man den Kraftangriffspunkt bei $\Delta k > 0$ (d. h. $k_{21} > k_{12}$) im positiven Drehsinn ($\beta > 0$), dann muß ΔW geleistet werden. Im umgekehrten Fall wird die Arbeit ΔW frei. Zur Erfüllung des Energie-Erhaltungssatzes muß dem System ΔW in irgendeiner anderen Form zugeführt bzw. entzogen werden. Der unsymmetrische Teil der Steifigkeitsmatrix bewirkt, daß die Feder nicht mehr konservativ ist. Damit sind Systeme mit solchen Matrizen selbsterregter Schwingungen fähig (s. Abschnitt 9.6.8).

9 Schwinger mit mehreren Freiheitsgraden

Wir unterscheiden hier zwischen Schwingern mit mehreren Freiheitsgraden und solchen mit vielen Freiheitsgraden, den Strukturen.

Die erste Gruppe handelt von Masse-Feder-Dämpfermodellen mit bis zu etwa 10 Freiheitsgraden. Hierfür kann die Bewegungsgleichung exakt aufgestellt und mit erträglichem Aufwand gelöst werden. Die Ergebnisse erlauben noch eine einigermaßen umfassende Diskussion.

Für Strukturen wird schon die Bewegungsgleichung anders gewonnen, als bei Schwingern mit wenigen Freiheitsgraden. Außerdem strebt man nach Vereinfachungen, um den Rechenaufwand der Lösung klein zu halten und um das Wesentliche besser hervorzuheben. Hiervon handelt das 10. Kapitel.

Wir beginnen dieses 9. Kapitel mit der Aufstellung der Bewegungsgleichung einiger Grundmodelle der Maschinendynamik. Man kommt immer auf die folgende Gleichung

$$\boldsymbol{M\ddot{x}} + \boldsymbol{D\dot{x}} + \boldsymbol{Kx} = \boldsymbol{f}(t),$$

deren Lösung in den Abschnitten 9.2 bis 9.5 allgemein beschrieben wird. Im letzten Abschnitt dieses Kapitels (Abschnitt 9.6) werden dann die speziellen Lösungen der Beispiele des Abschnitts 9.1 und weiterer Beispiele gebracht und diskutiert.

9.1 Bewegungsgleichung

In diesem Abschnitt werden für 11 Beispiele aus der Rotordynamik die Bewegungsgleichungen hergeleitet. Damit dürfte wohl das Vorgehen bei ähnlichen Fällen genügend klar werden.

9.1.1 Drehschwinger

Zum Berechnen von Drehschwingungen genügt in vielen Fällen als Modell eine aus starren Drehmassen und masselosen Drehfedern bestehende Schwingerkette. Als Beispiel behandeln wir das Modell nach Bild 9.1. Es hat die Drehmassen Θ_1, Θ_2, Θ_3 und die Drehsteifigkeiten k_1 und k_2. Es besteht sowohl Dämpfung gegenüber der Umgebung (d_1, d_2, d_3), als auch zwischen den Drehmassen (d_{12}, d_{23}). Das Dämpfungsmoment sei der Schwinggeschwindigkeit proportional.

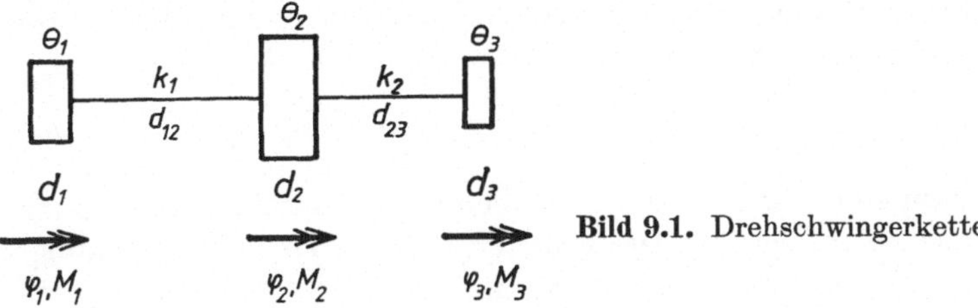

Bild 9.1. Drehschwingerkette

Zur Gewinnung der Bewegungsgleichungen nehmen wir eine allgemeine Schwingbewegung des Systems an. Es seien also die Drehungen φ_1, φ_2, φ_3 und deren zeitliche Ableitungen von Null verschieden. Sodann schneiden wir die Massen frei und erhalten mit dem Momentensatz (Masse mal Drehbeschleunigung = Summe aller Momente) die Gleichungen

$$\Theta_1\ddot{\varphi}_1 = -k_1(\varphi_1 - \varphi_2) - d_1\dot{\varphi}_1 - d_{12}(\dot{\varphi}_1 - \dot{\varphi}_2) + M_1(t)$$

$$\Theta_2\ddot{\varphi}_2 = k_1(\varphi_1 - \varphi_2) - k_2(\varphi_2 - \varphi_3) + d_{12}(\dot{\varphi}_1 - \dot{\varphi}_2) - d_2\dot{\varphi}_2 - d_{23}(\dot{\varphi}_2 - \dot{\varphi}_3) + M_2(t)$$

$$\Theta_3\ddot{\varphi}_3 = k_2(\varphi_2 - \varphi_3) + d_{23}(\dot{\varphi}_2 - \dot{\varphi}_3) - d_3\dot{\varphi}_3 + M_3(t)$$

oder in Matrizenschreibweise

$$\begin{bmatrix} \Theta_1 & 0 & 0 \\ 0 & \Theta_2 & 0 \\ 0 & 0 & \Theta_3 \end{bmatrix} \begin{bmatrix} \ddot{\varphi}_1 \\ \ddot{\varphi}_2 \\ \ddot{\varphi}_3 \end{bmatrix} + \begin{bmatrix} d_1 + d_{12} & -d_{12} & 0 \\ -d_{12} & d_{12} + d_2 + d_{23} & -d_{23} \\ 0 & -d_{23} & d_{23} + d_3 \end{bmatrix} \begin{bmatrix} \dot{\varphi}_1 \\ \dot{\varphi}_2 \\ \dot{\varphi}_3 \end{bmatrix}$$

$$+ \begin{bmatrix} k_1 & -k_1 & 0 \\ -k_1 & k_1 + k_2 & -k_2 \\ 0 & -k_2 & k_2 \end{bmatrix} \begin{bmatrix} \varphi_1 \\ \varphi_2 \\ \varphi_3 \end{bmatrix} = \begin{bmatrix} M_1(t) \\ M_2(t) \\ M_3(t) \end{bmatrix}. \tag{9.1}$$

9.1.2 Drehschwinger mit Getriebe

Es sollen die Bewegungsgleichungen des Drehschwingers von Bild 9.2 hergeleitet werden. Das Getriebe dieses Systems mit den Drehmassen Θ_2, Θ_3 sei spielfrei. Erregungsmomente sind $M_1(t)$ und $M_4(t)$.

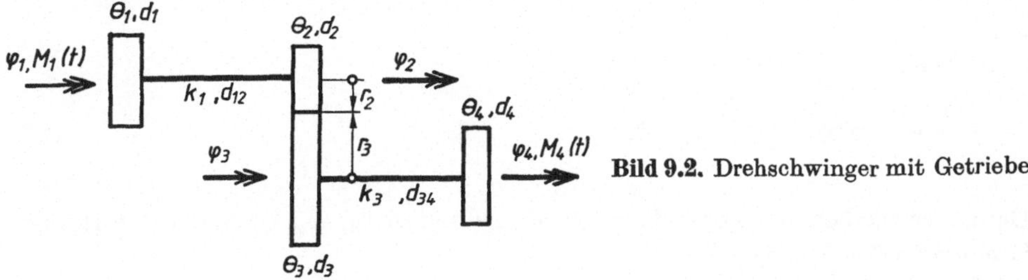

Bild 9.2. Drehschwinger mit Getriebe

Zur Gewinnung der Bewegungsgleichungen eignet sich bei diesem Beispiel besonders das d'Alembertsche Prinzip

$$\delta W_\mathrm{i} + \delta W_\mathrm{a} + \delta W_\mathrm{T} = 0. \tag{9.2}$$

Die virtuellen Arbeiten sind die Arbeiten der inneren Momente, der äußeren Momente und der Momente infolge der Drehträgheit bei den virtuellen Drehungen $\delta\varphi_1$ bis $\delta\varphi_4$.

Die Arbeit δW_i setzt sich aus Anteilen der Federn und der Dämpfer zusammen. Für die erste Feder ist nach Bild 9.3

$$\delta W_\mathrm{i}^{(k_1)} = -k_1(\varphi_1 - \varphi_2)\,\delta\varphi_1 + k_1(\varphi_1 - \varphi_2)\,\delta\varphi_2 = -k_1(\varphi_1 - \varphi_2)\,(\delta\varphi_1 - \delta\varphi_2) \tag{9.3}$$

und ebenso für die zweite Feder

$$\delta W_\mathrm{i}^{(k_3)} = -k_3(\varphi_3 - \varphi_4)\,(\delta\varphi_3 - \delta\varphi_4). \tag{9.4}$$

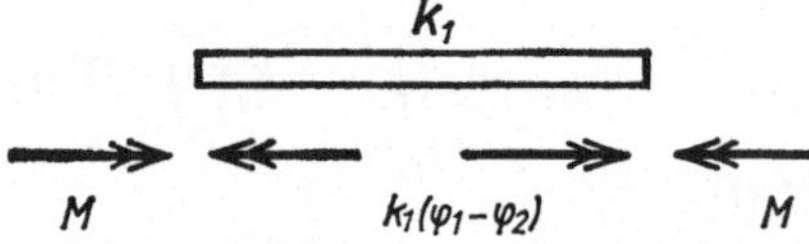

Bild 9.3. Zur Berechnung der inneren Arbeit

Entsprechend ergeben die Dämpfer

$$\delta W_\mathrm{i}^{(d)} = -d_1\dot\varphi_1\,\delta\varphi_1 - d_{12}(\dot\varphi_1 - \dot\varphi_2)\,(\delta\varphi_1 - \delta\varphi_2) - d_2\dot\varphi_2\,\delta\varphi_2$$
$$- d_3\dot\varphi_3\,\delta\varphi_3 - d_{34}(\dot\varphi_3 - \dot\varphi_4)\,(\delta\varphi_3 - \delta\varphi_4) - d_4\dot\varphi_4\,\delta\varphi_4. \tag{9.5}$$

Die virtuelle Arbeit der äußeren Momente ist

$$\delta W_\mathrm{a} = M_1(t)\,\delta\varphi_1 + M_4(t)\,\delta\varphi_4, \tag{9.6}$$

und schließlich ist die virtuelle Arbeit infolge Drehträgheit

$$\delta W_\mathrm{T} = -\Theta_1\ddot\varphi_1\,\delta\varphi_1 - \Theta_2\ddot\varphi_2\,\delta\varphi_2 - \Theta_3\ddot\varphi_3\,\delta\varphi_3 - \Theta_4\ddot\varphi_4\,\delta\varphi_4. \tag{9.7}$$

Durch das Getriebe sind die Drehungen φ_2 und φ_3 voneinander abhängig. Es gilt

$$\varphi_2 r_2 = -\varphi_3 r_3$$

und mit der Übersetzung

$$i = -\frac{r_3}{r_2} \tag{9.8}$$

$$\varphi_3 = \frac{1}{i}\,\varphi_2 \quad \text{bzw.} \quad \delta\varphi_3 = \frac{1}{i}\,\delta\varphi_2. \tag{9.9}$$

Damit verbleiben die generalisierten Koordinaten φ_1, φ_2, φ_4 und die virtuellen Drehungen $\delta\varphi_1$, $\delta\varphi_2$, $\delta\varphi_4$.

Nach (9.2) muß die Summe der rechten Seiten der Gleichungen (9.3) bis (9.7) Null sein. Da die virtuellen Drehungen voneinander unabhängig sind, muß die Summe der Glieder mit dem Faktor $\delta\varphi_1$ oder $\delta\varphi_2$ oder $\delta\varphi_4$ je für sich Null sein. Dies ergibt die folgenden Bedingungen:

$$-k_1(\varphi_1 - \varphi_2) - d_1\dot{\varphi}_1 - d_{12}(\dot{\varphi}_1 - \dot{\varphi}_2) + M_1(t) - \Theta_1\ddot{\varphi}_1 = 0$$

$$k_1(\varphi_1 - \varphi_2) - \frac{1}{i^2}\,k_3(\varphi_2 - i\varphi_4) + d_{12}(\dot{\varphi}_1 - \dot{\varphi}_2) - d_2\dot{\varphi}_2$$

$$- \frac{1}{i^2}\,d_3\dot{\varphi}_2 - \frac{1}{i^2}\,d_{34}(\dot{\varphi}_2 - i\dot{\varphi}_4) - \Theta_2\ddot{\varphi}_2 - \frac{1}{i^2}\,\Theta_3\ddot{\varphi}_2 = 0$$

$$\frac{1}{i}\,k_3(\varphi_2 - i\varphi_4) + \frac{1}{i}\,d_{34}(\dot{\varphi}_2 - i\dot{\varphi}_4) - d_4\dot{\varphi}_4 + M_4(t) - \Theta_4\ddot{\varphi}_4 = 0.$$

Dividiert man die dritte dieser Gleichungen durch die Übersetzung i, führt sodann die folgenden Größen ein

$$\varphi_4' = i\varphi_4 \qquad\qquad \Theta_3' = \frac{1}{i^2}\,\Theta_3 \qquad\qquad \Theta_4' = \frac{1}{i^2}\,\Theta_4$$

$$d_3' = \frac{1}{i^2}\,d_3 \qquad\qquad d_{34}' = \frac{1}{i^2}\,d_{34} \qquad\qquad d_4' = \frac{1}{i^2}\,d_4 \qquad\qquad (9.10)$$

$$k_3' = \frac{1}{i^2}\,k_3 \qquad\qquad M_4'(t) = \frac{1}{i}\,M_4(t)$$

und ordnet die Gleichungen entsprechend, dann erhält man die Bewegungsgleichung

$$\begin{bmatrix} \Theta_1 & 0 & 0 \\ 0 & \Theta_2 + \Theta_3' & 0 \\ 0 & 0 & \Theta_4' \end{bmatrix}\begin{bmatrix} \ddot{\varphi}_1 \\ \ddot{\varphi}_2 \\ \ddot{\varphi}_4 \end{bmatrix} + \begin{bmatrix} d_1 + d_{12} & -d_{12} & 0 \\ -d_{12} & d_{12} + d_2 + d_3' + d_{34}' & -d_{34}' \\ 0 & -d_{34}' & d_{34}' + d_4' \end{bmatrix}\begin{bmatrix} \dot{\varphi}_1 \\ \dot{\varphi}_2 \\ \dot{\varphi}_4 \end{bmatrix}$$

$$+ \begin{bmatrix} k_1 & -k_1 & 0 \\ -k_1 & k_1 + k_3' & -k_3' \\ 0 & -k_3' & k_3' \end{bmatrix}\begin{bmatrix} \varphi_1 \\ \varphi_2 \\ \varphi_4' \end{bmatrix} = \begin{bmatrix} M_1(t) \\ 0 \\ M_4'(t) \end{bmatrix}. \qquad (9.11)$$

Demnach kann der Drehschwinger mit Getriebe (Bild 9.2) mit den Beziehungen (9.10) durch einen Drehschwinger ohne Getriebe (Bild 9.4) ersetzt werden. Man löst (9.11) und berechnet dann noch $\varphi_3 = \varphi_2/i$ und $\varphi_4 = \varphi_4'/i$. Bei mehrfachen Übersetzungen geht man entsprechend vor.

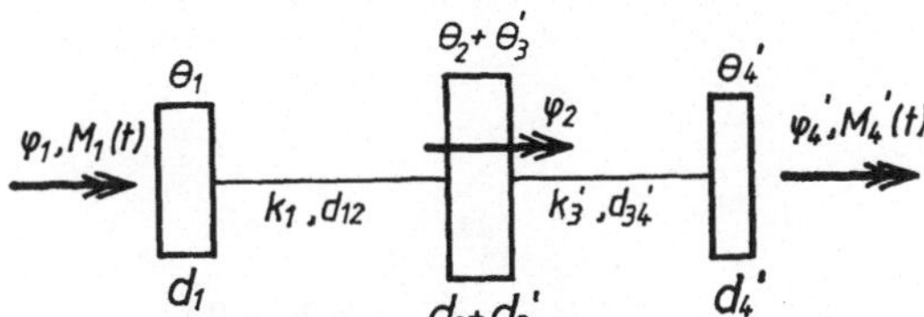

Bild 9.4. Ersatzmodell für das System von Bild 9.2

9.1.3 Drehschwinger mit Verzweigung

Dieses Beispiel unterscheidet sich vom vorhergehenden dadurch, daß am Getriebe noch ein weiterer Schwinger hängt (Bild 9.5). Die Bewegungsgleichung folgt ohne weiteres aus den Ergebnissen des Abschnitts 9.1.2.

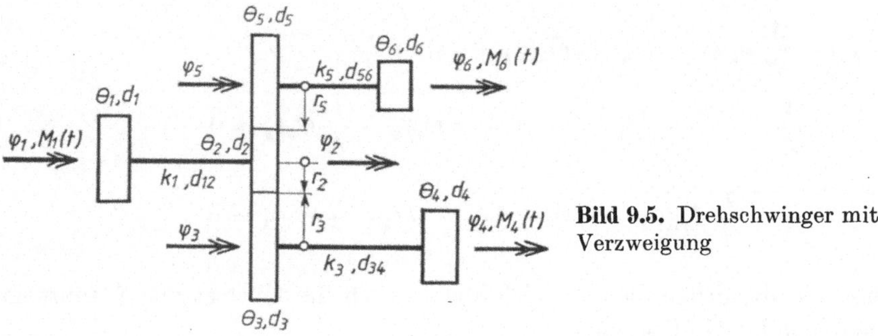

Bild 9.5. Drehschwinger mit Verzweigung

Von den zwei hinzugekommenen Koordinaten φ_5 und φ_6 ist φ_5 in gleicher Weise wie φ_3 von φ_2 abhängig. Mit der Übersetzung

$$i_5 = -\frac{r_5}{r_2} \tag{9.12}$$

erhält man entsprechend (9.9) und (9.10)

$$\varphi_5 = \frac{1}{i_5}\,\varphi_2, \qquad \varphi_6' = i_5\varphi_6, \qquad M_6'(t) = \frac{1}{i_5}\,M_6(t)$$

$$(\Theta_5',\,\Theta_6',\,d_5',\,d_{56}',\,d_6',\,k_5') = \frac{1}{i^2}\,(\Theta_5,\,\Theta_6,\,d_5,\,d_{56},\,d_6,\,k_5) \tag{9.13}$$

und die Bewegungsgleichung

$$\boldsymbol{\Theta}\ddot{\boldsymbol{\varphi}} + \boldsymbol{D}\dot{\boldsymbol{\varphi}} + \boldsymbol{K}\boldsymbol{\varphi} = \boldsymbol{m}(t) \tag{9.14}$$

mit

$$\boldsymbol{\varphi} = (\varphi_1,\,\varphi_2,\,\varphi_4',\,\varphi_6')^T$$

$$\boldsymbol{\Theta} = \mathrm{diag}\,(\Theta_1,\,\Theta_2 + \Theta_3' + \Theta_5',\,\Theta_4',\,\Theta_6') \tag{9.15}$$

$$\boldsymbol{m}(t) = \big(M_1(t),\,0,\,M_4'(t),\,M_6'(t)\big)^T .$$

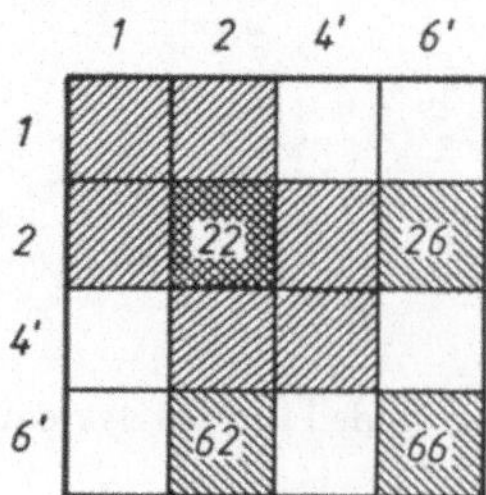

Bild 9.6. Besetzung von $\boldsymbol{D}$ und $\boldsymbol{K}$ des Modells Bild 9.5

Die Matrizen D und K sind nach Bild 9.6 besetzt. Sie bestehen aus den Matrizen von (9.11) mit den folgenden Zusätzen für den weiteren Zweig

$$d_{22} = d_{22} \text{ von (9.11)} + d_5' + d_{56}'$$

$$d_{26} = d_{62} = -d_{56}', \quad d_{66} = d_{56}' + d_6' \tag{9.16}$$

$$k_{22} = k_{22} \text{ von (9.11)} + k_5'$$

$$k_{26} = k_{62} = -k_5', \quad k_{66} = k_5'.$$

9.1.4 Lavalwelle

Das einfachste Modell der Rotordynamik ist die sogenannte Lavalwelle nach Bild 9.7. Sie besteht aus einer masselosen Welle, in deren Mitte eine Scheibe angeordnet ist. In der Mittelebene der Scheibe ist das Drehzentrum für langsame Drehung, wir nennen es Wellenmitte W, und der Massenmittelpunkt S. Der Abstand zwischen W und S ist die Exzentrizität e. Die Verschiebungen von W bzw. S in der 1, 2-Ebene bezeichnen wir mit y_1, y_2 bzw. z_1, z_2.

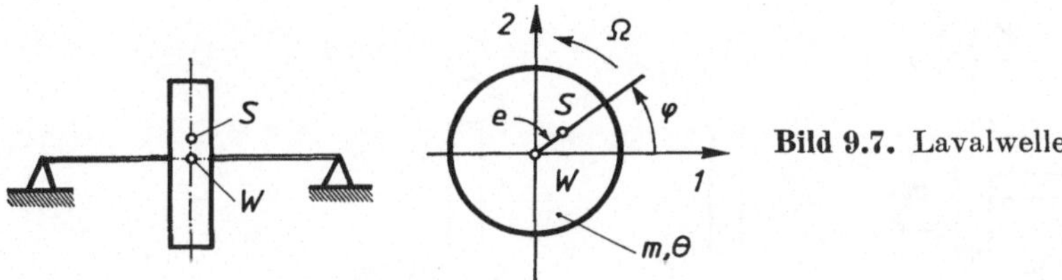

Bild 9.7. Lavalwelle

Mit m Scheibenmasse, $G = mg$ Scheibengewicht, d Dämpfung der Scheibe im Raum, k Steifigkeit der Welle liefert der Schwerpunktsatz die Gleichungen

$$m\ddot{z}_1 = -ky_1 - d\dot{y}_1$$

$$m\ddot{z}_2 = -ky_2 - d\dot{y}_2 - G. \tag{9.17}$$

Wir setzen konstantes Antriebsmoment voraus und nehmen weiterhin an, daß es im Gleichgewicht mit einem gleich großen Gegenmoment ist (stationärer Betrieb). Damit ist nach dem Momentensatz

$$\Theta\ddot{\varphi} = -(ky_1 + d\dot{y}_1)\,e \sin\varphi + (ky_2 + d\dot{y}_2)\,e \cos\varphi \tag{9.18}$$

mit Θ polares Trägheitsmoment der Scheibe, φ Drehwinkel.

Bei Turbomaschinen ist die Exzentrizität e sehr viel kleiner als der Trägheitsradius $i_\mathrm{p} = \sqrt{\Theta/m}$. Man findet, daß dann die Winkelgeschwindigkeit Ω der Welle genügend genau als konstant angenommen werden darf (die Momentenbilanz nach (9.18) darf vernachlässigt werden). Damit ist $\varphi = \Omega t$ bzw.

$$z_1 = y_1 + e \cos\Omega t; \quad z_2 = y_2 + e \sin\Omega t, \tag{9.19}$$

und wir erhalten mit (9.17) die Bewegungsgleichungen

$$m\ddot{y}_1 + d\dot{y}_1 + ky_1 = me\Omega^2 \cos \Omega t$$
$$m\ddot{y}_2 + d\dot{y}_2 + ky_2 = me\Omega^2 \sin \Omega t - G.$$
(9.20)

Mit den genannten Voraussetzungen verhält sich also die Lavalwelle wie ein ein-
facher ebener Schwinger ohne Kopplung der Verschiebungen y_1 und y_2. Auch das
Gewicht G hat gleichen Einfluß wie beim einfachen Schwinger. Legt man den
Nullpunkt von y_2 in die statische Ruhelage von W, dann verschwindet das Glied
$-G$.

9.1.5 Biegeschwinger

Einige Rotoren können durch ein Modell nach Bild 9.8a ersetzt werden. Es besteht aus einer mehrfach abgesetzten Welle und einem am überkragenden Ende
angeordneten Rad. Die Wellenmasse sei klein gegen die Radmasse, sie wird daher
vernachlässigt. Das Rad sei gegenüber der Umgebung gegen Translation und
Drehung viskos gedämpft (Konstanten d_{11} und d_{22}). Es soll wiederum die Bewegungsgleichung hergeleitet werden. Das System hat die Koordinaten x_1 und φ_2.

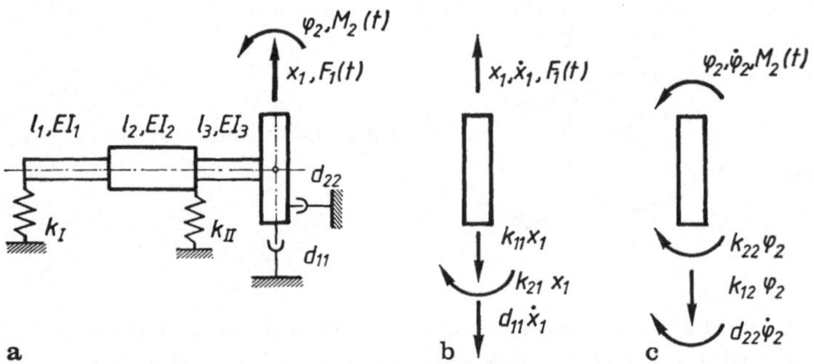

Bild 9.8. Biegeschwinger. a) Modell; b) Kräfte bei Verschiebung; c) Kräfte bei Drehung

Wir benutzen den Kräftesatz und den Momentensatz. Hierzu nehmen wir eine
allgemeine Verrückung an $(x_1, \dot{x}_1, \varphi_2, \dot{\varphi}_2 \neq 0)$, trennen das Rad von der Welle und
bringen alle am Rad angreifenden Kräfte und Momente an (Bilder 9.8b und c).
Mit den Einflußzahlen k_{ik} wird die Wirkung der gesamten Welle mit ihren Lagern
beschrieben.

Unter Beachtung der Vorzeichen (positiv in Richtung positiver Koordinaten)
folgt

$$m\ddot{x}_1 = -k_{11}x_1 - d_{11}\dot{x}_1 - k_{12}\varphi_2 + F_1(t)$$

$$\Theta\ddot{\varphi}_2 = -k_{21}x_1 - k_{22}\varphi_2 - d_{22}\dot{\varphi}_2 + M_2(t)$$

bzw.

$$\begin{bmatrix} m & 0 \\ 0 & \Theta \end{bmatrix} \begin{bmatrix} \ddot{x}_1 \\ \ddot{\varphi}_2 \end{bmatrix} + \begin{bmatrix} d_{11} & 0 \\ 0 & d_{22} \end{bmatrix} \begin{bmatrix} \dot{x}_1 \\ \dot{\varphi}_2 \end{bmatrix} + \begin{bmatrix} k_{11} & k_{12} \\ k_{21} & k_{22} \end{bmatrix} \begin{bmatrix} x_1 \\ \varphi_2 \end{bmatrix} = \begin{bmatrix} F_1(t) \\ M_2(t) \end{bmatrix}$$
(9.21)

bzw.

$$M\ddot{x} + D\dot{x} + Kx = f(t)$$

mit

$$x = (x_1,\ \varphi_2)^T.$$

Bei diesem Beispiel berechnet man die K-Matrix nach den Ausführungen des 8. Kapitels am einfachsten durch Inversion der H-Matrix, also mit

$$\begin{bmatrix} k_{11} & k_{12} \\ k_{21} & k_{22} \end{bmatrix} = \frac{1}{h_{11}h_{22} - h_{12}h_{21}} \begin{bmatrix} h_{22} & -h_{12} \\ -h_{21} & h_{11} \end{bmatrix}. \tag{9.22}$$

9.1.6 Biegeschwinger mit zwei Massen

Der Biegeschwinger nach Bild 9.9 hat zwei Massen, die wie im Bild 9.8 gegen den Raum gedämpft sein sollen (nicht eingezeichnet). Außerdem sind nun auch die Lager gedämpft, weshalb jetzt an den Lagerknoten Koordinaten eingeführt werden müssen. Die Wellenmasse soll auch bei diesem Beispiel vernachlässigt bzw. den Scheibenmassen zugeschlagen werden. Die allgemeine Form der Bewegungsgleichung ist wieder

$$M\ddot{x} + D\dot{x} + Kx = f(t). \tag{9.23}$$

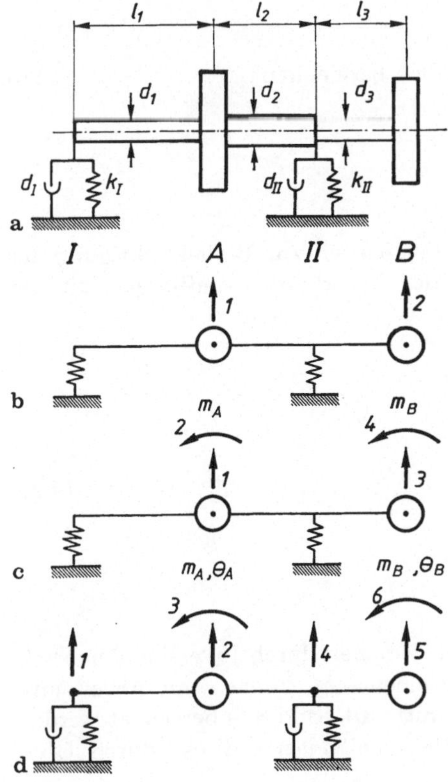

Bild 9.9. Biegeschwinger mit zwei Massen.
a) d) vollständiges Modell; b) c) Teilmodelle

Wir gehen stufenweise vor und betrachten zunächst die Teilmodelle b und c von
Bild 9.9, um später den Einfluß der Vereinfachungen untersuchen zu können
(s. Abschnitt 9.6.5).

Das Teilmodell b hat die Punktmassen m_A, m_B und Lager ohne Dämpfung. Hierfür genügen die Koordinaten x_1, x_2, und es ist

$$M = \mathrm{diag}\,(m_A, m_B)$$

$$D = \mathrm{diag}\,(d_A, d_B)$$

$$K = (k_{ik}) \tag{9.24}$$

$$f(t) = \big(f_A(t),\, f_B(t)\big)^T.$$

Beim nächsten Teilmodell nach Bild 9.9c sollen auch die Drehmassen Θ_A und
Θ_B berücksichtigt werden. Man braucht jetzt noch Drehkoordinaten, hat also den
Verrückungsvektor

$$x = (x_1, \varphi_2, x_3, \varphi_4)^T,$$

so daß die Bewegungsgleichung (9.23) in gewöhnlicher Schreibweise aus vier
Gleichungen besteht. Es ist jetzt

$$M = \mathrm{diag}\,(m_A, \Theta_A, m_B, \Theta_B),$$

$$D = \mathrm{diag}\,\big(d_A, \hat{d}_A, d_B, \hat{d}_B\big),$$

wobei $\hat{d}_A$, $\hat{d}_B$ die Drehdämpfungen der Scheiben bezeichnen, $\qquad$ (9.25)

$$K = H^{-1} \quad \text{mit } H \text{ nach Anhang 4, Modell 6}$$

$$f(t) = \big(F_A(t),\, M_A(t),\, F_B(t),\, M_B(t)\big)^T.$$

Beim vollständigen Modell nach Bild 9.9a müssen wir zur Berücksichtigung der
Lagerdämpfung noch die Verschiebungen der Lagerknoten einführen. Mit der
Numerierung nach Bild 9.9d ist jetzt

$$x = (x_1, x_2, \varphi_3, x_4, x_5, \varphi_6)^T$$

$$M = \mathrm{diag}\,(0, m_A, \Theta_A, 0, m_B, \Theta_B)$$

$$D = \mathrm{diag}\,\big(d_I, d_A, \hat{d}_A, d_{II}, d_B, \hat{d}_B\big) \tag{9.26}$$

$$K = (k_{ik})$$

$$f(t) = \big(0,\, F_A(t),\, M_A(t),\, 0,\, F_B(t),\, M_B(t)\big)^T.$$

Die Steifigkeitsmatrix kann wie bei den Teilsystemen durch Inversion der Nachgiebigkeitsmatrix gewonnen werden. Die Elemente h_{ik} können mit Arbeitsintegralen entsprechend dem Beispiel des Abschnitts 8.1 (Bild 8.5) berechnet werden.
Man kann aber auch die Elemente der Steifigkeitsmatrix direkt durch Über-

lagern der Elementmatrizen bekommen (s. Abschnitt 8.2.2). Dabei muß man aber an den Lagerknoten noch Drehkoordinaten einführen, so daß man jetzt 8 statt 6 Koordinaten bzw. Freiheitsgrade hat. Eine anschließende Reduktion auf 6 Koordinaten nach Abschnitt 10.6 dürfte sich wohl kaum lohnen.

9.1.7 Lavalwelle mit Kreiselwirkung

Verschiebt man bei der Lavalwelle nach Bild 9.7 die Scheibe nach der Seite oder ist die Steifigkeit der Welle mit ihrer Lagerung unsymmetrisch zur Scheibenmitte, dann neigt sich die Scheibe, und man muß das Kreiselmoment und die Trägheit gegen Drehung um radiale Achsen berücksichtigen.

Wir ermitteln die Bewegungsgleichungen einer Welle nach Bild 9.10a für die dort angegebenen Koordinaten. Der Scheibenschwerpunkt S soll mit der Wellenmitte W zusammenfallen, die Scheibe hat die Masse m und das polare bzw. äquatoriale Trägheitsmoment Θ_{p} bzw. $\Theta_{\ddot{\mathrm{a}}}$.

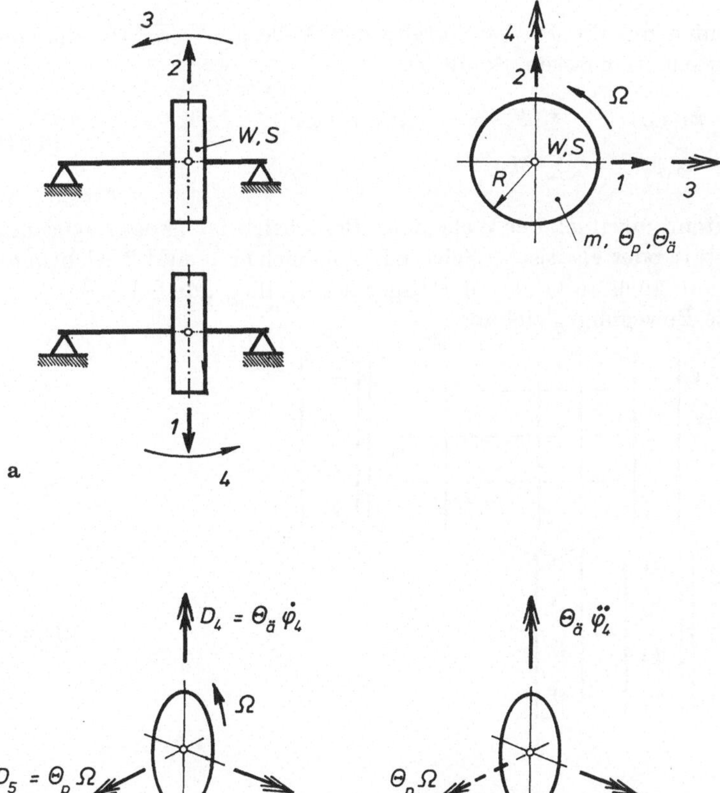

Bild 9.10. Lavalwelle mit außermittiger Scheibe

Bei dünner Scheibe ist

$$\Theta_{\mathrm{p}} = m\,\frac{R^2}{2}, \qquad \Theta_{\mathrm{ä}} = m\,\frac{R^2}{4}. \tag{9.27}$$

Dämpfungen lassen wir zur Vereinfachung weg.

Nach dem Schwerpunktsatz und dem Drallsatz ist

$$m\ddot{x}_1 = \sum F_1, \qquad m\ddot{x}_2 = \sum F_2, \qquad \dot{D}_3 = \sum M_3, \quad \dot{D}_4 = \sum M_4, \tag{9.28}$$

wenn D_3 und D_4 die φ_3 bzw. φ_4 entsprechenden Koordinaten des Dralls der Scheibe bedeuten.

Die Koordinaten des Dralls sind nach Bild 9.10b

$$D_3 = \Theta_{\mathrm{ä}}\dot{\varphi}_3, \qquad D_4 = \Theta_{\mathrm{ä}}\dot{\varphi}_4, \qquad D_5 = \Theta_{\mathrm{p}}\Omega. \tag{9.29}$$

Wir betrachten kleine Schwingungen, so daß gilt

$$\dot{D}_3 = \Theta_{\mathrm{ä}}\ddot{\varphi}_3 + \Theta_{\mathrm{p}}\Omega\dot{\varphi}_4, \qquad \dot{D}_4 = \Theta_{\mathrm{ä}}\ddot{\varphi}_4 - \Theta_{\mathrm{p}}\Omega\dot{\varphi}_3. \tag{9.30}$$

An der Scheibe greifen nur die Rückstellkräfte der Welle an, wenn wir die Gewichtskraft unberücksichtigt lassen. Somit ist

$$\begin{aligned}
\sum F_1 &= -(k_{11}x_1 + k_{14}\varphi_4), \qquad & \sum F_2 &= -(k_{22}x_2 + k_{23}\varphi_3) \\
\sum M_3 &= -(k_{32}x_2 + k_{33}\varphi_3), \qquad & \sum M_4 &= -(k_{41}x_1 + k_{44}\varphi_4)
\end{aligned} \tag{9.31}$$

mit k_{ik} als den Krafteinflußzahlen der Welle unter Berücksichtigung der Lagerung. Die Lager können starr oder elastisch (gleich oder ungleich in 1- und 2-Richtung) sein. Die Scheibe kann auch außerhalb der Lager liegen (fliegende Scheibe).

Damit lautet die Bewegungsgleichung

$$\begin{bmatrix} m & & & \\ & m & & \\ & & \Theta_{\mathrm{ä}} & \\ & & & \Theta_{\mathrm{ä}} \end{bmatrix}\begin{bmatrix} \ddot{x}_1 \\ \ddot{x}_2 \\ \ddot{\varphi}_3 \\ \ddot{\varphi}_4 \end{bmatrix} + \begin{bmatrix} & & & \\ & & & \\ & & & \Theta_{\mathrm{p}}\Omega \\ & & -\Theta_{\mathrm{p}}\Omega & \end{bmatrix}\begin{bmatrix} \dot{x}_1 \\ \dot{x}_2 \\ \dot{\varphi}_3 \\ \dot{\varphi}_4 \end{bmatrix} +$$

$$+ \begin{bmatrix} k_{11} & & & k_{14} \\ & k_{22} & k_{23} & \\ & k_{32} & k_{33} & \\ k_{41} & & & k_{44} \end{bmatrix}\begin{bmatrix} x_1 \\ x_2 \\ \varphi_3 \\ \varphi_4 \end{bmatrix} = \begin{bmatrix} 0 \\ 0 \\ 0 \\ 0 \end{bmatrix} \tag{9.32a}$$

oder kürzer

$$\boldsymbol{M\ddot{x}} + \boldsymbol{G\dot{x}} + \boldsymbol{Kx} = \boldsymbol{0}. \tag{9.32b}$$

Bei starrer oder isotrop elastischer Lagerung ist

$$k_{11} = k_{22}; \qquad k_{14} = -k_{23}; \qquad k_{44} = k_{33}. \tag{9.33}$$

9.1.8 Lavalwelle mit Gleitlagern

Wir betrachten dieselbe Welle wie im Abschnitt 9.1.4. Statt der starren Lager haben wir jetzt zwei Gleitlager, die gleich sein sollen. Die Koordinaten y_1, y_2 der Wellenmitte W und z_1, z_2 des Scheibenschwerpunkts S sollen ab der statischen Ruhelage (Bild 9.11) zählen. Dies gilt auch für die Koordinaten x_1, x_2 der Wellenzapfen. Da unser System symmetrisch ist, bewegen sich beide Wellenzapfen gleich, so daß diese Koordinaten genügen.

Für die Scheibe gilt entsprechend (9.17)

$$m\ddot{z}_1 = -k(y_1 - x_1) - d\dot{y}_1$$
$$m\ddot{z}_2 = -k(y_2 - x_2) - d\dot{y}_2. \tag{9.34}$$

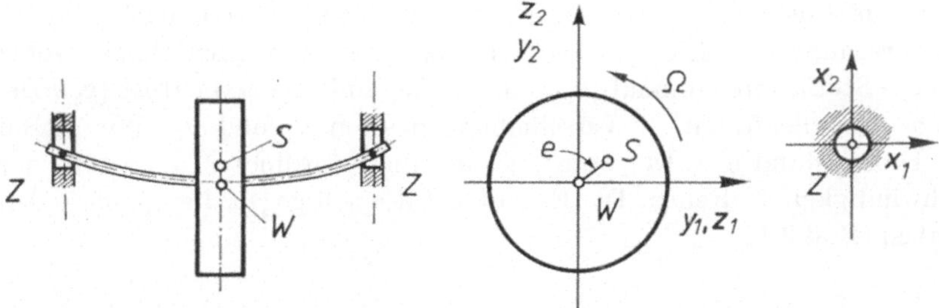

Bild 9.11. Lavalwelle mit Gleitlagern

Am Lagerzapfen herrscht im allgemeinen nichtlinearer Zusammenhang zwischen Kraft und Bewegung. In erster Näherung nimmt man die Zapfenkraft $F(t)$ als linear abhängig von der Verschiebung $x(t)$ und der Geschwindigkeit $\dot{x}(t)$ an

$$\begin{bmatrix} F_1 \\ F_2 \end{bmatrix} = \begin{bmatrix} k_{11} & k_{12} \\ k_{21} & k_{22} \end{bmatrix} \begin{bmatrix} x_1 \\ x_2 \end{bmatrix} + \begin{bmatrix} d_{11} & d_{12} \\ d_{21} & d_{22} \end{bmatrix} \begin{bmatrix} \dot{x}_1 \\ \dot{x}_2 \end{bmatrix}, \tag{9.35}$$

wobei allgemein $k_{21} \neq k_{12}$ und $d_{21} \neq d_{12}$ ist.

Die Zapfenkraft muß mit der Rückstellkraft der Welle im Gleichgewicht sein. Somit gilt

$$F_1 = \frac{k}{2}(y_1 - x_1), \qquad F_2 = \frac{k}{2}(y_2 - x_2). \tag{9.36}$$

Setzt man stationären Drehzustand voraus, dann ergeben diese Gleichungen die Bewegungsgleichung

$$M\ddot{x} + D\dot{x} + Kx = f(t)$$

mit

$$x = (y_1, y_2, x_1, x_2)^T$$
$$M = \operatorname{diag}(m, m, 0, 0) \tag{9.37}$$
$$f(t) = me\Omega^2(\cos \Omega t, \sin \Omega t, 0, 0)^T$$

und

$$D = \begin{bmatrix} d & & & \\ & d & & \\ \hline & & d_{11} & d_{12} \\ & & d_{21} & d_{22} \end{bmatrix} \qquad K = \begin{bmatrix} k & & -k & \\ & k & & -k \\ \hline -\dfrac{k}{2} & & \dfrac{k}{2}+k_{11} & k_{12} \\ & -\dfrac{k}{2} & k_{21} & \dfrac{k}{2}+k_{22} \end{bmatrix}. \tag{9.38}$$

9.1.9 Unrunde Lavalwelle

Bei diesem Beispiel nehmen wir an, daß der Schaft der Lavalwelle nach Bild 9.7 unrunden Querschnitt hat. Eine solche Welle hat zwei Hauptrichtungen, wobei für die eine die Steifigkeit minimal (k_1) und für die andere maximal ist (k_2). Die zugeordneten — wellenfesten — Verschiebungen seien u_1 und u_2. Wir setzen stationären Drehzustand $\varphi = \Omega t$ voraus, so daß die Koordinaten u_1, u_2 mit der Winkelgeschwindigkeit Ω drehen. Die Exzentrizität e soll gegen die u_1-Achse den Winkel β haben (Bild 9.12).

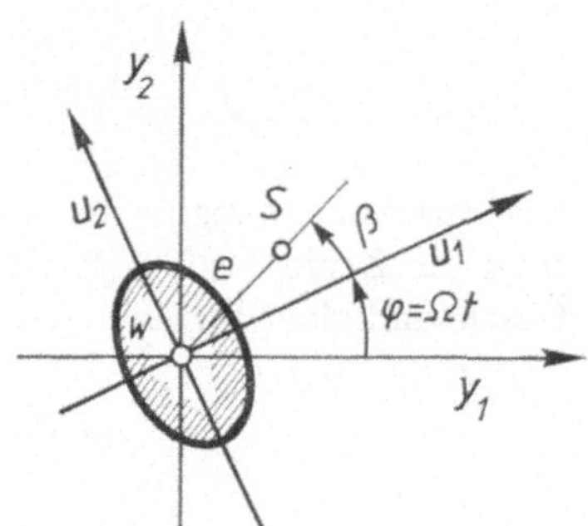

Bild 9.12. Koordinaten der unrunden Welle

　　Bei rotierender Welle sind die Steifigkeiten bezüglich y_1 und y_2 zeitlich veränderlich. Bezüglich u_1, u_2 sind sie konstant, so daß es naheliegt, die Bewegungsgleichung für diese Koordinaten aufzustellen.

　　Wir transformieren zunächst die Bewegungsgleichungen der runden Welle von y_1, y_2 auf u_1, u_2. Nach (9.20) ist mit $C = me\Omega^2$

$$m\ddot{y}_1 + d\dot{y}_1 + ky_1 = C \cos\left(\Omega t + \beta\right)$$
$$m\ddot{y}_2 + d\dot{y}_2 + ky_2 = C \sin\left(\Omega t + \beta\right) - G. \tag{9.39}$$

Zur Vereinfachung und Veranschaulichung rechnen wir mit komplexen Größen.
　　Mit

$$\underline{y} = y_1 + iy_2 \tag{9.40}$$

wird aus (9.39)

$$m\ddot{\underline{y}} + d\dot{\underline{y}} + k\underline{y} = C\,\mathrm{e}^{\mathrm{i}(\Omega t + \beta)} - \mathrm{i}G.\tag{9.41}$$

Setzt man weiterhin nach Bild 9.13

$$\underline{u} = u_1 + \mathrm{i}u_2 = a\,\mathrm{e}^{\mathrm{i}\alpha},\tag{9.42}$$

dann ist

$$\underline{y} = a\,\mathrm{e}^{\mathrm{i}(\Omega t + \alpha)} = \underline{u}\,\mathrm{e}^{\mathrm{i}\Omega t}\tag{9.43}$$

bzw.

$$\dot{\underline{y}} = (\dot{\underline{u}} + \mathrm{i}\Omega\underline{u})\,\mathrm{e}^{\mathrm{i}\Omega t};\qquad \ddot{\underline{y}} = (\ddot{\underline{u}} + \mathrm{i}2\Omega\dot{\underline{u}} - \Omega^2\underline{u})\,\mathrm{e}^{\mathrm{i}\Omega t}.\tag{9.44}$$

Einsetzen der Beziehungen (9.43) und (9.44) in (9.41) ergibt nach Division mit $\mathrm{e}^{\mathrm{i}\Omega t}$ die transformierte Bewegungsgleichung

$$m(\ddot{\underline{u}} + \mathrm{i}2\Omega\dot{\underline{u}} - \Omega^2\underline{u}) + d(\dot{\underline{u}} + \mathrm{i}\Omega\underline{u}) + k\underline{u} = C\,\mathrm{e}^{\mathrm{i}\beta} - \mathrm{i}G\,\mathrm{e}^{-\mathrm{i}\Omega t}.\tag{9.45}$$

Von dieser Gleichung muß der Real- und Imaginärteil je für sich erfüllt sein. Damit erhält man die reelle Gleichung

$$\begin{bmatrix} m & 0 \\ 0 & m \end{bmatrix}\begin{bmatrix} \ddot{u}_1 \\ \ddot{u}_2 \end{bmatrix} + \begin{bmatrix} d & -2m\Omega \\ 2m\Omega & d \end{bmatrix}\begin{bmatrix} \dot{u}_1 \\ \dot{u}_2 \end{bmatrix} + \begin{bmatrix} k - m\Omega^2 & -d\Omega \\ d\Omega & k - m\Omega^2 \end{bmatrix}\begin{bmatrix} u_1 \\ u_2 \end{bmatrix}$$

$$= \begin{bmatrix} C\cos\beta - G\sin\Omega t \\ C\sin\beta - G\cos\Omega t \end{bmatrix}.\tag{9.46}$$

Beachtet man, daß ku_1 die Rückstellkraft der Welle in u_1-Richtung und ku_2 in u_2-Richtung ist, dann folgt daraus sofort die Bewegungsgleichung der unrunden Welle, indem man in der ersten Zeile von (9.46) k durch k_1 und in der zweiten Zeile durch k_2 ersetzt. Die Bewegungsgleichung der unrunden Welle für drehende Koordinaten hat also konstante Koeffizienten und kann damit geschlossen gelöst werden. Die Lösungen y_1, y_2 folgen aus der Rücktransformation der Koordinaten u_1, u_2.

Obwohl damit ein ausführbarer Lösungsweg gezeigt ist, leiten wir noch die Bewegungsgleichungen der unrunden Welle für die Koordinaten y_1, y_2 her. Sie lauten nach (9.39) mit $R_1(t)$, $R_2(t)$ als den Rückstellkräften der Welle in den raumfesten Richtungen 1 bzw. 2

$$m\ddot{y}_1 + d\dot{y}_1 + R_1(t) = C\cos(\Omega t + \beta)$$
$$m\ddot{y}_2 + d\dot{y}_2 + R_2(t) = C\sin(\Omega t + \beta) - G.\tag{9.47}$$

In wellenfesten Koordinaten ist die Rückstellkraft der Welle

$$\boldsymbol{F} = \begin{bmatrix} F_1 \\ F_2 \end{bmatrix} = \begin{bmatrix} k_1 & 0 \\ 0 & k_2 \end{bmatrix}\begin{bmatrix} u_1 \\ u_2 \end{bmatrix} = \boldsymbol{K}'\boldsymbol{u}.$$

Nach Bild 9.13 ist

$$u = \begin{bmatrix} u_1 \\ u_2 \end{bmatrix} = \begin{bmatrix} \cos\varphi & \sin\varphi \\ -\sin\varphi & \cos\varphi \end{bmatrix} \begin{bmatrix} y_1 \\ y_2 \end{bmatrix} = Ty$$

und damit

$$R = \begin{bmatrix} R_1 \\ R_2 \end{bmatrix} = T^T K' T y = K y = \begin{bmatrix} k_{11} & k_{12} \\ k_{21} & k_{22} \end{bmatrix} \begin{bmatrix} y_1 \\ y_2 \end{bmatrix}.$$

Die Matrix $T^T K' T$ hat die Elemente

$$k_{11} = k_1 \cos^2\varphi + k_2 \sin^2\varphi$$

$$k_{22} = k_1 \sin^2\varphi + k_2 \cos^2\varphi$$

$$k_{12} = k_{21} = (k_1 - k_2) \sin\varphi \cos\varphi.$$

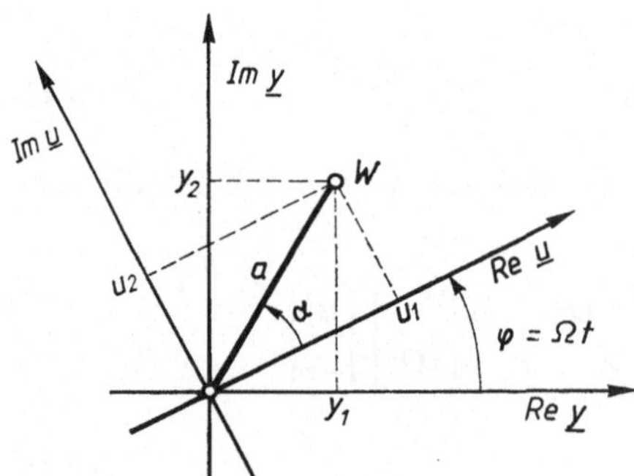

Bild 9.13. Gaußsche Ebenen für y und u

Wandelt man die Quadrate um (Anhang 1) und führt die mittlere Steifigkeit

$$k = \frac{1}{2}(k_1 + k_2)$$

und die halbe Differenz der Steifigkeiten

$$k^* = \frac{1}{2}(k_2 - k_1)$$

$$(9.48)$$

ein (damit ist $k_1 = k - k^*$ und $k_2 = k + k^*$), dann erhält man schließlich mit $\varphi = \Omega t$ die Beziehung

$$\begin{bmatrix} R_1(t) \\ R_2(t) \end{bmatrix} = \begin{bmatrix} k - k^* \cos 2\Omega t & -k^* \sin 2\Omega t \\ -k^* \sin 2\Omega t & k + k^* \cos 2\Omega t \end{bmatrix} \begin{bmatrix} y_1 \\ y_2 \end{bmatrix}. \qquad (9.49)$$

Erwartungsgemäß haben also die Bewegungsgleichungen der unrunden Welle in raumfesten Koordinaten zeitveränderliche Koeffizienten. Sie sind harmonisch mit der doppelten Drehfrequenz der Welle.

Wie oben gezeigt, ist der Fall in drehenden Koordinaten problemlos. Sind jedoch die Lager anisotrop elastisch, dann hat man immer periodische Koeffizienten, denn die Lageranisotropie ergibt periodische Koeffizienten in den Bewegungsgleichungen für die drehenden Koordinaten u_1, u_2.

9.1.10 Blockfundament, ebener Fall

Bei entsprechender Symmetrie kann ein Blockfundament durch das Modell nach Bild 9.14 beschrieben werden. Es besteht aus der starren Scheibe A mit der Masse m und dem Trägheitsmoment Θ bezüglich des Schwerpunkts S und den zwei gleichen Federn B.

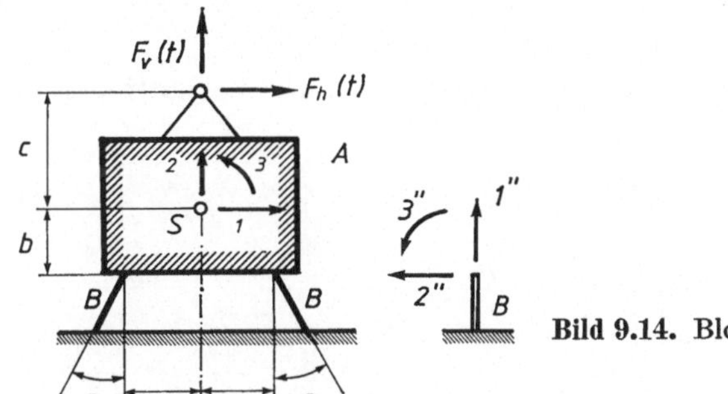

Bild 9.14. Blockfundament, ebenes Modell

Mit den Verschiebungen x_1, x_2 und der Drehung φ_3 ist die Bewegungsgleichung

$$\begin{bmatrix} m & 0 & 0 \\ 0 & m & 0 \\ 0 & 0 & \Theta \end{bmatrix} \begin{bmatrix} \ddot{x}_1 \\ \ddot{x}_2 \\ \ddot{\varphi}_3 \end{bmatrix} + \begin{bmatrix} k_{11} & 0 & k_{13} \\ 0 & k_{22} & 0 \\ k_{31} & 0 & k_{33} \end{bmatrix} \begin{bmatrix} x_1 \\ x_2 \\ \varphi_3 \end{bmatrix} = \begin{bmatrix} F_\mathrm{h}(t) \\ F_\mathrm{v}(t) \\ -cF_\mathrm{h}(t) \end{bmatrix}. \tag{9.50}$$

Die Gleichung für die Vertikalverschiebung x_2 ist von den übrigen Gleichungen entkoppelt. Bedingungen zur vollständigen Entkoppelung s. Abschnitt 8.2.4.3.

Die Steifigkeiten k_{ik} folgen aus (8.54) und (8.56). Bei vertikal stehenden Federn ($\beta = 0$) ist

$$k_{11} = 2k_{22}'', \qquad k_{22} = 2k_{11}''$$
$$k_{33} = 2(k_{11}''a^2 + k_{22}''b^2 - 2k_{23}''b + k_{33}''), \qquad k_{13} = k_{31} = 2(k_{22}''b - k_{23}''). \tag{9.51}$$

Bestehen die Elemente B aus Schraubenfedern, dann ist k_{11}'' die Längssteifigkeit k_1 nach (3.20) und k_{22}'' die Quersteifigkeit k_q mit k_q/k_1 nach (3.21).

Für Balkenelemente als Federn gilt (8.33). Dämpferelemente können wie bei den bisherigen Beispielen analog den Federelementen berücksichtigt werden.

9.1.11 Lavalwelle mit Blockfundament

Wir ermitteln die Bewegungsgleichungen einer Lavalwelle nach Bild 9.7 mit einem Blockfundament nach Bild 9.14. Die beiden Lagerböcke seien starr (Bild 9.15).

Neben den bisherigen Koordinaten führen wir noch ein

x_0 horizontale Verschiebung der Lagerböcke,

x_4, x_5 Verschiebungen der Wellenmitte W,

z_4, z_5 Verschiebungen des Scheibenschwerpunkts S.

Damit ist nach (9.17)

$$m\ddot{z}_4 = -k(x_4 - x_0) - d\dot{x}_4$$
$$m\ddot{z}_5 = -k(x_5 - x_2) - d\dot{x}_5, \tag{9.52}$$

wenn die Verschiebung x_5 von der statischen Ruhelage aus zählt.

Nach Bild 9.15 ist für kleine Verrückungen $x_0 = x_1 - c\varphi_3$ und bei stationärem Drehzustand

$$z_4 = x_4 + e \cos \Omega t, \qquad z_5 = x_5 + e \sin \Omega t.$$

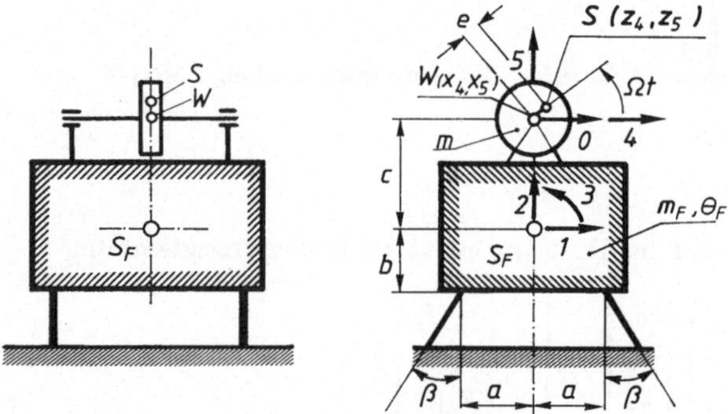

Bild 9.15. Lavalwelle mit Blockfundament

Damit wird aus (9.52)

$$m\ddot{x}_4 + d\dot{x}_4 + k(x_4 - x_1 + c\varphi_3) = me\Omega^2 \cos \Omega t$$
$$m\ddot{x}_5 + d\dot{x}_5 + k(x_5 - x_2) = me\Omega^2 \sin \Omega t. \tag{9.53}$$

Für das Fundament gilt mit (9.50) und mit m_F bzw. Θ_F als der Masse und dem Trägheitsmoment des Fundaments

$$m_\mathrm{F}\ddot{x}_1 = -k_{11}x_1 - k_{13}\varphi_3 + k(x_4 - x_0)$$
$$m_\mathrm{F}\ddot{x}_2 = -k_{22}x_2 + k(x_5 - x_2) \tag{9.54}$$
$$\Theta_\mathrm{F}\ddot{\varphi}_3 = -k_{13}x_1 - k_{33}\varphi_3 - k(x_4 - x_0)\, c.$$

Man hat zwei Gruppen von gekoppelten Gleichungen:

— Für die Horizontalverschiebungen x_1, x_4 und die Drehung φ_3,
— für die Vertikalverschiebungen x_2 und x_5.

Die Gleichungen sind

$$m_\mathrm{F}\ddot{x}_1 + (k_{11} + k)\,x_1 + (k_{13} - kc)\,\varphi_3 - kx_4 = 0$$

$$\Theta_\mathrm{F}\ddot{\varphi}_3 + (k_{13} - kc)\,x_1 + (k_{33} + kc^2)\,\varphi_3 + kcx_4 = 0 \qquad (9.55)$$

$$m\ddot{x}_4 + d\dot{x}_4 - kx_1 + kc\varphi_3 + kx_4 = me\Omega^2 \cos \Omega t.$$

und

$$m_\mathrm{F}\ddot{x}_2 + (k_{22} + k)\,x_2 - kx_5 = 0 \qquad (9.56)$$

$$m\ddot{x}_5 + d\dot{x}_5 - kx_2 + kx_5 = me\Omega^2 \sin \Omega t.$$

9.1.12 Zusammenfassung

Bei allen Beispielen dieses Abschnitts 9.1 können die Bewegungsgleichungen in der Form

$$M\ddot{x} + (D + G)\,\dot{x} + Kx = f(t) \qquad (9.57)$$

geschrieben werden. Dabei bedeuten: x Vektor der Verschiebungen und Drehungen, M Massenmatrix, D Dämpfungsmatrix, G Matrix der Kreiselwirkung, K Steifigkeitsmatrix, $f(t)$ Vektor der Erregerkräfte und Erregermomente.

Die Matrizen sind in der Regel zeitlich konstant. Bei unrunder Welle mit anisotrop elastischen Lagern sind die Matrizen zeitlich periodisch veränderlich.

9.2 Eigenschwingungen

Verformt man ein System und läßt es dann plötzlich los, so führt es anschließend Eigenschwingungen aus. Mathematisch sind diese die Lösungen der homogenen Bewegungsgleichung, also von (9.57) mit $f(t) = 0$.

Wir lösen diese Aufgabe im Abschnitt 9.2.1 für Systeme ohne Dämpfung und ohne Kreiselwirkung ($D = 0$, $G = 0$). Die damit verbundene Aufgabe nennt man allgemeine Eigenwertaufgabe. Die Lösungen sind von grundlegender Bedeutung für die Strukturdynamik. Die Lösung der vollständigen Gleichung (D bzw. $G \neq 0$) — verallgemeinerte Eigenwertaufgabe genannt — wird im Abschnitt 9.2.2 behandelt.

In den genannten Abschnitten werden nur die wichtigsten Grundlagen gebracht. Weitere Einzelheiten findet man u. a. in [26, 32—35]. Über die numerische Berechnung von Eigenwerten und Eigenvektoren bringt Abschnitt 9.2.3 einige Hinweise. Anwendungen findet man in Abschnitt 9.6.

9.2.1 Systeme ohne Dämpfung und ohne Kreiselwirkung

Bei fehlender Dämpfung und Kreiselwirkung ist die Gleichung der Eigenschwingungen

$$M\ddot{x} + Kx = 0. \qquad (9.58)$$

Mit dem Lösungsansatz

$$x = v\, e^{\lambda t} \tag{9.59}$$

erhält man nach Division mit $e^{\lambda t}$ die algebraische Gleichung

$$(M\lambda^2 + K)\, v = 0$$

oder mit

$$\lambda^2 = -\omega^2 = -p \tag{9.60}$$

die Gleichung

$$(K - pM)\, v = 0. \tag{9.61}$$

Der Ausdruck $K - pM$ ist die charakteristische Matrix. (9.61) hat nur dann von Null verschiedene Lösungen v, wenn die Determinante der charakteristischen Matrix Null ist, also bei

$$\det(K - pM) = 0. \tag{9.62}$$

In entwickelter Form führt dies auf die charakteristische Gleichung

$$a_n p^n + a_{n-1} p^{n-1} + \ldots + a_1 p + a_0 = 0, \tag{9.63}$$

die für n Zahlen $p = p_k$, den Nullstellen oder Wurzeln, erfüllt ist.

Die Wurzeln p_k sind reell und positiv oder Null, wenn die Matrix M positiv definit ist und die Matrix K positiv definit oder positiv semidefinit ist. Eine Matrix A ist positiv definit (semidefinit), wenn die quadratische Form $y^T A y > 0\ (= 0)$ für beliebige Vektoren $y \neq 0$ ist. Bei unseren Schwingungssystemen bedeutet dies, daß bei beliebigen Verrückungen die kinetische Energie

$$T = \frac{1}{2}\, \dot{x}^T M \dot{x} \tag{9.64}$$

positiv sein soll, was naturgemäß immer der Fall ist. Die zweite Bedingung erfordert, daß die potentielle Energie

$$U = \frac{1}{2}\, x^T K x \tag{9.65}$$

größer oder gleich Null sein soll. Dies ist bei symmetrischer Matrix K für beliebige Verrückungen x erfüllt (s. auch Abschnitt 8.6).

Im folgenden nehmen wir an, daß die genannten Voraussetzungen erfüllt und somit alle p_k reell und positiv oder Null sind. Damit ist nach (9.60)

$$\omega_k = \sqrt{p_k} \tag{9.66}$$

und

$$\lambda_k = i\omega_k \qquad \lambda_k^* = -i\omega_k. \tag{9.67}$$

Die Wurzeln p_k sind die Eigenwerte der durch (9.61) gegebenen Aufgabe. Ein System mit n Freiheitsgraden hat n Eigenwerte p_k bzw. $2n$ Eigenwerte λ_k, λ_k^*, Mehrfach- und Nullwurzeln mitgerechnet.

Mit $p = p_k$ und $v = v_k$ wird aus (9.61)

$$(K - p_k M)\, v_k = 0 , \tag{9.68}$$

also in ausgeschriebener Form ein homogenes Gleichungssystem für die Koordinaten des Eigenvektors v_k. Entsprechend den n Eigenwerten p_k existieren n Eigenvektoren v_k, deren Koordinaten bis auf einen beliebigen Faktor durch (9.68) bestimmt sind.

Mit den Eigenwerten λ_k, λ_k^*, dem Eigenvektor v_k und den Konstanten $\underline{C}_k$, $\underline{C}_k^*$ wird die Lösung nach (9.59)

$$x_k(t) = v_k(\underline{C}_k^*\, e^{i\omega_k t} + \underline{C}_k\, e^{-i\omega_k t}) . \tag{9.69}$$

Da $x_k(t)$ reell ist, müssen die Konstanten $\underline{C}_k$ und $\underline{C}_k^*$ konjugiert komplex sein. Sind diese

$$\underline{C}_k^* = \frac{1}{2}\,(A_k - iB_k), \qquad \underline{C}_k = \frac{1}{2}\,(A_k + iB_k), \tag{9.70}$$

dann erhält man mit der Euler-Gleichung schließlich die Lösung

$$x_k(t) = v_k(A_k \cos \omega_k t + B_k \sin \omega_k t) = v_k C_k \sin (\omega_k t + \gamma_k) \tag{9.71}$$

mit

$$C_k = \sqrt{A_k^2 + B_k^2}, \qquad \tan \gamma_k = \frac{A_k}{B_k} . \tag{9.72}$$

(9.71) beschreibt die dem Eigenwert p_k entsprechende Eigenlösung. Danach ändern sich die Verrückungen harmonisch mit ω_k — der Eigenfrequenz — wobei sie zu allen Zeiten ein festes Verhältnis zueinander haben, das durch den Eigenvektor v_k bestimmt ist. Man nennt diese Bewegung Eigenschwingung. Ein System mit n Freiheitsgraden hat n Eigenschwingungen.

Die vollständige Lösung von (9.58) besteht aus der Summe der Eigenlösungen

$$x(t) = \sum_{k=1}^{n} x_k(t) . \tag{9.73}$$

Die $2n$ Konstanten A_k, B_k (s. (9.71)) folgen aus den Anfangsbedingungen.

Die Eigenvektoren v_k sind bis auf einen beliebigen Faktor bestimmt; sie können beliebig normiert werden. Üblich ist, die jeweils größte Koordinate gleichzusetzen oder jeden Eigenvektor mit seinem Betrag zu normieren, ihm also die „Länge" 1 zu geben. Wir bezeichnen normierte Eigenvektoren mit φ_k. So ist im letzteren Fall

$$\varphi_k = \frac{v_k}{|v_k|} \tag{9.74}$$

mit

$$|v| = \sqrt{v_k^T v_k} = \sqrt{v_{1k}^2 + \cdots + v_{nk}^2} .$$

Die normierten Eigenvektoren φ_k bilden die Modalmatrix

$$\boldsymbol{\Phi} = (\boldsymbol{\varphi}_1, \boldsymbol{\varphi}_2, \ldots, \boldsymbol{\varphi}_n) = \begin{bmatrix} \varphi_{11} & \varphi_{12} & \cdots & \varphi_{1n} \\ \varphi_{21} & \varphi_{22} & \cdots & \varphi_{2n} \\ \vdots & \vdots & & \vdots \\ \varphi_{n1} & \varphi_{n2} & & \varphi_{nn} \end{bmatrix} = (\varphi_{ik}) \tag{9.75}$$

mit i Nummer der Koordinate, k Nummer des Eigenwerts.

Zum Schluß noch eine Bemerkung zur Eigenwertaufgabe. Mit (9.61) ist die allgemeine Eigenwertaufgabe gegeben. Sind $\boldsymbol{M}$ oder $\boldsymbol{K}$ nicht singulär, existiert also $\boldsymbol{M}^{-1}$ oder $\boldsymbol{K}^{-1}$, dann kann (9.61) auf die spezielle Eigenwertaufgabe

$$(\boldsymbol{A} - p\boldsymbol{E})\,\boldsymbol{v} = \boldsymbol{0} \tag{9.76}$$

gebracht werden, indem man von links mit $\boldsymbol{M}^{-1}$ oder mit $\boldsymbol{K}^{-1}$ multipliziert. Im ersten Fall ist

$$\boldsymbol{A} = \boldsymbol{M}^{-1}\boldsymbol{K}. \tag{9.77}$$

Bei Multiplikation mit $\boldsymbol{K}^{-1} = \boldsymbol{H}$ erhält man

$$(\boldsymbol{E} - p\boldsymbol{H}\boldsymbol{M})\,\boldsymbol{v} = \boldsymbol{0}$$

und mit $\boldsymbol{B} = \boldsymbol{H}\boldsymbol{M}$ und $q = 1/p$

$$(\boldsymbol{B} - q\boldsymbol{E})\,\boldsymbol{v} = \boldsymbol{0}. \tag{9.78}$$

Allerdings geht dabei etwa vorhandene Symmetrie verloren. Anhang 7 zeigt eine Möglichkeit, die Symmetrie zu erhalten.

9.2.2 Allgemeine Systeme

Bei allgemeinen Systemen, d. h. bei Systemen mit Dämpfung, Kreiselwirkung oder unsymmetrischer Steifigkeitsmatrix erhält man die Eigenschwingungen als Lösungen von (9.57) mit $\boldsymbol{f}(t) = \boldsymbol{0}$. Mit dem Ansatz $\boldsymbol{x} = \boldsymbol{v}\,\mathrm{e}^{\lambda t}$ erhält man die verallgemeinerte Eigenwertaufgabe

$$[\boldsymbol{M}\lambda^2 + (\boldsymbol{D} + \boldsymbol{G})\,\lambda + \boldsymbol{K}]\,\boldsymbol{v} = \boldsymbol{0} \tag{9.79}$$

oder kürzer

$$\boldsymbol{C}\boldsymbol{v} = \boldsymbol{0}$$

mit der charakteristischen Matrix

$$\boldsymbol{C} = \boldsymbol{M}\lambda^2 + (\boldsymbol{D} + \boldsymbol{G})\,\lambda + \boldsymbol{K}. \tag{9.80}$$

Damit Lösungen $\boldsymbol{v} \neq \boldsymbol{0}$ existieren, muß $\det \boldsymbol{C} = 0$ sein. Dies führt auf die charakteristische Gleichung

$$a_m \lambda^m + a_{m-1} \lambda^{m-1} + \cdots + a_1 \lambda + a_0 = 0, \tag{9.81}$$

die bei n Freiheitsgraden vom Grad $m = 2n$ ist.

(9.81) hat m Wurzeln bzw. Eigenwerte λ_k, wenn man Mehrfachwurzeln und Nullwurzeln entsprechend zählt. Die Eigenwerte können reell oder komplex sein. Da die Matrizen M, D, G, K nur reelle Elemente haben, sind die Koeffizienten des charakteristischen Polynoms ebenfalls reell. Daraus folgt, daß zu jedem komplexen Eigenwert auch der dazu konjugiert komplexe auftreten muß. Wir bezeichnen sie mit

$$\lambda_k = \alpha_k + i\nu_k, \qquad \lambda_k^* = \alpha_k - i\nu_k. \tag{9.82}$$

Einsetzen von λ_k in (9.79) ergibt die Gleichung

$$[M\lambda_k^2 + (D + G)\,\lambda_k + K]\,v_k = 0 \tag{9.83}$$

zur Berechnung der Koordinaten des Eigenvektors v_k.

Bei reellem Eigenwert, also bei $\lambda_k = \alpha_k$ hat die Eigenlösung die Form

$$x_k(t) = v_k C_k \, e^{\alpha_k t} \tag{9.84}$$

mit reellem Eigenvektor v_k und der beliebigen Konstanten C_k. Lenkt man den Schwinger entsprechend seiner Eigenform aus und läßt ihn dann los, dann verkleinert oder vergrößert er die anfängliche Auslenkung mit der Zeit gemäß (9.84), je nachdem ob $\alpha_k < 0$ oder > 0 ist. Die Größe α_k heißt Aufklingkonstante.

Für die konjugiert komplexen Eigenwerte λ_k und λ_k^* erhält man mit (9.83) die konjugiert komplexen Eigenvektoren

$$\underline{v}_k = r_k + i s_k, \qquad \underline{v}_k^* = r_k - i s_k \tag{9.85}$$

und mit den Konstanten $\underline{C}_k$ und $\underline{C}_k^*$ die Eigenlösung

$$x_k(t) = \underline{v}_k \underline{C}_k^* \, e^{\lambda_k t} + \underline{v}_k^* \underline{C}_k \, e^{\lambda_k^* t}. \tag{9.86}$$

Mit $\underline{C}_k^*$ und $\underline{C}_k$ nach (9.70) folgt daraus nach einigen Umformungen schließlich

$$x_k(t) = e^{\alpha_k t}[A_k(r_k \cos \nu_k t - s_k \sin \nu_k t) + B_k(s_k \cos \nu_k t + r_k \sin \nu_k t)] \tag{9.87}$$

oder

$$x_k(t) = C_k \, e^{\alpha_k t}[r_k \sin (\nu_k t + \gamma_k) + s_k \cos (\nu_k t + \gamma_k)] \tag{9.88}$$

mit C_k und γ_k nach (9.72).

Für eine beliebige Koordinate i des Systems gilt also

$$x_{ik}(t) = C_k \, e^{\alpha_k t}[r_{ik} \sin (\nu_k t + \gamma_k) + s_{ik} \cos (\nu_k t + \gamma_k)] \tag{9.89}$$

oder

$$x_{ik}(t) = C_k \, e^{\alpha_k t} u_{ik} \sin (\nu_k t + \gamma_k + \varepsilon_{ik}) \tag{9.90}$$

mit r_{ik}, s_{ik} als Koordinaten von r_k und s_k und

$$u_{ik} = \sqrt{r_{ik}^2 + s_{ik}^2}\,, \qquad \tan \varepsilon_{ik} = \frac{s_{ik}}{r_{ik}}\,. \tag{9.91}$$

Zwei konjugiert komplexe Eigenwerte ergeben demnach eine gedämpfte oder aufklingende Eigenschwingung mit der Frequenz ν_k. Sie ist gedämpft bei $\alpha_k < 0$ und aufklingend bei $\alpha_k > 0$.

Bei Systemen mit symmetrischen Matrizen und ohne Dämpfung sind die Eigenformen zeitlich konstant (siehe Abschnitt 9.2.1). Bei allgemeinen Systemen haben nach (9.90) zwei Koordinaten i und l die Phasendifferenz $\varepsilon_{lk} - \varepsilon_{ik}$, womit sich die betreffende Eigenform mit der Zeit ändert. Die Änderung ist periodisch mit der Dauer $T_k = 2\pi/\nu_k$.

Mit $\delta_k = -\alpha_k$ erhalten die Eigenwerte nach (9.82) die Form

$$\lambda_k,\ \lambda_k^* = \alpha_k \pm \mathrm{i}\nu_k = -\delta_k \pm \mathrm{i}\nu_k\,. \tag{9.92}$$

Wir bezeichnen δ_k als Eigendämpfung oder modale Dämpfung und

$$D_k = \frac{\delta_k}{\omega_k} = \frac{-\alpha_k}{\omega_k} \tag{9.93}$$

als modalen Dämpfungsgrad.

Der Bezugswert ω_k ist der Betrag des Eigenwerts, also

$$\omega_k = |\lambda_k| = \sqrt{\nu_k^2 + \alpha_k^2}\,. \tag{9.94}$$

Gewöhnlich ergeben sich $2n$ konjugiert komplexe Eigenwerte und damit n Eigenlösungen $x_k(t)$. Ergeben sich auch reelle Eigenwerte, dann hat man entsprechend mehr Eigenlösungen ($2n$ Eigenlösungen bei nur reellen Eigenwerten). Die Summe der Eigenlösungen ergibt die vollständige Lösung der homogenen Form von (9.57). Ihre Konstanten A_k, B_k sind durch die Anfangsbedingungen bestimmt.

9.2.3 Numerische Verfahren

Zur Lösung der Eigenwertaufgabe müssen die Eigenwerte und Eigenvektoren berechnet werden. Dies ist bei vielen Freiheitsgraden eine zeitraubende Aufgabe. Es wurden daher viele Verfahren zur wirtschaftlichen Berechnung dieser Größen entwickelt. Man bezeichnet diese entweder als direkte oder iterative Verfahren. Bei den direkten Verfahren berechnet man die Koeffizienten der charakteristischen Gleichung, löst sie und berechnet dann die Eigenvektoren. Bei den iterativen Verfahren bestimmt man die Eigenwerte und Eigenvektoren unmittelbar mit Startwerten, die man iterativ so lange verändert, bis die gewählte Abbruchbedingung erfüllt ist.

Zur Lösung der allgemeinen Eigenwertaufgabe von Systemen mit vielen Freiheitsgraden verwendet man bevorzugt die Verfahren von Jacobi und Householder, die inverse Vektoriteration und das Determinanten-Suchverfahren. Zur Lösung der verallgemeinerten Eigenwertaufgabe nach (9.79) eignet sich u. a. das Hessenberg-Verfahren und die entsprechend ergänzte inverse Vektoriteration. Einzelheiten der genannten Verfahren findet man in [26, 34, 35, 53].

Die charakteristische Gleichung (9.63) der allgemeinen Eigenwertaufgabe $(K - pM)\,v = 0$ kann bis $n = 4$ geschlossen gelöst werden. Da aber schon die

Berechnung der Koeffizienten dieser Gleichung einige Mühe erfordert, wird man sich für eine geschlossene Lösung auf $n = 2$ beschränken.

Hierfür ist

$$a_2 p^2 + a_1 p + a_0 = 0$$

und

$$p_{1,2} = -\frac{a_1}{2a_2} \pm \sqrt{\left(\frac{a_1}{2a_2}\right)^2 - \frac{a_0}{a_2}}. \tag{9.95}$$

Bei beliebigem n gilt

$$a_0 = \det \boldsymbol{K} \quad \text{und} \quad a_n = \det \boldsymbol{M}, \tag{9.96}$$

womit man die auf andere Weise berechneten Koeffizienten a_0 und a_n kontrollieren kann.

Will man nur einige Eigenwerte in einem bekannten p-Bereich berechnen, dann geschieht dies zweckmäßig durch Berechnen der Determinante $|\boldsymbol{K} - p\boldsymbol{M}|$ mit angenommenen p-Werten, die man so lange ändert, bis der Determinantenwert genügend klein ist.

9.3 Harmonische Erregung

Bei harmonischer Erregung mit der Frequenz ω kann die Bewegungsgleichung allgemein in der Form

$$\boldsymbol{M}\ddot{\boldsymbol{x}} + \boldsymbol{D}\dot{\boldsymbol{x}} + \boldsymbol{K}\boldsymbol{x} = \boldsymbol{f}_\mathrm{c} \cos \omega t + \boldsymbol{f}_\mathrm{s} \sin \omega t \tag{9.97}$$

geschrieben werden.

Mit dem Ansatz

$$\boldsymbol{x}(t) = \boldsymbol{x}_\mathrm{c} \cos \omega t + \boldsymbol{x}_\mathrm{s} \sin \omega t \tag{9.98}$$

erhält man aus (9.97) nach Koeffizientenvergleich das folgende Gleichungssystem

$$\begin{bmatrix} \boldsymbol{K} - \omega^2 \boldsymbol{M} & \omega \boldsymbol{D} \\ -\omega \boldsymbol{D} & \boldsymbol{K} - \omega^2 \boldsymbol{M} \end{bmatrix} \begin{bmatrix} \boldsymbol{x}_\mathrm{c} \\ \boldsymbol{x}_\mathrm{s} \end{bmatrix} = \begin{bmatrix} \boldsymbol{f}_\mathrm{c} \\ \boldsymbol{f}_\mathrm{s} \end{bmatrix} \tag{9.99}$$

zur Bestimmung der Vektoren $\boldsymbol{x}_\mathrm{c}(\omega)$ und $\boldsymbol{x}_\mathrm{s}(\omega)$. Zur Berechnung des Frequenzganges von $\boldsymbol{x}$ muß also das System (9.99) (Ordnung $2n$ bei n Freiheitsgraden) genügend oft gelöst werden. Bei vielen Freiheitsgraden rechnet man zweckmäßiger komplex.

Mit dem komplexen Verrückungsvektor $\underline{\boldsymbol{x}}$ und dem komplexen Amplitudenvektor $\underline{\hat{\boldsymbol{f}}}$ der Erregerkraft ist die Bewegungsgleichung

$$\boldsymbol{M}\ddot{\underline{\boldsymbol{x}}} + \boldsymbol{D}\dot{\underline{\boldsymbol{x}}} + \boldsymbol{K}\underline{\boldsymbol{x}} = \underline{\hat{\boldsymbol{f}}}\, \mathrm{e}^{\mathrm{i}\omega t}. \tag{9.100}$$

Mit dem Lösungssatz

$$\underline{\boldsymbol{x}}(t) = \underline{\hat{\boldsymbol{x}}}\, \mathrm{e}^{\mathrm{i}\omega t} \tag{9.101}$$

erhält man

$$(-\omega^2 \boldsymbol{M} + \mathrm{i}\omega \boldsymbol{D} + \boldsymbol{K})\,\underline{\hat{\boldsymbol{x}}} = \underline{\hat{\boldsymbol{f}}}$$

und mit

$$\underline{\boldsymbol{K}}(\omega) = \boldsymbol{K} - \omega^2 \boldsymbol{M} + \mathrm{i}\omega \boldsymbol{D} \qquad\qquad (9.102)$$

als der dynamischen Steifigkeit die Gleichung

$$\underline{\boldsymbol{K}}(\omega)\,\underline{\hat{\boldsymbol{x}}} = \underline{\hat{\boldsymbol{f}}}, \qquad\qquad (9.103)$$

woraus der Amplitudenvektor $\underline{\hat{\boldsymbol{x}}}$ berechnet werden kann.

Die Gesamtlösung ist

$$\boldsymbol{x}(t) = \boldsymbol{x}_{\mathrm{h}}(t) + \boldsymbol{x}_{\mathrm{p}}(t) \qquad\qquad (9.104)$$

mit $\boldsymbol{x}_{\mathrm{h}}(t)$ nach Abschnitt 9.2 und $\boldsymbol{x}_{\mathrm{p}}(t)$ nach (9.98) oder (9.101). Im zweiten Fall ist der Real- oder Imaginärteil $\underline{\boldsymbol{x}}(t)$ zu nehmen, je nachdem ob die tatsächliche Erregerkraft durch den Real- oder Imaginärteil von $\underline{\hat{\boldsymbol{f}}}\,\mathrm{e}^{\mathrm{i}\omega t}$ dargestellt wird.

Wie beim einfachen Schwinger bezeichnet man auch hier das Verhältnis der komplexen Antwort des Systems zur komplexen Erregung als Übertragungsfunktion. Mit $x_{\mathrm{ik}}(t)$ als der Antwort der Koordinate i auf eine harmonische Erregung der Koordinate k ist die Übertragungsfunktion

$$\underline{H}_{\mathrm{ik}}(\omega) = \frac{\underline{x}_{\mathrm{ik}}(t)}{\underline{f}_{\mathrm{k}}(t)} = \frac{\underline{\hat{x}}_{\mathrm{ik}}(\omega)}{\underline{\hat{f}}_{\mathrm{k}}} = h_{\mathrm{ik}}(\omega)\,\mathrm{e}^{\mathrm{i}\psi_{\mathrm{ik}}(\omega)}. \qquad\qquad (9.105)$$

Den Betrag $h_{\mathrm{ik}}(\omega)$ von $\underline{H}_{\mathrm{ik}}(\omega)$ bezeichnen wir als dynamische Nachgiebigkeit. Bei $\omega = 0$ wird daraus die statische Nachgiebigkeit oder Verschiebungseinflußzahl h_{ik}.

9.4 Sonstige Erregung

Neben harmonischer Erregung gibt es im wesentlichen stoßartige und solche mit mehr oder weniger unregelmäßigem Zeitverlauf. Kann man für letztere kein Zeitgesetz angeben, dann nennt man sie zufällig oder stochastisch (s. 12. Kapitel).

Die Antwort eines Schwingers mit mehreren Freiheitsgraden auf einen einfachen Einschaltvorgang, wie z. B. in Form einer Sprung-, Anstiegs- oder Rechteckfunktion, kann wie beim Schwinger mit einem Freiheitsgrad noch algebraisch gelöst werden. Bei komplizierterem Zeitverlauf der Erregerkraft kann die Lösung immer mit dem Faltungsintegral gewonnen werden (Abschnitt 7.6.1). Mit $g_{\mathrm{ik}}(t - t')$ als der Stoßübergangsfunktion zwischen den Koordinaten k und i ist die Antwort der Koordinate x_{i} auf eine Erregung $F_{\mathrm{k}}(t)$ an der Koordinate k

$$x_{\mathrm{i}}(t) = x_{\mathrm{ih}}(t) + \int\limits_{0}^{t} F_{\mathrm{k}}(t')\,g_{\mathrm{ik}}(t - t')\,\mathrm{d}t'. \qquad\qquad (9.106)$$

Bei kompliziertem Zeitverlauf von F_k findet man keinen geschlossenen Ausdruck für das Integral, muß es also numerisch lösen. Einfacher ist daher, gleich eines der numerischen Integrationsverfahren (Runge-Kutta, Newmark β, Wilson Θ, Houbolt u. a.) zu verwenden, weil dann nicht erst die Stoß-Übergangsfunktion berechnet werden muß.

Für Systeme mit vielen Freiheitsgraden ist meistens die modale Lösung am günstigsten (Abschnitte 10.2 und 10.4). Dabei wird das Gleichungssystem entkoppelt. Die Einzelgleichungen können sodann mit den Methoden des einfachen Schwingers gelöst werden.

9.5 Fußpunkterregung

Ein System kann außer durch Kräfte auch dadurch zu Schwingungen erregt werden, daß einem oder mehreren Punkten eine bestimmte Bewegung aufgezwungen wird. Wir bezeichnen dies wie beim einfachen Schwinger in Abschnitt 7.4.2 als Fußpunkterregung.

Zur Gewinnung der Bewegungsgleichung für diese Erregungsart teilen wir den Verrückungsvektor in einen Vektor x_a für die freien Verrückungen und einen Vektor x_b für die vorgegebenen Verrückungen

$$x = (x_a, x_b)^T .\tag{9.107}$$

Entsprechend ordnen wir die Zeilen und Spalten der Matrizen, so daß die folgenden Untermatrizen entstehen

$$M = \begin{bmatrix} M_{aa} & M_{ab} \\ M_{ba} & M_{bb} \end{bmatrix}, \quad D = \begin{bmatrix} D_{aa} & D_{ab} \\ D_{ba} & D_{bb} \end{bmatrix}, \quad K = \begin{bmatrix} K_{aa} & K_{ab} \\ K_{ba} & K_{bb} \end{bmatrix}\tag{9.108}$$

und erhalten aus der homogenen Bewegungsgleichung

$$M \begin{bmatrix} \ddot{x}_a \\ \ddot{x}_b \end{bmatrix} + D \begin{bmatrix} \dot{x}_a \\ \dot{x}_b \end{bmatrix} + K \begin{bmatrix} x_a \\ x_b \end{bmatrix} = \begin{bmatrix} 0 \\ 0 \end{bmatrix}$$

die Bewegungsgleichung für die unbekannten Verrückungen x_a, indem wir die Glieder mit den bekannten Fußpunkterregungen auf die rechte Seite nehmen. Damit gilt

$$M_{aa}\ddot{x}_a + D_{aa}\dot{x}_a + K_{aa}x_a = -M_{ab}\ddot{x}_b - D_{ab}\dot{x}_b - K_{ab}x_b .\tag{9.109}$$

9.6 Ergebnisse

In Abschnitt 9.1 wurden die Bewegungsgleichungen von einigen grundlegenden Systemen der Maschinendynamik hergeleitet. Die Lösungen dieser Gleichungen wurden in den Abschnitten 9.2 bis 9.5 allgemein beschrieben. Dieser Abschnitt handelt von den Lösungen im einzelnen, wobei möglichst allgemeine Aussagen angestrebt wurden, wenn die Zahl der Parameter dies zuließen. Bei den umfangreicheren Systemen wurden die Parameter so gewählt, daß die Ergebnisse für viele Fälle der Praxis typisch sind.

9.6.1 Schwingerkette mit zwei Freiheitsgraden

Nachdem wir im 7. Kapitel die grundlegende Bedeutung des einfachen Schwingers kennengelernt haben, ist es naheliegend, jetzt das Verhalten zweier solcher hintereinander geschalteter Schwinger zu untersuchen. Wir betrachten daher die Schwingerkette nach Bild 9.16 und erhalten mit dem Kräftesatz deren Bewegungsgleichung

$$\begin{bmatrix} m_1 & 0 \\ 0 & m_2 \end{bmatrix} \begin{bmatrix} \ddot{x}_1 \\ \ddot{x}_2 \end{bmatrix} + \begin{bmatrix} d_1 & -d_1 \\ -d_1 & d_1 + d_2 \end{bmatrix} \begin{bmatrix} \dot{x}_1 \\ \dot{x}_2 \end{bmatrix} + \begin{bmatrix} k_1 & -k_1 \\ -k_1 & k_1 + k_2 \end{bmatrix} \begin{bmatrix} x_1 \\ x_2 \end{bmatrix} = \begin{bmatrix} F_1(t) \\ F_2(t) \end{bmatrix}. \quad (9.110)$$

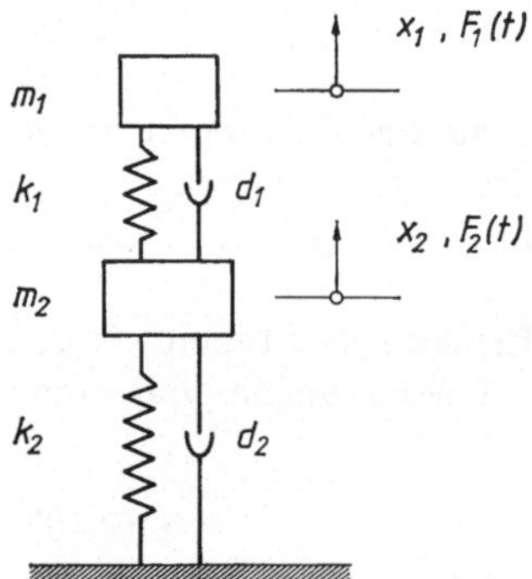

Bild 9.16. Schwingerkette mit zwei Freiheitsgraden

Für die Eigenschwingungen ohne Dämpfung erhält man nach Abschnitt 9.2.1 die Gleichung

$$\begin{bmatrix} k_1 - m_1\omega^2 & -k_1 \\ -k_1 & k_1 + k_2 - m_2\omega^2 \end{bmatrix} \begin{bmatrix} v_1 \\ v_2 \end{bmatrix} = \begin{bmatrix} 0 \\ 0 \end{bmatrix} \quad (9.111)$$

und bekommt daraus die Eigenfrequenzen

$$\omega_k^2 = \frac{(k_1 + k_2)\,m_1 + k_1 m_2}{2m_1 m_2} \mp \sqrt{\left[\frac{(k_1 + k_2)\,m_1 + k_1 m_2}{2m_1 m_2}\right]^2 - \frac{k_1 k_2}{m_1 m_2}} \quad (9.112)$$

$$k = 1, 2$$

oder mit den Eigenfrequenzen des oberen bzw. unteren Schwingers allein (wir nennen sie Teileigenfrequenzen)

$$\omega_o = \sqrt{\frac{k_1}{m_1}}, \quad \omega_u = \sqrt{\frac{k_2}{m_2}} \quad (9.113)$$

und den Verhältnissen

$$a = \frac{m_1}{m_2}, \quad b = \left(\frac{\omega_u}{\omega_o}\right)^2 = \frac{m_1 k_2}{m_2 k_1} \quad (9.114)$$

die bezogenen Eigenfrequenzen

$$\left(\frac{\omega_k}{\omega_o}\right)^2 = \frac{1}{2}\,(1 + a + b) \mp \sqrt{\frac{1}{4}\,(1 + a + b)^2 - b}\,. \tag{9.115}$$

Bild 9.17 zeigt diese Eigenfrequenzen als Funktion von ω_u/ω_0 mit dem Parameter m_2/m_1. Wir entnehmen dem Bild:

— Mit $\omega_1 < \omega_2$ ist die Koppeleigenfrequenz ω_1 immer kleiner als die kleinere der Teileigenfrequenzen ω_0, ω_u. Entsprechend ist ω_2 immer größer als die größere der Teileigenfrequenzen ω_0, ω_u. Anders ausgedrückt: die Koppeleigenfrequenzen liegen außerhalb des durch ω_0, ω_u bestimmten Frequenzbereichs.

— Ist $m_2 \gg m_1$, dann sind die Koppeleigenfrequenzen annähernd gleich den Teileigenfrequenzen.

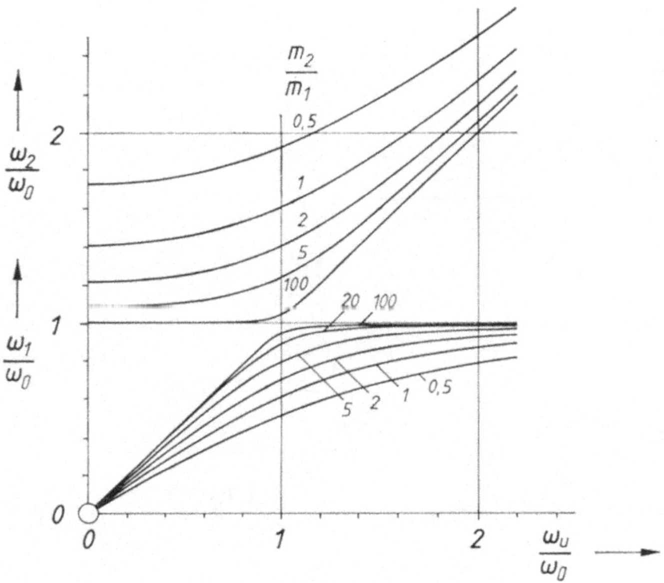

Bild 9.17. Eigenfrequenzen der Schwingerkette nach Bild 9.16

Für die Koordinaten der Eigenvektoren liefert die erste Zeile von (9.111) mit $\omega = \omega_k$ die Beziehung

$$(k_1 - m_1\omega_k^2)\,v_{1k} - k_1 v_{2k} = 0$$

und nach Division mit k_1

$$v_{2k} = \left[1 - \left(\frac{\omega_k}{\omega_o}\right)^2\right] v_{1k}\,. \tag{9.116}$$

Die zweite Zeile von (9.111) liefert wohl einen anderen Ausdruck, aber das selbe Zahlenverhältnis der Koordinaten v_{1k} und v_{2k}.

Bild 9.18 zeigt die Koordinaten der zu ω_1 und ω_2 gehörenden normierten Eigenvektoren $\boldsymbol{\varphi}_1 = (\varphi_{11}, \varphi_{21})^T$ und $\boldsymbol{\varphi}_2 = (\varphi_{12}, \varphi_{22})^T$. Der anschaulichen Darstellung wegen wurde $\boldsymbol{\varphi}_1$ auf den Betrag $\sqrt{2}$ und $\boldsymbol{\varphi}_2$ auf den Betrag 1 normiert.

Als nächstes ist das Übertragungsverhalten für harmonische Erregung wichtig. Hierfür sind aber schon bei diesem einfachen Modell so viele Größen maßgebend, daß eine allgemeine Diskussion zu umfangreich wäre. Wir nehmen daher Zahlenwerte an und verallgemeinern die Ergebnisse dann mit der gebotenen Vorsicht.

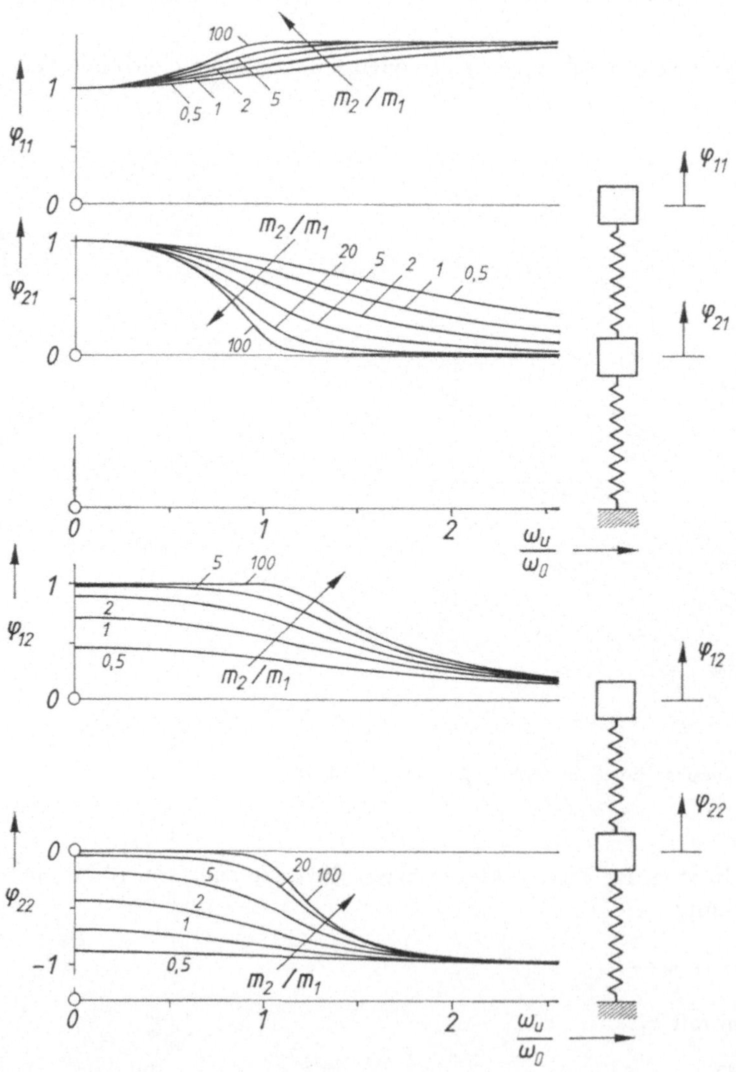

Bild 9.18. Koordinaten der Eigenvektoren $\boldsymbol{\varphi}_1$ und $\boldsymbol{\varphi}_2$

Es sei

$$m_1 = 3000 \text{ kg}; \quad k_1 = 85 \cdot 10^6 \text{ N/m}; \quad d_1 = 0,1 \sqrt{k_1 m_1}$$

$$m_2 = 12000 \text{ kg}; \quad k_2 = 110 \cdot 10^6 \text{ N/m}; \quad d_2 = 0,1 \sqrt{k_2 m_2}$$

(d_1 und d_2 entsprechen $D = d/2\sqrt{km} = 0,05$).
Für diese Zahlen sind die Eigenfrequenzen

$$\omega_0 = \sqrt{85 \cdot 10^6/3000} = 168,3 \text{ 1/s}; \quad f_0 = 26,79 \text{ Hz}$$

$$\omega_u = \sqrt{110 \cdot 10^6/12000} = 95,7 \text{ 1/s}; \quad f_u = 15,23 \text{ Hz}$$

und nach (9.115)

$$\omega_1/\omega_0 = 0,4931; \qquad \omega_2/\omega_0 = 1,1534$$

und damit die Koppeleigenfrequenzen

$$f_1 = 13,2 \text{ Hz} \qquad (13,3\% \text{ kleiner als } f_u)$$
$$f_2 = 30,9 \text{ Hz} \qquad (15,3\% \text{ größer als } f_0).$$

Für die Koordinaten der Eigenvektoren erhält man mit (9.116) und

$$\varphi_{2k}/\varphi_{1k} = v_{2k}/v_{1k}$$

die Beziehungen

$$\varphi_{21} = 0,7568\varphi_{11}; \qquad \varphi_{22} = -0,3303\varphi_{12}.$$

Die Ergebnisse sind im Bild 9.19 dargestellt. In der ersten Eigenfrequenz schwingen die Massen gleichgerichtet und in der zweiten gegenläufig.

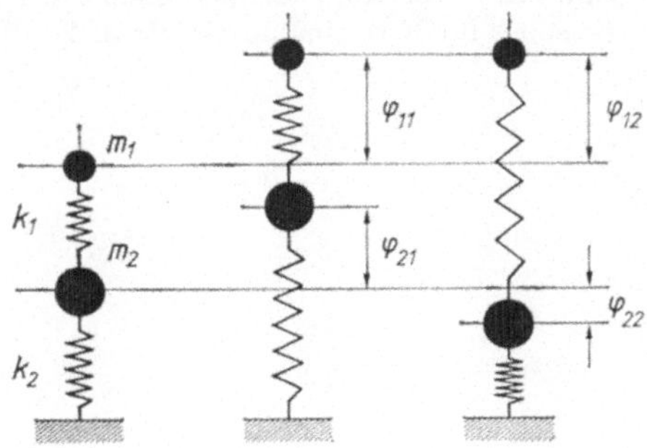

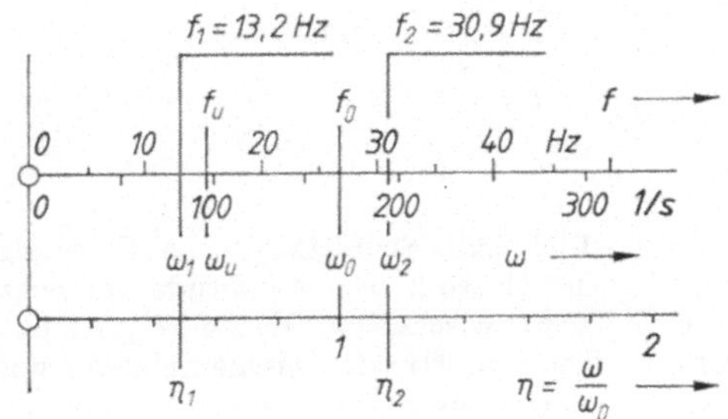

Bild 9.19. Eigenfrequenzen und Eigenformen des Beispiels

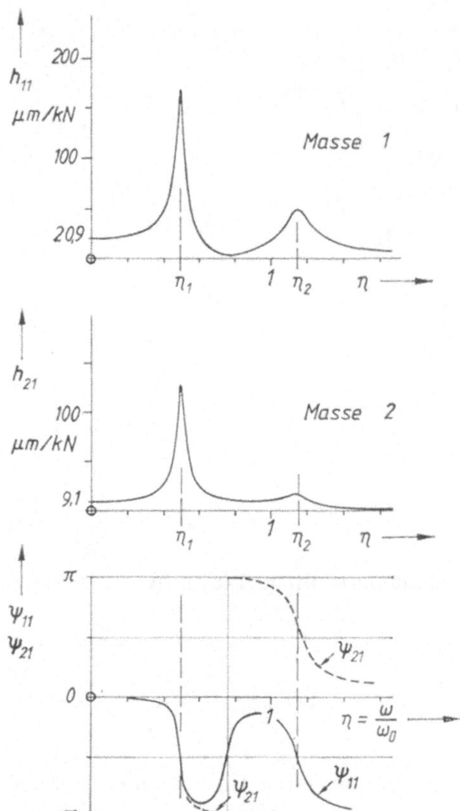

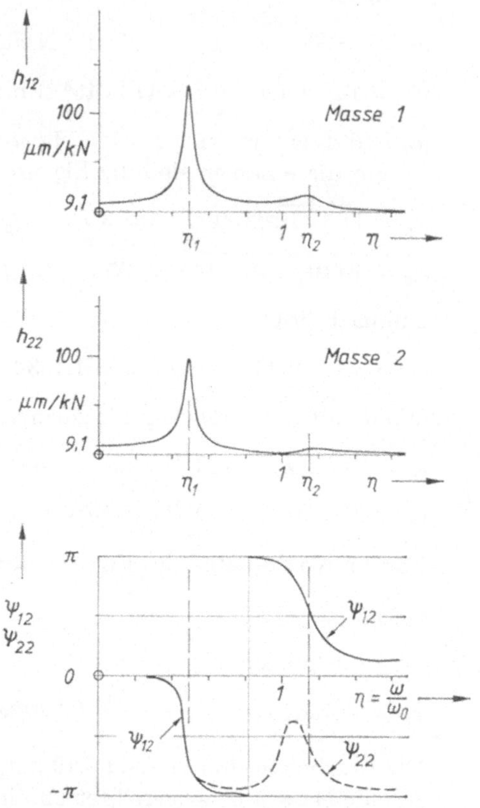

Bild 9.20. Übertragungsfunktionen des Beispiels für Erregung an der Masse 1

Bild 9.21. Übertragungsfunktionen des Beispiels für Erregung an der Masse 2

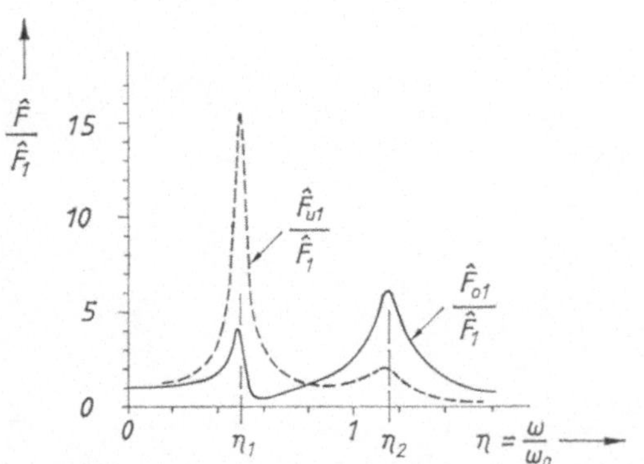

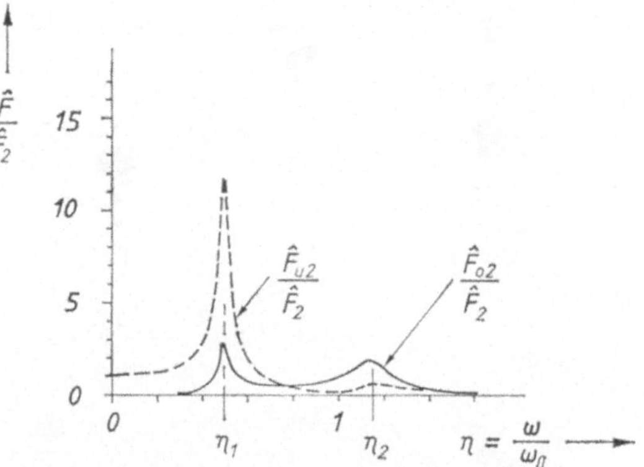

Bild 9.22. Schnittkräfte bei Erregung an der Masse 1. $\hat{F}_{o1}$ Amplitude der Schnittkraft zwischen den Massen; $\hat{F}_{u1}$ Amplitude der Schnittkraft zwischen Masse 2 und Befestigung

Bild 9.23. Schnittkräfte bei Erregung an der Masse 2. $\hat{F}_{o2}$ Amplitude der Schnittkraft zwischen den Massen; $\hat{F}_{u2}$ Amplitude der Schnittkraft zwischen Masse 2 und Befestigung

Das Übertragungsverhalten für harmonische Krafterregung an der Masse 1 und an der Masse 2 erhält man mit den Gleichungen des Abschnitts 9.3, indem man in (9.97) $\boldsymbol{f}_\mathrm{c} = 0$ und einmal $\boldsymbol{f}_\mathrm{s} = (1{,}0)^T$, zum anderen $\boldsymbol{f}_\mathrm{s} = (0{,}1)^T$ setzt. In den Bildern 9.20 und 9.21 sind der Betrag und der Phasenwinkel der Übertragungsfunktionen über der bezogenen Erregerfrequenz $\eta = \omega/\omega_0$ aufgetragen.

Bei $\omega = 0$ hat man die statischen Nachgiebigkeiten

$$h_{11} = (k_1 + k_2)/k_1 k_2 = 20{,}9\ \mu\mathrm{m/kN}$$

$$h_{22} = h_{12} = h_{21} = 1/k_2 = 9{,}1\ \mu\mathrm{m/kN}.$$

Bei der ersten Resonanz betragen die Nachgiebigkeiten das 6,4 bis 14,6fache der statischen Werte, liegen also in der Größenordnung von $1/2D = 1/0{,}1 = 10$. In der zweiten Resonanz treten hingegen kaum höhere Werte als bei statischer Belastung auf. Die Bilder der Phasenwinkel zeigen, daß bis in den Bereich der ersten Resonanz die Ausschläge der Kraft nacheilen, wie auch beim einfachen Schwinger. Bei höheren Erregerfrequenzen verlaufen die Phasenwinkel unterschiedlich.

Den Amplitudengang der Schnittkräfte zeigen die Bilder 9.22 und 9.23. Der zweite Resonanzgipfel tritt hier stärker hervor als bei den Funktionen $h_{\mathrm{ik}}(\eta)$.

9.6.2 Drehschwinger

Für den Drehschwinger nach Bild 9.1 wurde im Abschnitt 9.1.1 die Bewegungsgleichung hergeleitet. Wir berechnen jetzt seine Eigenfrequenzen und Eigenvektoren allgemein und erzwungene Schwingungen für einen speziellen Fall.

Für die Eigenschwingungen ohne Dämpfung erhält (9.61) die Form

$$\begin{bmatrix} k_1 - p\Theta_1 & -k_1 & 0 \\ -k_1 & k_1 + k_2 - p\Theta_2 & -k_2 \\ 0 & -k_2 & k_2 - p\Theta_3 \end{bmatrix} \begin{bmatrix} v_1 \\ v_2 \\ v_3 \end{bmatrix} = \begin{bmatrix} 0 \\ 0 \\ 0 \end{bmatrix}. \tag{9.117}$$

Damit ist die charakteristische Gleichung

$$p\Theta_1\Theta_2\Theta_3(p^2 - 2Rp + S) = 0 \tag{9.118}$$

mit

$$\left. \begin{aligned} R &= \frac{1}{2}\left(\frac{k_1}{\Theta_1} + \frac{k_1 + k_2}{\Theta_2} + \frac{k_2}{\Theta_3}\right) \\ S &= \frac{k_1 k_2}{\Theta_1\Theta_2}\,\frac{\Theta_1 + \Theta_2 + \Theta_3}{\Theta_3} \end{aligned} \right\}. \tag{9.119}$$

(9.118) hat die Lösungen

$$\left. \begin{aligned} p_0 &= \omega_0^2 = 0 \\ p_\mathrm{k} &= \omega_\mathrm{k}^2 = R \mp \sqrt{R^2 - S}, \quad k = 1, 2\,. \end{aligned} \right\} \tag{9.120}$$

Die Koordinaten der Eigenvektoren ergeben sich aus (9.117) mit $p = p_k$. Es genügen zwei Zeilen; wir wählen die erste und dritte Zeile und erhalten die Gleichungen

$$(k_1 - p_k \Theta_1)\, v_{1k} - k_1 v_{2k} = 0$$
$$-k_2 v_{2k} + (k_2 - p_k \Theta_3)\, v_{3k} = 0\,. \qquad (9.121)$$

Für den ersten Eigenwert $p_0 = 0$ folgt daraus

$$v_{10} = v_{20} = v_{30}\,.$$

In diesem Fall haben die drei Massen immer den gleichen Drehwinkel. Das System „bewegt" sich wie ein starrer Körper mit der Frequenz $\omega_0 = 0$, man spricht von Starrkörperbewegung. Da hierbei keine Verformung auftritt, ist die potentielle Energie Null, die K-Matrix ist also positiv semidefinit bzw. das System ist semidefinit.

Für die Eigenwerte p_k bzw. $p_1 = \omega_1^2$ und $p_2 = \omega_2^2$ ergeben die Gleichungen (9.121) die folgenden Beziehungen für die Koordinaten der Eigenvektoren

$$v_{2k} = \left(1 - p_k \frac{\Theta_1}{k_1}\right) v_{1k}; \quad v_{3k} = \left[\left(1 - p_k \frac{\Theta_1}{k_1}\right) \middle/ \left(1 - p_k \frac{\Theta_3}{k_2}\right)\right] v_{1k}\,. \qquad (9.122)$$

Für erzwungene Schwingungen gilt die Bewegungsgleichung (9.1). Wir betrachten eine homogene Kette mit

$$k_1 = k_2 = k\,, \qquad \Theta_1 = \Theta_2 = \Theta_3 = \Theta\,,$$

die zwischen den Massen die Dämpfung

$$d_{12} = d_{23} = d = 0{,}1\,\sqrt{k\Theta}$$

hat und an der Masse 1 oder an der Masse 2 harmonisch erregt wird mit

$$M(t) = \hat{M} \sin \omega t\,.$$

Dieser Drehschwinger hat ohne Dämpfung die Eigenfrequenzen

$$\omega_1 = \sqrt{\frac{k}{\Theta}}\,, \quad \omega_2 = \sqrt{\frac{3k}{\Theta}} = \sqrt{3}\,\omega_1$$

und die Eigenvektoren[1]

$$\boldsymbol{v}_1 = (1\,;\, 0\,;\, -1)^T\,, \quad \boldsymbol{v}_2 = (0{,}5\,;\, -1\,;\, 0{,}5)^T\,.$$

Die erzwungenen Schwingungen erhält man mit den Gleichungen des Abschnitts 9.3. Für die Masse i ist die partikuläre Lösung

$$\varphi_i(\omega, t) = \varphi_{si}(\omega) \sin \omega t + \varphi_{ci}(\omega) \cos \omega t$$
$$= \hat{\varphi}_i(\omega) \sin [\omega t + \alpha_i(\omega)]\,, \qquad i = 1, 2, 3\,. \qquad (9.123)$$

---

[1] v_{3k} ist nach (9.122) unbestimmt. Man benutze daher (9.117).

Bei Dämpfung Null ist $\varphi_{ci}(\omega)$ Null; die Phasenbeziehung zwischen Erregung und Antwort besorgt hier das Vorzeichen von $\varphi_{si}(\omega)$.

Wir beziehen die Drehungen auf die statische Drehung $\varphi_0 = \hat{M}/k$. Die Bilder 9.24 und 9.25 zeigen die bezogenen Amplituden der Drehungen über der Erregerfrequenz.

Bei Erregung an Masse 1 (Bild 9.24) verhält sich der Schwinger folgendermaßen. Ohne Dämpfung (gestrichelte Kurven) werden bei ω_1 und ω_2 die Ampli-

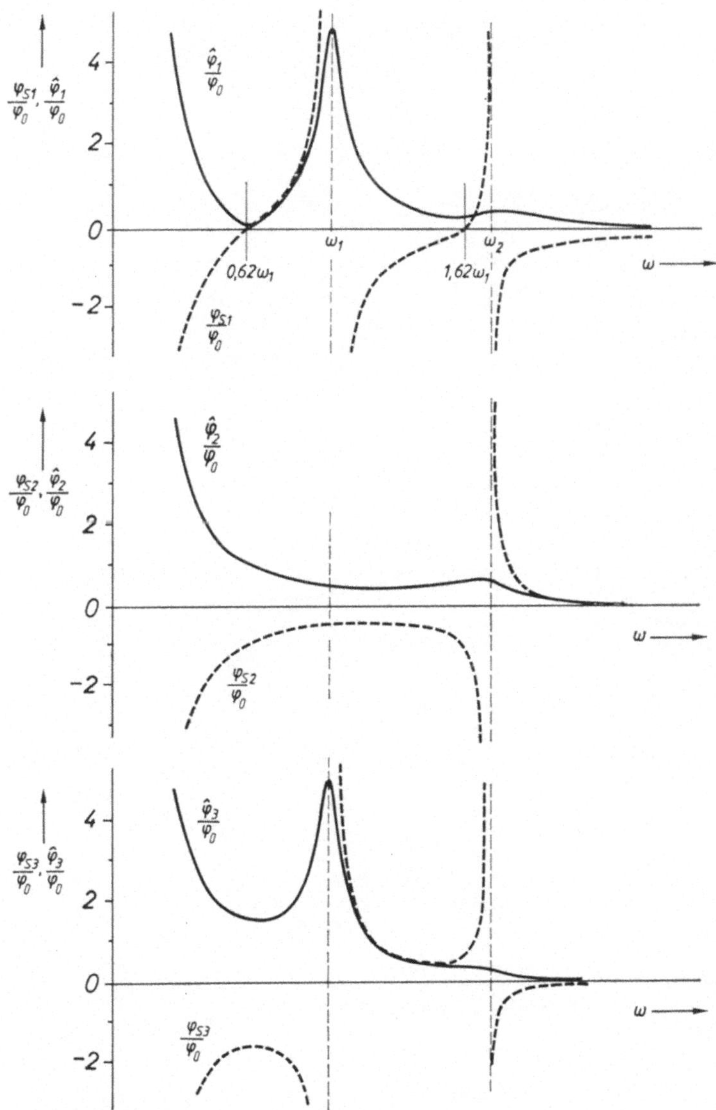

Bild 9.24. Beispiel aus Abschnitt 9.6.2. Amplituden bei Erregung an Masse 1.
--- ohne Dämpfung; — mit Dämpfung

tuden der Massen 1 und 3 unendlich. Die Masse 2 hat bei ω_1 fast eine minimale Amplitude, bei ω_2 wird sie auch unendlich.

Bei $\omega = 0{,}62\omega_1$ und $1{,}62\omega_1$ hat die Masse 1 keinen Ausschlag. Es sind dies Tilgerfrequenzen für die Masse 1, die gleich den Eigenfrequenzen des Schwingers bei festgehaltener Masse 1 sind. Diese Feststellung hat allgemeine Bedeutung: Tilgerfrequenzen eines Systems bei harmonischer Erregung an der Koordinate i sind die Eigenfrequenzen des Systems für gebundene Koordinate i.

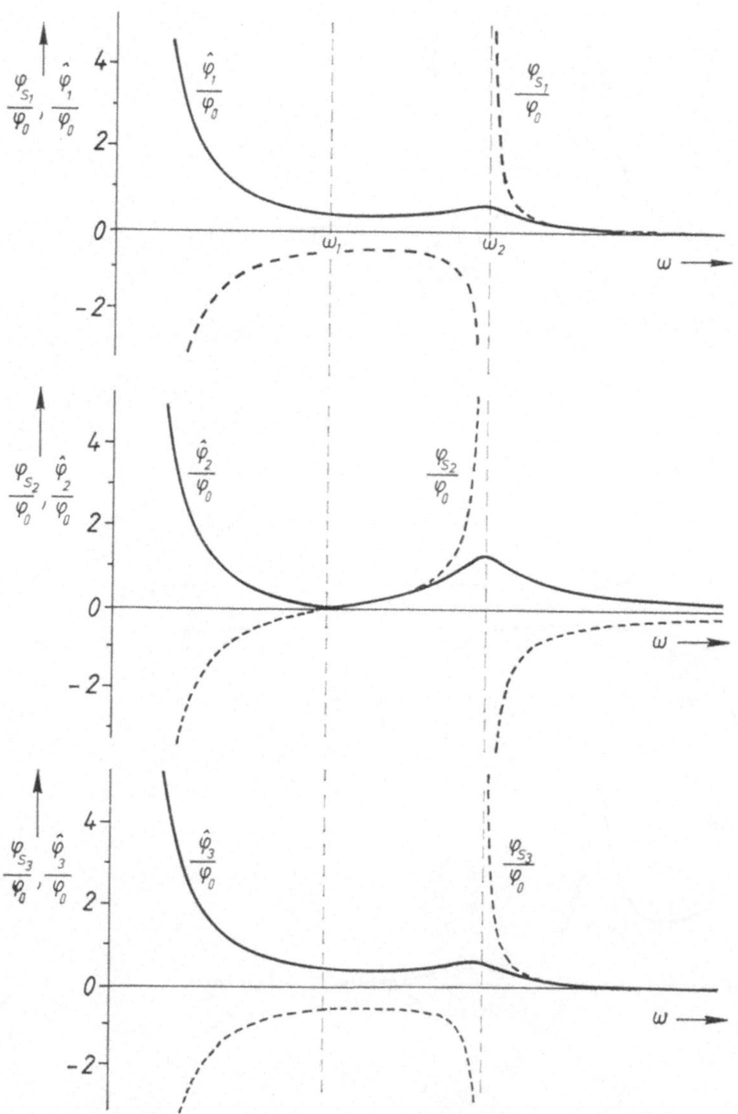

Bild 9.25. Beispiel aus Abschnitt 9.6.2. Amplituden bei Erregung an Masse 2.
--- ohne Dämpfung; — mit Dämpfung

Mit Dämpfung (ausgezogene Kurven) bleiben alle Amplituden endlich. Bei ω_2 bemerkt man kaum mehr einen Resonanzgipfel. Die Tilgung für Masse 1 bleibt bei $0{,}62\omega_1$ fast erhalten, bei $1{,}62\omega_1$ ist sie praktisch verschwunden.

Bei Erregung an der Masse 2 (Bild 9.25) ist $\omega = \omega_1$ Tilgerfrequenz: die Masse 2 steht dabei still und die Massen 1 und 3 schwingen gleichphasig mit der Amplitude $0{,}5\varphi_0$. Zu jeder Zeit herrscht Gleichgewicht zwischen dem Erregermoment und dem Moment der beiden Drehfedern:

$$M \sin \omega t = 2 \cdot 0{,}5 \cdot \varphi_0 k \sin \omega t.$$

Bei $\omega = \omega_2$ tritt mit Dämpfung ein Resonanzgipfel auf, der zwar stärker ist als bei Erregung an der Masse 1. Er ist jedoch unbedeutend im Vergleich zum Resonanzgipfel bei $\omega = \omega_1$ und Erregung an Masse 1. Der starke Unterschied liegt hauptsächlich daran, daß an beiden Seiten der erregten Masse ein Schwinger liegt. Außerdem sind bei ω_2 die Dämpfungsmomente der Federn um den Faktor $\sqrt{3}$ größer als bei ω_1.

9.6.3 Homogene Drehschwingerketten

Eine homogene Drehschwingerkette besteht aus hintereinandergeschalteten Drehschwingern mit gleicher Drehmasse und -steifigkeit. Solche Schwinger werden vollständig beschrieben durch die Parameter Θ, k und die Zahl ihrer Massen. Damit können ihre Eigenschwingungen noch übersichtlich dargestellt werden. Das Bild 9.26 ist so eine Darstellung für Ketten mit 2 bis 6 Massen. Die Zahlenwerte für die Eigenfrequenzen und Eigenformen wurden mit einem von H. D. Klement in [38] beschriebenen Programm berechnet.

9.6.4 Lavalwelle

Für die im Bild 9.7 dargestellte Lavalwelle wurden im Abschnitt 9.1.4 unter gewissen Voraussetzungen die entkoppelten Gleichungen (9.20) für die Verschiebungen y_1 und y_2 der Wellenmitte W gefunden.
Die homogenen Gleichungen haben nach Abschnitt 7.3.2 die Lösungen

$$y_{\mathrm{ih}}(t) = C_\mathrm{i}\, e^{-\delta t} \sin(\omega_\mathrm{d} t + \varphi_\mathrm{i}), \qquad i = 1, 2 \tag{9.124}$$

wonach die Eigenschwingung der Wellenmitte W im allgemeinen aus einer abklingenden Ellipsenspirale nach Bild 9.27 besteht.
Die Eigenfrequenz der Welle

$$\omega_\mathrm{d} = \sqrt{\omega_\mathrm{k}^2 - \delta^2} \tag{9.125}$$

mit

$$\omega_\mathrm{k} = \sqrt{k/m} \quad \text{und} \quad \delta = d/2m$$

ist von der Drehfrequenz Ω unabhängig, sie ist gleich der Biegeeigenfrequenz für $\Omega = 0$.

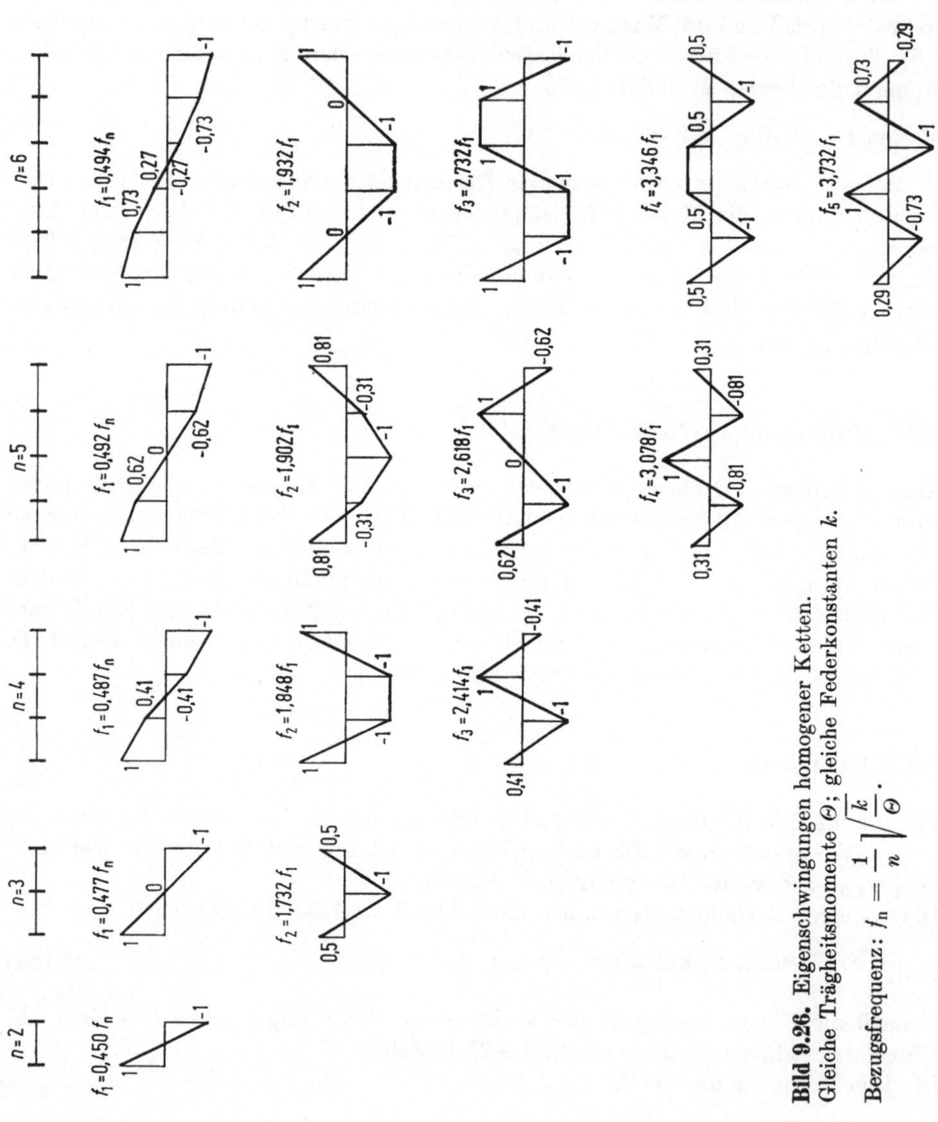

Bild 9.26. Eigenschwingungen homogener Ketten. Gleiche Trägheitsmomente Θ; gleiche Federkonstanten k.

Bezugsfrequenz: $f_n = \dfrac{1}{n}\sqrt{\dfrac{k}{\Theta}}$.

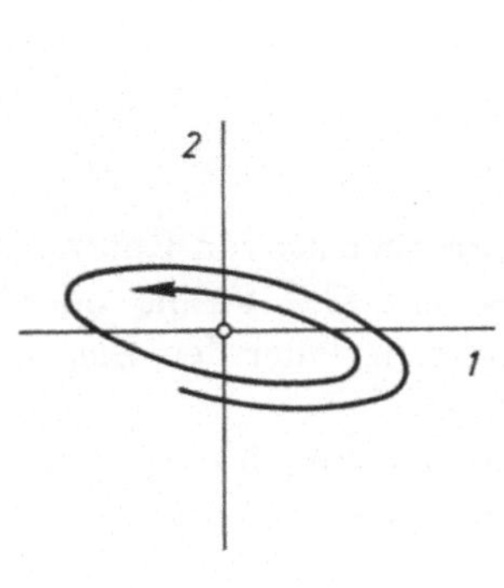

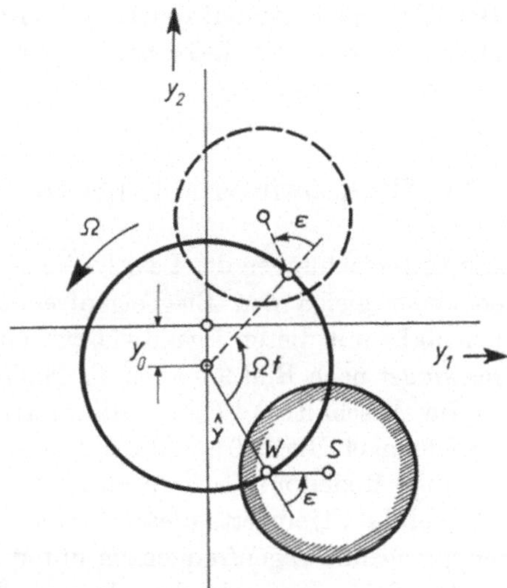

Bild 9.27. Eigenschwingung der Lavalwelle   **Bild 9.28.** Lavalwelle. Bahn bei Unwuchterregung

Die partikulären Lösungen sind nach Abschnitt 7.4.3

$$\left.\begin{aligned}
y_{1p}(t) &= \hat{y}\,\cos\,(\Omega t - \varepsilon) \\[2mm]
y_{2p}(t) &= \hat{y}\,\sin\,(\Omega t - \varepsilon) - \frac{G}{k}
\end{aligned}\right\} \tag{9.126}$$

$$\text{mit}\quad \hat{y} = e\,\frac{\eta^2}{\sqrt{(1-\eta^2)^2 + (2D\eta)^2}} = eV_u \quad\text{und}\quad \tan\varepsilon = \frac{2D\eta}{1-\eta^2};\quad \eta = \frac{\Omega}{\omega_k}.$$

Die Funktionen $V_u(\eta)$ und $\varepsilon(\eta)$ sind in den Bildern 7.18 und 7.13 für verschiedene
Dämpfungsgrade dargestellt.

Nach (9.126) besteht die durch die Exzentrizität e erzwungene Schwingung — die
Unwuchtschwingung — aus harmonischen Bewegungen in 1- und 2-Richtung mit
90° Phasenverschiebung. Dies bedeutet, daß sich die Wellenmitte W auf einer
Kreisbahn mit dem Radius $\hat{y}$ und der Winkelfrequenz Ω (Drehfrequenz der Welle)
bewegt. Der Winkel ε bleibt dabei konstant (Bild 9.28). Der Mittelpunkt dieser
Bahn ist gegenüber dem Ursprung um die statische Verschiebung $y_0 = G/k$ ver-
setzt.

Es ergeben sich die folgenden Zustände:

$$\Omega \rightarrow 0: \qquad \varepsilon \rightarrow 0 \qquad\qquad\qquad \hat{y} \rightarrow 0$$

$$\Omega < \omega_k: \qquad \varepsilon < 90°$$

$$\Omega = \omega_k: \qquad \varepsilon = 90° \qquad\qquad \hat{y} = \frac{e}{2D} \approx \hat{y}_{\max} \tag{9.127}$$

$$\Omega > \omega_k: \qquad \varepsilon > 90°$$

$$\Omega \rightarrow \infty: \qquad \varepsilon \rightarrow 180° \qquad\qquad \hat{y} \rightarrow e \text{ (Selbstzentrierung)}.$$

Der Winkel ε bestimmt die Lage zwischen e und $\hat{y}$. Seine Abhängigkeit von der Drehfrequenz der Welle ist beim Auswuchten und bei anderen Aufgaben der Rotordynamik wichtig.

9.6.5 Biegeschwinger mit zwei Massen

Die Untersuchungen der Lavalwelle zeigen, daß die Eigenfrequenzen von Rotoren entweder gleich den Biegeeigenfrequenzen bei Drehfrequenz $\Omega = 0$ sind oder jedenfalls mit diesen irgendwie zusammenhängen. Wir können daher den Biegeschwinger nach Bild 9.9 auch als Modell eines Rotors ansehen.

Im Abschnitt 9.1.6 sind die Matrizen der Bewegungsgleichung für die Teilmodelle nach Bild 9.9 b und c mit zwei bzw. vier Freiheitsgraden und für das vollständige Modell mit sechs Freiheitsgraden angegeben. Wir wollen für ein Zahlenbeispiel die Eigenwerte dieser Modelle berechnen, um festzustellen, wie stark sich entsprechende Eigenfrequenzen unterscheiden.

Der Schwinger habe die folgenden Daten:

$$l_1 = 800\ \text{mm}, \quad l_2 = 1100\ \text{mm}, \quad l_3 = 700\ \text{mm}$$

$$d_1 = 120\ \text{mm}, \quad d_2 = 120\ \text{mm}, \quad d_3 = 80\ \text{mm}.$$

Die Welle habe vollen Kreisquerschnitt und den Elastizitätsmodul

$$E = 21 \cdot 10^{10} \text{N/m}^2.$$

Die Massen und äquatorialen Trägheitsmomente sind

$$m_\text{A} = 1200\ \text{kg}, \qquad m_\text{B} = 800\ \text{kg}$$

$$\Theta_\text{A} = 100\ \text{kg m}^2, \qquad \Theta_\text{B} = 45\ \text{kg m}^2,$$

entsprechend den Trägheitsradien

$$i_\text{A} = 289\ \text{mm}, \quad i_\text{B} = 237\ \text{mm}.$$

Die Lager haben die Steifigkeiten

$$k_\text{I} = 1 \cdot 10^7\ \text{N/m}, \quad k_\text{II} = 2 \cdot 10^7\ \text{N/m},$$

die Dämpfungen sind

$$d_\text{I} = d_\text{II} = 1{,}5 \cdot 10^4\ \text{Ns/m}.$$

Eine gewisse Vorstellung über die Größe der angenommenen Dämpfung gibt uns der Dämpfungsgrad $D = d/2\sqrt{km}$, wenn man zum Lager I die Masse m_A und zum Lager II die Masse m_B rechnet. Damit ist

$$D_\text{I} = 0{,}068 \quad \text{und} \quad D_\text{II} = 0{,}059.$$

Die berechneten Eigenfrequenzen sind in Tabelle 9.1 zusammengestellt. Das Modell c unterscheidet sich vom Modell b durch Berücksichtigung der Drehmassen. Dadurch wird n_1 um 6,6% gesenkt, n_2 bleibt bis zur dritten Stelle unverändert und es kommen noch n_3 und n_4 hinzu.

Beim Modell d sind die Lager gedämpft. Damit ergeben sich etwas größere Eigenfrequenzen als im Modell c ($+0{,}5\%$ bei n_1, $+4{,}5\%$ bei n_2). Die charakteristische Gleichung ist jetzt vom 10. Grad, und man erhält vier Paare konjugiert komplexer Eigenwerte λ_k, $\lambda_k^* = \alpha_k \pm i v_k$ und zwei reelle Eigenwerte α_k (Tabelle 9.2). Der Dämpfungsgrad (D_4 nach (9.93)) hat die Größenordnung der Schätzwerte D_I und D_II, die Dämpfungsgrade D_1, D_2, D_3 sind wesentlich kleiner. Die Realteile α_5, α_6 ergeben sehr stark gedämpfte Eigenbewegungen ohne praktische Bedeutung.

Die vier Eigenformen des Modells c zeigt das Bild 9.29. Bei harmonischer Erregung nimmt die Welle etwa diese Formen an, so daß man damit die Bereiche hoher Beanspruchung erkennt.

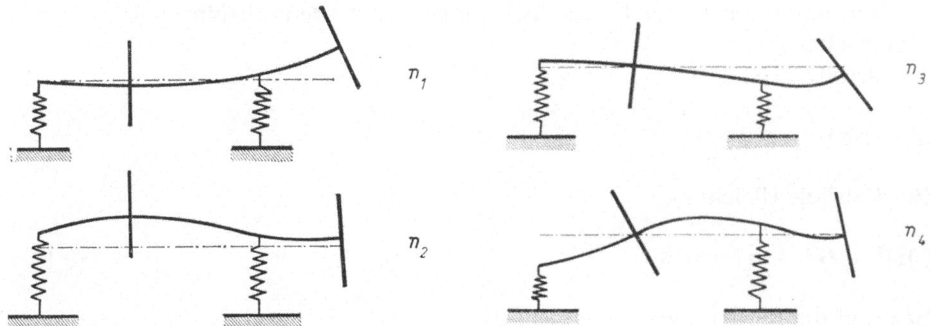

Bild 9.29. Eigenformen des Beispiels nach Bild 9.9

Tabelle 9.1. Eigenfrequenzen (1/min) eines Biegeschwingers nach Bild 9.9

Modell ↓ k →	1	2	3	4
b	457	852	–	–
c	427	852	1 867	2 672
d	429	890	1 904	2 818

Tabelle 9.2. Eigenwerte (1/s) und modale Dämpfungsgrade ($\cdot/\cdot$) eines Biegeschwingers nach Bild 9.9 d

k →	1	2	3	4	5	6
α_k	$-0{,}063$	$-1{,}757$	$-0{,}529$	$-14{,}22$	-141	$-888\,082$
v_k	44,94	93,16	199,37	295,11	–	–
D_k	0,001	0,019	0,003	0,048	–	–

9.6.6 Lavalwelle mit Kreiselwirkung

Die Bewegungsgleichung einer Lavalwelle mit außermittiger Scheibe ist nach Abschnitt 9.1.7

$$M\ddot{x} + G\dot{x} + Kx = 0. \tag{9.32 b}$$

Das zweite Glied der Gleichung enthält die Komponenten des Kreiselmoments

$$\Theta_\mathrm{p}\Omega\dot{\varphi}_4, \quad -\Theta_\mathrm{p}\Omega\dot{\varphi}_3 \tag{9.128}$$

das u. a. bewirkt, daß die Eigenschwingungen jetzt von der Drehfrequenz Ω der Welle abhängen.

Wir untersuchen die Eigenschwingungen nach den Ausführungen des Abschnitts 9.2.2.

Der Ansatz

$$x = v\,e^{\lambda t}$$

führt auf die Gleichung

$$(M\lambda^2 + G\lambda + K)\,v = 0 \tag{9.129}$$

bzw. auf die Forderung

$$|M\lambda^2 + G\lambda + K| = 0,$$

woraus mit den Matrizen von (9.32 a) die charakteristische Gleichung

$$\lambda^8 + a_6\lambda^6 + a_4\lambda^4 + a_2\lambda^2 + a_0 = 0 \tag{9.130}$$

folgt, mit den Koeffizienten

$$a_6 = \frac{k_{11} + k_{22}}{m} + \frac{k_{33} + k_{44}}{\Theta_\mathrm{ä}} + \left(\frac{\Theta_\mathrm{p}}{\Theta_\mathrm{ä}}\right)^2 \Omega^2$$

$$a_4 = \frac{k_{11}\,k_{22}}{m^2} + \frac{k_{33}k_{44}}{\Theta_\mathrm{ä}^2} + \frac{k_{22}k_{33} - k_{23}^2 + k_{11}k_{44} + k_{22}k_{44} + k_{33}k_{11} - k_{14}^2}{m\Theta_\mathrm{ä}}$$

$$\quad + \left(\frac{\Theta_\mathrm{p}}{\Theta_\mathrm{ä}}\right)^2 \frac{k_{11} + k_{22}}{m}\,\Omega^2$$

$$a_2 = \frac{(k_{22}k_{33} - k_{23}^2)\,k_{11} + (k_{11}k_{44} - k_{14}^2)\,k_{22}}{m^2\Theta_\mathrm{ä}} \tag{9.131}$$

$$\quad + \frac{(k_{22}k_{33} - k_{23}^2)\,k_{44} + (k_{11}k_{44} - k_{14}^2)\,k_{33}}{m\Theta_\mathrm{ä}^2} + \left(\frac{\Theta_\mathrm{p}}{\Theta_\mathrm{ä}}\right)^2 \frac{k_{11}k_{22}}{m^2}\,\Omega^2$$

$$a_0 = \frac{(k_{22}k_{33} - k_{23}^2)\,(k_{11}k_{44} - k_{14}^2)}{m^2\Theta_\mathrm{ä}^2}.$$

Die charakteristische Gleichung (9.130) hat vier konjugiert komplexe Lösungs-
bzw. Eigenwertpaare

$$\lambda_k = i\nu_k, \qquad \lambda_k^* = -i\nu_k; \qquad k = 1, ..., 4. \tag{9.132}$$

Mit $\lambda = \lambda_k$ bzw. λ_k^* nach (9.132) erhält man in (9.129) eingesetzt die folgende Gleichung für die Eigenvektoren

$$(\boldsymbol{K} - \nu_k^2 \boldsymbol{M} \pm i\nu_k \boldsymbol{G})\, \boldsymbol{v}_k = \boldsymbol{0}, \tag{9.133}$$

wonach vier Paare von konjugiert komplexen Eigenvektoren

$$\underline{\boldsymbol{v}}_k = \boldsymbol{r}_k + i\boldsymbol{s}_k, \qquad \underline{\boldsymbol{v}}_k^* = \boldsymbol{r}_k - i\boldsymbol{s}_k \qquad k = 1, ..., 4 \tag{9.134}$$

existieren. Mit (9.88) lautet damit die vollständige Lösung von (9.32b)

$$\boldsymbol{x}(t) = \sum_{k=1}^{4} C_k [\boldsymbol{r}_k \sin(\nu_k t + \gamma_k) + \boldsymbol{s}_k \cos(\nu_k t + \gamma_k)]. \tag{9.135}$$

Die Konstanten C_k und γ_k sind durch die Anfangsbedingungen bestimmt.

Das System hat entsprechend seinen vier Freiheitsgraden bzw. Koordinaten
x_1, x_2, φ_3, φ_4 (s. Bild 9.10) vier harmonische Eigenbewegungen, die durch die
Eigenfrequenzen $\nu_k(\Omega)$ und durch den Real- und Imaginärteil der Eigenvektoren
$\underline{\boldsymbol{v}}_k(\Omega)$ bestimmt sind. Die Eigenschwingungen klingen nach (9.135) weder auf
noch ab (der Realteil der Eigenwerte ist Null). Somit müssen die Kreiselmomente
konservativ sein. Dies wird auch aus folgendem klar. Bei einer Änderung $d\varphi$ der
Drehung während der infinitesimalen Zeit dt beträgt die Drehgeschwindigkeit $\dot\varphi$.
Dabei steht nach Bild 9.30 das Kreiselmoment M_K senkrecht auf $\dot\varphi$ bzw. $d\varphi$ und
leistet somit keine Arbeit:

$$dW = \Theta_p \Omega \dot\varphi_4\, d\varphi_3 - \Theta_p \Omega \dot\varphi_3\, d\varphi_4 = 0. \tag{9.136}$$

Da sich jede Drehung der Scheibe um eine Achse der 1, 2-Ebene aus solchen Diffe-
rentialen zusammensetzen läßt, leistet das Kreiselmoment in keinem Fall Arbeit.

Das weitere Verhalten einer Welle mit Kreiselwirkung machen wir uns an
einem Zahlenbeispiel klar. Hierzu wählen wir den Rotor eines Saugzuggebläses
nach Bild 9.31, den wir als Lavalwelle mit fliegender Scheibe rechnen und dabei
die folgenden Daten zugrundelegen:

$$m = 8000\ \text{kg}, \qquad \Theta_p = 8520\ \text{kg m}^2\ (i_p = 1{,}03\ \text{m})$$

$$\Theta_{\ddot{a}} = 4260\ \text{kg m}^2\ (i_{\ddot{a}} = 0{,}73\ \text{m}), \qquad E = 21 \cdot 10^{10}\ \text{N/m}^2.$$

Für die Lager nehmen wir folgende Nachgiebigkeiten (in μm/kN) an:

Lager I   horizontal 3,0,   vertikal 1,5

Lager II   horizontal 12,0,   vertikal 6,0.

Lager II ist also viermal nachgiebiger als Lager I, und beide Lager sind in hori-
zontaler Richtung doppelt so nachgiebig wie in vertikaler Richtung.

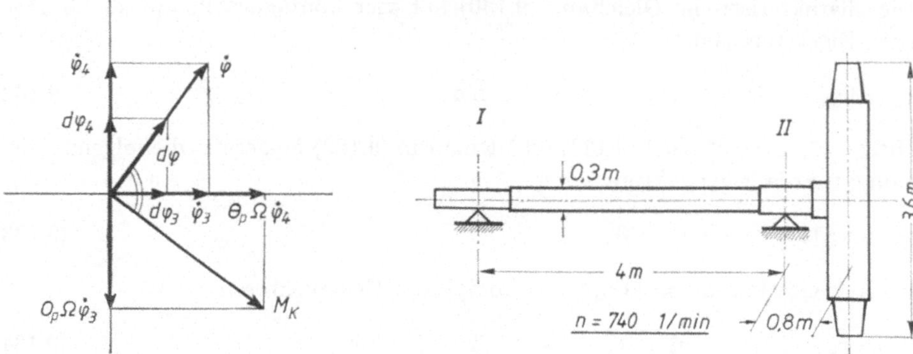

Bild 9.30. Kreise lmoment   **Bild 9.31.** Rotor eines Saugzuggebläses

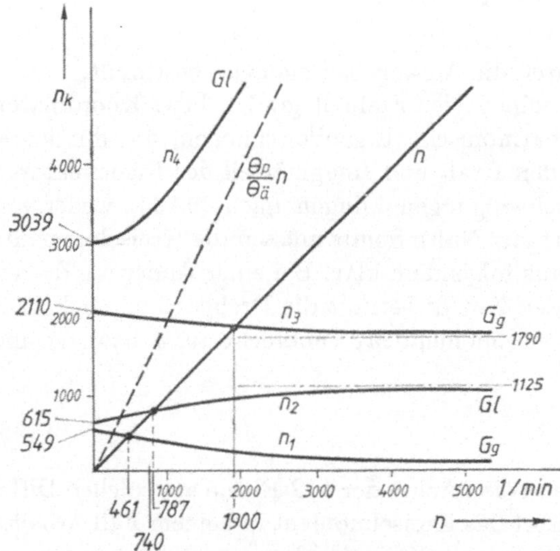

Bild 9.32. Eigenfrequenzen des Beispiels. *Gg* Gegenlauf, *Gl* Gleichlauf

Die berechneten Eigenfrequenzen sind im Bild 9.32 über der Rotordrehfrequenz n aufgetragen. Es ergeben sich je zwei Eigenfrequenzen des Gegenlaufs und des Gleichlaufs. Durch die Anisotropie der Lager existieren auch bei $n = 0$ vier Eigenfrequenzen. Bei isotroper Lagerung würden sich die Kurven n_1, n_2 und n_3, n_4 in je einem Punkt der Ordinatenachse treffen.

Die Kurven haben die Asymptoten

$$n_1' = 0\,, \quad n_2' = 1\,125\ \text{1/min}\,, \quad n_3' = 1\,790\ \text{1/min}$$

$$n_4' = \frac{\Theta_\mathrm{p}}{\Theta_\mathrm{ä}}\,n = 2n\,.$$

Bei $n \to \infty$ geht n_1 gegen Null und führt die Scheibe bei n_2 und n_3 nur noch translatorische Bewegung aus.

Gleichheit zwischen Eigenfrequenz und Drehfrequenz ergibt eine kritische Frequenz oder kritische Drehzahl. Hier betragen diese Werte 461, 787 und 1 900 1/min.

Bild 9.33 zeigt die vier Eigenbewegungen der Scheibe bei der zweiten kritischen Drehzahl, wenn man im Bild 9.31 von links nach rechts blickt. Die ellipsenförmigen Bahnen werden je Eigenperiode einmal beschrieben, und zwar gegen oder in Richtung der Rotordrehung (Gegenlauf, Gleichlauf). Die Schraffur der Kreise zeigt die Neigung der Scheibe: schraffierte Flächen liegen auf der Außenseite, unschraffierte auf der Lagerseite der Radialebene. Die Scheibenachse beschreibt einen Kegel mit periodisch veränderlichem Winkel. Die Kegelspitze liegt auf der unverformten Wellenmittellinie, und zwar bei n_1 und n_2 auf der Lagerseite (Bild 9.31) und bei n_3 und n_4 auf der anderen Seite der Scheibe. Die Berechnung mit anderen Rotordrehzahlen ergab ähnliche Eigenbewegungen wie die beschriebenen.

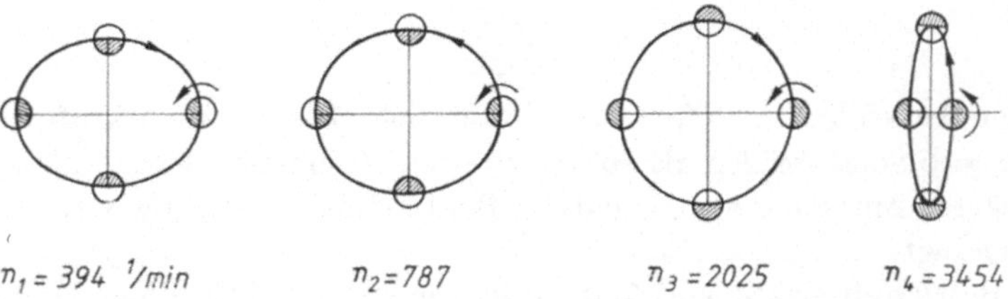

Bild 9.33. Eigenbewegungen der Scheibe bei $n = 787$ 1/min

Ist der Massenmittelpunkt der Scheibe exzentrisch zur Wellenmitte, dann herrscht Unwuchterregung. Die entsprechende Bewegungsgleichung entsteht aus (9.32 b) mit

$$\boldsymbol{f}(t) = me\Omega^2(\cos \Omega t,\ \sin \Omega t,\ 0,\ 0)^T \tag{9.137}$$

als rechter Seite bei kleiner Exzentrizität. Damit die Ausschläge auch in den Resonanzen endlich bleiben, wurde folgende Dämpfung

$$\boldsymbol{D} = \text{diag } 2D\left(\sqrt{k_{11}m},\ \sqrt{k_{22}m},\ \sqrt{k_{33}\Theta_{\text{a}}},\ \sqrt{k_{44}\Theta_{\text{a}}}\right), \tag{9.138}$$

mit $D = 0,02$ angenommen.

Bild 9.34 zeigt die berechneten Amplituden der Scheibenbewegung in 1- und 2-Richtung über der Rotordrehzahl n. Alle drei kritischen Drehzahlen zeichnen sich als Gipfel ab. Der erste Gipfel ist unbedeutend, dagegen sind bei der zweiten kritischen Drehzahl die Ausschläge in beiden Richtungen groß. Dies wird noch deutlicher im Bild 9.35, das die Scheibenbahnen bei den drei kritischen Drehzahlen zeigt. Bei der dritten kritischen Drehzahl herrscht Gegenlauf wie bei der

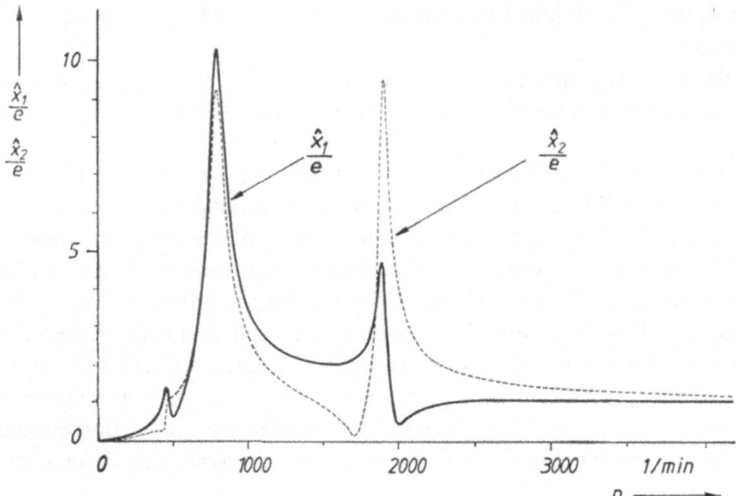

Bild 9.34. Amplituden der Scheibe bei Unwuchterregung

ersten. Hier ist der Ausschlag in 2-Richtung beachtlich. Die Unwuchtkraft ist hierbei $(1\,900/787)^2 = 5{,}8$mal größer als in der zweiten Resonanz. Gegenlauf bedarf demnach stärkerer Anregung als Gleichlauf. Bei isotroper Lagerung wird der Gegenlauf nicht angeregt.

Die Nähe der Betriebsdrehzahl von 740 1/min zur zweiten kritischen Drehzahl von 787 1/min erfordert eine sorgfältige Feststellung der tatsächlichen Lagernachgiebigkeiten und nötigenfalls entsprechende Änderungen.

9.6.7 Lavalwelle mit Gleitlagern

Die Schwingungen der Lavalwelle mit Gleitlagern werden durch die Verschiebungen y_1, y_2 der Wellenmitte W und x_1, x_2 der Zapfenmitte Z beschrieben (Bild 9.11). Die Bewegungsgleichung wurde im Abschnitt 9.1.8 hergeleitet. Dabei wurde für die Gleitlager lineares Verhalten nach (9.35) angenommen. Hierauf wollen wir jetzt näher eingehen.

Bild 9.36 zeigt den Querschnitt eines Gleitlagers. Der Bohrungsradius ist R, der Zapfen hat den Radius r und er ist in negativer 2-Richtung mit der Kraft F_Z statisch belastet. Bei Drehung mit der Winkelgeschwindigkeit Ω hat die Zapfenmitte MZ eine durch die Exzentrizität e_Z und den Winkel α bestimmte Lage. Diese ergibt sich aus der Druckverteilung des Schmiermittels im Spalt, die unter gewissen Annahmen aus der Reynoldschen Gleichung folgt. Nach dieser Gleichung hängen die relative Zapfenexzentrizität ε und der Verlagerungswinkel α ab von der Sommerfeldzahl

$$So = \frac{F_Z \psi^2}{D B \eta \Omega} \tag{9.139}$$

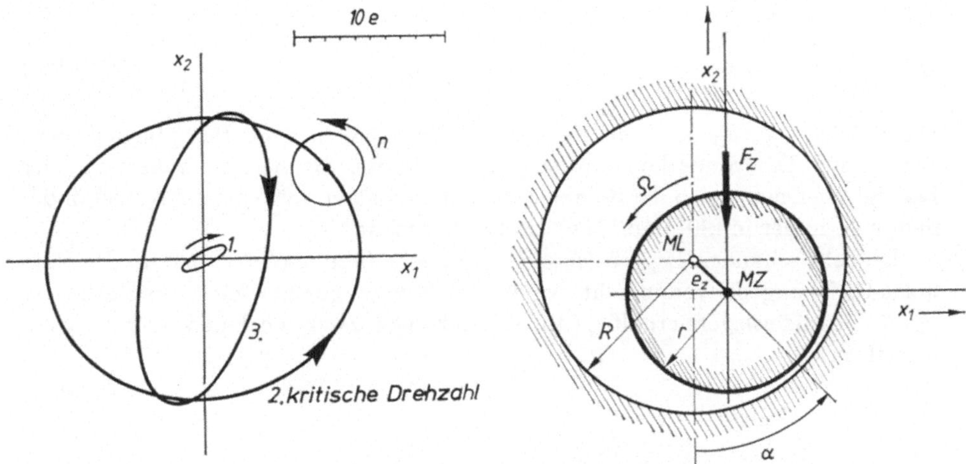

Bild 9.35. Bahnen der Scheibe infolge Unwuchterregung bei den kritischen Drehzahlen

Bild 9.36. Querschnitt eines Gleitlagers

mit $\varepsilon = e_\mathrm{Z}/\delta$ relative Exzentrizität, $\delta = R - r$ Lagerspiel, $\psi = \delta/r$ relatives Lagerspiel, $D = 2R$ Lagerdurchmesser, B Lagerbreite, η dynamische Zähigkeit.

Wirkt neben der statischen Kraft $\boldsymbol{F}_\mathrm{Z}$ auf den Zapfen noch eine dynamische Kraft $\boldsymbol{F}(t)$, dann ergibt sich gegenüber der ursprünglichen Ruhelage eine Verschiebung $\boldsymbol{x}(t)$, die im allgemeinen nichtlinear von $\boldsymbol{F}(t)$ abhängt. Bei kleinen Verschiebungen im Vergleich zum Lagerspiel und kleinen Geschwindigkeiten genügt der lineare Ansatz nach (9.35) bzw. die Gleichung

$$\boldsymbol{F} = \boldsymbol{K}_\mathrm{L}\boldsymbol{x} + \boldsymbol{D}_\mathrm{L}\dot{\boldsymbol{x}} \tag{9.140}$$

mit $\boldsymbol{K}_\mathrm{L}$ und $\boldsymbol{D}_\mathrm{L}$ als der Steifigkeits- und Dämpfungsmatrix des Systems Lagerschale—Schmiermittel—Zapfen.

Die Koeffizienten dieser Matrizen sind die ersten Glieder der Taylor-Reihe der Zapfenkraft, also

$$k_\mathrm{ik} = \frac{\partial F_\mathrm{i}}{\partial x_\mathrm{k}}, \quad d_\mathrm{ik} = \frac{\partial F_\mathrm{i}}{\partial \dot{x}_\mathrm{k}}; \qquad i, k = 1, 2. \tag{9.141}$$

Mit den dimensionslosen Koordinaten der Zapfenkraft

$$S_\mathrm{i} = \frac{F_\mathrm{i}\psi^2}{DB\eta\Omega}; \qquad i = 1, 2 \tag{9.142}$$

und der bezogenen Verschiebung bzw. Geschwindigkeit des Zapfens

$$\xi_\mathrm{k} = \frac{x_\mathrm{k}}{\delta}, \quad \xi_\mathrm{k}' = \frac{\partial \xi_\mathrm{k}}{\partial \tau}, \quad \tau = \Omega t \tag{9.143}$$

erhält man die Koeffizienten

$$k_\mathrm{ik} = \gamma_\mathrm{ik}\frac{F_\mathrm{Z}}{\delta}, \quad d_\mathrm{ik} = \beta_\mathrm{ik}\frac{F_\mathrm{Z}}{\delta\Omega} \tag{9.144}$$

mit

$$\gamma_{ik} = \frac{1}{So}\frac{\partial S_i}{\partial \xi_k}, \quad \beta_{ik} = \frac{1}{So}\frac{\partial S_i}{\partial \xi_k'}. \tag{9.145}$$

Die Größen γ_{ik}, β_{ik} sind die bezogenen Steifigkeiten und Dämpfungen bzw. Feder- und Dämpfungskonstanten des Gleitlagers. Sie hängen außer von der Lagergeometrie nur von der Sommerfeldzahl ab. Zahlenwerte dieser Größen findet man u. a. in der in [30] und [31] zitierten Literatur.[2]

Bei sehr schmalen Lagern ($B \ll D$) oder sehr breiten ($B \gg D$) kann die Reynolds-Gleichung so vereinfacht werden, daß man geschlossene Ausdrücke für γ_{ik}, β_{ik} des Kreislagers erhält ([40]). Wir sprechen im ersten Fall von der „Kurzlagertheorie".

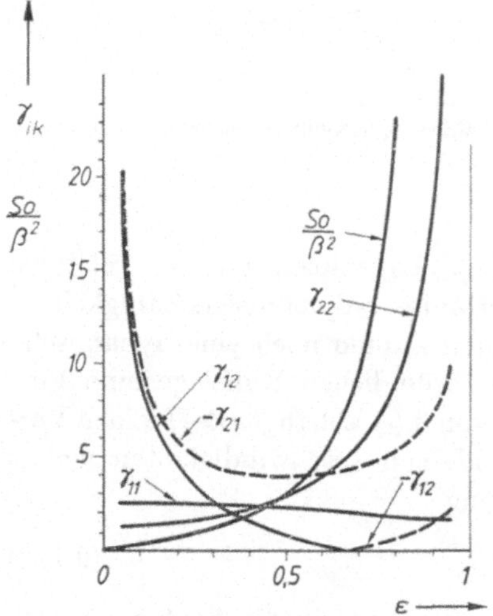

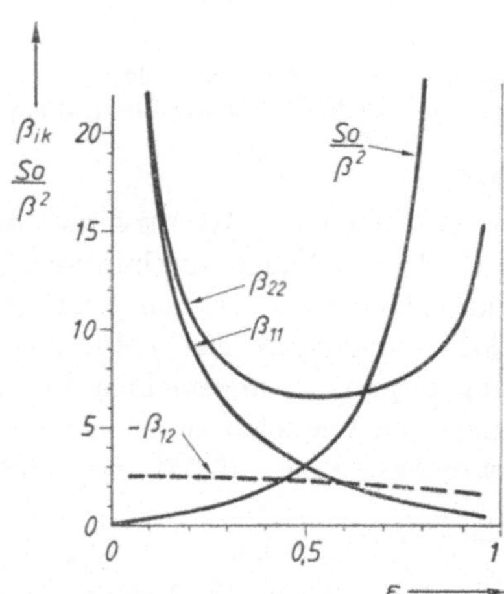

Bild 9.37. Federkonstanten des Kreislagers nach der Kurzlagertheorie

Bild 9.38. Dämpfungskonstanten des Kreislagers nach der Kurzlagertheorie. $\beta_{21} = \beta_{12}$

In den Bildern 9.37 und 9.38 sind die nach dieser Theorie berechneten Feder- und Dämpfungszahlen des Kreislagers dargestellt. Sie sind vom Breitenverhältnis $\beta = B/D$ unabhängig. Für die Sommerfeldzahl gilt

$$So = \beta^2 \frac{\pi}{2}\frac{\varepsilon}{(1-\varepsilon^2)^2}\sqrt{1-\varepsilon^2+\left(\frac{4\varepsilon}{\pi}\right)^2} = \beta^2 f(\varepsilon). \tag{9.146}$$

Die Kurzlagertheorie ergibt brauchbare Werte bis $\beta \approx 0{,}8$.

Wenden wir uns nun dem System Welle—Gleitlager zu und untersuchen zuerst die Eigenschwingungen. Wir beginnen mit einer starren Welle, die in der Mitte in negativer 2-Richtung mit der statischen Kraft $2F_z$ belastet ist (meistens $2F_z = G = mg$) und mit der Winkelgeschwindigkeit Ω dreht.

---

[2] Man beachte: Manche Autoren bevorzugen die Größen $\gamma_{ik}^* = So\gamma_{ik} = \partial S_i/\partial \xi_k$ und $\beta_{ik}^* = So\beta_{ik} = \partial S_i/\partial \xi_k'$.

In diesem Fall ist

$$k = \infty, \; y_1 = x_1, \; y_2 = x_2$$

und die Bewegungsgleichung der Eigenschwingungen

$$\begin{bmatrix} \dfrac{m}{2} & 0 \\[2mm] 0 & \dfrac{m}{2} \end{bmatrix} \begin{bmatrix} \ddot{x}_1 \\ \ddot{x}_2 \end{bmatrix} + \begin{bmatrix} d_{11} & d_{12} \\ d_{21} & d_{22} \end{bmatrix} \begin{bmatrix} \dot{x}_1 \\ \dot{x}_2 \end{bmatrix} + \begin{bmatrix} k_{11} & k_{12} \\ k_{21} & k_{22} \end{bmatrix} \begin{bmatrix} x_1 \\ x_2 \end{bmatrix} = \begin{bmatrix} 0 \\ 0 \end{bmatrix}. \tag{9.147}$$

Mit dem Ansatz

$$\boldsymbol{x} = \boldsymbol{v}\, e^{\lambda t}$$

erhält man in bekannter Weise die charakteristische Determinante. Wir führen zuvor die Bezugsfrequenz

$$\omega_{\mathrm{L}} = \sqrt{\dfrac{2F_{\mathrm{Z}}}{\delta m}} \tag{9.148}$$

und die Größen

$$\lambda' = \dfrac{\lambda}{\omega_{\mathrm{L}}}, \quad \beta'_{\mathrm{ik}} = \dfrac{\beta_{\mathrm{ik}}}{\eta'}, \quad \eta' = \dfrac{\omega_{\mathrm{L}}}{\Omega} \tag{9.149}$$

ein und erhalten

$$\begin{vmatrix} \lambda'^2 + \beta'_{11}\lambda' + \gamma_{11} & \beta'_{12}\lambda' + \gamma_{12} \\[2mm] \beta'_{21}\lambda' + \gamma_{21} & \lambda'^2 + \beta'_{22}\lambda' + \gamma_{22} \end{vmatrix} = 0$$

und daraus die charakteristische Gleichung

$$a_4\lambda'^4 + a_3\lambda'^3 + a_2\lambda'^2 + a_1\lambda' + a_0 = 0 \tag{9.150}$$

mit den Koeffizienten

$$a_4 = \eta'^2, \quad a_3 = A_3\eta', \quad a_2 = A_2 + A_4\eta'^2, \quad a_1 = A_1\eta', \quad a_0 = A_0\eta'^2 \tag{9.151}$$

und

$$A_0 = \gamma_{11}\gamma_{22} - \gamma_{12}\gamma_{21}$$

$$A_1 = \gamma_{11}\beta_{22} - \gamma_{12}\beta_{21} + \beta_{11}\gamma_{22} - \beta_{12}\gamma_{21}$$

$$A_2 = \beta_{11}\beta_{22} - \beta_{12}\beta_{21} \tag{9.152}$$

$$A_3 = \beta_{11} + \beta_{22}$$

$$A_4 = \gamma_{11} + \gamma_{22}.$$

Die Matrizen (γ_{ik}), (β_{ik}) sind unsymmetrisch, weshalb auch Eigenwerte

$$\lambda'_{\mathrm{k}} = \alpha'_{\mathrm{k}} + i\nu'_{\mathrm{k}}$$

mit positivem Realteil, also aufklingende Eigenschwingungen möglich sind. An der Stabilitätsgrenze ist der Realteil $\alpha'_{\mathrm{k}} = 0$.

Setzt man in (9.150) $\lambda' = i\nu$, dann erhält man

$$a_4\nu'^4 - ia_3\nu'^3 - a_2\nu'^2 + ia_1\nu' + a_0 = 0$$

bzw.

$$\text{Re}(\ ) = 0: \quad a_4\nu'^4 - a_2\nu'^2 + a_0 = 0$$

$$\text{Im}(\ ) = 0: \quad \nu'(a_3\nu'^2 - a_1) = 0$$

und daraus

$$\nu_1' = 0, \qquad \nu_2'^2 = \frac{a_1}{a_3}.$$

Die erste Möglichkeit, $\nu_1' = 0$, diskutieren wir später mit den Eigenwerten. Der Ausdruck für $\nu_2'^2$ ergibt in die Gleichung Re = 0 eingesetzt nach Multiplikation mit a_3 die Stabilitätsbedingung

$$a_1^2 a_4 - a_1 a_2 a_3 + a_0 a_3^2 = 0, \tag{9.153}$$

die nach (9.151) und (9.152) eine Funktion von $A_0, \ldots, A_4$ und η' ist. Wir lösen sie nach η' auf und erhalten

$$\eta' = \eta_\mathrm{G}' = \frac{\Omega_\mathrm{G}}{\omega_\mathrm{L}} = \sqrt{\frac{A_1 A_2 A_3}{A_1^2 - A_1 A_3 A_4 + A_0 A_3^2}}. \tag{9.154}$$

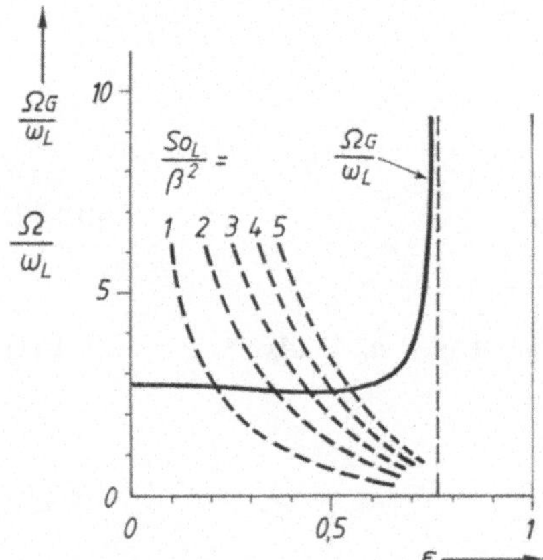

Bild 9.39. Stabilitätskarte. Starre Welle, Kreislager, Kurzlagertheorie. —— $\dfrac{\Omega_\mathrm{G}}{\omega_\mathrm{L}}$; ---- $\dfrac{\Omega}{\omega_\mathrm{L}}$

Die Größe $\Omega_\mathrm{G}/\omega_\mathrm{L}$ ist die bezogene Winkelgeschwindigkeit der starren Welle, bei welcher die Stabilitätsgrenze einer Eigenschwingung erreicht ist. Bei $\Omega > \Omega_\mathrm{G}$ wächst die betreffende Eigenschwingung mit der Zeit exponentiell an.

Da die A_i Funktionen von γ_ik und β_ik sind und diese für ein bestimmtes Lager nur von der relativen Zapfenexzentrizität abhängen, ist $\Omega_\mathrm{G}/\omega_\mathrm{L}$ nur eine Funktion von ε. Diese hat mit γ_ik, β_ik nach der Kurzlagertheorie den im Bild 9.39 dargestellten Verlauf. Für $\varepsilon > 0{,}76$ besteht immer Stabilität und im Bereich $0 < \varepsilon < \approx 0{,}7$ herrscht Instabilität ab $\Omega \approx 2{,}6\omega_\mathrm{L}$.

Um für eine bestimmte Welle die Grenzgeschwindigkeit aus einer Stabilitätskarte nach Bild 9.39 ermitteln zu können, muß man die Abhängigkeit Ω/ω_L von ε kennen. Bei einer bestimmten Welle ist die Größe

$$So_\mathrm{L} = \frac{F_\mathrm{Z}\psi^2}{DB\eta\omega_\mathrm{L}} \tag{9.155}$$

konstant. Damit und mit (9.146) ist die erforderliche Beziehung

$$\frac{\Omega}{\omega_\mathrm{L}} = \frac{So_\mathrm{L}}{\beta^2}\,\frac{1}{f(\varepsilon)}, \tag{9.156}$$

welche für $So_\mathrm{L}/\beta^2 = \mathrm{const}$ die im Bild 9.39 gestrichelt eingetragenen Kurven ergibt. Die Schnittpunkte dieser Kurven mit der Kurve für $\Omega_\mathrm{G}/\omega_\mathrm{L}$ ergeben eine Stabilitätskarte nach Bild 9.40, aus der die Grenzgeschwindigkeit direkt entnommen werden kann.

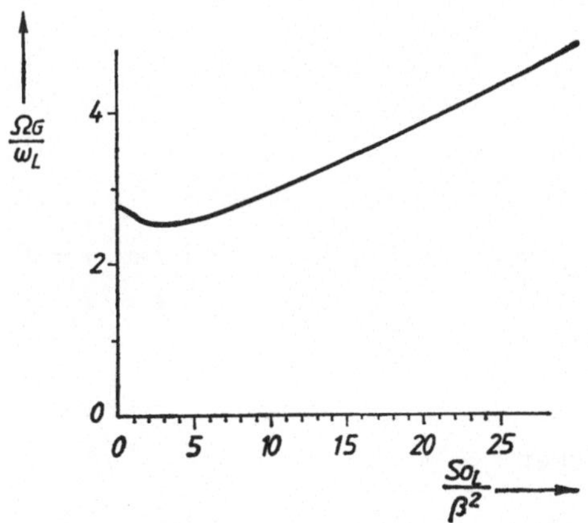

Bild 9.40. Stabilitätskarte. Starre Welle, Kreislager, Kurzlagertheorie

Bei elastischer Welle hat die Bewegungsgleichung nach Abschnitt 9.1.8 die Koordinaten y_1, y_2, x_1, x_2 für die Verschiebung der Wellenmitte und Zapfenmitte und die Matrizen (9.37) und (9.38). Um die Zahl der Parameter zu vermindern, setzen wir $d = 0$, nehmen also an, daß unmittelbar an der Scheibe keine Dämpfung wirkt.

Wir beziehen jetzt die Größe λ auf $\omega_\mathrm{k} = \sqrt{k/m}$, setzen

$$\lambda'' = \frac{\lambda}{\omega_\mathrm{k}} \tag{9.157}$$

und führen den Parameter

$$c = \frac{2F_\mathrm{Z}}{k\delta} = \frac{y_\mathrm{s}}{\delta} \tag{9.158}$$

ein, mit y_s als der statischen Durchbiegung der Welle infolge der Belastung mit

$2F_Z$ in deren Mitte. Damit erhält man die charakteristische Gleichung

$$b_6\lambda''^6 + b_5\lambda''^5 + \cdots + b_1\lambda'' + b_0 = 0 \tag{9.159}$$

mit den Koeffizienten

$$b_6 = A_2$$

$$b_5 = \left(A_1 + \frac{1}{c}\, A_3\right) \eta''$$

$$b_4 = \left(A_0 + \frac{1}{c^2} + \frac{1}{c}\, A_4\right) \eta''^2 + 2A_2$$

$$b_3 = \left(2A_1 + \frac{1}{c}\, A_3\right) \eta'' \tag{9.160}$$

$$b_2 = A_2 + 2A_0\eta''^2 + \frac{1}{c}\, A_4\eta''^2$$

$$b_1 = A_1\eta''$$

$$b_0 = A_0\eta''^2$$

und $\eta'' = \dfrac{\Omega}{\omega_k}$.

Die Stabilitätsgrenze erhält man mit $\lambda'' = i\nu''$. Aus $\mathrm{Re}(\ ) = 0$ und $\mathrm{Im}(\ ) = 0$ von (9.159) folgen die Lösungen

$$\nu_1'' = 0, \qquad \nu_2'' = 1, \qquad \nu_3'' = \sqrt{\frac{cA_1}{cA_1 + A_3}}$$

und mit ν_3'' die bezogene Grenzgeschwindigkeit

$$\frac{\Omega_G}{\omega_k} = \sqrt{\frac{cA_3}{cA_1 + A_3}} \, \frac{\Omega_G}{\omega_L}. \tag{9.161}$$

mit Ω_G/ω_L nach (9.154). Man beachte, daß der Einfluß der Wellenelastizität durch einen relativ einfachen Faktor erfaßt wird.

Für Wellen mit Kreislagern nach der Kurzlagertheorie erhält man eine Stabilitätskarte nach Bild 9.41. Demnach ist eine Welle mit $y_s = 0{,}2\delta$ bei $\varepsilon < 0{,}6$ schon ab der Drehgeschwindigkeit $\Omega \approx \omega_k$ instabil. Wie bei starrer Welle gibt es bei $\varepsilon > 0{,}76$ keine Instabilität.

Auch hier ist eine weitere Stabilitätskarte entsprechend Bild 9.40 zweckmäßig. Wir führen jetzt die für eine elastische Welle konstante Größe

$$So_k = \frac{F_Z\psi^2}{DB\eta\omega_k} \tag{9.162}$$

ein und erhalten mit (9.146) die Beziehung

$$\frac{\Omega}{\omega_k} = \frac{So_k}{\beta^2}\,\frac{1}{f(\varepsilon)} \tag{9.163}$$

und daraus mit unseren Lagerdaten eine Stabilitätskarte nach Bild 9.42. Bei der Beurteilung des Einflusses einzelner Größen auf die Stabilität beachte man deren Vorkommen in der Abszisse, der Ordinate und im Parameter y_s/δ. So nehmen z. B. beim Vergrößern der Steifigkeit k die Zahlenwerte von So_k und y_s ab, und einem gleichen Wert von Ω_G/ω_k entspricht ein größerer Wert von Ω_G als vorher, da ω_k mit k zunimmt.

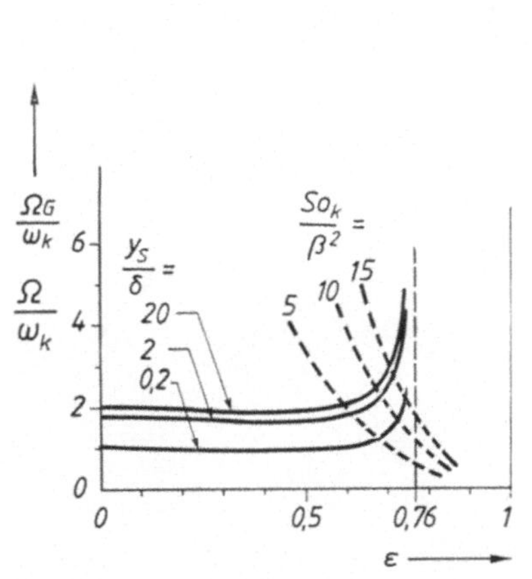

Bild 9.41. Stabilitätskarte. Elastische Welle, Kreislager, Kurzlagertheorie.

$$\underline{\qquad}\ \frac{\Omega_G}{\omega_k}\ ;\quad \text{-----}\ \frac{\Omega}{\omega_k}$$

Bild 9.42. Stabilitätskarte. Elastische Welle, Kreislager, Kurzlagertheorie

Nach Kenntnis der Stabilitätsgrenze fragen wir nach den Eigenwerten. Bei elastischer Welle folgen die bezogenen Eigenwerte

$$\lambda_j'',\ \lambda_j''^* = \frac{\lambda_j}{\omega_k},\ \frac{\lambda_j^*}{\omega_k} = \frac{\alpha_j}{\omega_k} \pm \mathrm{i}\,\frac{\nu_j}{\omega_k} \tag{9.164}$$

als Wurzeln der charakteristischen Gleichung (9.159). Sie hängen ab vom

Lagertyp, dem Breitenverhältnis, den Parametern So_k und $c = y_s/\delta$, sowie von der bezogenen Drehgeschwindigkeit Ω/ω_k.

Für eine Welle mit $So_k = 0{,}2$ und $c = 0{,}3$ mit Kreislagern und $\beta = 0{,}8$ (berechnet nach der Kurzlagertheorie) erhält man drei konjugiert komplexe Eigenwertpaare, deren Real- und Imaginärteil im Bild 9.43 über der Drehgeschwindigkeit dargestellt sind.

Der Imaginärteil ist die bezogene Eigenfrequenz ν_j/ω_k. Die erste Eigenfrequenz beginnt bei Null und steigt stetig an; sie ist am Anfang offenbar hauptsächlich durch die Federung der Gleitlager bestimmt. Die anderen beiden Eigenfrequenzen sind bis $\Omega \approx 1{,}3\omega_k$ etwa gleich der Eigenfrequenz ω_k der starr gelagerten Welle.

Kritische Drehgeschwindigkeiten ergeben sich als Schnittpunkte mit der Ω-Linie. Es existieren zwei dicht benachbarte mit dem Betrag von etwa ω_k.

Der Realteil ist die bezogene Aufklingkonstante α_j/ω_k. Bei $\Omega = 1{,}2\omega_k$ geht α_1/ω_k durch Null, hier ist also die Stabilitätsgrenze der ersten Eigenschwingung. Zufällig sind hierbei die Eigenfrequenzen ν_2 und ν_3 praktisch gleich. Die bei der Stabilitätsberechnung gefundene Möglichkeit von Stabilitätsgrenzen bei $\nu_1'' = 0$ und $\nu_2'' = 1$ trifft zu, denn mit $\Omega/\omega_k \to 0$ gehen auch α_j/ω_k gegen Null. Für die starre Welle gilt bei $\nu_1' = 0$ das gleiche.

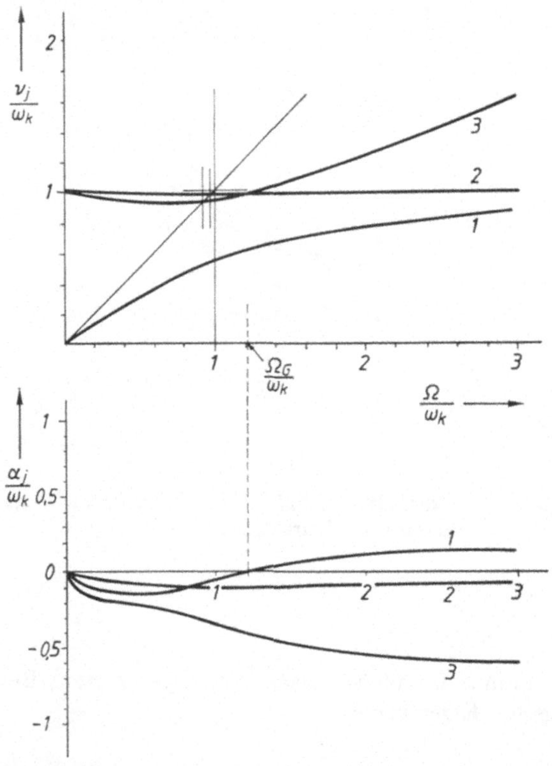

Bild 9.43. Eigenfrequenzen und Aufklingkonstanten einer Lavalwelle mit Kreislagern. $\beta = 0{,}8$, $So_k = 0{,}2$, $c = 0{,}3$

Als letztes betrachten wir die Unwuchtschwingungen für eine Welle mit den genannten Daten. Bild 9.44 zeigt die Ausschlagsamplituden der Scheibe und des Zapfens in 1- und 2-Richtung über der Drehgeschwindigkeit. Die beiden kritischen Drehgeschwindigkeiten sind nur an der Scheibe in 1-Richtung getrennt bemerkbar. Sonst erscheint im Bereich $\Omega \approx \omega_k$ nur ein Gipfel. Man beachte, daß als größte Amplitude nur etwa $3e$ auftritt, obwohl nur an den Gleitlagern Dämpfung angenommen wurde; diese dämpfen also ziemlich stark.

Der Zapfen hat bei Resonanz einen Ausschlag von der Größe der Massenexzentrizität e. Nimmt man an, daß die hier angewandte lineare Theorie noch brauchbare Werte bei einem Zapfenausschlag von 20% des Lagerspiels $\delta = R - r$ ergibt, dann sind die Ergebnisse bis zu einer Massenexzentrizität $e \approx 0{,}2\delta$ brauchbar.

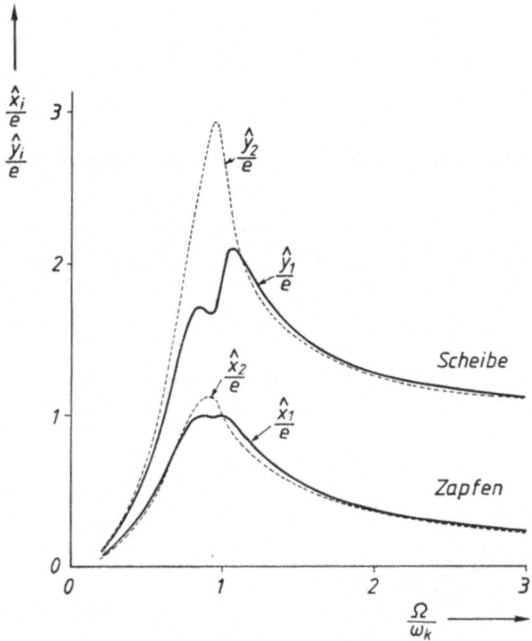

Bild 9.44. Ausschlagsamplituden bei Unwuchterregung

9.6.8 Unrunde Welle

Für eine Lavalwelle mit unrundem Querschnitt wurde die Bewegungsgleichung im Abschnitt 9.1.9 hergeleitet. Die unterschiedliche Wellensteifigkeit bewirkt bei Drehung zeitveränderliche Steifigkeit für feststehende Koordinaten. Die Bewegungsgleichung wurde daher für drehende Koordinaten aufgestellt:

$$\begin{bmatrix} m & 0 \\ 0 & m \end{bmatrix}\begin{bmatrix} \ddot{u}_1 \\ \ddot{u}_2 \end{bmatrix} + \begin{bmatrix} d & -2m\Omega \\ 2m\Omega & d \end{bmatrix}\begin{bmatrix} \dot{u}_1 \\ \dot{u}_2 \end{bmatrix} + \begin{bmatrix} k_1 - m\Omega^2 & -d\Omega \\ d\Omega & k_2 - m\Omega^2 \end{bmatrix}\begin{bmatrix} u_1 \\ u_2 \end{bmatrix}$$

$$= me\Omega^2 \begin{bmatrix} \cos\beta \\ \sin\beta \end{bmatrix} - G \begin{bmatrix} \sin\Omega t \\ \cos\Omega t \end{bmatrix}. \tag{9.165}$$

Die Lösung erhält man in bekannter Weise und transformiert sie dann auf die feststehenden Koordinaten y_1, y_2.

Wir beginnen wieder mit der Berechnung der Eigenschwingungen. Zur Vereinfachung setzen wir $d = 0$ und dividieren die homogene Gl. (9.165) durch m. Die Größen

$$\omega_1 = \sqrt{\frac{k_1}{m}}, \quad \omega_2 = \sqrt{\frac{k_2}{m}} \tag{9.166}$$

sind die Eigenfrequenzen der stehenden Welle für die Hauptrichtungen 1 und 2. Ihr Verhältnis ist ein Maß für die Unrundheit der Welle. Die Bewegungsgleichung ist damit

$$\begin{bmatrix} 1 & 0 \\ 0 & 1 \end{bmatrix}\begin{bmatrix} \ddot{u}_1 \\ \ddot{u}_2 \end{bmatrix} + \begin{bmatrix} 0 & -2\Omega \\ 2\Omega & 0 \end{bmatrix}\begin{bmatrix} \dot{u}_1 \\ \dot{u}_2 \end{bmatrix} + \begin{bmatrix} \omega_1^2 - \Omega^2 & 0 \\ 0 & \omega_2^2 - \Omega^2 \end{bmatrix}\begin{bmatrix} u_1 \\ u_2 \end{bmatrix} = \begin{bmatrix} 0 \\ 0 \end{bmatrix}.$$

Mit $u = v\,e^{\lambda t}$ erhält man daraus die Gleichung

$$\begin{bmatrix} \lambda^2 + \omega_1^2 - \Omega^2 & -2\Omega\lambda \\ 2\Omega\lambda & \lambda^2 + \omega_2^2 - \Omega^2 \end{bmatrix} \begin{bmatrix} v_1 \\ v_2 \end{bmatrix} = \begin{bmatrix} 0 \\ 0 \end{bmatrix} \tag{9.167}$$

und durch Nullsetzen der charakteristischen Determinante die folgenden Eigenwertquadrate

$$\lambda_{1,2}^2 = -\frac{1}{2}\,(\omega_1^2 + \omega_2^2 + 2\Omega^2) \pm \sqrt{\frac{1}{4}\,(\omega_1^2 + \omega_2^2 + 2\Omega^2)^2 - (\omega_1^2 - \Omega^2)\,(\omega_2^2 - \Omega^2)}\,. \tag{9.168}$$

Wir nehmen als Beispiel $\omega_2 = 1{,}8\omega_1$[3] an und erhalten die im Bild 9.45 dargestellten Verläufe von λ_1^2 und λ_2^2 über Ω^2. Diese sind typisch für beliebige Verhältnisse ω_2/ω_1. Es ergibt sich:

— λ_1^2 und λ_2^2 sind reell,

— λ_2^2 ist immer negativ,

— λ_1^2 ist positiv im Bereich $\omega_1 < \Omega < \omega_2$, sonst negativ.

Damit erhält man mit $\lambda_k, \lambda_k^* = \alpha_k \pm i\nu_k$ außerhalb des Bereichs $\omega_1 < \Omega < \omega_2$ die Eigenwerte

$$\lambda_1, \lambda_1^* = \pm i\,\sqrt{|\lambda_1^2|} = \pm i\nu_1$$

und innerhalb dieses Bereichs

$$\lambda_1, \lambda_1^* = \pm\sqrt{\lambda_1^2} = \pm\alpha_1\,,$$

sowie für beliebige Ω

$$\lambda_2, \lambda_2^* = \pm i\,\sqrt{|\lambda_2^2|} = \pm i\nu_2\,. \tag{9.168a}$$

Somit gibt es für $\Omega < \omega_1$ und $\Omega > \omega_2$ zwei indifferente Eigenschwingungen mit den Frequenzen ν_1 und ν_2 und zwischen ω_1 und ω_2 eine indifferente Eigenschwingung mit der Frequenz ν_2 und je eine exponentiell aufklingende und abklingende Eigenbewegung mit der Aufklingkonstanten α_1: es herrscht Instabilität. Das Bild 9.46 zeigt die Größen ν_1, ν_2 und α_1 für $\omega_2 = 1{,}8\omega_1$.

Die Gleichungen der Eigenvektoren erhalten wir durch Einsetzen von $\lambda = \lambda_k$ in (9.167). Nach der ersten Zeile dieser Gleichung ist

$$(\lambda_k^2 + \omega_1^2 - \Omega^2)\,v_{1k} - 2\Omega\lambda_k v_{2k} = 0\,.$$

Mit $\lambda_k, \lambda_k^* = \pm i\nu_k$ ist

$$v_{2k} = \pm i w_k v_{1k} \quad \text{mit} \quad w_k = \frac{\nu_k^2 - \omega_1^2 + \Omega^2}{2\Omega\nu_k}\,. \tag{9.169}$$

---

[3] Dieses ungewöhnlich große Verhältnis ω_2/ω_1 wurde gewählt, um deutliche Erscheinungen zu bekommen.

Wir dürfen beliebig normieren. Mit $v_{1k} = 1$ erhalten wir die Eigenvektoren

$$\boldsymbol{v}_k, \boldsymbol{v}_k^* = \begin{bmatrix} 1 \\ iw_k \end{bmatrix}, \begin{bmatrix} 1 \\ -iw_k \end{bmatrix} = \begin{bmatrix} 1 \\ 0 \end{bmatrix} \pm i \begin{bmatrix} 0 \\ w_k \end{bmatrix} = \boldsymbol{r}_k \pm i\boldsymbol{s}_k; \quad k = 1, 2 \tag{9.170}$$

und daraus entsprechend (9.88) mit $\boldsymbol{u}_k(t)$ statt $\boldsymbol{x}_k(t)$ und $\alpha_k = 0$ für die Eigen-lösungen bei $\Omega < \omega_1$ und $\Omega > \omega_2$:

$$\boldsymbol{u}_k(t) = C_k \left\{ \begin{bmatrix} 1 \\ 0 \end{bmatrix} \sin(\nu_k t + \gamma_k) + \begin{bmatrix} 0 \\ w_k \end{bmatrix} \cos(\nu_k t + \gamma_k) \right\}. \tag{9.171a}$$

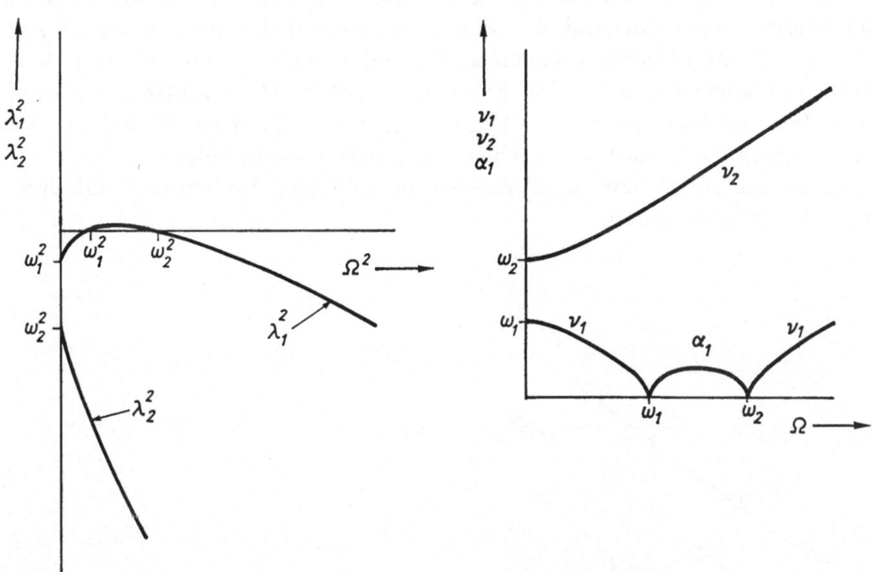

Bild 9.45. Eigenwertquadrate der unrun-den Welle mit $\omega_2 = 1{,}8\omega_1$

Bild 9.46. Eigenfrequenzen ν_1, ν_2 und Auf-klingkonstante α_1 der unrunden Welle für drehende Koordinaten. $\omega_2 = 1{,}8\omega_1$

Für den Bereich $\omega_1 < \Omega < \omega_2$ findet man

$$\left.\begin{aligned} \boldsymbol{u}_{1a}(t) &= C_{1a}\, e^{\alpha_1 t} \begin{bmatrix} 1 \\ w \end{bmatrix} \quad \text{mit} \quad w = \frac{\alpha_1^2 + \omega_1^2 - \Omega^2}{2\Omega\alpha_1} \\[2ex] \boldsymbol{u}_{1b}(t) &= C_{1b}\, e^{-\alpha_1 t} \begin{bmatrix} 1 \\ -w \end{bmatrix} \\[2ex] \boldsymbol{u}_2(t) &= C_2 \left[\begin{pmatrix} 1 \\ 0 \end{pmatrix} \sin(\nu_2 t + \gamma_2) + \begin{pmatrix} 0 \\ w_2 \end{pmatrix} \cos(\nu_2 t + \gamma_2) \right] \end{aligned}\right\}. \tag{9.171b}$$

Die Gleichungen (9.171 a) und (b) beschreiben die Eigenbewegung der Wellen-mitte im drehenden u_1, u_2-System. Zum ruhenden y_1, y_2-System besteht die Beziehung

$$\begin{bmatrix} y_1 \\ y_2 \end{bmatrix} = \begin{bmatrix} \cos\Omega t & -\sin\Omega t \\ \sin\Omega t & \cos\Omega t \end{bmatrix} \begin{bmatrix} u_1 \\ u_2 \end{bmatrix}, \tag{9.172}$$

womit die Lösung (9.171a) bzw. die Lösung $u_2(t)$ nach (9.171b) auf die folgende
Form transformiert werden:

$$y_{1k}(t) = \frac{1}{2}\,C_k\{(1 - w_k)\sin\left[(\Omega + v_k)\,t + \gamma_k\right] - (1 + w_k)\sin\left[(\Omega - v_k)\,t - \gamma_k\right]\}$$

$$y_{2k}(t) = \frac{1}{2}\,C_k\{-(1 - w_k)\cos\left[(\Omega + v_k)\,t + \gamma_k\right] + (1 + w_k)\cos\left[(\Omega - v_k)\,t - \gamma_k\right]\}.$$

$$(9.173)$$

Im ruhenden System bestehen somit die Eigenschwingungen der unrunden Welle
aus der Summe zweier harmonischer Schwingungen mit den Frequenzen $\Omega + v_k$
und $\Omega - v_k$. Ihr Amplitudenverhältnis ist durch die Faktoren $1 - w_k$ und $1 + w_k$
bestimmt. Im allgemeinen ist das Frequenzverhältnis $(\Omega + v_k)/(\Omega - v_k)$ keine
rationale Zahl, weshalb die Eigenbewegung nicht periodisch ist. Praktisch wird
sich der Vorgang nach einer entsprechend langen Zeit wiederholen.

Die Lösungen $u_{1a}(t)$ bzw. $u_{1b}(t)$ ergeben im ruhenden System eine auf- bzw.
abklingende Spiralbewegung.

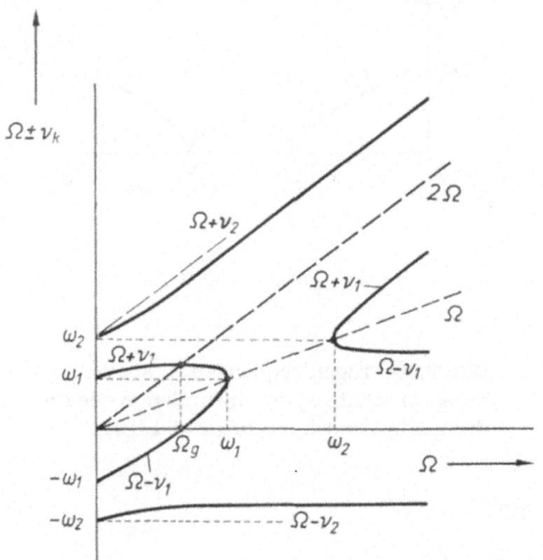

Bild 9.47. Eigenfrequenzen der unrunden Welle für ruhende Koordinaten.
$\omega_2 = 1{,}8\omega_1$

Im Bild 9.47 sind für unser Beispiel mit $\omega_2 = 1{,}8\omega_1$ die Eigenfrequenzen für
ruhende Koordinaten aufgetragen. Im Bereich außerhalb $\omega_1 < \Omega < \omega_2$ existieren
vier und innerhalb dieses Bereichs zwei Eigenfrequenzen. Man erkennt leicht das
Allgemeine: je nach dem Verhältnis ω_2/ω_1 rücken die Kurvenäste mehr oder
weniger zusammen. Im Grenzfall der runden Welle, $\omega_2 = \omega_1 = \omega_k$, ist nur ω_k
Eigenfrequenz.

Das Bild 9.48 zeigt für $\omega_2 = 1{,}8\omega_1$ die Bahnen der Eigenschwingungen bei den
Drehgeschwindigkeiten $\Omega = 0{,}5\omega_1$, $1{,}5\omega_1$ und $2{,}5\omega_1$, also unterhalb und oberhalb
des instabilen Bereichs und dazwischen.

Bei $\Omega = 0{,}5\omega_1$ ist $v_1 = 0{,}73\omega_1$ und $v_2 = 2{,}05\omega_1$. Die 1. Eigenschwingung enthält damit die Frequenzen $(0{,}5 \pm 0{,}73)\,\omega_1 = 1{,}23\omega_1$ und $-0{,}23\omega_1$. Entsprechend

ist für die 2. Eigenschwingung $(0,5 \pm 2,05)\,\omega_1 = 2,55\omega_1$ und $-1,55\omega_1$. Die Eigenschwingungen sind für die Dauer einer Wellendrehung aufgetragen.

Bei $\Omega = 1,5\omega_1$ existiert nur eine (indifferente) Eigenschwingung mit $\nu_2 = 2,98\omega_1$. Sie besteht aus den Frequenzen $(1,5 \pm 2,98)\,\omega_1 = 4,48\omega_1$ und $-1,48\omega_1$.

Bei $\Omega = 2,5\omega_1$ ist $\nu_1 = 1,00\omega_1$ und $\nu_2 = 3,97\omega_1$, womit die 1. Eigenschwingung die Frequenzen $(2,5 \pm 1,00)\,\omega_1 = 3,50\omega_1$ und $1,5\omega_1$ und die 2. Eigenschwingung die Frequenzen $(2,5 \pm 3,97)\,\omega_1 = 6,47\omega_1$ und $-1,47\omega_1$ enthält. Hier sind die Bahnen für die Dauer von zwei Wellenumdrehungen dargestellt.

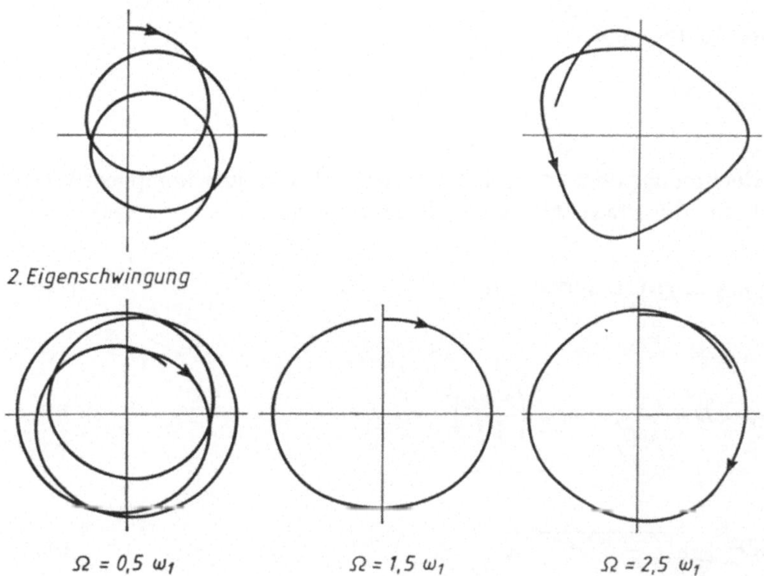

Bild 9.48. Eigenschwingungen der unrunden Welle mit $\omega_2 = 1,8\omega_1$

Wir haben bisher die Dämpfung vernachlässigt. Jetzt nehmen wir eine an der Scheibe angreifende Dämpfung an, setzen also $d > 0$ und untersuchen deren Einfluß auf die Stabilität der Eigenschwingungen.

Mit $d \neq 0$ wird aus (9.167) bei $\delta = d/2m$

$$\begin{bmatrix} \lambda^2 + 2\delta\lambda + \omega_1^2 - \Omega^2 & -2\Omega(\lambda + \delta) \\ 2\Omega(\lambda + \delta) & \lambda^2 + 2\delta\lambda + \omega_2^2 - \Omega^2) \end{bmatrix} \begin{bmatrix} v_1 \\ v_2 \end{bmatrix} = \begin{bmatrix} 0 \\ 0 \end{bmatrix} \tag{9.174}$$

und die charakteristische Gleichung

$$\left. \begin{aligned} &\lambda^4 + a_3\lambda^3 + a_2\lambda^2 + a_1\lambda + a_0 = 0 \\ &\text{mit} \\ &a_3 = 4\delta, \qquad a_2 = \omega_1^2 + \omega_2^2 + 2\Omega^2 + 4\delta^2 \\ &a_1 = 2\delta(\omega_1^2 + \omega_2^2 + 2\Omega^2) \\ &a_0 = (\omega_1^2 - \Omega^2)\,(\omega_2^2 - \Omega^2) + 4\Omega^2\delta^2 \end{aligned} \right\} . \tag{9.175}$$

Zur Berechnung der Stabilitätsgrenze setzen wir in gewohnter Weise $\lambda = i\nu$ und erhalten

$$\nu^4 - ia_3\nu^3 - a_2\nu^2 + ia_1\nu + a_0 = 0$$

bzw.

$$\nu^4 - a_2\nu^2 + a_0 = 0$$

und

$$-a_3\nu^3 + a_1\nu = 0.$$

Daraus folgen die Bedingungen:

$$\nu_a = 0 \quad \text{oder} \quad \nu_b^2 = \frac{a_1}{a_3}.$$

Nach längerer Rechnung findet man, daß die zweite Bedingung komplexe Werte für Ω^2 erfordert, für die Praxis also keine Bedeutung hat. Die erste Bedingung, $\nu_a = 0$, fordert

$$a_0 = (\omega_1^2 - \Omega^2)(\omega_2^2 - \Omega^2) + 4\Omega^2\delta^2 = 0, \tag{9.176}$$

woraus mit

$$\omega_k^2 = \frac{\omega_1^2 + \omega_2^2}{2}, \quad D = \frac{\delta}{\omega_k}, \quad c = \left(\frac{\omega_1\omega_2}{\omega_k^2}\right)^2 \tag{9.176a}$$

die Gleichung

$$\left(\frac{\Omega}{\omega_k}\right)^2 = 1 - 2D^2 \pm \sqrt{(1 - 2D^2)^2 - c} \tag{9.177}$$

für die Stabilitätsgrenze folgt. Man erhält damit eine Stabilitätskarte nach Bild 9.49. Erwartungsgemäß wird der instabile Bereich mit zunehmender Dämpfung kleiner. Bei einer bestimmten Unrundheit ω_2/ω_1 gibt es eine Mindestdämpfung, für die gerade die Stabilitätsgrenze erreicht ist und eine kleinere Dämpfung Instabilität ergibt. Man erhält sie durch Nullsetzen der Wurzel von (9.177) (entspricht dem Minimum der Grenzkurve) zu

$$D_{\min} = \frac{\omega_2 - \omega_1}{\sqrt{2(\omega_1^2 + \omega_2^2)}}. \tag{9.178}$$

Untersuchen wir nun die erzwungenen Schwingungen. Hierfür ist die vollständige Bewegungsgleichung (9.165) maßgebend. Ihre rechte Seite besteht aus zwei Gliedern, eines hängt von der Unwuchtkraft $me\Omega^2$, das andere von der Gewichtskraft G ab. Die Gleichung ist linear, wir können daher die Einflüsse getrennt untersuchen und dann die Lösungen addieren. Wir betrachten zunächst die Unwuchtschwingungen, setzen also $G = 0$. Nach Division mit m entsteht dann aus (9.165)

$$\begin{bmatrix} 1 & 0 \\ 0 & 1 \end{bmatrix}\begin{bmatrix} \ddot{u}_1 \\ \ddot{u}_2 \end{bmatrix} + \begin{bmatrix} 2\delta & -2\Omega \\ 2\Omega & 2\delta \end{bmatrix}\begin{bmatrix} \dot{u}_1 \\ \dot{u}_2 \end{bmatrix} + \begin{bmatrix} \omega_1^2 - \Omega^2 & -2\delta\Omega \\ 2\delta\Omega & \omega_2^2 - \Omega^2 \end{bmatrix}\begin{bmatrix} u_1 \\ u_2 \end{bmatrix} = e\Omega^2\begin{bmatrix} \cos\beta \\ \sin\beta \end{bmatrix}. \tag{9.179}$$

Die rechte Seite ist konstant, womit auch die Verschiebungen u_1 und u_2 konstant sind. Man findet

$$\left.\begin{aligned} u_1 &= \frac{e\Omega^2}{N}\,[(\omega_2^2 - \Omega^2)\cos\beta + 2\delta\Omega\sin\beta] \\[2mm] u_2 &= \frac{e\Omega^2}{N}\,[(\omega_1^2 - \Omega^2)\sin\beta - 2\delta\Omega\cos\beta] \end{aligned}\right\}. \qquad (9.180)$$

mit

$$N = (\omega_1^2 - \Omega^2)(\omega_2^2 - \Omega^2) + (2\delta\Omega)^2$$

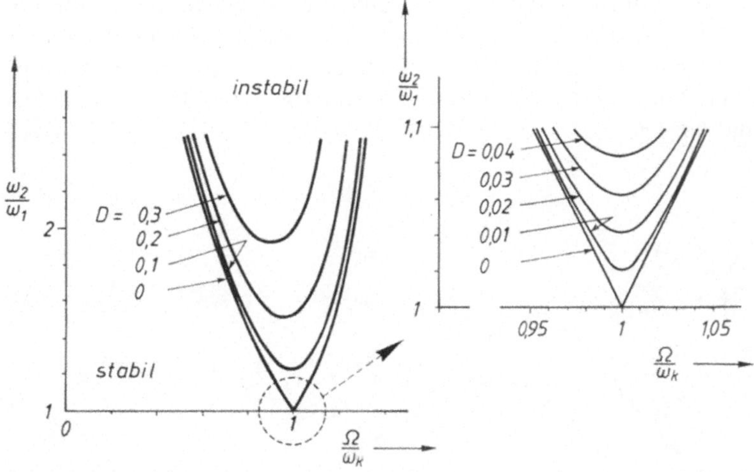

Bild 9.49. Stabilitätskarte der unrunden Welle

Die resultierende Verschiebung beträgt

$$u = \sqrt{u_1^2 + u_2^2}, \qquad (9.181)$$

und sie dreht gegenüber dem ruhenden System mit der Geschwindigkeit Ω. Damit ergibt die Unwuchtkraft eine Kreisbewegung der Wellenmitte mit dem Radius u, der nach (9.180) der Massenexzentrizität e proportional ist und wesentlich von Ω abhängt.

Bei Dämpfung gleich Null ist

$$u_1 = e\,\frac{\Omega^2}{\omega_1^2 - \Omega^2}\cos\beta, \qquad u_2 = e\,\frac{\Omega^2}{\omega_2^2 - \Omega^2}\sin\beta, \qquad (9.182)$$

so daß der Radius u bei $\Omega = \omega_1$ und $\Omega = \omega_2$ unendlich wird. Der Winkel β kennzeichnet die Lage des Massenmittelpunkts S bezüglich den Koordinaten u_1, u_2 bzw. den Hauptachsen des Wellenquerschnitts (Bild 9.50). Bei $\beta = 0°$ wird u nur bei $\Omega = \omega_1$ unendlich und bei $\beta = 90°$ wird u nur bei $\Omega = \omega_2$ unendlich. Die Lage des Massenmittelpunkts bzw. der Exzentrizität e zu den Hauptachsen hat also wesentlichen Einfluß auf die Unwuchtschwingungen.

Auch mit Dämpfung kann der Radius u unendlich werden, wenn der Nenner N nach (9.180) Null ist. Diese Bedingung entspricht nach (9.176) der Stabilitätsgrenze. Der Radius u wird also bei den zwei Frequenzen nach (9.177) unendlich. Voraussetzung ist, daß der Dämpfungsgrad kleiner als $D_{\min}$ nach (9.178) ist. Bei größerem Dämpfungsgrad bleibt der Radius u endlich. Betrachten wir z. B. eine Welle mit $\omega_2 = 1{,}1\omega_1$. Für diese ist $D_{\min} = 0{,}0476$. Mit $D = 0{,}1 > D_{\min}$ liefert die Berechnung die im Bild 9.50 über der Frequenz aufgetragenen bezogenen Radien u/e für verschiedene Winkellagen der Exzentrizität e. Bei $\beta = 0°$ erscheint etwas oberhalb von ω_1 ein Gipfel mit der Höhe 7,4 und bei $\beta = 90°$ etwas unterhalb von ω_2 ein etwa gleich hoher Gipfel. Bei $\beta = 45°$ existiert ein Gipfel der Höhe 9,5 bei $\Omega \approx \omega_k$. Das Beispiel zeigt, daß Unrundheit der Welle „entdämpfend" wirkt, denn bei $D = 0{,}1$ dürfte mit der Beziehung für die runde Welle nur $u/e \approx 1/2 \cdot 0{,}1 = 5$ entstehen. Hingegen entspricht $u/e = 7{,}4$ einem D von 0,068 und $u/e = 9{,}5$ einem D von 0,053. In der Mitte des Bereichs ω_1, ω_2 ist die Entdämpfung stärker als am Rand, weshalb der Resonanzgipfel mit $\beta = 45°$ etwas höher als mit $\beta = 0°$ und $90°$ ist.

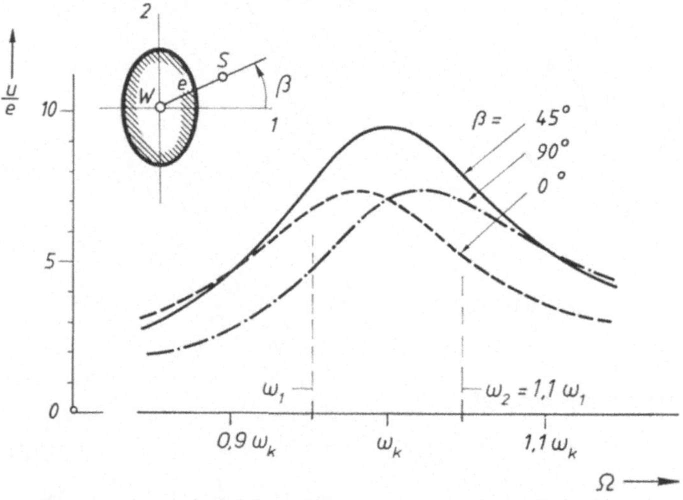

Bild 9.50. Unwuchtschwingungen der unrunden Welle mit $\omega_2 = 1{,}1\omega_1$ und $D = 0{,}1$

Bei der unrunden Welle ergibt neben der Unwuchtkraft auch das Gewicht — oder allgemeiner: eine raumfeste konstante Kraft — eine erzwungene Schwingung. Um diese Erregungsart zu untersuchen, setzen wir in (9.165) die Unwuchtkraft $me\Omega^2$ gleich Null, dividieren durch m und erhalten die Gleichung

$$\begin{bmatrix} 1 & 0 \\ 0 & 1 \end{bmatrix}\begin{bmatrix} \ddot{u}_1 \\ \ddot{u}_2 \end{bmatrix} + \begin{bmatrix} 2\delta & -2\Omega \\ 2\Omega & 2\delta \end{bmatrix}\begin{bmatrix} \dot{u}_1 \\ \dot{u}_2 \end{bmatrix} + \begin{bmatrix} \omega_1^2 - \Omega^2 & -2\delta\Omega \\ 2\delta\Omega & \omega_2^2 - \Omega^2 \end{bmatrix}\begin{bmatrix} u_1 \\ u_2 \end{bmatrix} = -g\begin{bmatrix} \sin \Omega t \\ \cos \Omega t \end{bmatrix} \tag{9.183}$$

mit der partikulären Lösung (Abschnitt 9.3)

$$\boldsymbol{u}(\Omega, t) = \boldsymbol{u}_{\mathrm{s}}(\Omega) \sin \Omega t + \boldsymbol{u}_{\mathrm{c}}(\Omega) \cos \Omega t. \tag{9.184}$$

Das Gewicht ergibt demnach im drehenden System eine harmonische Schwingung mit der Frequenz Ω.

Bei Vernachlässigung der Dämpfung, also bei $\delta = 0$, lautet die Lösung

$$u(\Omega, t) = \frac{g}{\omega_1^2 \omega_2^2 - 2\Omega^2(\omega_1^2 + \omega_2^2)} \begin{bmatrix} (4\Omega^2 - \omega_2^2) \sin \Omega t \\ (4\Omega^2 - \omega_1^2) \cos \Omega t \end{bmatrix} = \begin{bmatrix} A(\Omega) \sin \Omega t \\ B(\Omega) \cos \Omega t \end{bmatrix}. \qquad (9.185)$$

Dies ist im drehenden System eine Ellipsenbahn nach Bild 9.51. Die Bewegung im ruhenden System ist mit $y = Tu$ nach (9.172)

$$T(\Omega)\, u(\Omega, t) = y(2\Omega, t), \qquad (9.186)$$

also eine Bewegung mit der Frequenz der doppelten Drehgeschwindigkeit 2Ω.

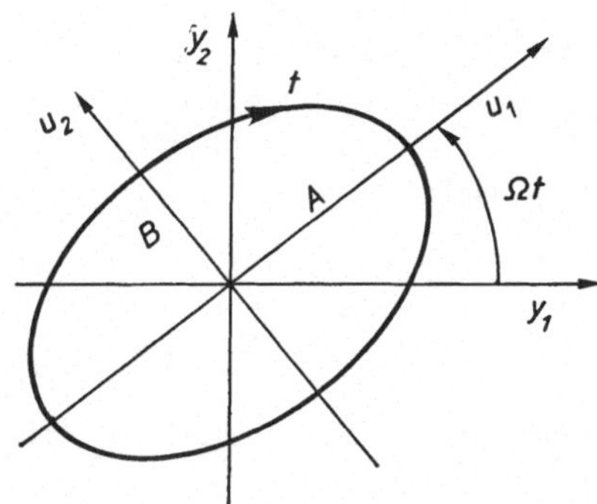

Bild 9.51. Bahn der Mitte einer unrunden Welle im drehenden System bei Gewichtserregung

Die Berechnung ergibt

$$y(2\Omega, t) = \begin{bmatrix} r(\Omega) \sin 2\Omega t \\ a(\Omega) - r(\Omega) \cos 2\Omega t \end{bmatrix} \qquad (9.187)$$

mit

$$a(\Omega) = \frac{g}{2} \frac{8\Omega^2 - (\omega_1^2 + \omega_2^2)}{\omega_1^2 \omega_2^2 - 2\Omega^2(\omega_1^2 + \omega_2^2)}, \qquad r(\Omega) = \frac{g}{2} \frac{\omega_1^2 - \omega_2^2}{\omega_1^2 \omega_2^2 - 2\Omega^2(\omega_1^2 + \omega_2^2)}. \qquad (9.188)$$

(9.187) beschreibt eine Kreisbahn mit dem Mittelpunkt $\big(0,\, a(\Omega)\big)$ und dem Radius $r(\Omega)$. Während sich die Welle einmal dreht, durchfährt die Wellenmitte den erwähnten Kreis zweimal (Bild 9.52). Wir berechnen a und r für die folgenden Fälle.

1) $\Omega = 0$

Hierbei ist

$$a = -\frac{g}{2} \frac{\omega_1^2 + \omega_2^2}{\omega_1^2 \omega_2^2} = -\frac{mg}{2} \frac{k_1 + k_2}{k_1 k_2} = -\frac{1}{2}\left(\frac{G}{k_2} + \frac{G}{k_1}\right) = \bar{y}_s \qquad (9.189)$$

mit $\bar{y}_s$ als dem arithmetischen Mittel aus der statischen Durchbiegung in 1- und

2-Richtung infolge der Kraft G. Der Radius ist

$$r = \frac{g}{2}\,\frac{\omega_1^2 - \omega_2^2}{\omega_1^2 \omega_2^2} = \frac{mg}{2}\,\frac{k_1 - k_2}{k_1 k_2} = -\frac{1}{2}\left(\frac{G}{k_1} - \frac{G}{k_2}\right) = \frac{1}{2}\,\Delta y_\mathrm{s} \qquad (9.190)$$

mit Δy_s als dem Betrag der Differenz aus den statischen Durchbiegungen in 1- und 2-Richtung infolge G.

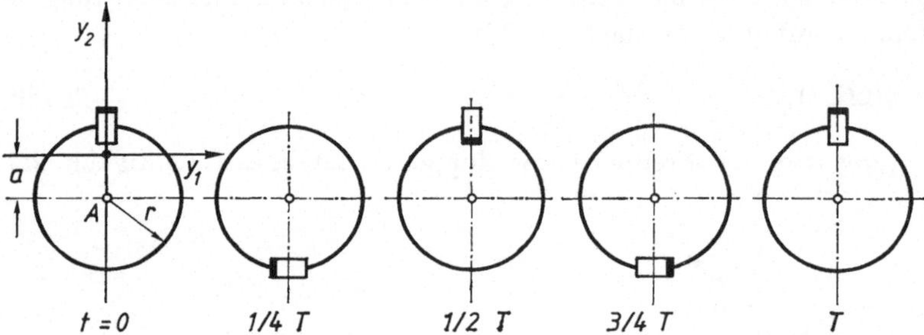

Bild 9.52. Bahn der Mitte einer unrunden Welle im ruhenden System bei Gewichtserregung

2) $a = \infty,\ r = \infty$

Dieser Fall tritt ein, wenn der Nenner der Gleichungen (9.188) Null ist. Mit $\Omega = \Omega_\mathrm{g}$ als der betreffenden Geschwindigkeit ist

$$\Omega_\mathrm{g}^2 = \frac{1}{2}\,\frac{\omega_1^2 \omega_2^2}{\omega_1^2 + \omega_2^2}.$$

Mit der mittleren Eigenfrequenz ω_k nach (9.176a) wird daraus

$$\frac{\Omega_\mathrm{g}}{\omega_\mathrm{k}} = \frac{\omega_1 \omega_2}{\omega_1^2 + \omega_2^2}. \qquad (9.191)$$

Ω_g ist $\leqq 0{,}5\omega_\mathrm{k}$, wie das Bild 9.53 zeigt.

Die Resonanzgeschwindigkeit Ω_g ist der Abszissenwert des Schnittpunkts der Linie 2Ω mit der Kurve $\Omega + \nu_1$ im Bild 9.47.

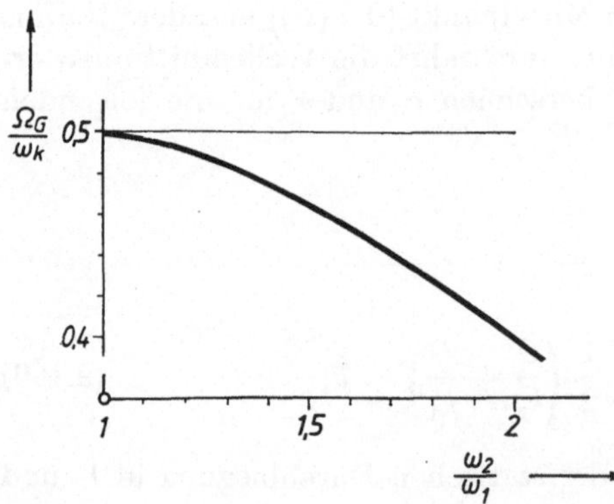

Bild 9.53. Resonanzfrequenz der unrunden Welle bei Gewichtserregung

3) $\Omega = \infty$

In unserem theoretischen Fall ohne Dämpfung geht a beim Passieren von Ω_g gegen $-\infty$, springt dann auf $y_2 = +\infty$ und nähert sich mit $\Omega \to \infty$ dem Wert

$$a = -g\,\frac{2}{\omega_1^2 + \omega_2^2} = -G\,\frac{2}{k_1 + k_2} = y_s' \qquad (9.192)$$

mit y_s' als der statischen Durchbiegung infolge G für die mittlere Nachgiebigkeit $2/(k_1 + k_2)$. Der Betrag von y_s' ist kleiner als der Betrag von $\bar{y}_s$, so daß der Mittelpunkt A (s. Bild 9.52), bei $\Omega = \infty$ höher als bei $\Omega = 0$ liegt.

Mit Dämpfung ($\delta > 0$) ist der geometrische Ort des Mittelpunkts A (a_1, a_2) für verschiedene Ω-Werte etwa kreisförmig, und der Radius r hat den bekannten Verlauf der Amplituden einer gedämpften Schwingung.

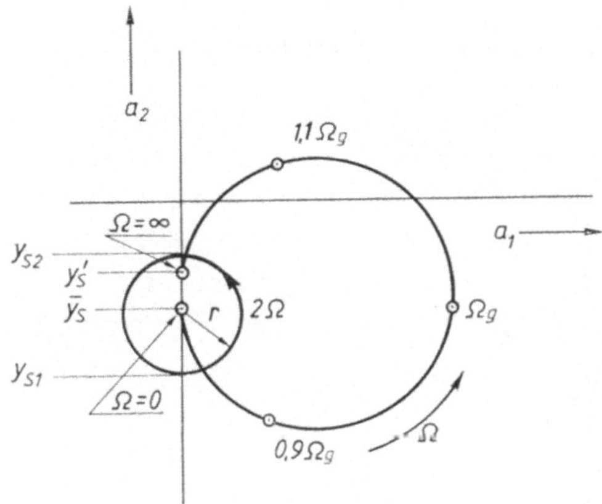

Bild 9.54. Unrunde Welle, $\omega_2 = 1{,}8\,\omega_1$, $D = 0{,}05$. Geometrischer Ort des Mittelpunkts A für $\Omega = 0 \ldots \infty$

Das Bild 9.54 zeigt für eine Welle mit $\omega_2 = 1{,}8\omega_1$ und dem Dämpfungsgrad $D = 0{,}05$ den Ort von A für $\Omega = 0 \ldots \infty$. Bei $\Omega = \Omega_g = 0{,}42\omega_k$ hat der Punkt A die horizontale Verschiebung $a_1 = 2{,}37\bar{y}_s$. Der Radius der Bahn der Wellenmitte erreicht kurz vor Ω_g den Maximalwert $r = 4{,}5\bar{y}_s$.

Die Bilder 9.55 und 9.56 zeigen die maximale horizontale Verschiebung und den maximalen Bahnradius in Abhängigkeit von ω_2/ω_1 und vom Dämpfungsgrad. So ist z. B. mit der Wellensteifigkeit $k_2 = 1{,}1k_1$, entsprechend $\omega_2 = 1{,}05\omega_1$ und $D = 0{,}05$ bei $\Omega \approx \Omega_g = 0{,}499\omega_k$ der maximale Bahnradius $r_{max} = 0{,}5\bar{y}_s$ und die horizontale Verschiebung $a_{1max} = 0{,}024\bar{y}_s$.

9.6.9 Blockfundament

Im Abschnitt 9.1.10 sind für ein Blockfundament nach Bild 9.14 die Bewegungsgleichung und die Koeffizienten der Steifigkeitsmatrix angegeben. Wir bestimmen nun für ein spezielles Blockfundament nach Bild 9.57 die Eigenschwingungen.

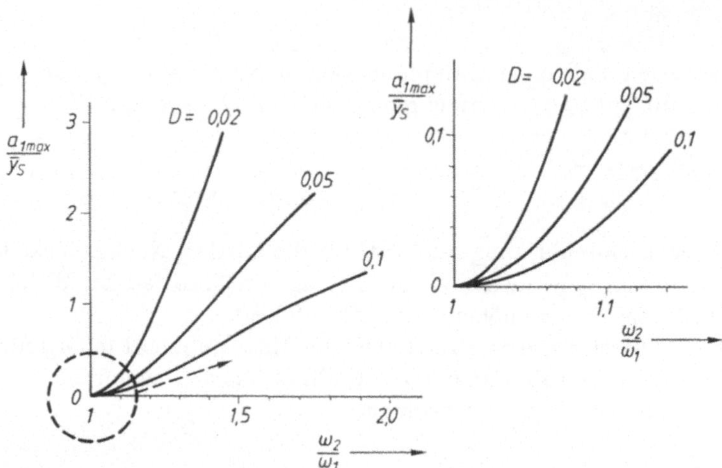

Bild 9.55. Unrunde Welle. Horizontale Verschiebung des Bahnmittelpunkts

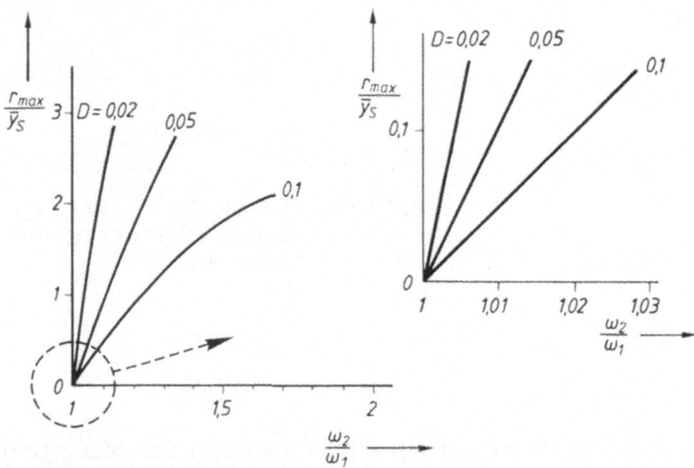

Bild 9.56. Unrunde Welle. Maximaler Bahnradius

Der Block besteht aus einem Quader mit den Abmessungen $2a \cdot 2b$ und beliebiger Länge. Seine Masse sei m und sein Trägheitsmoment ist

$$\Theta = m\,\frac{a^2 + b^2}{3} = mi^2.$$

An seinen Ecken hat er vier gleiche, senkrecht stehende Federn. Eine Feder habe die Längs- bzw. Quersteifigkeit k_1, k_q. Wir betrachten den ebenen Fall mit den Verrückungen x_1, x_2, φ_3. Es tritt eine entkoppelte Eigenschwingung in 2-Richtung (vertikal) auf mit der Eigenfrequenz

$$\omega_{\mathrm{v}} = \sqrt{\frac{4k_1}{m}}. \tag{9.193}$$

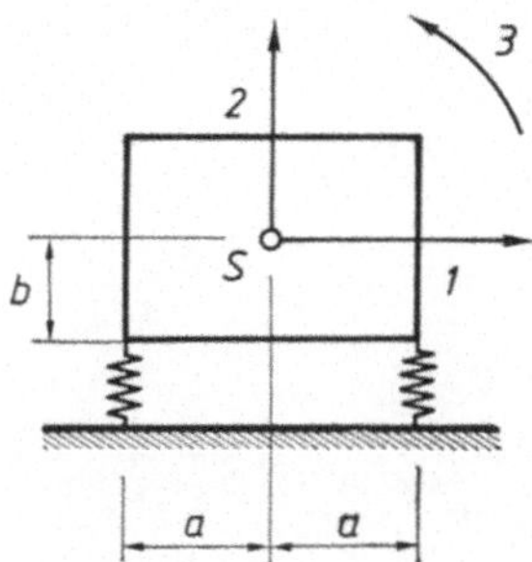

Bild 9.57. Blockfundament

Für die übrigen Verrückungen gilt nach (9.50) mit

$$\begin{bmatrix} x_1 \\ \varphi_3 \end{bmatrix} = \begin{bmatrix} v_1 \\ v_3 \end{bmatrix} e^{\lambda t} \quad \text{und} \quad \lambda^2 = -\omega^2$$

die Beziehung

$$\begin{bmatrix} k_{11} - m\omega^2 & k_{13} \\ k_{31} & k_{33} - \Theta\omega^2 \end{bmatrix} \begin{bmatrix} v_1 \\ v_3 \end{bmatrix} = \begin{bmatrix} 0 \\ 0 \end{bmatrix}, \tag{9.194}$$

woraus sich die Eigenfrequenz-Quadrate

$$\omega^2_{1,2} = \frac{mk_{33} + \Theta k_{11}}{2m\Theta} \mp \sqrt{\left(\frac{mk_{33} + \Theta k_{11}}{2m\Theta}\right)^2 - \frac{k_{11}k_{33} - k_{13}k_{31}}{m\Theta}} \tag{9.195}$$

ergeben. Die Steifigkeiten sind

$$k_{11} = 4k_\mathrm{q}$$

$$k_{13} = k_{31} = 4k_\mathrm{q}b \tag{9.196}$$

$$k_{33} = 4(k_\mathrm{l}a^2 + k_\mathrm{q}b^2).$$

Diese eingesetzt und auf ω_v nach (9.193) bezogen ergibt die Eigenfrequenzen

$$\eta_{1,2} = \frac{\omega_{1,2}}{\omega_\mathrm{v}} = \sqrt{A \mp \sqrt{A^2 - B}} \tag{9.197}$$

mit

$$\left. \begin{array}{ll} A = \dfrac{3}{2}\dfrac{q + \alpha^2}{1 + \alpha^2} + \dfrac{q}{2}, & B = 3q\dfrac{\alpha^2}{1 + \alpha^2} \\[3mm] q = \dfrac{k_\mathrm{q}}{k_\mathrm{l}} \text{ (s. Bild 3.6)}, & \alpha = \dfrac{a}{b} \end{array} \right\}. \tag{9.198}$$

Das Bild 9.58 zeigt die bezogenen Eigenfrequenzen in Abhängigkeit von $k_\mathrm{q}/k_\mathrm{l}$ für verschiedene Verhältnisse a/b.

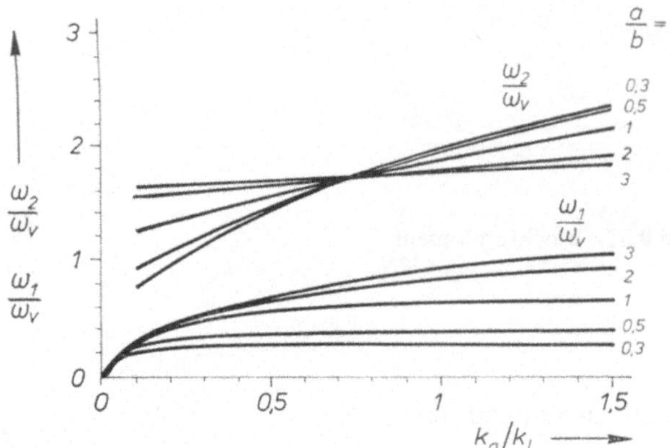

Bild 9.58. Eigenfrequenzen des Blockfundaments

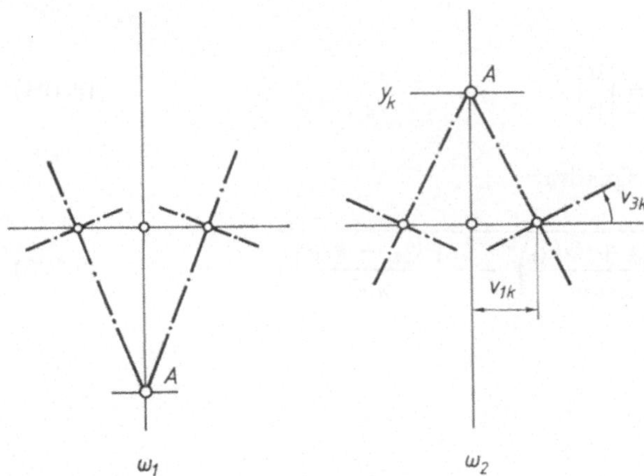

Bild 9.59. Eigenformen des Blockfundaments

Um die Form der Eigenschwingungen zu bekommen, gehen wir mit $\omega = \omega_k$ in die erste Zeile von (9.194) und erhalten mit $\eta_k = \omega_k/\omega_v$

$$v_{3k}b = \left(\frac{1}{q}\,\eta_k^2 - 1\right)v_{1k}.$$

Der Block schwingt um eine Polachse A, die nach Bild 9.59 den Abstand

$$y_k = \frac{v_{1k}}{v_{3k}} = \frac{q}{\eta_k^2 - q}\,b \tag{9.199}$$

vom Ursprung hat. Bei ω_1 liegt die Polachse unterhalb, bei ω_2 oberhalb des Schwerpunkts (Bild 9.60).

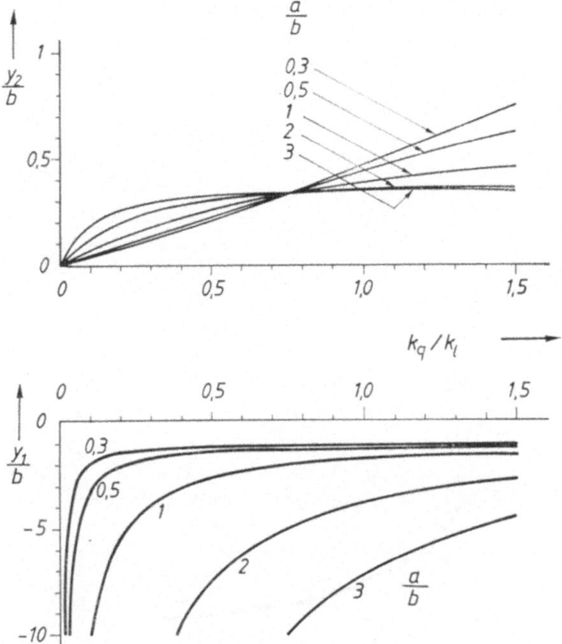

Bild 9.60. Blockfundament. Koordinate der Polachse bei ω_1 und ω_2

9.6.10 Lavalwelle mit Blockfundament

Im Abschnitt 9.1.11 sind die Bewegungsgleichungen für eine Lavalwelle mit Blockfundament nach Bild 9.15 angegeben. Das System hat fünf Freiheitsgrade. Infolge der Symmetrie entkoppelt sich die Bewegungsgleichung in zwei Teilsysteme, in eines für die Horizontalverschiebungen und Drehung des Blocks (Gl. (9.55)) und in eines für die Vertikalverschiebungen (Gl. (9.56)). Dieses System können wir nicht mehr allgemein diskutieren. Wir betrachten daher ein typisches Beispiel. Gegeben ist eine Lavalwelle mit einer kritischen Drehzahl $n_{\mathrm{w}} = 2306$ 1/min bei starren Lagern. Sie ist auf einem Blockfundament nach Bild 9.15 gelagert. Es hat die Daten:

Fundamentmasse = viermal Wellenmasse

$$b = 0{,}64a, \qquad c = 1{,}28a, \qquad a' = 1{,}28a$$

$a' =$ halbe Fundamentbreite

vier senkrecht stehende Federn ($\beta = 0$) mit $k_{\mathrm{q}} = 0{,}5k_1$.

Die vertikale Eigenfrequenz des Blocks beträgt

$$n_{\mathrm{v}} = 1068 \text{ 1/min } (= 0{,}46\, n_{\mathrm{w}}).$$

Die Eigenfrequenzen der gekoppelten Horizontal- und Drehbewegung des Blocks sind

$$n_{\mathrm{h1}} = 668 \text{ 1/min}, \qquad n_{\mathrm{h2}} = 1465 \text{ 1/min}$$

(Index h zur Unterscheidung vom Gesamtsystem).

Für das System aus Welle und Fundament ergibt die Berechnung

$$n_1 = 539\ 1/\text{min} = 0{,}81 n_{\text{h1}}$$

$$n_2 = 937\ 1/\text{min} = 0{,}88 n_{\text{v}}$$

$$n_3 = 1295\ 1/\text{min} = 0{,}88 n_{\text{h2}}$$

$$n_4 = 2628\ 1/\text{min} = 1{,}14 n_{\text{w}}$$

$$n_5 = 3234\ 1/\text{min} = 1{,}40 n_{\text{w}}\,.$$

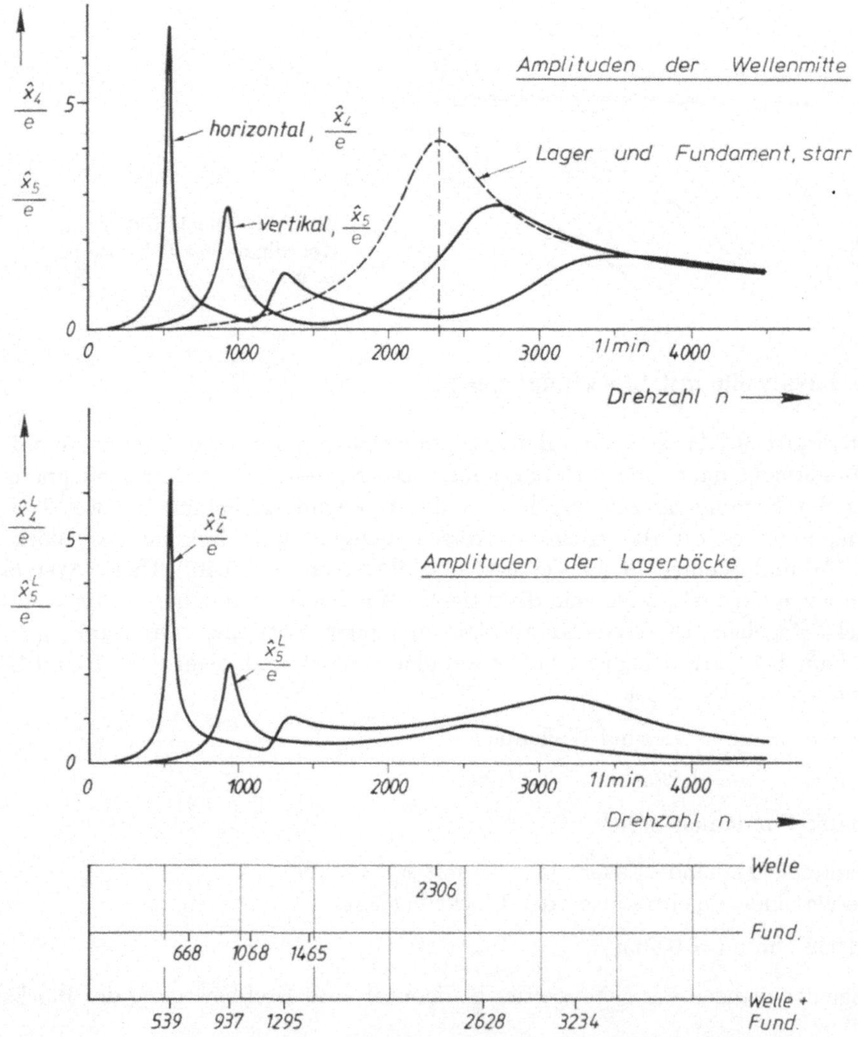

Bild 9.61. Lavalwelle mit Blockfundament. Unwuchtschwingungen und Eigenfrequenzen $\hat{x}_4$, $\hat{x}_5$, $\hat{x}_4^L$, $\hat{x}_5^L$ Verschiebungsamplituden der Wellenmitte und der Lagerböcke. e Massenexzentrizität

Bei Massenexzentrizität e ergeben sich Unwuchtschwingungen. Zu deren Berechnung wurde eine der Steifigkeit proportionale Dämpfung angenommen, und zwar mit dem gleichen Faktor für das System und für die Welle mit starren Lagern. Es ergaben sich die im Bild 9.61 aufgetragenen Amplituden in Abhängigkeit der Wellendrehzahl n.

Das obere Bild zeigt die Wellenschwingungen. Die unteren drei Resonanzgipfel sind wesentlich durch das Fundament, die oberen beiden durch die Welle bedingt. Zum Vergleich sind die Wellenschwingungen bei starren Lagern eingetragen. Durch das Fundament wird der eine Gipfel durch zwei ersetzt. Diese sind niedriger als bei starrer Lagerung, und liegen bei erheblich höheren Drehzahlen. Die Lagerschwingungen (unteres Bild) sind erheblich schwächer als die Wellenschwingungen. An den Lagern machen sich vor allem die „Fundamentresonanzen" bemerkbar, während die „Wellenresonanzen" nur durch schwache Erhebungen angedeutet sind. Bei allen Aussagen über Resonanzamplituden beachte man jedoch, daß bei der Berechnung konstante Dämpfung angenommen wurde. In der Praxis kann jedoch die Dämpfung von der Frequenz abhängen.

10 Strukturdynamik

Zur Beschreibung komplizierterer Systeme muß man meistens Modelle mit vielen
Freiheitsgraden wählen. Wir sprechen dann von vielgliedrigen Systemen. Wie
beim einfachen Schwinger oder bei Schwingern mit wenigen Freiheitsgraden bestehen zwei Hauptaufgaben, nämlich

— Aufstellen der Bewegungsgleichung,

— Lösen der Bewegungsgleichung.

Die erste Aufgabe löst man heute mit der Methode der finiten Elemente, die im
Abschnitt 10.1 beschrieben wird.

Die zweite Aufgabe könnte an sich unmittelbar mit den gleichen Methoden
wie bei Systemen mit wenigen Freiheitsgraden behandelt werden, nur wird jetzt
der Rechenaufwand erheblich. Um diesen zu vermindern, geht man im wesentlichen zwei Wege. Einmal reduziert man nach der Abbildung wieder die Anzahl
der Freiheitsgrade in mechanisch sinnvoller Weise, zum anderen entkoppelt man
die Bewegungsgleichungen. Möglichkeiten zum Abschätzen der Ergebnisse sind
für Strukturen besonders notwendig. Einmal um Hinweise zur zweckmäßigen
Modellwahl zu bekommen, zum anderen um die Ergebnisse kontrollieren zu
können. Leider kann im Rahmen dieses Buches nicht näher auf die Methoden
zum Abschätzen eingegangen werden.

10.1 Methode der finiten Elemente

Die Methode der finiten Elemente wird auf vielen Gebieten angewandt. Man be-
nutzt sie für lineare und nichtlineare Probleme vor allem in der Statik, Dynamik,
Strömungslehre und Wärmelehre. Wegen der Vielfalt der Anwendungen kann sie
nicht leicht umfassend und genau definiert werden. Kennzeichnend ist, daß das
betreffende System durch endlich viele Elemente dargestellt und das Verhalten
jedes Elements durch endlich viele Größen (Koordinaten) repräsentiert wird.
Somit besteht das Verfahren hauptsächlich aus den folgenden Schritten:

— Struktur in Elemente teilen,

— Verhalten der Elemente bestimmen,

— Elemente zur Struktur zusammenfügen.

Wir wollen uns diese Vorgehensweise im folgenden Abschnitt an einem einfachen
Beispiel klarmachen und dann zu Einzelheiten für allgemeine Strukturen kommen.

10.1.1 Ein Beispiel

Gegeben ist eine ebene Balkenstruktur nach Bild 10.1. Sie besteht aus den Balken 1 bis 4 und den Massen 5 und 6. Am Knoten A sind die Balken 1 und 2 eingespannt. Am Knoten B ist der Balken 3 gelenkig angeschlossen. An den Knoten C und D sind die betreffenden Elemente starr miteinander verbunden. Die Balken haben Steifigkeit, Masse und Dämpfung. Die Massen 5 und 6 sind starr, ihre Bewegung wird durch Kräfte aus der Umgebung gedämpft. Die Struktur wird an den Knoten C und D durch die Kräfte $f_C(t)$ und $f_D(t)$ zu Schwingungen angeregt. Es soll die Bewegungsgleichung hergeleitet werden.

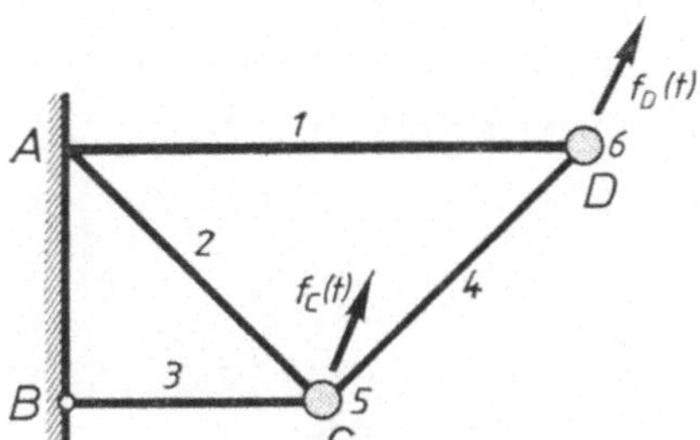

Bild 10.1. Ebenes Balkenmodell

Der erste Schritt der Methode — Struktur in Elemente aufteilen — ist durch die Aufgabenstellung bereits geschehen. Unser System besteht aus den Elementarten Balken und Einzelmasse, deren Schwingungsverhalten nun bestimmt werden muß.

Beginnen wir mit dem Balkenelement. Wir beschreiben sein Verhalten durch die Verrückungen seiner Enden. Mit den Verrückungen

$$u_r = (u_1^r, u_2^r, \ldots, u_6^r)^T,$$

den äußeren Kräften

$$f_r(t) = \left(f_1^r(t), \ldots, f_6^r(t)\right)^T$$

nach Bild 10.2 und den Matrizen M_r, D_r, K_r für das Balkenelement r ist dessen Bewegungsgleichung

$$M_r \ddot{u}_r + D_r \dot{u}_r + K_r u_r = f_r(t). \tag{10.1}$$

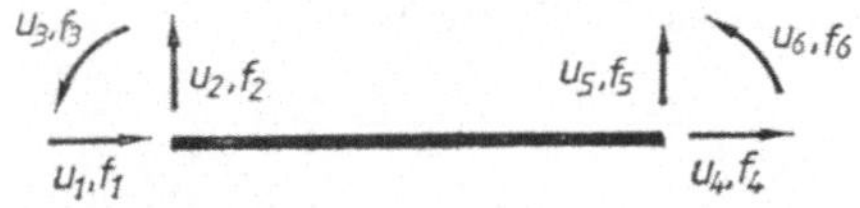

Bild 10.2. Lokale Koordinaten und Kräfte des ebenen Balkenelements

Entsprechend ist für ein Massenelement r nach Bild 10.3 die Bewegungsgleichung

$$M_r \ddot{u}_r + D_r \dot{u}_r = f_r(t). \tag{10.2}$$

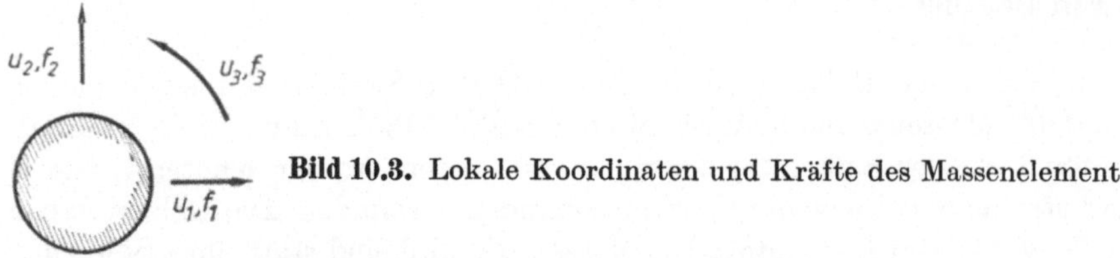

Bild 10.3. Lokale Koordinaten und Kräfte des Massenelements

Die Elementkoordinaten u_i^r werden als lokale Koordinaten bezeichnet. Die Bewegung der Struktur beschreiben wir durch die Verrückungen ihrer Knoten. Es sind dies die sogenannten globalen Koordinaten, die wir mit x_j bezeichnen.

Am Knoten A sind die Balkenelemente 1 und 2 eingespannt, die Verrückungen sind Null. Am Knoten B ist ein Gelenk, so daß eine Drehung möglich ist, die wir mit x_1 bezeichnen. Die Knoten C und D können sich frei in der Ebene bewegen. Ihre Verrückungen bezeichnen wir mit x_2, x_3, x_4 bzw. x_5, x_6, x_7 (Bild 10.4).

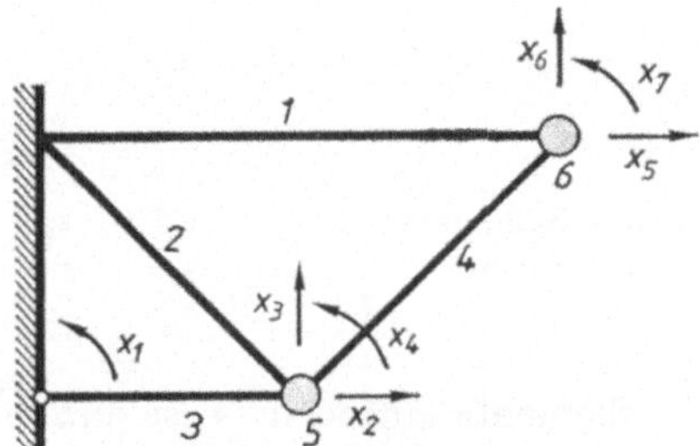

Bild 10.4. Globale Koordinaten

Die Winkellage der globalen Verschiebungskoordinaten ist an sich beliebig, man orientiert sie jedoch zweckmäßig an der Geometrie der Struktur.

Um die lokalen Koordinaten den globalen zuordnen zu können, transformieren wir die ersteren derart, daß sie den letzteren parallel sind und gleiche Richtung wie diese haben. Wir nennen die neuen lokalen Koordinaten „orientiert" und bezeichnen sie mit v_i^r. Die zugehörigen äußeren Kräfte nennen wir $g_i(t)$.

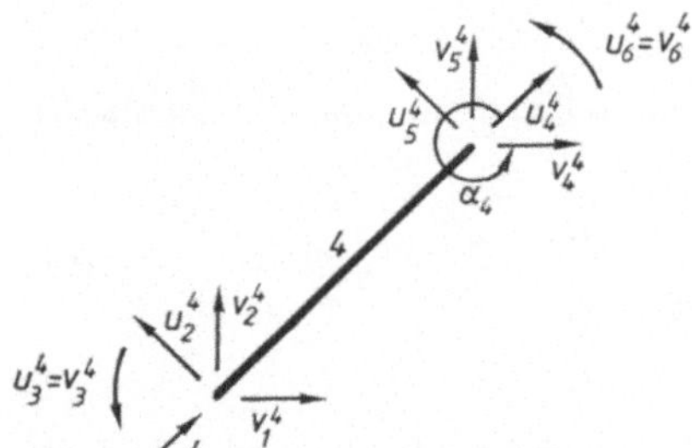

Bild 10.5. Ursprüngliche und orientierte lokale Koordinaten des Elements 4

Beim Balkenelement 4 muß nach Bild 10.5 eine Drehung um α_4 vorgenommen werden. In den orientierten Koordinaten lautet die Bewegungsgleichung dieses Elements

$$M_4' \ddot{v}_4 + D_4' \dot{v}_4 + K_4' v_4 = g_4(t) \tag{10.3}$$

mit den transformierten Matrizen

$$M_4' = T_4^T M_4 T_4, \qquad D_4' = T_4^T D_4 T_4, \qquad K_4' = T_4^T K_4 T_4 \tag{10.4}$$

und der transformierten äußeren Kraft

$$g_4(t) = T_4^T f_4(t). \tag{10.5}$$

Die Transformationsmatrix ist

$$T_4 = \begin{bmatrix} T_4' & 0 \\ 0 & T_4' \end{bmatrix} \quad \text{mit} \quad T_4' = \begin{bmatrix} \cos\alpha_4 & -\sin\alpha_4 & 0 \\ \sin\alpha_4 & \cos\alpha_4 & 0 \\ 0 & 0 & 1 \end{bmatrix}. \tag{10.6}$$

Die selben Gleichungen gelten für das Balkenelement 2, wenn in (10.6) der Winkel α_2 eingesetzt wird.

Die Koordinaten der Balkenelemente 1 und 3 haben schon die richtige Orientierung, so daß u_i durch v_i ersetzt werden kann und die gestrichenen Matrizen bzw. Vektoren der äußeren Kräfte gleich den ungestrichenen sind. Das gleiche gilt für die Massenelemente 5 und 6, da deren Matrizen gegen Koordinatendrehung invariant sind.

Als nächstes müssen die orientierten lokalen Koordinaten den globalen Koordinaten zugeordnet werden. So ist z. B. für das Balkenelement 1 nach den Bildern 10.2 und 10.4

$$v_4^1 = x_5, \qquad v_5^1 = x_6, \qquad v_6^1 = x_7$$

oder in Matrizenschreibweise

$$\begin{bmatrix} v_4^1 \\ v_5^1 \\ v_6^1 \end{bmatrix} = \begin{bmatrix} & & & & 1 & & \\ & & & & & 1 & \\ & & & & & & 1 \end{bmatrix} \begin{bmatrix} x_1 \\ \vdots \\ x_7 \end{bmatrix} \tag{10.7}$$

bzw. $v_1 = I_1 x$.

Entsprechend gilt für das Balkenelement 4

$$\begin{bmatrix} v_1^4 \\ v_2^4 \\ v_3^4 \\ v_4^4 \\ v_5^4 \\ v_6^4 \end{bmatrix} = \begin{bmatrix} 1 & & & & & & \\ & 1 & & & & & \\ & & 1 & & & & \\ & & & 1 & & & \\ & & & & 1 & & \\ & & & & & & 1 \end{bmatrix} \begin{bmatrix} x_1 \\ \cdot \\ \cdot \\ \cdot \\ \cdot \\ x_7 \end{bmatrix} \tag{10.8}$$

oder $v_4 = I_4 x$

und allgemein für ein Element r

$$v_r = I_r x. \tag{10.9}$$

Die Matrix I_r wird Inzidenzmatrix genannt.[1] Sie hat m Zeilen entsprechend der Zahl von Null verschiedener lokaler Koordinaten und immer n Spalten entsprechend der Zahl globaler Koordinaten bzw. der gewählten Freiheitsgrade der Struktur.

Zur Bewegungsgleichung der Struktur kommt man mit dem Prinzip von d'Alembert. Hierzu berechnen wir zuerst die virtuelle Arbeit eines Elements r. Dessen Kräftebilanz ist nach (10.3) mit $4 = r$

$$g_r(t) - M'_r \ddot{v}_r - D'_r \dot{v}_r - K'_r v_r = 0. \tag{10.10}$$

Links stehen die Vektoren der äußeren Kraft, Trägheitskraft, Dämpfungskraft und der Federkraft.

Mit der virtuellen Verrückung δv_r ist die virtuelle Arbeit des Elements

$$\delta W_r = \delta v_r^T (g_r(t) - M'_r \ddot{v}_r - D'_r \dot{v}_r - K'_r v_r). \tag{10.11}$$

Die virtuelle Verrückung δv_r soll klein und mit den Bindungen der Struktur verträglich sein. Wir setzen daher wie bei den Inzidenzgleichungen gebundene Koordinaten in δv_r und in v_r Null.

Ersetzt man nun nach (10.9) v_r durch $I_r x$, dann wird mit $\delta v_r^T = \delta x^T I_r^T$ aus (10.11) die Beziehung

$$\delta W_r = \delta x^T I_r^T (g_r(t) - M'_r I_r \ddot{x} - D'_r I_r \dot{x} - K'_r I_r x). \tag{10.12}$$

Für die Struktur muß die Summe der virtuellen Arbeiten aller Elemente Null sein. Unser Beispiel hat sechs Elemente, also muß gelten

$$\delta W = \sum_{r=1}^{6} \delta W_r = 0. \tag{10.13}$$

Nach Kürzen mit δx^T folgt daraus die Bewegungsgleichung der Struktur zu

$$M\ddot{x} + D\dot{x} + Kx = f(t) \tag{10.14}$$

mit

$$\left. \begin{array}{l} M = \sum I_r^T M'_r I_r = \sum M''_r \\[4pt] D = \sum I_r^T D'_r I_r = \sum D''_r \\[4pt] K = \sum I_r^T K'_r I_r = \sum K''_r \\[4pt] f(t) = \sum I_r^T g_r(t) = \sum f''_r(t) \end{array} \right\} . \tag{10.15}$$

Wir veranschaulichen uns den letzten Teil der Berechnung anhand des Balkenelements 3. Hierfür ist

$$v_3 = I_3 x$$

---

[1] Nach [24, S. 204] sollte man treffender den Begriff Koinzidenzmatrix verwenden.

bzw.

$$v_3 = \begin{bmatrix} v_3^3 \\ v_4^3 \\ v_5^3 \\ v_6^3 \end{bmatrix} = \begin{bmatrix} 1 & & & & & & \\ & 1 & & & & & \\ & & 1 & & & & \\ & & & 1 & & & \end{bmatrix} \begin{bmatrix} x_1 \\ \cdot \\ \cdot \\ \cdot \\ \cdot \\ x_7 \end{bmatrix}. \tag{10.16}$$

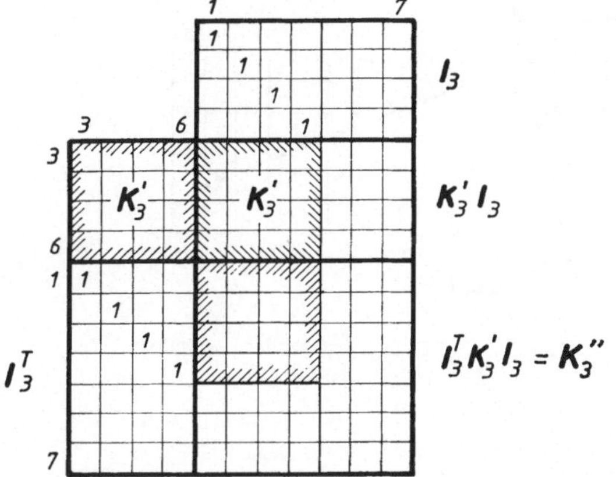

Bild 10.6. Falksches Schema zur Berechnung von K_3''

Verfolgen wir weiterhin die Berechnung von K. Nach (10.15) ist

$$K_3'' = I_3^T K_3' I_3. \tag{10.17}$$

Die Entstehung dieser Matrix zeigt anschaulich das Falksche Schema nach Bild 10.6. Der von K_3' benötigte Teil wird mit (10.17) an die richtige Stelle der (7,7)-Matrix K_3'' gebracht. Dies gilt allgemein: Durch Multiplikation von links und rechts mit der betreffenden Inzidenzmatrix werden die benötigten Elemente der den orientierten Koordinaten entsprechenden Elementmatrizen auf die richtigen Plätze gebracht. Am Schluß müssen nur noch die zusammenfallenden Matrixelemente addiert werden. Dies zeigt für unser Beispiel das Bild 10.7.

Der Vektor der äußeren Kraft entsteht nach der letzten der Gleichungen (10.15) in gleicher Weise aus den Anteilen der Elemente der Struktur. In der Praxis braucht er jedoch nicht berechnet zu werden, da er als Belastung der Struktur vorgegeben wird. Bei unserer Aufgabe sind nur die Koordinaten $f_2(t)$, $f_3(t)$, $f_5(t)$, $f_6(t)$ vorhanden, die übrigen sind Null.

Damit ist die Bewegungsgleichung der Struktur berechnet und die gestellte Aufgabe gelöst. Nachdem wir gesehen haben, wie die Strukturmatrizen aus den Elementmatrizen entstehen, können wir auf die Inzidenzmatrizen verzichten und die Zuordnung durch eine Inzidenztabelle festhalten. Für unser Beispiel ist dies die Tabelle 10.1. Die erste Zeile enthält die Indizes i der orientierten lokalen Koordinaten v_i, die erste Spalte enthält die Elementnummern r. Im übrigen Feld bedeutet eine Null, daß die betreffende Koordinate gebunden ist und eine von Null verschiedene Zahl j den Index der zugeordneten globalen Koordinate x_j.

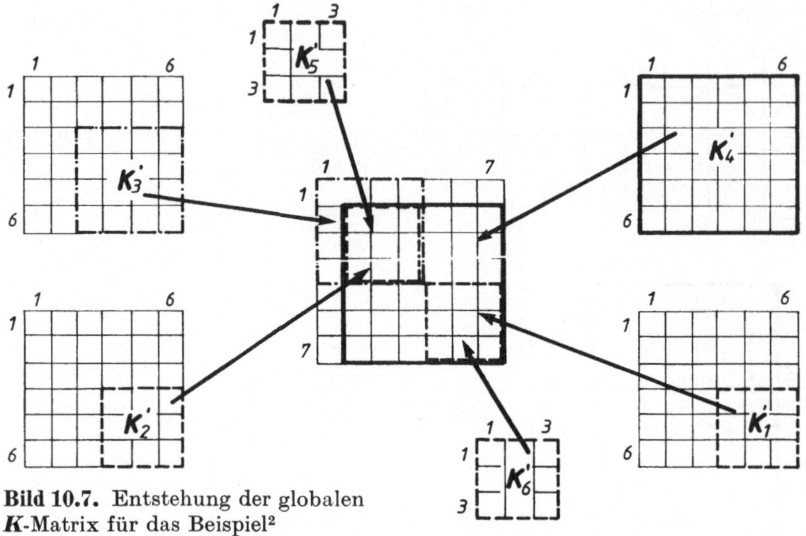

Bild 10.7. Entstehung der globalen
K-Matrix für das Beispiel[2]

Tabelle 10.1. Inzidenztabelle des Beispiels (Abschnitt 10.1.1)

		i					
		1	2	3	4	5	6
	1	0	0	0	5	6	7
	2	0	0	0	2	3	4
r	3	0	0	1	2	3	4
	4	2	3	4	5	6	7
	5	2	3	4			
	6	5	6	7			

Mit einer solchen Inzidenztabelle können beim Programmieren des Verfahrens
die Koeffizienten der Elementmatrizen den richtigen Speicherplätzen zugeordnet
werden. Man beachte, daß keine Ortskoordinaten gebraucht werden. Mit dieser
Zuordnung der Verrückungskoordinaten und mit der Geometrie und der Lage der
Elemente in der Ebene (oder im Raum) wird die Topologie der Struktur für unsere
Zwecke ausreichend erfaßt.

Dieses Beispiel zeigt die wesentlichen Schritte der Methode der finiten Elemente. Man bezeichnet sie nach den als Unbekannten vorkommenden Verrücku-
gen auch als Deformations-, Verrückungs- oder Verschiebungsmethode; ge-
legentlich wird sie auch Steifigkeitsmethode genannt.

Die Methode liefert die exakte Lösung für das Rechenmodell, wenn die dynamischen Eigenschaften aller Elemente exakt mit ihren Knotenkoordinaten bestimmt werden. Dies ist z. B. bei einem Balkenmodell der Fall, bei dem alle

---

[2] K_5' und K_6' sind Nullmatrizen, da die Elemente 5 und 6 keine Steitigkeitsmatrix haben.
Dies spielt aber keine Rolle, da hier die Entstehung globaler Matrizen grundlegend gezeigt werden soll.

Massen in den Knoten liegen. Im allgemeinen stellt unsere Methode auch für das Modell eine Näherung dar, die um so bessere Ergebnisse liefert, je feiner man das Modell unterteilt. Bei der Festlegung des Modells bildet man immer einen Kompromiß zwischen Rechenaufwand und Genauigkeit.

Der nächste Abschnitt bringt Einzelheiten zur Anwendung der Methode für allgemeine Strukturen.

10.1.2 Allgemeine Strukturen

Das Beispiel hat gezeigt, daß man mit der Methode der finiten Elemente die Bewegungsgleichung einer Struktur im wesentlichen dadurch gewinnt, daß man aus den Elementmatrizen die Strukturmatrizen bildet. Dies gilt allgemein für lineare, viskoelastische ein-, zwei- oder dreidimensionale Strukturen mit beliebig vielen Freiheitsgraden. Die Methode besteht aus den folgenden Schritten:

1. Von der realen Struktur ein Rechenmodell bilden,
2. Rechenmodell in Elemente teilen,
3. Globalkoordinaten festlegen,
4. Elementmatrizen bereitstellen,
5. Elementmatrizen auf orientierte Koordinaten transformieren,
6. Inzidenztabelle anlegen,
7. Globalmatrizen berechnen.

Die ersten drei Schritte hängen mehr oder weniger voneinander ab, wir betrachten daher deren Einzelheiten gemeinsam.

Ein Rechenmodell wird aus endlich vielen gleich- oder verschiedenartigen Elementen gebildet. Diese können sein

punktförmig:	Massenpunkt
eindimensional:	Stab, Balken
zweidimensional, eben:	Scheibe, Platte
zweidimensional, räumlich:	Schale
dreidimensional:	Tetraeder, Quader u. a.

Außer diesen Elementen sind aber auch z. B. Gleitlager oder kleinere Teilstrukturen Elemente im Sinn der Methode. Voraussetzung ist nur, daß daraus mit endlich vielen Verrückungskoordinaten eine Struktur gebildet werden kann.

Aus welchen Elementarten man ein Rechenmodell aufbaut, hängt in erster Linie von der gegebenen Struktur ab. Die zweckmäßige Zahl von Elementen hängt ab von

— der Geometrie der Struktur;
— den Orten der Krafteinwirkung;
— dem fraglichen Frequenzbereich;
— dem örtlichen Bereich der Struktur, der untersucht werden soll.

Man unterteilt bei starken Querschnittsänderungen feiner als in Bereichen konstanter Querschnitte und legt dort Elementgrenzen bzw. Knoten hin, wo Einzelkräfte oder -momente wirken, damit diese nicht umgerechnet werden müssen. Liegen die Erregerfrequenzen niedrig im Verhältnis zu den Eigenfrequenzen der Struktur, dann genügt ein Modell mit weniger Elementen als wenn höhere Erregerfrequenzen vorkommen. So genügt z. B. bei einem Rahmenfundament mit relativ elastischen Stützen für die Berechnung im Bereich der ersten sechs Eigenfrequenzen in der Regel ein Modell, bei dem die Tischplatte als starrer Körper und die Stützen als masselose Federn abgebildet sind. Bei höheren Erregerfrequenzen unterteilt man den Tisch und die Stützen in eine entsprechend große Zahl von Balkenelementen. Will man einen begrenzten Bereich einer Struktur genauer untersuchen, dann unterteilt man diesen feiner als die übrige Struktur.

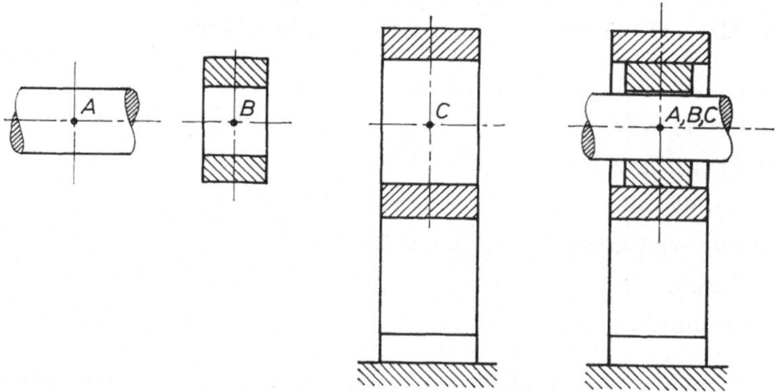

Bild 10.8. Lagerstelle mit zusammenfallenden Knoten A, B, C

Für ein Balkenfeld gilt die Faustregel, daß man die a ersten Eigenfrequenzen mit $2a$ bis $3a$ Elementen genügend genau erfaßt. Das wichtigste bei der Modellbildung ist, daß man sich über die Formen und Frequenzen der maßgebenden Eigenschwingungen eine gewisse Vorstellung verschafft. Hierzu gehören Phantasie, Kenntnis von Näherungsverfahren und Erfahrung.

Nachdem Art und Zahl der Elemente festgelegt sind, müssen die Globalkoordinaten bestimmt werden. Es sind dies die Verrückungen der Strukturknoten, also bis zu sechs Koordinaten je Knoten. Man beachte, daß in einem Raumpunkt auch mehrere Knoten zusammenfallen können und dann an diesem Ort auch mehr als sechs globale Koordinaten sein können. Dies ist z. B. an einer Lagerstelle nach Bild 10.8 der Fall. Es fallen die Knoten A und B des Wellenzapfens und der Lagerschale zusammen. Will man die Relativverschiebung zwischen Lagerschale und Lagerbock auch berücksichtigen, dann kommt am gleichen Ort noch der Knoten C hinzu.

Bei der Festlegung der globalen Koordinaten beachtet man einmal die Rand- und Zwischenbedingungen, zum anderen die gestellte Aufgabe.

Die Rand- und Zwischenbedingungen erfüllt man einfach dadurch, daß man an den betreffenden Knoten nur die Koordinaten einführt, die ungebundenen Verrückungen entsprechen.

Aus der speziellen Aufgabe folgt, welche und wieviele globale Koordinaten man zweckmäßigerweise wählt. Will man z. B. die Biegeschwingungen eines Rotors untersuchen, dann kann man die Koordinaten für Torsion und Längsverschiebung weglassen. Dies ist zulässig, wenn keine Kopplung der entsprechenden Verrückungen mit der übrigen Struktur besteht oder diese vernachlässigt werden darf, wie z. B. gewöhnlich die Kopplung durch ein Längslager. Man beachte jedoch, daß bei unserer Methode mit Krafteinflußzahlen durch Weglassen einer Koordinate diese gebunden wird. Hierauf wurde bereits im Abschnitt 8.4 hingewiesen. Wir machen uns dies ergänzend am folgenden einfachen Beispiel klar.

Für das Modell nach Bild 10.9 sind die eingezeichneten sechs globalen Koordinaten sinnvoll, wenn an jeder Koordinate eine Erregerkraft wirkt. Wird jedoch nur längs x_3 mit $f_3(t)$ erregt, dann genügen an sich weniger Koordinaten. Ohne Folgen können die Koordinaten x_2 und x_5 weggelassen werden, weil bei der erregten Biegeschwingung die Längsbewegung klein von 2. Ordnung ist und bei unserer Theorie 1. Ordnung vernachlässigt wird. Sind die Trägheitsmomente Θ_1 und Θ_3 der Randmassen nicht besonders groß, dann beeinflussen sie die Biegeschwingung nur wenig, so daß man auch auf die Koordinaten x_1 und x_6 verzichten kann. Streicht man sie jedoch einfach weg, dann ergibt dies eine vollständige Randeinspannung, die den gegebenen Randbedingungen nicht entspricht. Dagegen könnte man bei alleiniger Erregung durch $f_3(t)$ die Koordinate x_4 ohne Folgen weglassen, wenn die Masse 2 in der Mitte zwischen den Lagern sitzt und das rechte Balkenelement gleiche Steifigkeit wie das linke hat, da dann die Drehung x_4 nicht angeregt wird.

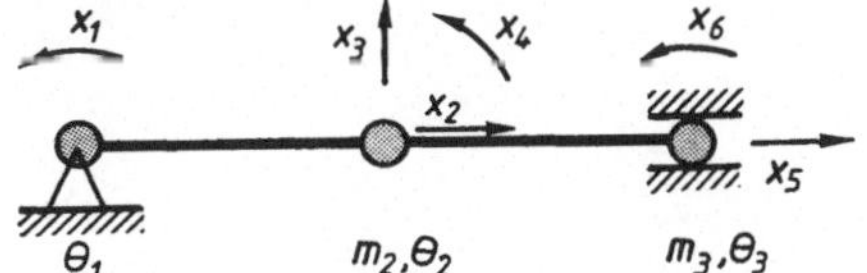

Bild 10.9. Beispiel zur Festlegung globaler Koordinaten

Dieses Beispiel zeigt, daß es notwendig und lohnend ist, die globalen Koordinaten sorgfältig festzulegen. Wie man anschließend ihre Zahl ohne die erwähnten Folgen reduzieren kann, wird im Abschnitt 10.6 gezeigt. Weitere Einzelheiten über die Methode der finiten Elemente sind in den folgenden Abschnitten 10.1.3 bis 10.1.9 beschrieben.

10.1.3 Stab

Nachdem man das Rechenmodell gebildet und die Globalkoordinaten festgelegt hat, braucht man die Massen-, Steifigkeits- und Dämpfungsmatrix der Elemente des Modells.

Wir beginnen mit dem Zugstab nach Bild 10.10. Mit der Längssteifigkeit k

Bild 10.10. Stabelement. x Ortskoordinate, u Verschiebungskoordinate ist seine Steifigkeitsmatrix

$$K = \begin{bmatrix} k & -k \\ -k & k \end{bmatrix}. \tag{10.18}$$

Seine Massenmatrix bestimmen wir durch Gleichsetzen von virtuellen Arbeiten. In der Gleichung

$$-\delta u^T M \ddot{u} = -\int\limits_0^l \mu \ddot{u}\, \delta u\, \mathrm{d}x \tag{10.19}$$

steht rechts die Arbeit der Trägheitskräfte bei der virtuellen Verschiebung $\delta u(x)$ und links die Arbeit bei der virtuellen Randverrückung $\delta u = (\delta u_1, \delta u_2)^T$. Welche Verschiebung $u(x)$ sich bei der Verwendung des Elements in einer Struktur einstellt, weiß man nicht. Hier erscheint ein weiteres Kennzeichen unserer Methode: die unbekannten Verrückungen zwischen den Elementknoten werden näherungsweise durch geeignete Ansatzfunktionen ersetzt. Damit ist die Methode der finiten Elemente eine Näherung, die um so besser ist, je mehr die aus den Ansatzfunktionen entstehenden Verrückungen mit den tatsächlichen übereinstimmen.

Beim Zugstab nehmen wir längs des Stabes linearen Verlauf der Verschiebungen an:

$$u(x) = u_1 + (u_2 - u_1)\,\frac{x}{l}$$

bzw.

$$u(x, t) = z_1(x)\, u_1(t) + z_2(x)\, u_2(t) \tag{10.20}$$

mit

$$z_1(x) = 1 - \frac{x}{l}, \qquad z_2(x) = \frac{x}{l}. \tag{10.21}$$

Die Funktionen $z_1(x)$ und $z_2(x)$ erfüllen die geometrischen Randbedingungen, es sind zulässige Funktionen nach der Terminologie der Variationsrechnung.

Mit dem Ansatz (10.20) wird der Integrand von (10.19)

$$\mu \ddot{u}\, \delta u = \mu(z_1 \ddot{u}_1 + z_2 \ddot{u}_2)\,(z_1\,\delta u_1 + z_2\,\delta u_2)$$

$$= (\delta u_1, \delta u_2)\, \mu \begin{bmatrix} z_1 z_1 & z_1 z_2 \\ z_2 z_1 & z_2 z_2 \end{bmatrix} \begin{bmatrix} \ddot{u}_1 \\ \ddot{u}_2 \end{bmatrix} = \delta u^T \mu Z \ddot{u}, \tag{10.22}$$

bzw. (10.19) selbst

$$\delta u^T M \ddot{u} = \delta u^T \int\limits_0^l \mu(x)\, Z\, \mathrm{d}x\, \ddot{u}$$

und damit die gesuchte Massenmatrix

$$M = \int\limits_0^l \mu(x)\, Z\, \mathrm{d}x. \tag{10.23}$$

Bei konstanter Massenbelegung $\mu(x) = \mu$ ergibt die Integration

$$M = \frac{\mu l}{6} \begin{bmatrix} 2 & 1 \\ 1 & 2 \end{bmatrix}. \tag{10.24}$$

Die Stabmasse wird also je zu einem Drittel auf die Elemente der Hauptdiagonalen und je zu einem Sechstel auf die übrigen Elemente verteilt. Bei dieser Vorgehensweise entsteht eine voll besetzte Massenmatrix. Man nennt sie konsistent, d. h. verträglich mit der Steifigkeitsmatrix, weil beiden der gleiche Verschiebungsverlauf zugrunde liegt.

Die Dämpfungsmatrix von Stäben und Balken nimmt man gewöhnlich als proportional der Massen- und Steifigkeitsmatrix an

$$D = \alpha M + \beta K, \tag{10.25}$$

um die Rechnung zu erleichtern (s. Abschnitt 10.2).

Die Matrizen des Torsionsstabes haben gleichen Aufbau wie die des Zugstabes. Die Koordinaten u_1, u_2 sind hier Randdrehungen um die Stabachse. Die K-Matrix folgt aus (10.18), indem die Längssteifigkeit k durch die Torsionssteifigkeit $\hat{k} = GI_\mathrm{T}/l$ ersetzt wird. Ebenso folgt unter den gleichen Voraussetzungen wie beim Zugstab die Massenmatrix des Torsionsstabes aus (10.24), wenn μ durch die Torsionsmassenbelegung μ_T ersetzt wird (Gl. (10.33)).

10.1.4 Balken

Das allgemeine Balkenelement nach Bild 10.11 vereinigt einen Balken für gerade und schiefe Biegung mit einem Zug- und Torsionsstab. Seine Verrückungen werden beschrieben durch die Koordinaten u_1 bis u_6 des Knotens A und u_7 bis u_{12} des Knotens B.

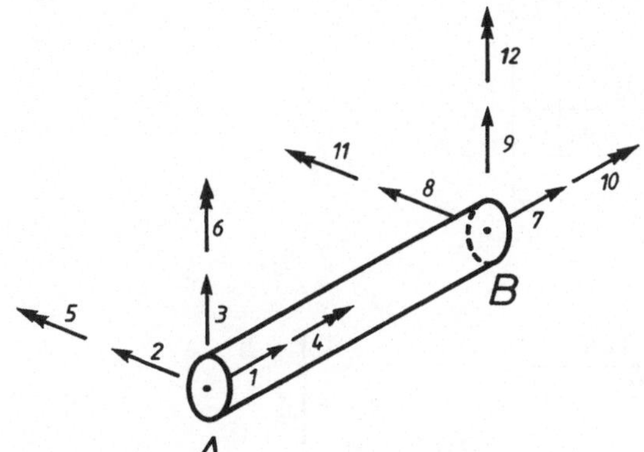

Bild 10.11. Allgemeines Balkenelement

Es wird vorausgesetzt:

— Konstanter Querschnitt, konstante Massenbelegung und Werkstoffeigenschaften längs des Balkens.

— Die Knoten A und B liegen in den Querschnittsschwerpunkten.

— Die Koordinaten fallen mit den entsprechenden Hauptachsen zusammen.

— Die Schubmittellinie liegt in der Schwerlinie.

Damit ergeben sich die folgenden Bestimmungsdaten des Elements:

l	Länge,
A	Querschnittsfläche,
I_2, I_3	Trägheitsmoment bezüglich 2-, 3-Achse,
I_T	Torsionsträgheitsmoment,
$\varkappa_2, \varkappa_3$	Schubfaktor für Verschiebung in 2-, 3-Richtung,
ϱ	Dichte,
E	Elastizitätsmodul,
ν	Querkontraktionszahl.

Die Steifigkeitsmatrix folgt aus der Statik. Diese wurde im Einzelnen bereits im Abschnitt 8.2.3 behandelt. Mit der Koordinatennumerierung nach Bild 10.11 ergibt sich daraus die K-Matrix nach (10.26):

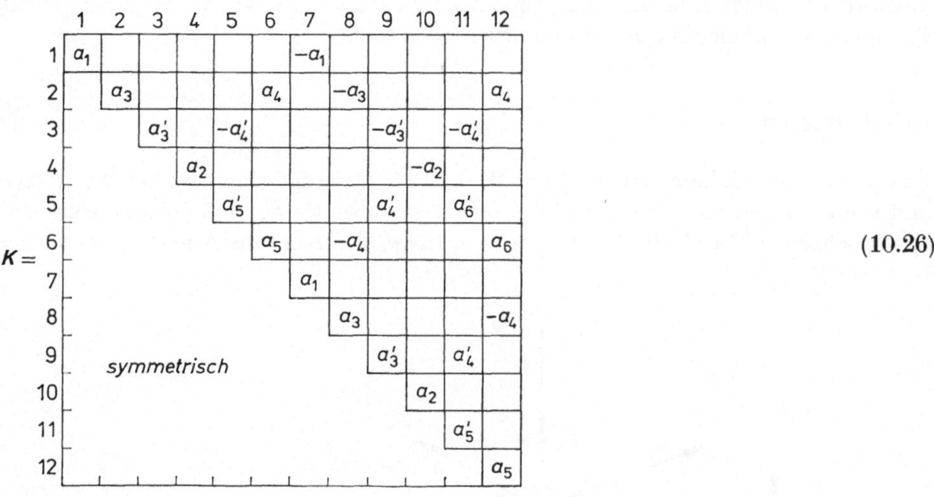

$$(10.26)$$

mit den Koeffizienten

$$a_1 = \frac{EA}{l}, \qquad a_2 = \frac{GI_\mathrm{T}}{l}, \qquad a_3 = \frac{12EI_3}{l^3(1 + c_2)}$$

$$a_4 = \frac{6EI_3}{l^2(1 + c_2)}, \qquad a_5 = \frac{EI_3}{l}\frac{4 + c_2}{1 + c_2}, \qquad a_6 = \frac{EI_3}{l}\frac{2 - c_2}{1 + c_2} \right\}$$

$$(10.27)$$

$a_3', \ldots, a_6'$ entsprechen $a_3, \ldots, a_6$ mit

I_2 statt I_3 und c_3 statt c_2.

Die Größen

$$c_2 = \frac{12EI_3}{l^2GA\varkappa_2}, \qquad c_3 = \frac{12EI_2}{l^2GA\varkappa_3} \tag{10.28}$$

stehen für die Schubverformung (Timoshenko-Balken). Beim Bernoulli-Balken wird die Schubverformung vernachlässigt; c_2 und c_3 sind dann Null.

Die konsistente Massenmatrix wird wie beim Stab aus virtuellen Arbeiten gewonnen. Für Biegung um eine Achse gilt bei Vernachlässigung der Drehträgheit (10.19), wenn jetzt $u(x)$ die Durchbiegung bedeutet. Der Vektor der Randverrückung ist dann z. B. bei Biegung um die 2-Achse nach Bild 10.11 gleich $(u_3, u_5, u_9, u_{11})^T$. Für die unbekannte Durchbiegung $u(x)$ macht man entsprechend (10.20) in unserem Fall den Ansatz

$$u(x, t) = z_3(x)\, u_3(t) + z_5(x)\, lu_5(t) + z_9(x)\, u_9(t) + z_{11}(x)\, lu_{11}(x) \tag{10.29}$$

und wählt üblicherweise die statischen Durchbiegungen aus den Randbelastungen als Ansatzfunktionen (Bild 8.14). Die Gleichungen dieser auf die Einheit bezogenen Durchbiegungen sind die Hermiteschen Polynome 4. Ordnung:

$$z_3 = H_1 = 1 - 3\xi^2 + 2\xi^3 \quad \text{mit} \quad \xi = \frac{x}{l}$$

$$z_5 = H_2 = -\xi + 2\xi^2 - \xi^3 \tag{10.30}$$

$$z_9 = H_3 = 3\xi^2 - 2\xi^3$$

$$z_{11} = H_4 = \xi^2 - \xi^3.$$

Daraus erhält man, wie beim Stab gezeigt, die entsprechenden Koeffizienten der Massenmatrix. Weitere Einzelheiten bringen u. a. K. Marguerre und H. Wölfel in [24]. Mit Berücksichtigung der Schubverformung und Drehträgheit ist danach die Massenmatrix:

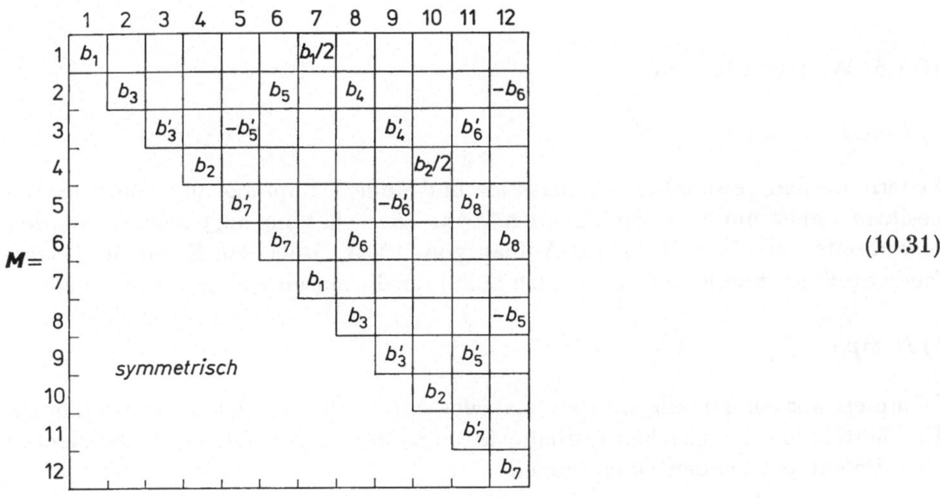

$$M =$$

	1	2	3	4	5	6	7	8	9	10	11	12
1	b_1						$b_1/2$					
2		b_3			b_5			b_4				$-b_6$
3			b_3'	$-b_5'$					b_4'		b_6'	
4				b_2						$b_2/2$		
5					b_7'				$-b_6'$		b_8'	
6						b_7		b_6				b_8
7							b_1					
8								b_3				$-b_5$
9		symmetrisch							b_3'		b_5'	
10										b_2		
11											b_7'	
12												b_7

$$\tag{10.31}$$

mit den Koeffizienten

$$b_1 = \frac{1}{3}\,\mu l, \qquad b_2 = \frac{1}{3}\,\hat{\mu}_T l$$

$$b_3 = \frac{1}{(1+c_2)^2}\left(\frac{156\mu l}{420} + \frac{36\hat{\mu}_3}{30l} + \frac{84c_2\mu l}{120} + \frac{40c_2^2\mu l}{120}\right)$$

$$b_4 = \frac{1}{(1+c_2)^2}\left(\frac{54\mu l}{420} - \frac{36\hat{\mu}_3}{30l} + \frac{36c_2\mu l}{120} + \frac{20c_2^2\mu l}{120}\right)$$

$$b_5 = \frac{l}{(1+c_2)^2}\left(\frac{22\mu l}{420} + \frac{3\hat{\mu}_3}{30l} + \frac{11c_2\mu l}{120} + \frac{5c_2^2\mu l}{120} - \frac{3c_2\hat{\mu}_3}{6l}\right) \qquad (10.32)$$

$$b_6 = \frac{l}{(1+c_2)^2}\left(\frac{13\mu l}{420} - \frac{3\hat{\mu}_3}{30l} + \frac{9c_2\mu l}{120} + \frac{5c_2^2\mu l}{120} + \frac{3c_2\hat{\mu}_3}{6l}\right)$$

$$b_7 = \frac{-l^2}{(1+c_2)^2}\left(\frac{4\mu l}{420} + \frac{4\hat{\mu}_3}{30l} + \frac{2c_2\mu l}{120} + \frac{c_2^2\mu l}{120} + \frac{c_2\hat{\mu}_3}{6l} + \frac{2c_2^2\hat{\mu}_3}{6l}\right)$$

$$b_8 = \frac{-l^2}{(1+c_2)^2}\left(\frac{3\mu l}{420} + \frac{\hat{\mu}_3}{30l} + \frac{2c_2\mu l}{120} + \frac{c_2^2\mu l}{120} + \frac{c_2\hat{\mu}_3}{6l} - \frac{c_2^2\hat{\mu}_3}{6l}\right)$$

Die Koeffizienten $b_3', \ldots, b_8'$ entsprechen den Koeffizienten $b_3, \ldots, b_8$, wobei $\hat{\mu}_2$ für $\hat{\mu}_3$ und c_3 für c_2 steht. Für c_2 und c_3 gilt (10.28). Weiterhin gilt:

$$\mu = A\varrho \qquad\qquad \text{Massenbelegung}$$

$$\hat{\mu}_2 = I_2\varrho, \quad \hat{\mu}_3 = I_3\varrho \qquad \text{Drehmassenbelegung für die Drehung um} \qquad (10.33)$$
$$\text{die 2- bzw. 3-Achse}$$

$$\hat{\mu}_T = \hat{\mu}_2 + \hat{\mu}_3 \qquad\qquad \text{Torsionsmassenbelegung.}$$

10.1.5 Weitere Elemente

a) Federn

Federn werden gewöhnlich als masselos und ohne Dämpfung angenommen. Sie besitzen daher nur eine Steifigkeitsmatrix. Diese hat im allgemeinen mit den Koordinaten von Bild 10.11 den Aufbau von (10.34), wobei ein Kreuz die betreffende Steifigkeit andeutet. Siehe auch (3.22) für die einseitig eingespannte Feder.

b) Dämpfer

Dämpfer werden im allgemeinen masselos und ohne Steifigkeit angenommen. Ihre Matrix hat den gleichen Aufbau wie die *K*-Matrix nach (10.34). Koeffizienten sind die entsprechenden Dämpfungen.

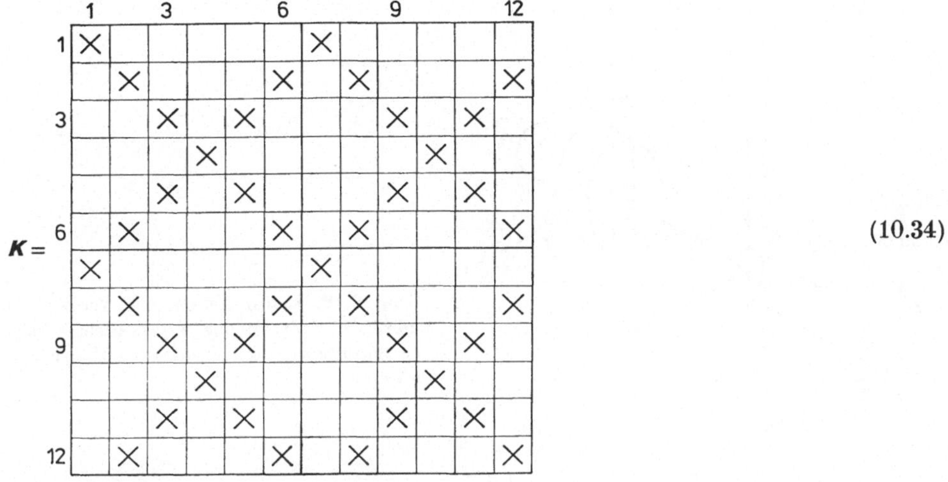

$$\boldsymbol{K} = \quad (10.34)$$

c) *Punktmasse*

Bei der Punktmasse wird die Masse m auf einen Knotenpunkt konzentriert angenommen. Sie besitzt keine Massenträgheitsmomente und hat nur translatorische Trägheit. Ihre Matrix ist

$$\boldsymbol{M}_\mathrm{P} = \begin{bmatrix} m & & \\ & m & \\ & & m \end{bmatrix}. \qquad (10.35)$$

d) *Starrkörper*

Ein starrer Körper beliebiger Ausdehnung und Form wird durch seine Masse und seine zentralen Massenmomente kinetisch vollständig erfaßt. Zentrale Massenmomente sind Massenmomente bezüglich eines orthogonalen Koordinatensystems mit dem Schwerpunkt als Ursprung (5. Kapitel). Der Schwerpunkt sei Knoten des Starrkörpers mit den Verschiebungen u_1, u_2, u_3 und den Drehungen u_4, u_5, u_6. Mit $\boldsymbol{M}_\mathrm{P}$ nach (10.35) und dem Trägheitstensor $\boldsymbol{\Theta}$ (nach (5.18)) ist seine Massenmatrix

$$\boldsymbol{M} = \begin{bmatrix} \boldsymbol{M}_\mathrm{P} & \\ & \boldsymbol{\Theta} \end{bmatrix}. \qquad (10.36)$$

e) *Rotorelemente*

Rotoren bildet man vorwiegend ab als elastische Wellenelemente und Starrkörper (Bild 10.12).[3] Das Wellenelement nach Bild 10.12a ist ein Balken. Bei rundem Querschnitt ist

$$I = I_2 = I_3, \qquad \varkappa = \varkappa_2 = \varkappa_3, \qquad \hat{\mu} = \hat{\mu}_2 = \mu_3 = I\varrho \qquad (10.38)$$

---

[3] Im Unterschied zu Bild 10.11 wurden hier die Lage und Numerierung der Koordinaten so gewählt, wie sie für die Rotordynamik zweckmäßig sind. Man beachte dies bei Verwendung in einer Struktur mit Elementen nach Bild 10.11.

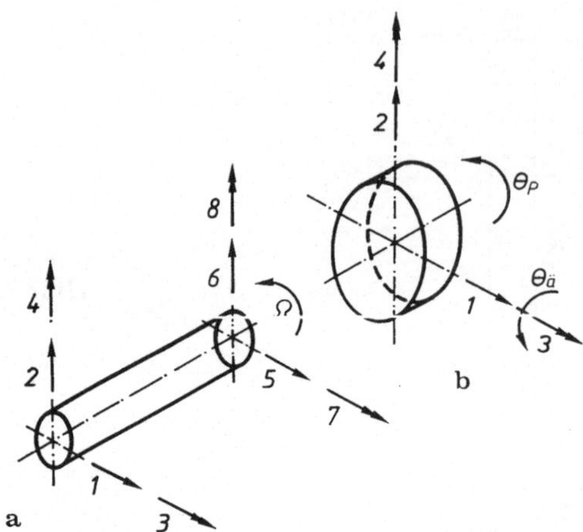

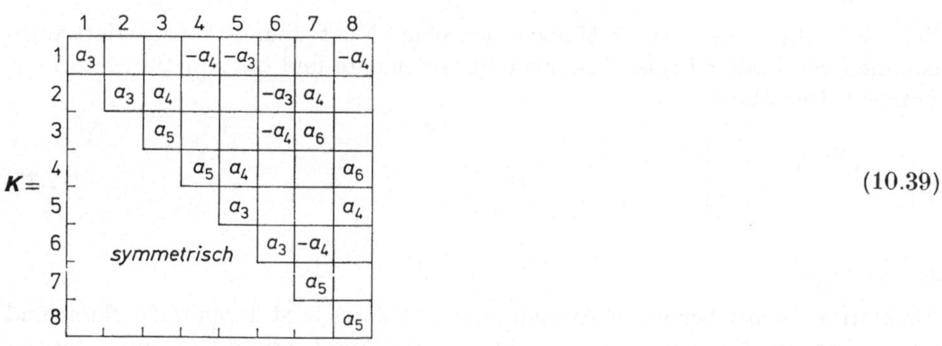

Bild 10.12. Rotorelemente. **a**) Wellenelement; **b**) Starrkörper. Θ_p polares Trägheitsmoment, $\Theta_\mathrm{ä}$ äquatoriales Trägheitsmoment

Hierfür ist mit a_3, a_4, a_5, a_6 nach (10.27) die Steifigkeitsmatrix

$$
\boldsymbol{K} =
\begin{array}{c|cccccccc}
 & 1 & 2 & 3 & 4 & 5 & 6 & 7 & 8 \\
\hline
1 & a_3 & & & -a_4 & -a_3 & & & -a_4 \\
2 & & a_3 & a_4 & & & -a_3 & a_4 & \\
3 & & & a_5 & & & -a_4 & a_6 & \\
4 & & & & a_5 & a_4 & & & a_6 \\
5 & & & & & a_3 & & & a_4 \\
6 & & \text{symmetrisch} & & & & a_3 & -a_4 & \\
7 & & & & & & & a_5 & \\
8 & & & & & & & & a_5 \\
\end{array}
\tag{10.39}
$$

und mit b_3, …, b_8 nach (10.32) die Massenmatrix

$$
\boldsymbol{M} =
\begin{array}{c|cccccccc}
 & 1 & 2 & 3 & 4 & 5 & 6 & 7 & 8 \\
\hline
1 & b_3 & & & -b_5 & b_4 & & & b_6 \\
2 & & b_3 & b_5 & & & b_4 & -b_6 & \\
3 & & & b_7 & & & b_6 & b_8 & \\
4 & & & & b_7 & -b_6 & & & b_8 \\
5 & & & & & b_3 & & & b_5 \\
6 & & \text{symmetrisch} & & & & b_3 & -b_5 & \\
7 & & & & & & & b_7 & \\
8 & & & & & & & & b_7 \\
\end{array}
\tag{10.40}
$$

Durch die Drehung des Rotors mit der Winkelgeschwindigkeit Ω hat das Wellenelement noch ein Kreiselmoment $\boldsymbol{G\dot{u}}$; vgl. Abschnitt 9.1.7 und (9.32a). Die Kreiselmatrix ist nach R. Nordmann [39] bei Vernachlässigung der Schubverformung und mit Hermite-Polynomen als Ansatzfunktionen

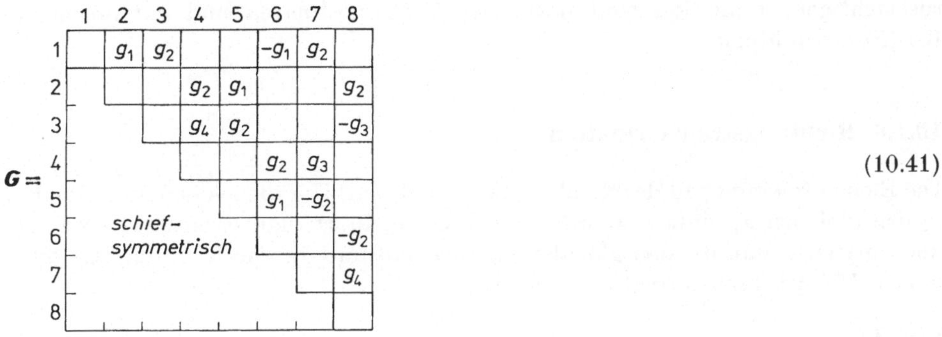

$$(10.41)$$

mit den Koeffizienten

$$g_1 = \frac{6}{5}\,\hat{\mu}\,\frac{1}{l}\,\Omega, \qquad g_2 = \frac{1}{10}\,\hat{\mu}\Omega$$

$$g_3 = \frac{1}{30}\,\hat{\mu}l\Omega, \qquad g_4 = \frac{2}{15}\,\hat{\mu}l\Omega.$$

$$(10.42)$$

Scheiben und gedrungene Zylinder eines Rotors bildet man als Starrkörper nach Bild 10.12b ab. Die Koordinatenachsen und die Drehachse seien zentrale Hauptachsen des Körpers. Er habe bezüglich der Drehachse das polare Trägheitsmoment Θ_p und bezüglich einer beliebigen dazu senkrechten Achse das äquatoriale Trägheitsmoment $\Theta_{\text{ä}}$. Solche Körper bezeichnet man als symmetrischen Kreisel. Seine Massen- und Kreiselmatrix sind in (9.32a) enthalten.

Für einen Hohlzylinder mit R, r, l ist nach Tabelle 5.1

$$\Theta_p = \frac{m}{2}\,(R^2 + r^2), \qquad \Theta_{\text{ä}} = \frac{m}{12}\,[l^2 + 3(R^2 + r^2)].$$

$$(10.43)$$

f) Gleitlager

Das Element Gleitlager besteht nach Bild 10.13 aus dem Zapfen mit dem Knoten A (Verschiebungen u_1, u_2) und der Lagerschale mit dem Knoten B (Verschiebungen u_3, u_4). Es hat die Matrizen

$$K = \begin{bmatrix} K_{\text{L}} & -K_{\text{L}} \\ -K_{\text{L}} & K_{\text{L}} \end{bmatrix}, \qquad D = \begin{bmatrix} D_{\text{L}} & -D_{\text{L}} \\ -D_{\text{L}} & D_{\text{L}} \end{bmatrix}$$

$$(10.44)$$

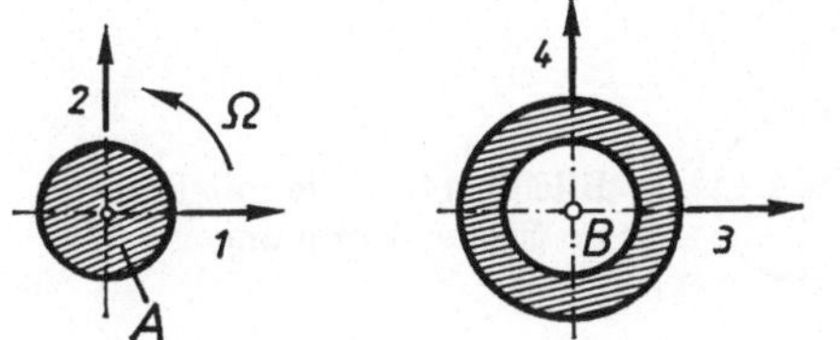

Bild 10.13. Element Gleitlager

mit K_L und D_L nach Abschnitt 9.1.8 bzw. (9.144). Der Widerstand gegen Drehung um eine Achse senkrecht zur Drehachse ist dabei vernachlässigt. Will man ihn berücksichtigen, dann kommen noch vier Drehkoordinaten und entsprechende Koeffizienten hinzu.

10.1.6 Richtungstransformation

Die Elemente können in der Struktur beliebig liegen. Um die lokalen Koordinaten u_i den globalen x_j einfach zuordnen zu können, führt man orientierte Elementkoordinaten v_i ein, die den globalen parallel sind und gleiche Richtung wie diese haben. Mit der Transformationsgleichung

$$u = Tv \tag{10.45}$$

wird dann aus einer Matrix A bezüglich den Koordinaten u_i die Matrix

$$A' = T^{-1}AT \tag{10.46}$$

für die Koordinaten v_i.

Die u_i bzw. die v_i bilden ein orthogonales System. Hierfür ist $T^{-1} = T^T$.

Wesentliche Einzelheiten zur Richtungstransformation findet man im Abschnitt 8.2.4.2. Dort wird auch gezeigt, wie man in einfacher Weise die benötigten Richtungskosinus berechnen kann.

10.1.7 Kinematische Kopplung

Bei der Wahl globaler Koordinaten kann man zunächst auch solche berücksichtigen, die von einer oder mehreren anderen Koordinaten kinematisch abhängen. Mit den Koppelgleichungen eliminiert man dann die überzähligen Koordinaten.

Einfache Beispiele kinematischer Kopplung bringt das Bild 10.14. Es zeigt links einen auf Federn gelagerten elastischen Balken. Bei einem solchen Modell darf die Längsnachgiebigkeit des Balkens meistens vernachlässigt werden. Setzt man sie Null, dann ist x_4 mit x_1 gekoppelt und es ist

$$x_4 = x_1.$$

Das Bild 10.14b soll ein einfaches Getriebe darstellen. Hierfür gilt

$$x_2 = -\frac{r_1}{r_2}\, x_1.$$

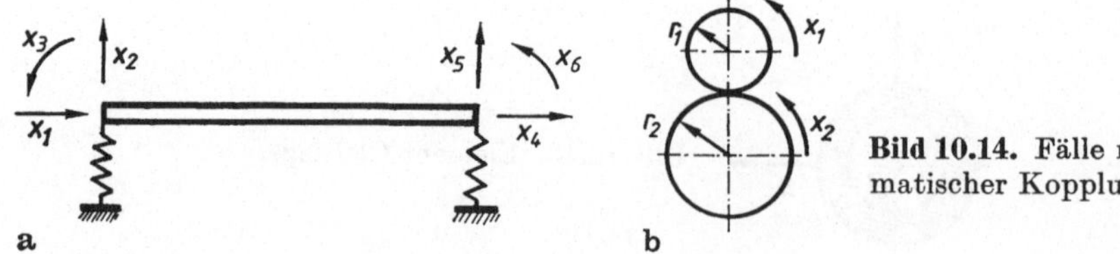

Bild 10.14. Fälle mit kinematischer Kopplung

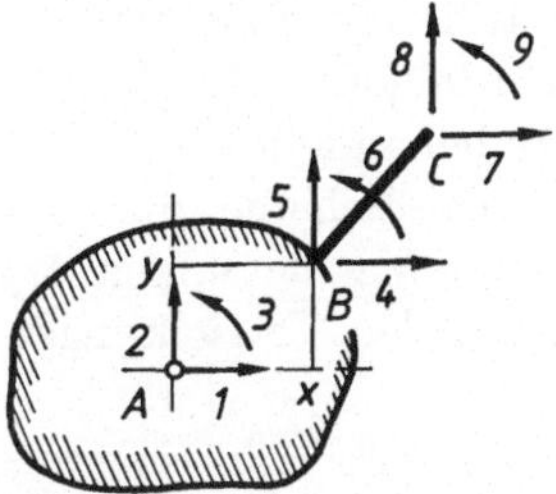

Bild 10.15. Starre Scheibe mit elastischem Balken

Als nächstes Beispiel betrachten wir eine starre Scheibe, an welcher ein elastischer Balken fest angeschlossen ist (Bild 10.15). Die Verrückungen des Knotens B hängen eindeutig von jenen des Knotens A ab. Bei kleiner Drehung x_3 gilt

$$\begin{bmatrix} x_4 \\ x_5 \\ x_6 \end{bmatrix} = \begin{bmatrix} 1 & 0 & -y \\ 0 & 1 & x \\ 0 & 0 & 1 \end{bmatrix} \begin{bmatrix} x_1 \\ x_2 \\ x_3 \end{bmatrix} \quad \text{bzw.} \quad \boldsymbol{x}_\mathrm{B} = \boldsymbol{T}\boldsymbol{x}_\mathrm{A}, \tag{10.47}$$

wobei x und y die Ortskoordinaten des Punkts B bezüglich des Punkts A nach Bild 10.15 bedeuten. Sie müssen mit dem richtigen Vorzeichen eingesetzt werden; x bzw. y sind negativ, wenn B links bzw. unterhalb von A liegt.

Wir betrachten die statische Ankopplung des Balkens an die Scheibe. Hierfür unterteilen wir die Steifigkeitsmatrix des Balkens folgendermaßen

$$\boldsymbol{K} = \begin{bmatrix} \boldsymbol{K}_{11} & \boldsymbol{K}_{12} \\ \boldsymbol{K}_{21} & \boldsymbol{K}_{22} \end{bmatrix} \tag{10.48}$$

und bilden die Transformationsmatrix

$$\boldsymbol{T}_\mathrm{g} = \begin{bmatrix} \boldsymbol{T} & \\ & \boldsymbol{E} \end{bmatrix}, \tag{10.49}$$

die der Tatsache Rechnung trägt, daß der Knoten C unabhängige Verrückungen hat. Daraus folgt — wie im Abschnitt 8.2.4.1 an einem ähnlichen Fall im einzelnen dargelegt —

$$\boldsymbol{f}' = \boldsymbol{K}'\boldsymbol{x}' \tag{10.50}$$

mit

$$\boldsymbol{x}' = (x_1,\, x_2,\, x_3,\, x_7,\, x_8,\, x_9)^T$$

$$\boldsymbol{f}' = (f_1,\, f_2,\, f_3,\, f_7,\, f_8,\, f_9)^T$$

$$\boldsymbol{K}' = \boldsymbol{T}_\mathrm{g}^T \boldsymbol{K} \boldsymbol{T}_\mathrm{g} = \begin{bmatrix} \boldsymbol{T}^T \boldsymbol{K}_{11} \boldsymbol{T} & \boldsymbol{T}^T \boldsymbol{K}_{12} \\ \boldsymbol{K}_{21} \boldsymbol{T} & \boldsymbol{K}_{22} \end{bmatrix}, \tag{10.51}$$

womit die abhängigen Koordinaten x_4, x_5, x_6 eliminiert und die Koeffizienten der
K-Matrix des Balkens entsprechend umgerechnet und zugeordnet sind. In gleicher
Weise werden die Massenmatrix und die Dämpfungsmatrix behandelt.

Bei einem starren Körper gilt das gleiche wie für die starre Scheibe, nur daß
noch die dritte Dimension hinzukommt. Sind x_1, x_2, ..., x_6 die Verrückungen des
Bezugspunkts A und x_7, x_8, ..., x_{12} die zu den ersteren parallelen Verrückungen
eines beliebigen Punkts B, dann gilt

$$\boldsymbol{x}_\mathrm{B} = \boldsymbol{T}\boldsymbol{x}_\mathrm{A} \tag{10.52}$$

mit der Transformationsmatrix

$$
\boldsymbol{T} =
\begin{bmatrix}
1 & & & & z & -y \\
& 1 & & -z & & x \\
& & 1 & y & -x & \\
& & & 1 & & \\
& & & & 1 & \\
& & & & & 1
\end{bmatrix}
\tag{10.53}
$$

und x, y, z als den Ortskoordinaten des Punkts B bezüglich des Punkts A. (10.50)
und (10.51) gelten sinngemäß.

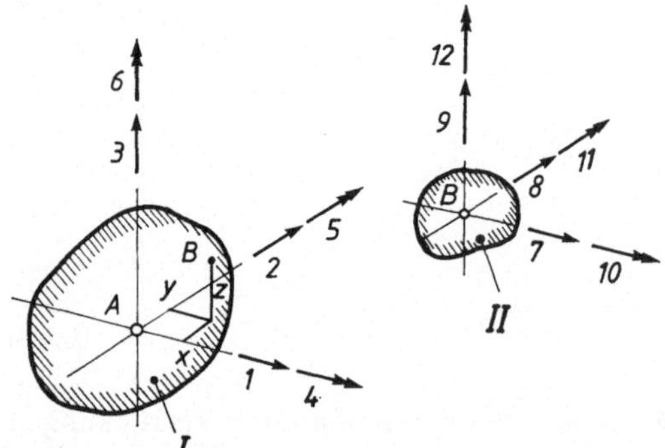

Bild 10.16. Zusammenschluß zweier
Starrkörper

Betrachten wir z. B. einen Starrkörper I, an dem im Punkt B ein Starrkörper
II starr angeschlossen wird (Bild 10.16) und bestimmen die zusätzlichen Koeffizienten, welche die Massenmatrix des Körpers I dadurch bekommt.

Die Koordinaten des Körpers II sollen mit seinen zentralen Hauptachsen zusammenfallen. Dann ist seine Massenmatrix

$$\boldsymbol{M}_\mathrm{II} = \mathrm{diag}\,(m,\, m,\, m,\, \Theta_7,\, \Theta_8,\, \Theta_9)\,.$$

Die Massenmatrix des Körpers I erhält durch den Körper II mit (10.52) und (10.53) den Zusatz

$$\Delta \boldsymbol{M} = \boldsymbol{T}^{\mathsf{T}} \boldsymbol{M}_{\mathrm{II}} \boldsymbol{T} = \begin{bmatrix} m & & & & mz & -my \\ & m & & -mz & & mx \\ & & m & my & -mx & \\ & & & m_{44} & m_{45} & m_{46} \\ & \text{symmetrisch} & & & m_{55} & m_{56} \\ & & & & & m_{66} \end{bmatrix} \tag{10.54}$$

mit den Koeffizienten

$$\left. \begin{aligned} m_{44} &= \Theta_7 + m(y^2 + z^2), & m_{45} &= -mxy, & m_{46} &= -mzx \\ m_{55} &= \Theta_8 + m(z^2 + x^2), & m_{56} &= -myz, & m_{66} &= \Theta_9 + m(x^2 + y^2). \end{aligned} \right\} \tag{10.55}$$

Die Gleichungen (10.55) sind die bekannten Steiner-Beziehungen (entsprechend (5.11) und (5.12)). Die Massenmomente 1. Ordnung mx, my, mz kommen hinzu, weil der Massenmittelpunkt des aus den Körpern I und II kombinierten Starrkörpers nicht mehr mit dem Bezugspunkt A zusammenfällt.

Zum Abschluß dieses Abschnitts sei hervorgehoben, daß für die abhängigen Koordinaten immer so viele Koppelgleichungen bezüglich zugehörigen unabhängigen Koordinaten bestehen, daß die ersteren eliminiert werden können. In der Bewegungsgleichung der Struktur stehen dann nur noch unabhängige globale Koordinaten.

10.1.8 Globalmatrizen

Im Abschnitt 10.1.1 wird für eine einfache ebene Struktur gezeigt, wie deren Globalmatrizen entstehen. In gleicher Weise erhält man die Globalmatrizen räumlicher Strukturen mit beliebig vielen Freiheitsgraden.

Nachdem die Matrizen aller Elemente auf orientierte Koordinaten transformiert sind, stellt man die Inzidenztabelle auf, wie im Beispiel beschrieben. Sie hat so viele Spalten, wie die Elemente Koordinaten haben (z. B. 12 beim allgemeinen Balken) und so viele Zeilen, wie die Struktur Elemente hat. Damit ist die Einordnung der Koeffizienten der Elementmatrizen in die Globalmatrix bestimmt, wie für das Beispiel die Tabelle 10.1 und das Bild 10.7 zeigen.

10.1.9 Schnittkräfte

Nachdem die Bewegungsgleichung der Struktur gelöst ist, kennt man die Zeitfunktionen $x_j(t)$ aller globalen Verrückungen. Die Schnittkräfte an den Knoten erhält man folgendermaßen.

Wir betrachten zwei Knoten A, B mit den globalen Verrückungen $\boldsymbol{x}_{\mathrm{A}}(t)$ und $\boldsymbol{x}_{\mathrm{B}}(t)$. Zwischen A und B liege das Element r mit den auf orientierte Koordinaten bezogenen Matrizen M_r'', D_r'', K_r'' (s. (10.4) und (10.15)). Wir unterteilen diese Matrizen nach den Koordinaten der Knoten A und B. Die Steifigkeitsmatrix besteht dann aus folgenden Untermatrizen

$$K_r'' = \begin{pmatrix} K_{AA} & K_{AB} \\ K_{BA} & K_{BB} \end{pmatrix}. \tag{10.57}$$

Entsprechend unterteilen wir M_r'' und D_r''. Die Schnittkraft am Knoten A bzw. B wird damit

$$\begin{bmatrix} f_A \\ f_B \end{bmatrix} = \begin{bmatrix} M_{AA} & M_{AB} \\ M_{BA} & M_{BB} \end{bmatrix} \begin{bmatrix} \ddot{x}_A \\ \ddot{x}_B \end{bmatrix} + \begin{bmatrix} D_{AA} & D_{AB} \\ D_{BA} & D_{BB} \end{bmatrix} \begin{bmatrix} \dot{x}_A \\ \dot{x}_B \end{bmatrix} + \begin{bmatrix} K_{AA} & K_{AB} \\ K_{BA} & K_{BB} \end{bmatrix} \begin{bmatrix} x_A \\ x_B \end{bmatrix}. \tag{10.58}$$

Meistens kommen an einem Knoten mehrere Elemente zusammen. Die Gesamtschnittkraft ist dann die Summe der Schnittkräfte aller angeschlossenen Elemente.

10.2 Modale Berechnung

Die Lösung der Bewegungsgleichung von Strukturen mit vielen Freiheitsgraden ist wegen der mehr oder weniger starken Kopplung der einzelnen Gleichungen oft sehr zeitraubend und oft numerisch ungenau. Durch entsprechende Koordinatentransformation gelingt es, die Gleichungen zu entkoppeln. Nach Lösung der entkoppelten Gleichungen transformiert man wieder zurück und erhält damit die gesuchte Lösung. In der Regel spart man so erheblich an Rechenzeit. Außerdem gewinnt man dabei aber noch Erkenntnisse über den Aufbau der Lösung, die man vor allem für Näherungsbetrachtungen gut nutzen kann.

Wir unterscheiden zwischen Bewegungsgleichungen mit symmetrischen und unsymmetrischen Matrizen. In diesem Abschnitt setzen wir die erste Art voraus. Bei unsymmetrischen Matrizen kann man die bimodale Berechnung nach Abschnitt 10.4 anwenden.

Gegeben ist also die Bewegungsgleichung

$$M\ddot{x} + D\dot{x} + Kx = f(t) \tag{10.59}$$

mit symmetrischen Matrizen M, D, K. (10.59) soll so transformiert werden, daß ihre Zeilen entkoppelt sind.

Für $D = 0$ führt die lineare Transformation

$$x = \Phi y \tag{10.60}$$

zum Ziel, wie im folgenden gezeigt wird. Dabei ist $\Phi = (\varphi_1, \ldots, \varphi_n)$ die Matrix der Eigenvektoren φ_k der Eigenwertaufgabe

$$M\ddot{x} + Kx = 0.$$

Die Modalmatrix Φ ist konstant, so daß gilt

$$\ddot{x} = \Phi\ddot{y},$$

Einsetzen in (10.59) (mit $D = 0$) ergibt

$$M\Phi\ddot{y} + K\Phi y = f(t)$$

und nach Multiplikation mit $\boldsymbol{\Phi}^T$

$$\boldsymbol{\Phi}^T\boldsymbol{M}\boldsymbol{\Phi}\ddot{\boldsymbol{y}} + \boldsymbol{\Phi}^T\boldsymbol{K}\boldsymbol{\Phi}\boldsymbol{y} = \boldsymbol{\Phi}^T\boldsymbol{f}(t). \tag{10.61}$$

(10.61) besteht aus n entkoppelten Gleichungen, wenn die Produkte $\boldsymbol{\Phi}^T\boldsymbol{M}\boldsymbol{\Phi}$ und $\boldsymbol{\Phi}^T\boldsymbol{K}\boldsymbol{\Phi}$ diagonale Matrizen sind. Daß dies zutrifft, zeigen die folgenden Rechnungen.

Der Eigenvektor φ_k erfüllt mit der zugehörigen Eigenfrequenz ω_k die Gleichung

$$(\boldsymbol{K} - \omega_k^2\boldsymbol{M})\,\varphi_k = \boldsymbol{0} \quad \text{bzw.} \quad \boldsymbol{K}\varphi_k = \omega_k^2\boldsymbol{M}\varphi_k. \tag{10.62}$$

Multiplikation mit einem anderen Eigenvektor φ_l von links ergibt

$$\varphi_l^T\boldsymbol{K}\varphi_k = \omega_k^2\varphi_l^T\boldsymbol{M}\varphi_k \tag{10.63a}$$

und nach Tauschen von l und k

$$\varphi_k^T\boldsymbol{K}\varphi_l = \omega_l^2\varphi_k^T\boldsymbol{M}\varphi_l. \tag{10.63b}$$

Da $\boldsymbol{K}$ als symmetrisch vorausgesetzt ist, gilt

$$\varphi_l^T\boldsymbol{K}\varphi_k = \varphi_k^T\boldsymbol{K}\varphi_l$$

und ebenso ist mit $\boldsymbol{M}$ symmetrisch

$$\varphi_l^T\boldsymbol{M}\varphi_k = \varphi_k^T\boldsymbol{M}\varphi_l,$$

womit die Differenz von (10.63a), (10.63b) die Beziehung

$$(\omega_k^2 - \omega_l^2)\,\varphi_l^T\boldsymbol{M}\varphi_k = 0 \tag{10.64}$$

ergibt. Bei $\omega_k \neq \omega_l$ folgt daraus

$$\left.\begin{aligned}
&\varphi_l^T\boldsymbol{M}\varphi_k = 0 \\[4pt]
&\text{und mit (10.62)} \\[4pt]
&\varphi_l^T\boldsymbol{K}\varphi_k = 0 \quad \text{bei} \quad l \neq k.
\end{aligned}\right\} \tag{10.65}$$

Die Gleichungen (10.65) besagen, daß die Eigenvektoren in Verbindung mit $\boldsymbol{M}$ oder $\boldsymbol{K}$ orthogonal sind. Diese Eigenschaft beachten wir bei den Produkten von (10.61). Es ist

$$\boldsymbol{\Phi}^T\boldsymbol{M}\boldsymbol{\Phi} = (\varphi_l^T\boldsymbol{M}\varphi_k)$$

und somit

$$\boldsymbol{\Phi}^T\boldsymbol{M}\boldsymbol{\Phi} = \text{diag}\,(\varphi_k^T\boldsymbol{M}\varphi_k).$$

Ebenso ist

$$\boldsymbol{\Phi}^T\boldsymbol{K}\boldsymbol{\Phi} = \text{diag}\,(\varphi_k^T\boldsymbol{K}\varphi_k).$$

Mit den Bezeichnungen

$$m_k^* = \varphi_k^T M \varphi_k \qquad \text{generalisierte Masse}$$

$$k_k^* = \varphi_k^T K \varphi_k \qquad \text{generalisierte Steifigkeit} \qquad\qquad (10.66)$$

$$g_k^*(t) = \varphi_k^T f(t) \qquad \text{generalisierte Kraft}$$

erhält also (10.61) die Form

$$m_k^* \ddot{y}_k + k_k^* y_k = g_k^*(t); \qquad k = 1, \ldots, n. \tag{10.67}$$

Es existieren n Schwingungsgleichungen ohne Dämpfung für $y_k(t)$.

Nehmen wir für die bisher ausgeschlossene Dämpfung speziell an, daß sie proportional M und/oder proportional K ist, setzen also

$$D = \alpha M + \beta K, \tag{10.68}$$

dann ist

$$\Phi^T D \Phi = \alpha \, \text{diag} \, (m_k^*) + \beta \, \text{diag} \, (k_k^*)$$

$$= \text{diag} \, (\alpha m_k^* + \beta k_k^*) = \text{diag} \, (d_k^*).$$

Damit erhält man in Ergänzung zu (10.67) die Schwingungsgleichung mit Dämpfung

$$m_k^* \ddot{y}_k + d_k^* \dot{y}_k + k^* y_k = g_k^*(t) \qquad k = 1, \ldots, n \tag{10.68a}$$

oder nach Division mit m_k^*

$$\ddot{y}_k + 2\delta_k \dot{y}_k + \omega_k^2 y_k = g_k(t) \tag{10.69}$$

mit

$$2\delta_k = \frac{d_k^*}{m_k^*} = \alpha + \beta \omega_k^2 \tag{10.70}$$

und

$$g_k(t) = \frac{1}{m_k^*} g_k^*(t) = \frac{1}{m_k^*} \varphi_k^T f(t). \tag{10.71}$$

Für die modale Dämpfung δ_k kann man mit dem modalen Dämpfungsgrad D_k (s. (9.93)) auch setzen

$$\delta_k = D_k \omega_k. \tag{10.72}$$

(10.69) kann für $k = 1 \ldots n$ nach dem 7. Kapitel gelöst werden. Die gesuchte Lösung folgt schließlich mit dem Ansatz (10.60) zu

$$\begin{bmatrix} x_1(t) \\ \vdots \\ x_n(t) \end{bmatrix} = \begin{bmatrix} \varphi_{11} \cdots \cdots \varphi_{1n} \\ \vdots \qquad \vdots \\ \varphi_{n1} \cdots \cdots \varphi_{nn} \end{bmatrix} \begin{bmatrix} y_1(t) \\ \vdots \\ y_n(t) \end{bmatrix}. \tag{10.73}$$

Eine beliebige Verrückung bzw. Koordinate $x_\mathrm{m}(t)$ besteht somit aus einer Linearkombination der Koordinaten $y_\mathrm{k}(t)$:

$$x_\mathrm{m}(t) = \sum_{k=1}^{n} \varphi_\mathrm{mk} y_\mathrm{k}(t). \tag{10.74}$$

Die Koordinaten y_k nennt man Hauptkoordinaten und $y_\mathrm{k}(t)$ entsprechend Hauptschwingungen. Eine kinematische Deutung der Hauptkoordinaten ist nur in sehr einfachen Fällen möglich (siehe z. B. [15, Kap. 6].)

Die beschriebene Lösungsart nennen wir modale Berechnung. Sie besteht aus den folgenden Schritten.

1. Aufstellen der Bewegungsgleichung

$$\boldsymbol{M\ddot{x}} + \boldsymbol{D\dot{x}} + \boldsymbol{Kx} = \boldsymbol{f}(t)$$

mit $\boldsymbol{D}$ nach (10.68);

sodann berechnen der

2. Eigenfrequenzen ω_k aus $|\boldsymbol{K} - \omega^2 \boldsymbol{M}| = 0$;

3. Eigenvektoren $\boldsymbol{\varphi}_\mathrm{k}$ aus $(\boldsymbol{K} - \omega_\mathrm{k}^2 \boldsymbol{M})\, \boldsymbol{\varphi}_\mathrm{k} = \boldsymbol{0}$;

4. generalisierten Massen m_k^* aus $m_\mathrm{k}^* = \boldsymbol{\varphi}_\mathrm{k}^\mathrm{T} \boldsymbol{M} \boldsymbol{\varphi}_\mathrm{k}$;

5. generalisierten Kräfte $g_\mathrm{k}(t)$ aus $g_\mathrm{k}(t) = \dfrac{1}{m_\mathrm{k}^*}\, \boldsymbol{\varphi}_\mathrm{k}^T \boldsymbol{f}(t)$;

6. Hauptkoordinaten $y_\mathrm{k}(t)$ aus

$$\ddot{y}_\mathrm{k} + 2\delta_\mathrm{k}\dot{y}_\mathrm{k} + \omega_\mathrm{k}^2 y_\mathrm{k} = g_\mathrm{k}(t)$$

7. Koordinaten $x_\mathrm{m}(t)$ aus

$$x_\mathrm{m}(t) = \sum_{k=1}^{n} \varphi_\mathrm{mk} y_\mathrm{k}(t).$$

Bei der Feststellung der Orthogonalität nach (10.65) wurde $\omega_\mathrm{k} \neq \omega_\mathrm{l}$ angenommen. In der linearen Algebra wird gezeigt (siehe z. B. [26]), daß mit $\boldsymbol{M}$, $\boldsymbol{K}$ reell und symmetrisch auch bei Mehrfachwurzeln ω_k ein vollständiges System von n linear unabhängigen, orthogonalen Eigenvektoren existiert. Mehrfachwurzeln schränken also die modale Berechnung nicht ein.

Wesentliche Voraussetzungen zur modalen Berechnung sind symmetrische Matrizen und proportionale Dämpfung. Die Berechnung führt immer zum Ziel, wenn (10.69) gelöst werden kann, was praktisch bei beliebiger rechter Seite möglich ist. Nachteilig ist, daß man die Eigenfrequenzen ω_k und Eigenvektoren $\boldsymbol{\varphi}_\mathrm{k}$ kennen muß. Dies ist aber unbedeutend, wenn die Lösung für viele Frequenzen oder Zeitpunkte berechnet werden soll und dabei die Eigenwerte konstant sind. Bei einigen Aufgaben, z. B. der Rotordynamik, ist dies leider nicht der Fall.

10.3 Dynamische Nachgiebigkeit

Als dynamische Nachgiebigkeit $h_{ik}(\omega)$ bezeichnet man die bezogene Amplitude der Verrückung x_i bei harmonischer Erregung der Koordinate k (Abschnitt 9.3). Mit der modalen Berechnung erhält man einen geschlossenen Ausdruck für $h_{ik}(\omega)$, der die einzelnen Beiträge der Eigenschwingungen deutlich erkennbar macht.

Wir nehmen an der Koordinate k die harmonische Erregerkraft

$$\underline{f}_k(t) = \hat{F}_k\, e^{i\omega t} \tag{10.75}$$

an, berechnen die Hauptkoordinate $\underline{y}_1(t)$ aus der (10.68a) entsprechenden Gleichung

$$m_1^* \underline{\ddot{y}}_1 + d_1^* \underline{\dot{y}}_1 + k_1^* \underline{y}_1 = g_1^*(t) \tag{10.76}$$

mit

$$g_1^*(t) = (\varphi_{11}, \ldots, \varphi_{k1}, \ldots, \varphi_{n1}) \begin{bmatrix} 0 \\ \vdots \\ \hat{F}_k \\ \vdots \\ 0 \end{bmatrix} e^{i\omega t} = \varphi_{k1}\hat{F}_k\, e^{i\omega t}. \tag{10.77}$$

(10.76) hat die partikuläre Lösung

$$\underline{y}_1(t) = \hat{\underline{y}}_1\, e^{i\omega t}, \tag{10.78}$$

die in (10.76) eingeführt nach Kürzen mit $e^{i\omega t}$ die Gleichung

$$(-m_1^*\omega^2 + id_1^*\omega + k_1^*)\,\hat{\underline{y}}_1 = \varphi_{k1}\hat{F}_k$$

ergibt und daraus die Amplitude

$$\hat{\underline{y}}_1 = \varphi_{k1}\hat{F}_k\underline{v}_1(\omega). \tag{10.79}$$

mit

$$\underline{v}_1(\omega) = \frac{1}{k_1^* - m_1^*\omega^2 + id_1^*\omega} \tag{10.80}$$

liefert. Entsprechend (10.74) ist mit $i = m$ und $l = k$ die Antwort der Koordinate i

$$\underline{x}_i(t) = \sum_{l=1}^{n} \varphi_{il}\underline{y}_1(t) = \sum \underline{x}_{i1}(t) \tag{10.81}$$

mit

$$\underline{x}_{i1}(t) = \varphi_{il}\underline{y}_1(t) = \varphi_{il}\varphi_{k1}\hat{F}_k\underline{v}_1(\omega)\, e^{i\omega t} = \varphi_{il}\varphi_{k1}\underline{v}_1(\omega)\,\underline{f}_k(t). \tag{10.82}$$

Aus (10.82) folgt der Anteil

$$\underline{H}_{ik1}(\omega) = \frac{\underline{x}_{i1}(t)}{\underline{f}_k(t)} = \varphi_{il}\varphi_{k1}\underline{v}_1(\omega) \tag{10.83}$$

zur Übertragungsfunktion

$$\underline{H}_{ik}(\omega) = \sum_{l=1}^{n} \underline{H}_{ikl}(\omega).$$ (10.84)

Der Nenner von $\underline{v}_l(\omega)$ wird mit dem modalen Dämpfungsgrad

$$\left.\begin{array}{l} D_l = \dfrac{d_l^*}{2m_l^*\omega_l} \\[2em] \text{und} \\[2em] \omega_l^2 = \dfrac{k_l^*}{m_l^*} \quad \text{bzw.} \quad \eta_l = \dfrac{\omega}{\omega_l} \end{array}\right\}$$ (10.85)

zu

$$k_l^* - m_l^*\omega^2 + id_l^*\omega = m_l^*\omega_l^2(1 - \eta_l^2 + i2D_l\eta_l)$$

und damit wird aus (10.83)

$$\underline{H}_{ikl}(\omega) = \frac{\varphi_{il}\varphi_{kl}}{m_l^*\omega_l^2}\,\frac{1}{1 - \eta_l^2 + i2D_l\eta_l} = h_{ikl}V_l\,\mathrm{e}^{-i\varepsilon_l}$$ (10.86)

mit

$$\left.\begin{array}{l} h_{ikl} = \dfrac{\varphi_{il}\varphi_{kl}}{m_l^*\omega_l^2} \\[2em] V_l = \dfrac{1}{\sqrt{(1 - \eta_l^2)^2 + (2D_l\eta_l)^2}} \\[2em] \tan\varepsilon_l = \dfrac{2D_l\eta_l}{1 - \eta_l^2} \end{array}\right\}.$$ (10.87)

Die Übertragungsfunktion (10.84) wird damit

$$\underline{H}_{ik}(\omega) = \sum_{l=1}^{n} h_{ikl}V_l(\omega)\,\mathrm{e}^{-i\varepsilon_l(\omega)} = h_{ik}(\omega)\,\mathrm{e}^{i\psi_{ik}(\omega)}.$$ (10.88)

Sie setzt sich aus den Gliedern $h_{ikl}V_l(\omega)$ unter Beachtung der Winkel $\varepsilon_l(\omega)$ zusammen. Für $n = 3$ zeigt dies prinzipiell das Bild 10.17.

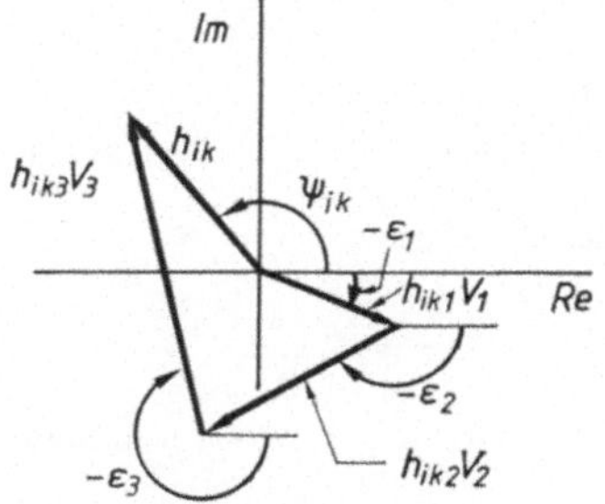

Bild 10.17. Entstehung der Übertragungsfunktion für $n = 3$

Die Gleichungen gelten für kinematisch bestimmt gelagerte Systeme. Bei kinematisch unbestimmter Lagerung oder bei freien Systemen kommen noch Glieder für die Starrkörperbewegungen hinzu (s. Abschnitt 11.5.3).

Der zeitliche Verlauf von x_i infolge $f_k(t)$ ist

$$\underline{x}_{ik}(t) = \underline{H}_{ik}(\omega)\, \underline{f}_k(t) = h_{ik}(\omega)\, \hat{F}_k\, e^{i[\omega t + \psi_{ik}(\omega)]}, \tag{10.89}$$

wovon der Real- oder Imaginärteil die tatsächliche Lösung darstellt.

Betrachten wir nun die Entstehung von $h_{ik}(\omega)$ noch etwas genauer. Nach (10.88) sind h_{ikl}, $V_l(\omega)$ und $\varepsilon_l(\omega)$ maßgebend.

Die Größe h_{ikl} hängt nach (10.87) einmal von den Koordinaten φ_{il}, φ_{kl} des Eigenvektors φ_l und nochmals bei der generalisierten Masse m_l^* quadratisch von dessen sämtlichen Koordinaten ab. Man sieht, daß φ_l beliebig normiert werden darf, da sich ein Faktor heraushebt.

Die Vergrößerungszahl V_l und der Nacheilwinkel ε_l hängen in bekannter Weise von der Abstimmung $\eta_l = \omega/\omega_l$ ab. Diese ist für die einzelnen Glieder der Summe (10.88) verschieden. Um dynamische Nachgiebigkeiten schnell überschlägig rechnen zu können, wurden im Bild 10.18 die Größen $V_l(\omega)$ und $\varepsilon_l(\omega)$ für verschiedene Abstimmungen und $D = 0{,}01$ dargestellt. Zur Anwendung auf einen bestimmten Fall normiert man dessen Eigenfrequenzen derart, daß sie im vorliegenden Abszissenbereich liegen. Bei anderem Dämpfungsgrad als $0{,}01$ rechnet man entsprechend um ($V_{\max} \approx 1/2D$).

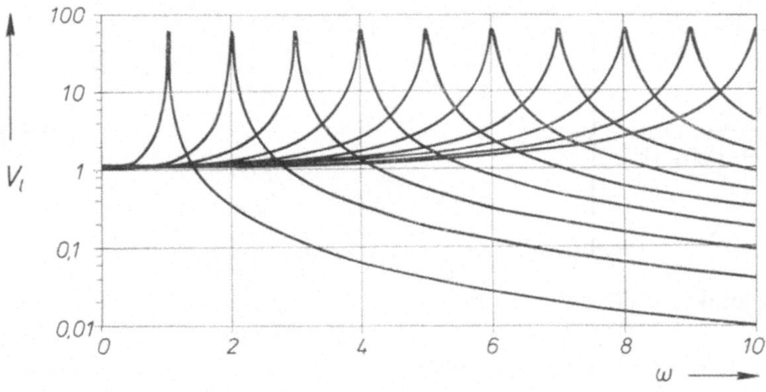

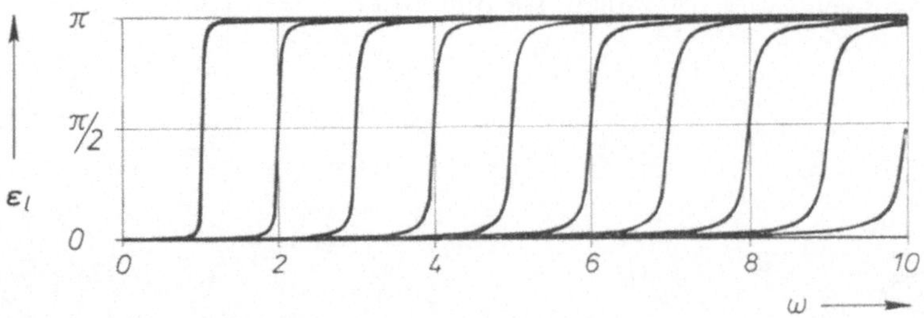

Bild 10.18. Vergrößerungsfunktion und Nacheilwinkel bei verschiedenen Abstimmungen. $D = 0{,}01$

Zwei Eigenschaften werden hier deutlich und verdienen besondere Beachtung:

— Schwingungen in Resonanz werden vorwiegend durch die betreffende Hauptschwingung bestimmt.

— Bei einer bestimmten Erregerfrequenz sind die meisten Anteile der Schwingung entweder annähernd in Phase ($\varepsilon \approx 0$) oder in Gegenphase ($\varepsilon \approx \pi$), so daß sie in die Summe (10.88) entweder mit positivem oder negativem Vorzeichen eingehen. Bei Resonanz stehen die übrigen Zeiger annähernd senkrecht zum dominierenden Zeiger.

Die Statik erscheint mit (10.88) in einem neuen Licht. Mit $\omega = 0$ wird aus der dynamischen Nachgiebigkeit die statische Nachgiebigkeit bzw. die sogenannte Verschiebungseinflußzahl

$$H_{ik}(0) = h_{ik} = \sum h_{ikl} = \sum_{l=1}^{n} \frac{\varphi_{il}\varphi_{kl}}{m_1^* \omega_1^2}. \tag{10.90}$$

Statische Einflußzahlen können also auch allein aus den Eigenschwingungen berechnet werden. (10.90) kann zum Abschätzen der Statik von großen Strukturen nützlich sein.

Aus $h_{kil} = h_{ikl}$ folgt noch, daß für Strukturen mit symmetrischen Matrizen und proportionaler Dämpfung der Maxwellsche Vertauschungssatz auch in der Dynamik gilt.

Beispiel

Gegeben ist ein Rotor nach Bild 10.19a mit den Daten

Masse	6790 kg
Lagerabstand	3,25 m
Lagernachgiebigkeit	1 µm/kN (für beide Lager und jede Richtung)
Betriebsdrehzahl	$n = 4000\ldots5500$ 1/min
kritische Drehzahlen	$n_1 = 3116$ 1/min, $n_2 = 8535$ 1/min.

Um festzustellen, wie sich eine Unwucht an der Stelle d bei der Drehzahl 4000 1/min auswirkt, soll die dynamische Nachgiebigkeit dieser Stelle näherungsweise berechnet werden.

Die Aufgabe besteht also darin, für die Erregerfrequenz 4000 1/min die dynamische Nachgiebigkeit h_{dd} zu berechnen. Wir verwenden hierzu die Gleichungen dieses Abschnitts und berücksichtigen dabei nur die den kritischen Drehzahlen n_1 und n_2 entsprechenden Eigenformen.

Wir beginnen damit, die Rotormasse auf wenige Punkte zu konzentrieren. Man darf dabei ziemlich großzügig sein (Punkte 1 bis 7 nach Bild 10.19b). An der fraglichen Stelle d braucht keine Masse angenommen zu werden. Sodann schätzen wir die erste und zweite Eigenform (da sie nicht bekannt sind) und zeichnen sie in beliebigem Maßstab (Bild 10.19c). Die Ordinaten an den Stellen 1, ..., 7, d sind die Koordinaten φ_{i1} bzw. φ_{i2} ($i = 1, \ldots, 7$, d) der geschätzten Eigenvektoren.

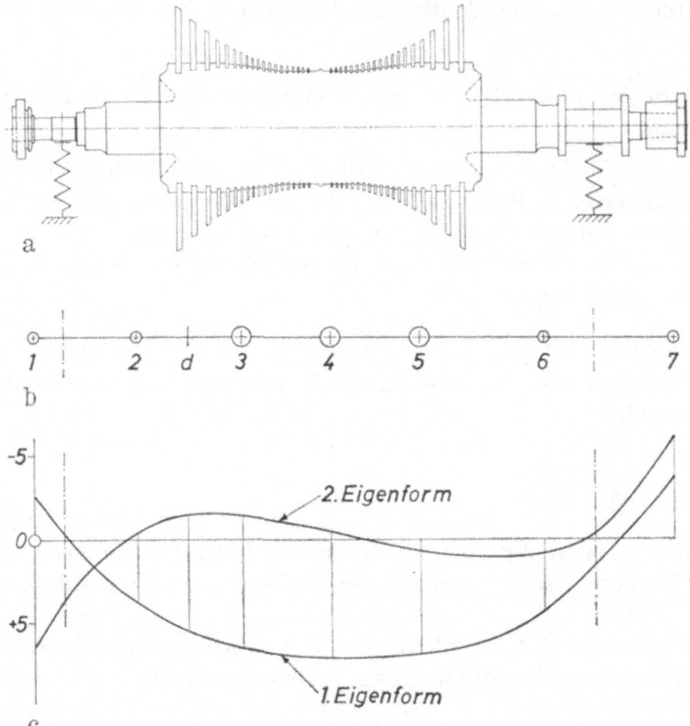

Bild 10.19. Beispiel zur Berechnung der dynamischen Nachgiebigkeit

Die Massenmatrix unseres Modells ist diagonal, so daß gilt

$$m_1^* = \sum_{i=1}^{7} \varphi_{i1}^2 m_i .$$

Nach Tabelle 10.2 sind die generalisierten Massen

$$m_1^* = 284{,}6 \cdot 10^3 \text{ kg}, \qquad m_2^* = 25{,}60 \cdot 10^3 \text{ kg} .$$

Tabelle 10.2

i	φ_{i1}	φ_{i2}	m_i	$\varphi_{i1}^2 m_i$	$\varphi_{i2}^2 m_i$
				10^3 kg	
1	$-2{,}6$	$6{,}6$	$0{,}17$	$1{,}15$	$7{,}41$
2	$3{,}9$	$-0{,}4$	$0{,}21$	$3{,}2$	$0{,}03$
d	$5{,}7$	$-1{,}3$			
3	$6{,}6$	$-1{,}3$	$2{,}0$	$87{,}1$	$3{,}38$
4	$7{,}0$	$-0{,}4$	$1{,}8$	$88{,}2$	$0{,}29$
5	$6{,}9$	$0{,}7$	$2{,}0$	$95{,}2$	$0{,}98$
6	$4{,}4$	$0{,}7$	$0{,}25$	$4{,}8$	$0{,}12$
7	$-3{,}7$	$-6{,}1$	$0{,}36$	$4{,}9$	$13{,}39$
			$6{,}79$	$284{,}6$	$25{,}60$

Als nächstes berechnen wir h_{ikl} nach (10.87).
Mit

$$\omega_1 = 3116 \cdot \pi/30 = 326{,}3 \ 1/\text{s}$$

und

$$\varphi_{il} = \varphi_{kl} = \varphi_{d1} = 5{,}7$$

ist

$$h_{dd1} = 5{,}7^2/284{,}6 \cdot 10^3 \cdot 326{,}3^2 = 1{,}072 \cdot 10^{-9} \ \text{m/N}.$$

Für die zweite angenommene Eigenform gilt

$$\omega_2 = 8535 \cdot \pi/30 = 893{,}8 \ 1/\text{s} \qquad \text{und} \qquad \varphi_{d2} = -1{,}3$$

sowie

$$h_{dd2} = (-1{,}3)^2/25{,}60 \cdot 10^3 \cdot 893{,}8^2 = 0{,}0826 \cdot 10^{-9} \ \text{m/N}.$$

Nach (10.88) ist

$$\underline{H}_{dd}(\omega) \approx h_{dd1} V_1 \, e^{-i\varepsilon_1} + h_{dd2} V_2 \, e^{-i\varepsilon_2}.$$

Die Erregerfrequenz liegt zwischen der ersten und zweiten Resonanz, so daß wir
näherungsweise ohne Dämpfung rechnen dürfen. Hierfür ist mit

$$\eta_1 = 4000/3116 = 1{,}284$$

$$V_1 = \frac{1}{|1 - \eta_1^2|} = 1{,}54 \qquad \text{und} \qquad \varepsilon_1 = \pi$$

bzw.

$$\eta_2 = 4000/8535 = 0{,}469$$

$$V_2 = \frac{1}{1 - \eta_2^2} = 1{,}28, \qquad \varepsilon_2 = 0$$

und damit

$$h_{dd} \approx |-1{,}072 \cdot 1{,}54 + 0{,}0826 \cdot 1{,}28| \cdot 10^{-9}$$

$$= |-1{,}65 + 0{,}11| \cdot 10^{-9} \ \text{m/N} = 1{,}54 \ \mu\text{m/kN}.$$

Man sieht, daß hier die zweite Eigenschwingung noch wenig beteiligt ist. In der
ersten Resonanz kann man sie ganz vernachlässigen. Nehmen wir hierfür einen
Dämpfungsgrad von 0,025 an, dann ist

$$V_1 = \frac{1}{2D} = 20 \qquad \text{und} \qquad h_{dd1} V_1 = 1{,}072 \cdot 20 = 20{,}1 \ \mu\text{m/kN}.$$

Zum Vergleich wurden mit dem gleichen Dämpfungsgrad und proportionaler
Dämpfung die genauen Nachgiebigkeiten in Abhängigkeit der Frequenz mit dem

Programm MADYN (Anhang 8) berechnet (Bild 10.20). Es ergaben sich die Nachgiebigkeiten

1,40 μm/kN bei $n = 4000$ 1/min   und

25,6 μm/kN bei $n_1 = 3116$ 1/min.

Die Fehler der Näherungswerte ($+10\%$ bzw. -21%) sind klein, wenn man bedenkt, daß mit angenommenen Eigenformen gerechnet wurde.

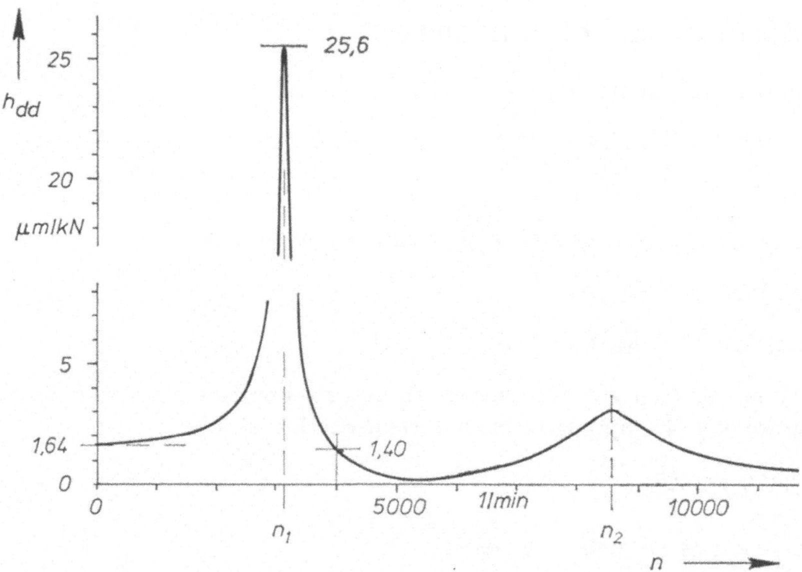

Bild 10.20. Dynamische Nachgiebigkeit des Rotors nach Bild 10.19 an der Stelle d

10.4 Bimodale Berechnung

Bei der modalen Berechnung nach Abschnitt 10.2 müssen die Massen- und Steifigkeitsmatrix symmetrisch und die Dämpfungsmatrix zu einer dieser Matrizen proportional sein. Verwendet man Linkseigenvektoren, dann sind diese Voraussetzungen nicht erforderlich. Dies hat R. Nordmann in [41] gezeigt; wir folgen seinen Ausführungen in etwas geänderter Form.

Von den Matrizen der Bewegungsgleichung

$$\boldsymbol{M}\ddot{\boldsymbol{x}} + \boldsymbol{D}\dot{\boldsymbol{x}} + \boldsymbol{K}\boldsymbol{x} = \boldsymbol{f}(t) \tag{10.91}$$

(in $\boldsymbol{D}$ soll auch $\boldsymbol{G}$ enthalten sein) wird jetzt nur vorausgesetzt, daß ihre Koeffizienten konstant sind. Ziel ist, wie bei der modalen Berechnung, die Gleichungen des Systems zu entkoppeln. Das im folgenden beschriebene Verfahren nennen wir bimodale Berechnung, weil dabei zwei Arten von Eigenvektoren verwendet werden.

Als erstes muß (10.91) in eine Gleichung 1. Ordnung umgestellt werden. Hierzu multiplizieren wir sie mit $\boldsymbol{M}^{-1}$ und erhalten mit der trivialen Gleichung $\dot{\boldsymbol{x}} = \dot{\boldsymbol{x}}$ das

System

$$\dot{x} = \dot{x}$$

$$\ddot{x} = -M^{-1}Kx - M^{-1}D\dot{x} + M^{-1}f(t)$$

und daraus mit

$$z = \begin{bmatrix} x \\ \dot{x} \end{bmatrix}, \quad A = \begin{bmatrix} 0 & E \\ -M^{-1}K & -M^{-1}D \end{bmatrix}, \quad b(t) = \begin{bmatrix} 0 \\ M^{-1}f(t) \end{bmatrix} \tag{10.92}$$

die gewünschte Gleichung zu

$$\dot{z} = Az + b(t). \tag{10.93}$$

Sie ist von der Dimension $2n$, wenn (10.91) die Dimension n hat.

Als nächstes lösen wir die Eigenwertaufgabe der homogenen Gleichung

$$\dot{z} - Az = 0. \tag{10.94}$$

Mit dem Ansatz

$$z = r\,e^{\lambda t}$$

erhält man

$$(A - \lambda E)\,r = 0 \tag{10.95}$$

und daraus die Eigenwerte λ_k. Diese in (10.95) eingesetzt, ergeben die Eigenvektoren r_k.

Zusätzlich lösen wir die Eigenwertaufgabe, wenn in (10.94) A durch A^T ersetzt wird, also

$$\dot{z} - A^T z = 0. \tag{10.96}$$

Mit $z = l\,e^{\lambda t}$ erhält man

$$(A^T - \lambda E)\,l = 0 \tag{10.97}$$

und daraus die Eigenwerte λ_k und Eigenvektoren l_k. (10.97) führt auf die gleichen Eigenwerte wie Gl. (10.95), denn es ist

$$\det(A^T - \lambda E) = \det(A - \lambda E),$$

weil eine Determinante ihren Wert nicht ändert, wenn man ihre Zeilen und Spalten tauscht. Die Eigenvektoren l_k sind allerdings von den Vektoren r_k verschieden. Zur Unterscheidung sprechen wir jetzt von Rechtseigenvektoren r_k und Linkseigenvektoren l_k.

Die Rechts- und Linkseigenvektoren sind zueinander orthogonal. Dies zeigt die folgende Rechnung. Mit dem Eigenwert λ_i in (10.97) ist

$$A^T l_i = \lambda_i l_i$$

oder nach Multiplikation mit r_k^T

$$r_k^T A^T l_i = \lambda_i r_k^T l_i \qquad \text{oder} \qquad l_i^T A r_k = \lambda_i l_i^T r_k. \tag{10.98}$$

Mit λ_k in (10.95) ist

$$Ar_k = \lambda_k r_k$$

oder nach Multiplikation mit l_i^T

$$l_i^T A r_k = \lambda_k l_i^T r_k. \tag{10.99}$$

Die Differenz von (10.98) und (10.99) ergibt

$$(\lambda_i - \lambda_k)\, l_i^T r_k = 0.$$

Bei $\quad \lambda_i \neq \lambda_k \quad$ gilt $\quad l_i^T r_k = 0, \tag{10.100}$

womit die Orthogonalität bewiesen ist.

Das skalare Produkt aus den zum gleichen Eigenwert gehörenden Eigenvektoren r_k und l_k ist nicht Null. Wir bezeichnen es mit a_k, setzen also

$$l_k^T r_k = a_k.$$

Normiert man die Eigenvektoren mit $\sqrt{a_k}$, bezeichnet sie dann mit r_k' und l_k', so gilt

$$l_i'^T r_k' = \begin{cases} 0 & i \neq k \\ 1 & i = k. \end{cases} \quad \text{bei} \tag{10.101}$$

Aus den normierten Vektoren bilden wir die Modalmatrizen

$$R = (r_k') \qquad \text{und} \qquad L = (l_k'),$$

Um (10.93) auf Diagonalform zu bringen, setzen wir

$$z(t) = R w(t) \tag{10.102}$$

mit dem neuen Vektor $w(t)$ und multiplizieren von links mit L^T. Damit wird aus (10.93)

$$L^T R \dot{w} = L^T A R w + L^T b(t). \tag{10.103}$$

Nach (10.101) ist

$$L^T R = E$$

und

$$L^T A R = (l_i'^T A r_k') = \Lambda.$$

Das Produkt Λ erweist sich mit

$$l_i'^T (A - \lambda_k E)\, r_k' = 0$$

bzw.

$$l_i'^T A r_k' = \begin{cases} 0 & i \neq k \\ \lambda_k & i = k \end{cases} \quad \text{bei}$$

als Diagonalmatrix der Eigenwerte

$$\Lambda = \text{diag}\,(\lambda_1, \ldots, \lambda_k, \ldots, \lambda_{2n})\,. \tag{10.104}$$

Damit wird aus (10.103)

$$\dot{\boldsymbol{w}} = \Lambda\boldsymbol{w} + \boldsymbol{L}^T\boldsymbol{b}(t)$$

oder $2n$ Gleichungen der Art

$$\dot{w}_k = \lambda_k w_k + c_k(t) \tag{10.105}$$

mit

$$c_k(t) = l'_{1k}b_1(t) + \cdots + l'_{2nk}b_{2n}(t) = \boldsymbol{l}'^T_k\boldsymbol{b}(t)\,. \tag{10.106}$$

Man löst nun (10.105) für $k = 1\ldots 2n$ und erhält $\boldsymbol{z}(t)$ durch Einsetzen in (10.102). Für eine beliebige Koordinate von $\boldsymbol{z}(t)$ erhält man mit der $(2n, 2n)$-Modalmatrix $\boldsymbol{R} = (r'_{ik})$ die Beziehung

$$z_i(t) = \sum_{k=1}^{2n} r'_{ik}w_k(t)\,. \tag{10.107}$$

Die gesuchte Lösung $\boldsymbol{x}(t)$ ist mit $\boldsymbol{z} = (\boldsymbol{x}, \dot{\boldsymbol{x}})^T$ ein Teil der gewonnenen Lösung $\boldsymbol{z}(t)$.

Die bimodale Rechnung besteht somit bei bekannter Bewegungsgleichung aus den folgenden Schritten:

1. Bewegungsgleichung auf 1. Ordnung bringen.
2. Eigenwerte λ_k berechnen.
3. Rechts- und Linkseigenvektoren berechnen.
4. Eigenvektoren normieren.
5. Generalisierte Kräfte $c_k(t)$ berechnen.
6. Lösungen $w_k(t)$ berechnen.
7. Lösungen $z_i(t)$ berechnen.

Damit haben wir diese Berechnungsart im wesentlichen kennengelernt. Es sei noch darauf hingewiesen, daß es Varianten dieser Berechnung gibt, bei denen die Massenmatrix nicht invertiert werden muß (s. [26] oder [41]).

10.5 Symmetrische Strukturen

Strukturen haben häufig eine Symmetrieebene. So sind z. B. die meisten Turbogruppen mit ihrem Fundament symmetrisch zur vertikalen Längsebene (Bild 10.21). Solche Strukturen haben symmetrische und antimetrische Eigenschwingungen. Damit kann ein Modell mit n Freiheitsgraden durch zwei Modelle mit je $n/2$ (bzw. $(n-1)/2$ und $(n+1)/2$ bei ungeradem n) ersetzt werden, was meistens eine erhebliche Rechenerleichterung ergibt.

Die Aufteilung in zwei Modelle machen wir uns allgemein anhand von Bild 10.22 klar. Der Knoten B und seine Koordinaten x_7 und x_9 liegen in der Symme-

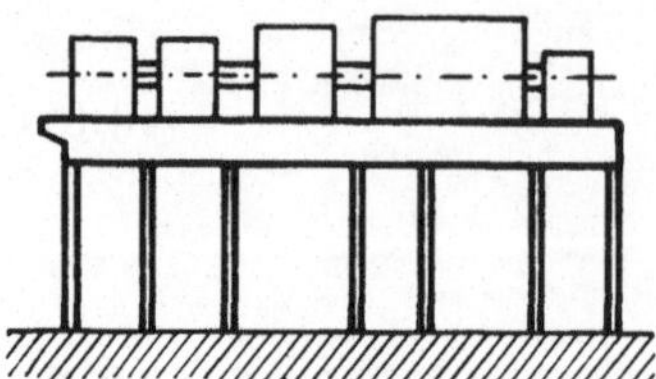

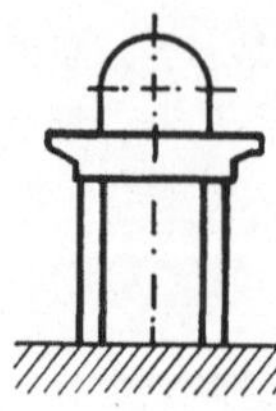

Bild 10.21. Turbogruppe
mit Symmetrieebene

trieebene, die Knoten A und C liegen symmetrisch dazu. Alle Koordinatengruppen
seien rechtwinklig und zueinander parallel.

Bei symmetrischer Bewegung bestehen nach Bild 10.22 zwischen den Koordinaten der Knoten A und C die Beziehungen

$$x_{13} = x_1, \qquad x_{14} = -x_2, \qquad x_{15} = x_3$$

$$x_{16} = -x_4, \qquad x_{17} = x_5, \qquad x_{18} = -x_6$$

und für den mittleren Knoten B

$$x_8,\, x_{10},\, x_{12} = 0, \qquad x_7,\, x_9,\, x_{11} \text{ beliebig.}$$

$$(10.108)$$

Entsprechend gilt bei antimetrischer Bewegung

$$x_{13} = -x_1, \qquad x_{14} = x_2, \qquad x_{15} = -x_3$$

$$x_{16} = x_4, \qquad x_{17} = -x_5, \qquad x_{18} = x_6$$

$$x_7,\, x_9,\, x_{11} = 0, \quad x_8,\, x_{10},\, x_{12} \text{ beliebig.}$$

$$(10.109)$$

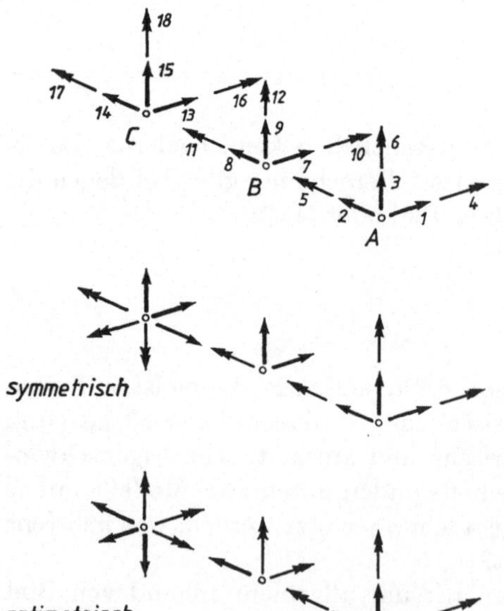

Bild 10.22. Koordinaten von symmetrischen
Strukturen

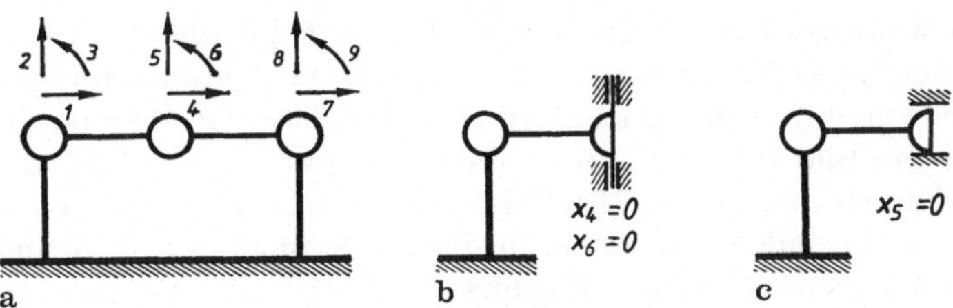

Bild 10.23. Symmetrisches Rahmenmodell

Damit kann ein symmetrisches Modell mit beliebig vielen Knoten bzw. Freiheitsgraden in zwei Modelle geteilt werden, indem man nur das halbe Modell berechnet und dabei einmal die x_8, x_{10}, x_{12} entsprechenden Koordinaten der in der Symmetrieebene liegenden Knoten zu Null annimmt bzw. bindet. Man erhält damit die symmetrischen Bewegungen. Entsprechend ergeben sich die antimetrischen Bewegungen, wenn man bei den Knoten der Symmetrieebene die x_7, x_9, x_{11} entsprechenden Koordinaten bindet. Das folgende einfache Beispiel soll dies verdeutlichen.

Das Modell nach Bild 10.23 a besteht aus vier masselosen Balken gleicher Länge und Steifigkeit und drei gleichen Massen m mit dem Trägheitsmoment

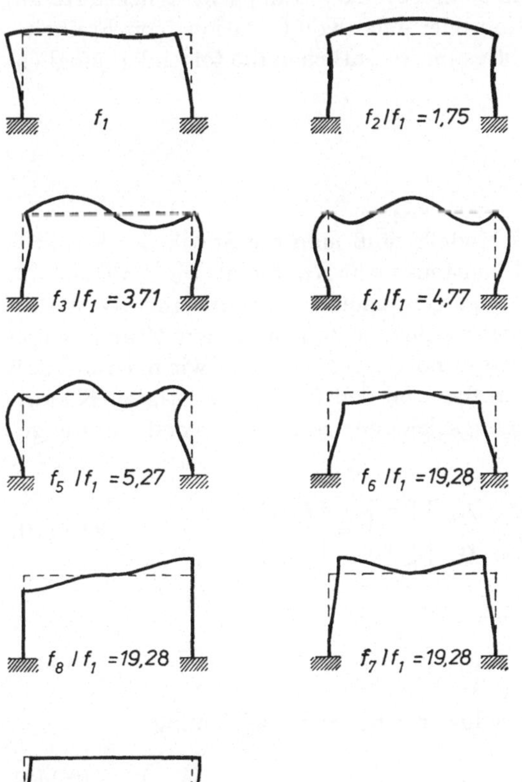

Bild 10.24. Eigenschwingungen des symmetrischen Rahmenmodells

$\Theta = m(0,3l)^2$. Das Gesamtmodell mit 9 Freiheitsgraden kann für die symmetrischen Schwingungen durch das Modell Bild 10.23 b mit 4 Freiheitsgraden und für die antimetrischen Schwingungen durch das Modell Bild 10.23 c mit 5 Freiheitsgraden ersetzt werden. Im Bild 10.24 sind rechts die symmetrischen und links die antimetrischen Eigenformen dargestellt. Die Eigenfrequenzen sind auf die erste bezogen. Man beachte insbesondere die unterschiedlichen Formen der 6., 7. und 8. Eigenschwingung mit praktisch gleichen Eigenfrequenzen.[4]

Bei erzwungenen Schwingungen teilt man die Erregerkräfte in symmetrische und antimetrische Anteile, rechnet jeweils mit dem betreffenden halben Modell und überlagert die Ergebnisse.

10.6 Reduktion von Freiheitsgraden

Bei der Bildung eines Rechenmodells sollte man sorgfältig überlegen, wie viele Koordinaten bzw. Freiheitsgrade für die vorliegende Aufgabe angemessen sind. Einige Hinweise hierzu enthält Abschnitt 10.1.2. Eine große Zahl von Freiheitsgraden wirkt sich stark auf die Rechenzeit aus, vergrößert die Rundungsfehler und erschwert die Übersicht bei den Ergebnissen. Man ist daher bestrebt, die Zahl der Freiheitsgrade von vornherein zu beschränken. Ein nachträgliches Herabsetzen ihrer Zahl nennt man Reduktion oder auch Kondensation (von Freiheitsgraden oder Koordinaten). Hierzu gibt es im wesentlichen die folgenden Möglichkeiten.

10.6.1 Statische Reduktion

Bei der Festlegung der Knoten eines Modells muß man die Statik der Struktur genügend genau erfassen. Hierzu sind meistens mehr Knoten als für die Dynamik nötig, man darf also die Massen auf weniger Knoten konzentrieren. Weiterhin kann oft die Drehträgheit vernachlässigt werden, so daß aus diesem Grund an den Massenknoten keine Drehungskoordinaten nötig sind. Nehmen wir noch an, daß Erregerkräfte und Dämpfungen nur an den von den Massen benötigten Koordinaten wirken, dann kann die Bewegungsgleichung auf die folgende Form gebracht werden.

$$\begin{bmatrix} M_{\mathrm{aa}} & 0 \\ 0 & 0 \end{bmatrix} \begin{bmatrix} \ddot{x}_{\mathrm{a}} \\ \ddot{x}_{\mathrm{b}} \end{bmatrix} + \begin{bmatrix} D_{\mathrm{aa}} & 0 \\ 0 & 0 \end{bmatrix} \begin{bmatrix} \dot{x}_{\mathrm{a}} \\ \dot{x}_{\mathrm{b}} \end{bmatrix} + \begin{bmatrix} K_{\mathrm{aa}} & K_{\mathrm{ab}} \\ K_{\mathrm{ba}} & K_{\mathrm{bb}} \end{bmatrix} \begin{bmatrix} x_{\mathrm{a}} \\ x_{\mathrm{b}} \end{bmatrix} = \begin{bmatrix} f_{\mathrm{a}}(t) \\ 0 \end{bmatrix}. \tag{10.110}$$

Die untere Zeile ergibt

$$x_{\mathrm{b}} = -K_{\mathrm{bb}}^{-1} K_{\mathrm{ba}} x_{\mathrm{a}}. \tag{10.111}$$

Daraus folgt aus der oberen Zeile die reduzierte Bewegungsgleichung

$$M_{\mathrm{aa}} \ddot{x}_{\mathrm{a}} + D_{\mathrm{aa}} \dot{x}_{\mathrm{a}} + K_{\mathrm{aa}}' x_{\mathrm{a}} = f_{\mathrm{a}}(t) \tag{10.112}$$

---

[4] Unterschiede erst ab der dritten Dezimalen.

mit

$$K'_{\mathrm{aa}} = K_{\mathrm{aa}} - K_{\mathrm{ab}}K_{\mathrm{bb}}^{-1}K_{\mathrm{ba}}. \tag{10.113}$$

Wir nennen diese Art statische Reduktion (s. Abschnitt 8.4).

Im Rahmen des gewählten Modells ist die Berechnung genau. Sie gilt annähernd, wenn in der Massen und Dämpfungsmatrix von (10.110) nicht Nullmatrizen sind, sondern solche mit vergleichsweise kleinen Koeffizienten. Man hat also eine Näherung, wenn den Koordinaten von x_{b} kleine Massen oder Drehmassen und Dämpfungen entsprechen.

10.6.2 Verbesserte statische Reduktion

Nicht immer kann die Bewegungsgleichung auf die Form (10.110) gebracht werden. Man ordnet sie dann nach Vorzugskoordinaten x_{a}, die für die Dynamik wesentlich sind, und nach den restlichen, den sogenannten Neben-Koordinaten x_{b}. Etwa an den Nebenkoordinaten angreifende Erregerkräfte verlegen wir auf die Vorzugskoordinaten. Damit kann die Bewegungsgleichung in folgender Art geordnet werden

$$\begin{bmatrix} M_{\mathrm{aa}} & M_{\mathrm{ab}} \\ M_{\mathrm{ba}} & M_{\mathrm{bb}} \end{bmatrix} \begin{bmatrix} \ddot{x}_{\mathrm{a}} \\ \ddot{x}_{\mathrm{b}} \end{bmatrix} + \begin{bmatrix} D_{\mathrm{aa}} & D_{\mathrm{ab}} \\ D_{\mathrm{ba}} & D_{\mathrm{bb}} \end{bmatrix} \begin{bmatrix} \dot{x}_{\mathrm{a}} \\ \dot{x}_{\mathrm{b}} \end{bmatrix} + \begin{bmatrix} K_{\mathrm{aa}} & K_{\mathrm{ab}} \\ K_{\mathrm{ba}} & K_{\mathrm{bb}} \end{bmatrix} \begin{bmatrix} x_{\mathrm{a}} \\ x_{\mathrm{b}} \end{bmatrix} = \begin{bmatrix} f_{\mathrm{a}}(t) \\ 0 \end{bmatrix}. \tag{10.114}$$

Bei Vernachlässigung der Trägheits- und Dämpfungskräfte der unteren Zeile von (10.114) kann x_{b} mit (10.111) durch x_{a} ausgedrückt werden, wodurch man die reduzierte Gleichung

$$M'_{\mathrm{aa}}\ddot{x}_{\mathrm{a}} + D'_{\mathrm{aa}}\dot{x}_{\mathrm{a}} + K'_{\mathrm{aa}}x_{\mathrm{a}} = f_{\mathrm{a}}(t) \tag{10.115}$$

erhält mit

$$M'_{\mathrm{aa}} = M_{\mathrm{aa}} - M_{\mathrm{ab}}A, \qquad D'_{\mathrm{aa}} = D_{\mathrm{aa}} - D_{\mathrm{ab}}A, \qquad K'_{\mathrm{aa}} = K_{\mathrm{aa}} - K_{\mathrm{ab}}A \tag{10.116}$$

und

$$A = K_{\mathrm{bb}}^{-1}K_{\mathrm{ba}}.$$

Um auch noch die bisher unberücksichtigten Teilmatrizen in die Rechnung zu bringen, wenden wir das d'Alembertsche Prinzip an.

Nach obigem ist

$$x = \begin{bmatrix} x_{\mathrm{a}} \\ -Ax_{\mathrm{a}} \end{bmatrix} = \begin{bmatrix} E \\ -A \end{bmatrix} x_{\mathrm{a}} = Tx_{\mathrm{a}}. \tag{10.117}$$

Die Matrix T hat bei p Vorzugskoordinaten die Dimension (n, p). Mit der virtuellen Verrückung

$$\delta x = T\,\delta x_{\mathrm{a}} \qquad \text{bzw. mit} \qquad \delta x^T = \delta x_{\mathrm{a}}^T T^T$$

erhält man aus der vollständigen Gleichung (10.114) die reduzierte Gleichung für
die p Koordinaten von x_a

$$M^*\ddot{x}_a + D^*\dot{x}_a + K^*x_a = f^*(t) \tag{10.118}$$

mit den Matrizen

$$M^* = T^TMT \qquad D^* = T^TDT \qquad K^* = T^TKT \qquad f^*(t) = T^Tf(t). \tag{10.119}$$

Dies ist die verbesserte statische Reduktion nach R. J. Guyan [42].

10.6.3 Dynamische Reduktion

Die Reduktion kann weiter verbessert werden, wenn man schon beim ersten Schritt
alle Trägheitsglieder berücksichtigt. Dies ist näherungsweise möglich, indem man
harmonische Schwingung mit einer geeigneten Frequenz ω annimmt (H. Röhrle
[43]). Aus der zweiten Zeile von (10.114) folgt damit bei Vernachlässigung der
Dämpfung

$$x_b = -(K_{bb} - \omega^2 M_{bb})^{-1}(K_{ba} - \omega^2 M_{ba})\,x_a = -Bx_a. \tag{10.120}$$

Die weitere Berechnung geschieht wie im Abschnitt 10.6.2 beschrieben, nur daß
in T die Matrix A durch B ersetzt wird.

Die besten Ergebnisse erhält man für Schwingungen, deren Frequenz mit der
angenommenen übereinstimmt. Man wird daher ω in dem Frequenzbereich annehmen, der vermutlich für die betreffende Aufgabe am bedeutendsten ist.
Weitere Einzelheiten siehe [43].

10.6.4 Entwicklung nach Ansatzvektoren

Bei der modalen Berechnung wird die Verrückung x nach Eigenvektoren φ_k entwickelt. Man muß also vorher die Eigenwertaufgabe lösen. Entwickelt man nach
anderen, bekannten Vektoren, dann entfällt dieser ziemlich zeitraubende Teil der
Berechnung. Wir nehmen an, daß es $p < n$ Vektoren ψ_k (Ansatzvektoren) gibt,
mit welchen die Lösung $x(t)$ genügend genau berechnet werden kann und setzen

$$x(t) = \Psi q(t) \tag{10.121}$$

mit $\Psi = (\psi_1, \ldots, \psi_p)$ als der (n, p) Matrix der Ansatzvektoren und dem
neuen Vektor $q(t)$ der sogenannten generalisierten Koordinaten. Mit diesem Ansatz
erhält man aus der Bewegungsgleichung für $x(t)$ mit dem d'Alembertschen Prinzip (ergibt Linksmultiplikation mit Ψ^T) die Bewegungsgleichung

$$M^*\ddot{q} + D^*\dot{q} + K^*q = f^*(t) \tag{10.122}$$

für die generalisierten Koordinaten von $q(t)$. Die Matrizen bzw. der Vektor der
generalisierten Kraft sind

$$M^* = \Psi^TM\Psi, \qquad D^* = \Psi^TD\Psi, \qquad K^* = \Psi^TK\Psi, \qquad f^*(t) = \Psi^Tf(t). \tag{10.123}$$

Mit dieser Transformation hat man das Problem von n auf p Freiheitsgrade reduziert. Man nennt dieses Vorgehen mitunter generalisierte Kondensation oder modale Reduktion. Die reduzierte Gleichung (10.122) kann in beliebiger Weise gelöst werden. Man kann direkt integrieren oder modal weiterrechnen, wobei die Eigenlösungen auch Näherungen sind. Nach Kenntnis der Lösung $q(t)$ berechnet man $x(t)$ mit (10.121).

Die Güte dieses Näherungsverfahrens hängt natürlich entscheidend von den Ansatzvektoren ab. Gute Ergebnisse darf man mit den Ansatzvektoren erwarten, die den Eigenvektoren des Systems möglichst nahe kommen. Weiß man von früheren Berechnungen ähnlicher Systeme, welche der Eigenvektoren die Lösung hauptsächlich bestimmen, dann schätzt man diese für die neue Aufgabe und verwendet sie als Ansatzfunktionen. Um Erfahrungen über die Genauigkeit der Ergebnisse und über die zweckmäßige Wahl der Ansatzvektoren zu bekommen, sollte man einige Systeme mit reduzierten und nicht reduzierten Freiheitsgraden berechnen.

10.7 Substrukturtechnik

Diese Technik besteht darin, eine Struktur zur Berechnung in Substrukturen zu teilen, diese getrennt zu behandeln und dann zur Gesamtstruktur zu verbinden. Der hauptsächliche Grund für dieses Vorgehen ist, Rechenzeit zu sparen. Es können aber auch die Geometrie der Struktur oder besondere Bedingungen für die Bearbeitung der Aufgabe maßgebend sein.

Denken wir z. B. an ein Flugzeug. Dieses teilt man zweckmäßig in die Substrukturen Rumpf, Tragflächen und Leitwerk bzw. unterteilt noch weiter. Bei einer Turbogruppe gibt es die Substrukturen Rotor (weiter unterteilt an den Lagern), Fundament, Baugrund, Gehäuse u. a. Je nach Aufgabe und erforderlicher Genauigkeit wird man eine Gesamtstruktur aus allen diesen Teilstrukturen oder einem Teil davon berechnen.

Man wird auch solche Strukturen unterteilen, in denen eine Teilstruktur mehrmals vorkommt oder wenn eine Teilstruktur in mehreren Strukturen wieder verwendet wird. Ein weiterer Grund ist, wenn eine Teilstruktur schwer berechenbar ist und man ihr dynamisches Verhalten aus Messungen ermittelt.

Organisatorische Gründe zur zunächst getrennten Behandlung können vorliegen, wenn Teilstrukturen von verschiedenen Firmen entwickelt, berechnet und gebaut werden (z. B. bei Flugzeugen, Kraftwerken u. a.).

Die Anfänge der Substrukturtechnik liegen etwa 20 Jahre zurück. In der Zwischenzeit wurden mehrere Methoden entwickelt, die etwa folgende Merkmale haben:

— Substrukturen festlegen.
— Die Bewegungsgleichungen der Substrukturen nach Verbindungskoordinaten und sonstigen Koordinaten sortieren (partitionieren).
— Anzahl der Freiheitsgrade der Substrukturen durch Ansatzvektoren reduzieren.
— Substrukturen zur Gesamtstruktur verbinden.

Die Methoden unterscheiden sich vor allem in den Ansatzvektoren zur Koordinatenreduktion und in der Art der Verbindung der Substrukturen. Im einzelnen kann man z. B. folgendermaßen vorgehen. Dabei beschränken wir uns auf zwei Substrukturen. Bei mehr als zwei Substrukturen kommt nichts grundsätzlich Neues hinzu.

Eine Struktur nach Bild 10.25a werde in die beiden Substrukturen von Bild 10.25b geteilt. Die ursprüngliche Lagerung der Substrukturen behalten wir bei, an den Verbindungsknoten führen wir freie Koordinaten x_v und entsprechende Randkräfte f_v ein, die sonstigen Koordinaten bezeichnen wir mit x_s. Nach entsprechendem Sortieren hat die Bewegungsgleichung jeder Substruktur die Form

$$\begin{bmatrix} M_{ss} & M_{sv} \\ M_{vs} & M_{vv} \end{bmatrix} \begin{bmatrix} \ddot{x}_s \\ \ddot{x}_v \end{bmatrix} + \begin{bmatrix} D_{ss} & D_{sv} \\ D_{vs} & D_{vv} \end{bmatrix} \begin{bmatrix} \dot{x}_s \\ \dot{x}_v \end{bmatrix} + \begin{bmatrix} K_{ss} & K_{sv} \\ K_{vs} & K_{vv} \end{bmatrix} \begin{bmatrix} x_s \\ x_v \end{bmatrix} = \begin{bmatrix} f_s(t) \\ f_v(t) \end{bmatrix}. \tag{10.124}$$

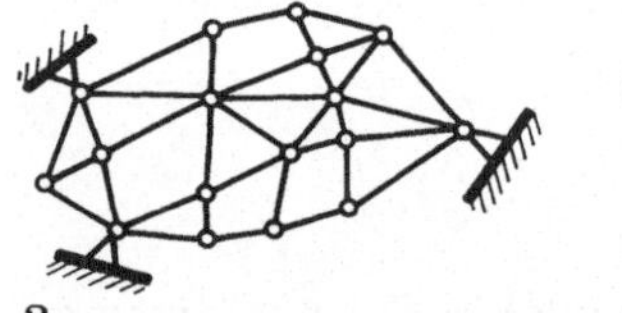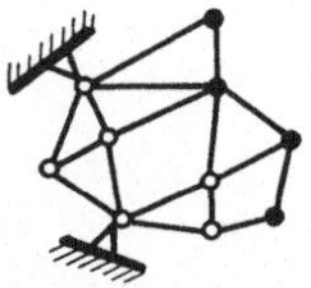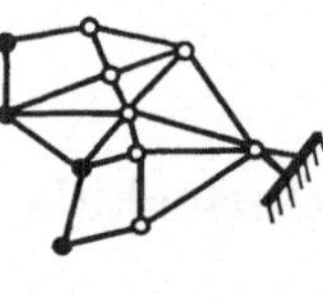

a   b

Bild 10.25. Gesamtstruktur und Substrukturen. ● Verbindungsknoten, ○ sonstige Knoten

Die sonstigen Koordinaten entwickeln wir nach den ersten Eigenvektoren der betreffenden Substruktur. Ist diese ungebunden, dann nimmt man auch die den Starrkörperbewegungen entsprechenden Vektoren hinzu. Mit der Matrix Φ der gewählten Vektoren und dem Vektor q der generalisierten Koordinaten ist dann der gesamte Koordinatenvektor der Substruktur

$$\begin{bmatrix} x_s \\ x_v \end{bmatrix} = \begin{bmatrix} \Phi & 0 \\ 0 & E \end{bmatrix} \begin{bmatrix} q \\ x_v \end{bmatrix} = Tz. \tag{10.125}$$

Der Ansatz (10.125) ergibt eine Reduktion von n auf $p + r$ Freiheitsgrade mit p bzw. r als der Dimension von q bzw. x_v. Die reduzierte Bewegungsgleichung ist

$$M^*\ddot{z} + D^*\dot{z} + K^*z = f^*(t) \tag{10.126}$$

mit $M^* = T^T M T$, D^* und K^* entsprechend
und

$$f^*(t) = \big(\Phi^T f_s(t), f_v(t)\big)^T. \tag{10.127}$$

Die beiden Substrukturen (wir kennzeichnen sie mit A und B) werden nun genau so miteinander verbunden wie die Elemente einer Struktur. An den Verbindungen besteht Verträglichkeit bei

$$x_{vA} = x_{vB} = x_v \tag{10.128}$$

und Gleichgewicht bei

$$f_v(t)_A + f_v(t)_B = f_v(t) \tag{10.129}$$

mit $f_v(t)$ als dem Vektor der äußeren Kräfte der Verbindungsknoten.

Diese Bedingungen werden in bekannter Weise dadurch erfüllt, daß die den Verbindungskoordinaten entsprechenden Koeffizienten der Substrukturmatrizen miteinander addiert werden. Voraussetzung hierfür ist, daß entsprechende Koordinaten von x_{vA} und x_{vB} im Raum gleiche Lage und Richtung haben.

Einen Überblick über verschiedene Methoden geben R. R. Craig und Ch.-J. Chang in [44]. Eine spezielle Entwicklung für Turbogruppen beschreibt M. Jäcker in [45] und in der dort zitierten Literatur. In jedem Fall ist das Ergebnis eine reduzierte Bewegungsgleichung für die Gesamtstruktur. Kommt es nur auf harmonisch erzwungene Schwingungen an, dann kann man einfacher mit dynamischen Steifigkeiten rechnen, wie im Abschnitt 10.9 gezeigt wird.

10.8 Rayleigh-Quotient

Gegeben sei eine homogene Bewegungsgleichung

$$M\ddot{x} + Kx = 0 \tag{10.130}$$

mit M positiv definit und K positiv definit bzw. semidefinit. Die zugehörigen Eigenfrequenzen ω_k bzw. Eigenvektoren φ_k erfüllen für $k = 1 \ldots n$ die Gleichung

$$K\varphi_k = \omega_k^2 M\varphi_k. \tag{10.131}$$

Multiplikation mit φ_k^T und anschließende Division ergibt

$$\omega_k^2 = \frac{\varphi_k^T K \varphi_k}{\varphi_k^T M \varphi_k}. \tag{10.132}$$

Die quadratischen Formen im Zähler und Nenner sind die generalisierte Steifigkeit k_k^* bzw. die generalisierte Masse m_k^*. Sie können als Energien gedeutet werden, wenn man den Koordinaten des Eigenvektors φ_k die Einheit einer Länge bzw. formal eines Winkels zuordnet. Damit ist

$$\varphi_k^T K \varphi_k = 2U_k \tag{10.133}$$

$$\varphi_k^T M \varphi_k = \frac{2T_k}{\omega_k^2} = 2T_k'$$

mit U_k und T_k als der potentiellen und kinetischen Energie der Eigenschwingung k.[5] Ersetzt man in (10.132) den Eigenvektor φ_k durch einen beliebigen Vektor ψ der

---

[5] Vergleiche (7.14) und (7.15) für den einfachen Schwinger. Dort wird genauer von maximalen Energien gesprochen.

gleichen Dimension n, dann entsteht der mit Rayleigh-Quotient bezeichnete Skalar

$$R(\psi) = \frac{\psi^T K \psi}{\psi^T M \psi}.$$ (10.134)

Bei $\psi \approx \varphi_k$ ist $R(\psi) \approx \omega_k^2$. Durch Entwicklung von ψ nach den Eigenvektoren φ_k kann man zeigen, daß immer gilt

$$\omega_1^2 \leqq R(\psi) \leqq \omega_n^2.$$ (10.135)

Mit $\psi \approx \varphi_1$ gibt also der Rayleigh-Quotient eine obere Grenze für ω_1^2 und mit $\psi \approx \varphi_n$ eine untere Grenze für ω_n^2. Die erste Eigenform kann man manchmal ziemlich gut schätzen, so daß man in diesen Fällen mit dem Rayleigh-Quotienten einen guten Näherungswert für die erste Eigenfrequenz bekommt.

Aus (10.132) erkennt man, daß Versteifen an beliebiger Stelle ein Vergrößern und Massenerhöhung ein Verkleinern der Eigenfrequenzen ergibt. Dies gilt immer, außer in dem seltenen Fall, daß ein Eigenvektor an der Änderungsstelle eine verschwindende Koordinate hat; dann bleibt die betreffende Eigenfrequenz unverändert.

Die Größe der Frequenzänderung kann näherungsweise wie folgt berechnet werden. Wir betrachten eine Änderung, die sich sowohl auf die Steifigkeit, als auch auf die Masse auswirkt. Mit ω_k als der Eigenfrequenz vor der Änderung ist

$$\omega_k^2 = \frac{\varphi_k^T K \varphi_k}{\varphi_k^T M \varphi_k} = \frac{k_k^*}{m_k^*}.$$ (10.136)

Die Systemänderung ergibt die Zusätze Δk^* und Δm^* für die generalisierten Größen. Das Quadrat der neuen Eigenfrequenz ist damit

$$\omega_k'^2 = \frac{k_k^* + \Delta k^*}{m_k^* + \Delta m^*}.$$ (10.137)

Bei kleinen Änderungen darf man die Änderung des Eigenvektors außer acht lassen und näherungsweise mit dem alten Eigenvektor rechnen. Damit ist

$$\Delta k^* = \varphi_k^T \Delta K \varphi_k, \qquad \Delta m^* = \varphi_k^T \Delta M \varphi_k.$$ (10.138)

Ändert man das System nur in einem begrenzten Bereich, z. B. zwischen zwei Knoten, dann sind die Koeffizienten von ΔK und ΔM nur an den Plätzen von Null verschieden, die den betreffenden Koordinaten entsprechen. Die Zusätze Δk^* und Δm^* bestehen damit aus nur wenigen Summanden.

Wir dividieren in (10.137) im Zähler und Nenner mit m_k^*, klammern ω_k^2 aus und erhalten die Beziehung

$$\omega_k' = \omega_k \sqrt{\frac{1 + \Delta k^*/\omega_k^2 m_k^*}{1 + \Delta m^*/m_k^*}},$$ (10.139)

mit der der Einfluß von Änderungen bequem berechnet werden kann.

10.9 Schwingungen von Turbogruppen

Das Gebiet der Schwingungen von Turbogruppen ist so umfangreich, daß man allein damit ein Buch füllen könnte. Hier werden nur einige Hinweise gebracht, die sich direkt aus den bisherigen Abschnitten des vorliegenden Buches ergeben. Es werden Einzelheiten der Schwingungsberechnung des Rotors, des Fundaments und des daraus gekoppelten Systems behandelt.

10.9.1 Rotor

Den Rotor bildet man meistens als Balken ab, der aus mehreren Balken- und Massenelementen nach Bild 10.12 besteht. Manchmal ersetzt man zweckmäßig einen oder mehrere axiale Bereiche durch entsprechend lange starre Körper. Die Anzahl der Elemente richtet man nach den Durchmessersprüngen. Längere zylindrische Stücke unterteilt man ebenfalls. Kleine Sprünge mittelt man durch Schätzwerte. Bei großen Sprüngen beachte man, daß sich die Steifigkeit nicht so stark wie die Geometrie ändert. Man beachte weiterhin, daß sehr viele, insbesondere relativ kurze Elemente, die Numerik verschlechtern.

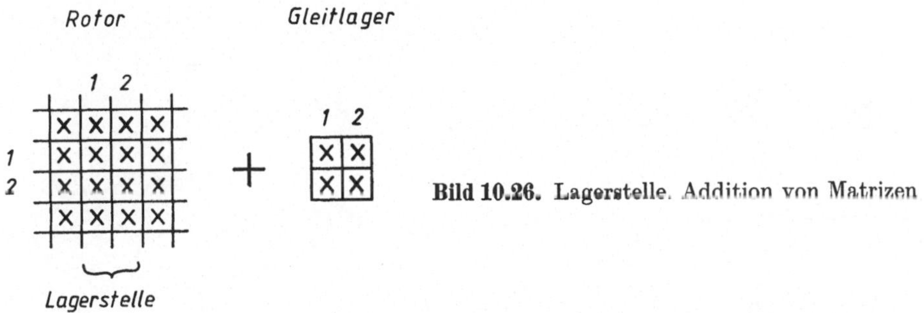

Bild 10.26. Lagerstelle. Addition von Matrizen

Die einander entsprechenden Verrückungskoordinaten der Elemente liegen parallel. Damit entstehen die Globalmatrizen in bekannter Weise durch einfaches Überlagern der Elementmatrizen. Zur Schwingungsberechnung reduziert man die Zahl der Koordinaten. In der Regel genügen für den Bereich zwischen zwei Lagern und für eine Ebene fünf bis neun Verschiebungskoordinaten. Die verbesserte statische Reduktion nach Abschnitt 10.6.2 hat sich hier als geeignet erwiesen. Die Reduktion nimmt man nach [39] zweckmäßig an den herausgelösten Teilrotoren zwischen den Lagern vor.

Starre Lager berücksichtigt man durch Einführen von Knoten mit Verschiebungen Null (x_1, $x_2 = 0$ nach den Bildern 10.12 oder 10.13). Starr gelagerte Gleitlager werden durch Addition ihrer Steifigkeiten k_{ik} und Dämpfungen d_{ik} zu den betreffenden Koeffizienten des Rotors berücksichtigt (Bild 10.26). In gleicher Weise geht gewöhnliche elastische, masselose Lagerung in die Rechnung ein.

Bei starr gelagerten Gleitlagern sind die Verschiebungen der Lagerschale (x_3 und x_4 im Bild 10.13) Null. Andernfalls bleiben sie bestehen (Abschnitt 10.9.3), und die Matrizen $\boldsymbol{K}_L$ und $\boldsymbol{D}_L$ kommen in der Berechnung je viermal vor (Gl. (10.44)).

Mit den Matrizen ist die homogene Bewegungsgleichung des Rotors mit seiner Lagerung gegeben und man kann die Eigenwerte bzw. Eigenschwingungen berechnen. Die Dämpfungen sind meistens klein, so daß man sie bei der Berechnung der Eigenfrequenzen vernachlässigt. Die so berechneten Eigenfrequenzen sind die kritischen Frequenzen oder auch kritischen Drehzahlen (s. Abschnitt 9.6.4).

Der Einfluß der Lagerung auf die kritischen Drehzahlen ist meistens nur ungenügend bekannt. Um diesem Mangel zu begegnen, kann man folgendermaßen vorgehen. Man nimmt an allen Lagern gleiche Nachgiebigkeit h_L an und berechnet die kritischen Drehzahlen für einen gewissen Wertebereich von h_L. Ein typisches Ergebnis einer solchen Berechnung zeigt Bild 10.27. Ist die Anlage in Betrieb gegangen, dann kann man aus gemessenen kritischen Drehzahlen auf die effektiven Lagernachgiebigkeiten schließen und diese der Berechnung der nächsten ähnlichen Anlage zugrunde legen.

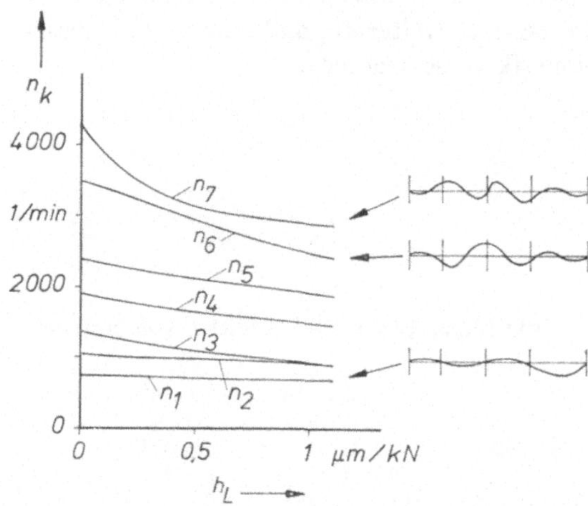

Bild 10.27. Kritische Drehzahlen und Eigenformen eines Rotors. Masse 235 t, Länge 35 m. h_L Nachgiebigkeit der Lager, n_k kritische Drehzahl

Bild 10.27 zeigt, daß die kritischen Drehzahlen mit der Lagernachgiebigkeit abnehmen, und zwar unterschiedlich stark. Das Bild zeigt außerdem, daß kritische Drehzahlen zusammenfallen können (Doppelwurzel der charakteristischen Gleichung). Eine besondere Bedeutung für die Laufruhe hat dies nicht.

Für Stabilitätsuntersuchungen muß man die Dämpfung berücksichtigen und die verallgemeinerte Eigenwertaufgabe lösen. Man erhält Eigenwerte λ_k, $\lambda_k^* = \alpha_k \pm i\nu_k$ mit

Re $\lambda_k = \alpha_k$ Aufklingkonstante

Im $\lambda_k = \nu_k$ Eigenfrequenz

(s. Abschnitt 9.2.2).

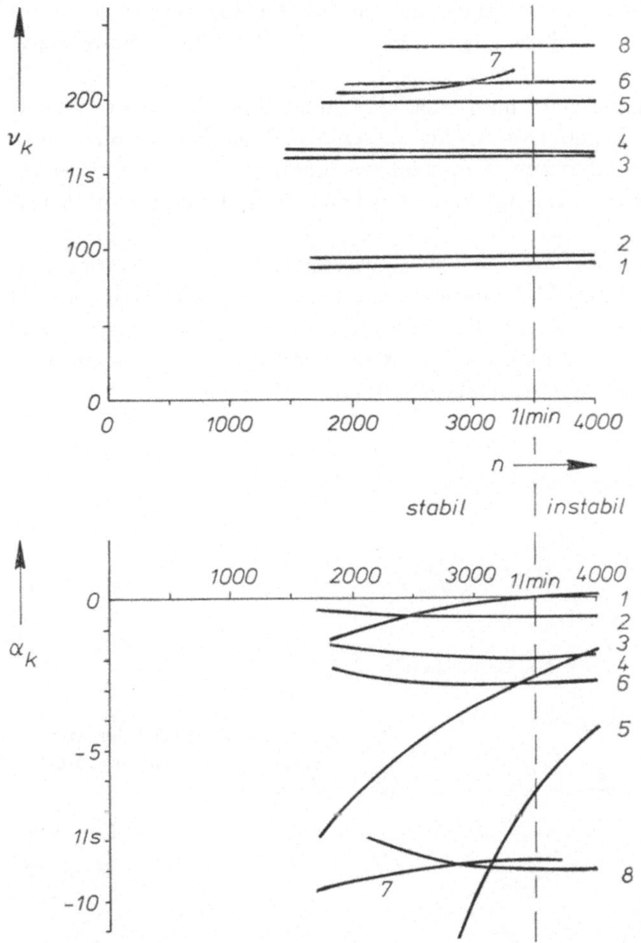

Bild 10.28. Eigenfrequenzen und Aufklingkonstanten eines Rotors. Nach [39]

Bild 10.28 zeigt als Beispiel diese Größen für einen Rotor mit sieben Gleitlagern über der Rotordrehzahl. Während im dargestellten Bereich die Eigenfrequenzen nahezu konstant sind, zeigen die Aufklingkonstanten eine mehr oder
weniger starke Abhängigkeit von der Drehzahl. Ab der Drehzahl 3500 1/min wird
α_1 positiv und damit der Rotor instabil. Die Größe der für die Stabilität maßgebenden Parameter kennt man oft nur ungefähr. Man sollte daher für den Bereich der
Stabilitätsgrenze mehrmals mit verschiedenen Annahmen rechnen, insbesondere
wenn die entscheidende Aufklingkonstante die Abszisse flach schneidet, wie im
vorliegenden Fall.

Neben den kritischen Drehzahlen und der Stabilitätsgrenze ist das Unwucht-
verhalten von Rotoren wichtig. Zur Berechnung müssen auf der rechten Seite
der Bewegungsgleichung Glieder $m_i e_i \Omega^2 \cos \Omega t$ bzw. $m_i e_i \Omega^2 \sin \Omega t$ mit e_i als der
Massenexzentrizität und Ω als der Drehfrequenz des Rotors eingeführt werden.

Die stationäre Lösung ergibt im allgemeinen wie bei der Lavalwelle Ellipsen-
bahnen der Knoten des Rotormodells. Die Größe und Lage der Ellipsenhauptachse
hängen von Ω ab.

Bei solchen Berechnungen hat man viele Möglichkeiten von Unwuchtver-
teilungen und somit viele Ergebnisse (Wellenausschläge, Lagerkräfte horizontal,
vertikal usw.). Man nimmt daher zum Vergleich zweckmäßig Standardunwuchten
an. Man kann auch dynamische Nachgiebigkeiten berechnen, die den Einfluß von
Einzelunwuchten zeigen.

Bild 10.29 zeigt Ergebnisse einer Unwuchtberechnung mit gleichgerichteter
und gegengerichteter konstanter Massenexzentrizität im letzten Feld (Generator)
eines Rotors mit fünf Lagern. Es ist der bezogene maximale Ausschlag (große
Ellipsenhalbachse) des rechten Rotorendes über der Drehzahl aufgetragen. Man
beachte den starken Einfluß der Unwuchtverteilung.

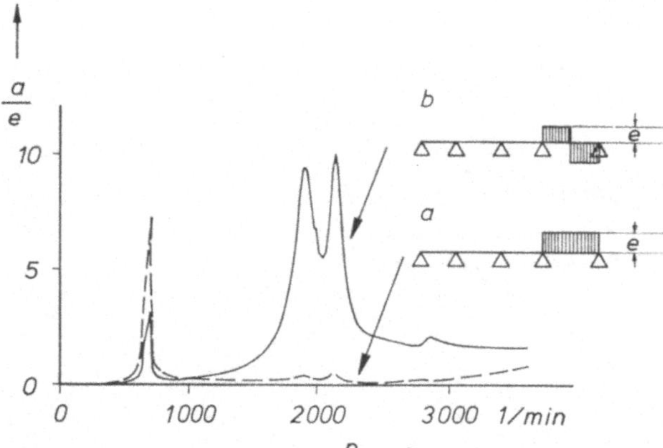

Bild 10.29. Maximaler Ausschlag eines Rotors am
Lager 5

10.9.2 Fundament

Im Hinblick auf die Schwingungen kann man die folgenden Fundamentarten
unterscheiden:

— Blockfundament,
— Rahmenfundament,
— Tischfundament.

Das Blockfundament haben wir bereits in den Abschnitten 9.6.9 und 9.6.10
kennengelernt.

Als Rahmenfundament bezeichnen wir einen Rahmen (auch Grundrahmen
genannt), meistens aus Stahl, zur Aufnahme der Maschine. Zum Schwingungs-
problem wird diese Fundamentart, wenn der Rahmen auf Federn gelagert ist.
Bei kleineren Aggregaten sind die Massen und Steifigkeiten von Maschine, Gehäuse und Rahmen von der gleichen Größenordnung, so daß eine getrennte
Schwingungsberechnung sehr fragwürdig ist. Man behilft sich daher oft mit Er-
fahrungswerten. Wir wollen hierauf nicht weiter eingehen. Hinweise zur Berechnung können Abschnitt 10.9.3 entnommen werden.

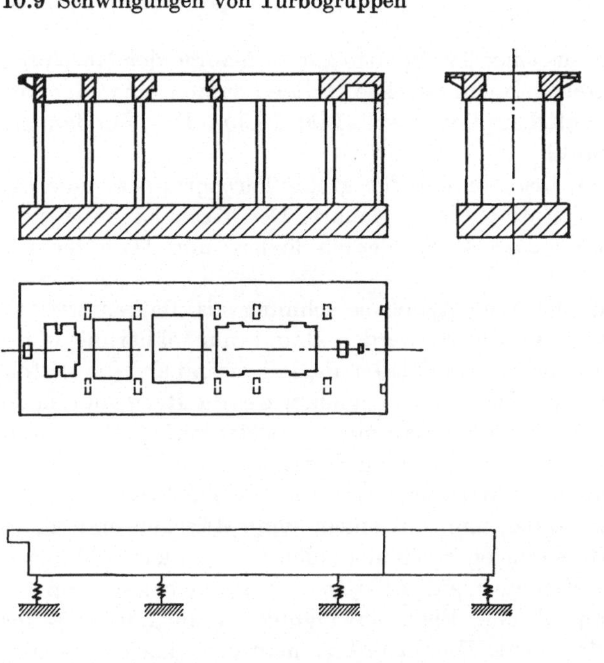

Bild 10.30. Tischfundament aus Stahlbeton

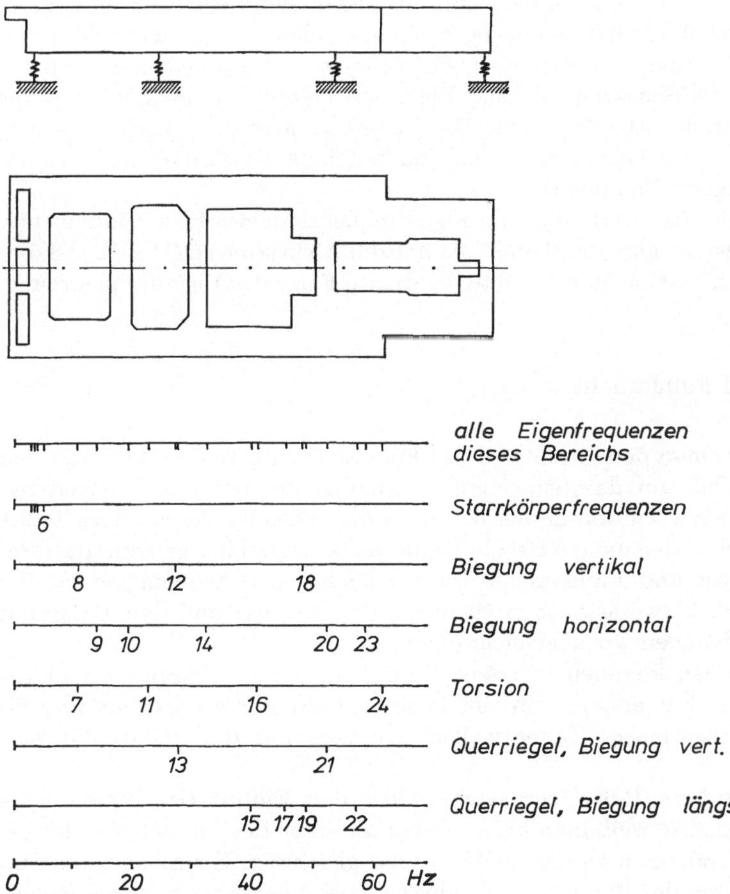

Bild 10.31. Eigenfrequenzen eines Federfundaments. Die Zahlen bezeichnen die Ordnung der Eigenfrequenz

Tischfundamente bestehen aus einer Tischplatte zur Aufnahme der Maschine, die auf mehreren Stützenpaaren gelagert ist. Die Stützen stehen entweder auf einer Sohlplatte oder direkt auf dem Baugrund (Bild 10.30). Das Fundament besteht aus Stahlbeton oder Stahl.

Neuerdings verwendet man, insbesondere für große Turbogruppen, eine als Federfundament bezeichnete Variation dieser Bauart. Der Tisch ist dabei von der Unterkonstruktion getrennt; dazwischen werden Federn und Dämpfer angeordnet.[6]

Ein Tischfundament wird zur Schwingungsberechnung als Balkenstruktur abgebildet. Die tatsächlichen Verhältnisse werden damit nur näherungsweise erfaßt, weil die erforderlichen Elemente eher Quader als Balken sind und die Mittellinien sich oft nicht in einem Punkt (Knoten) schneiden, wie es die Rechenmethode fordert. Den letztgenannten Umstand kann man mit etwas Mehraufwand dadurch berücksichtigen, daß man statt des Knotens einen Starrkörper einführt.

Die Modelle von Tischfundamenten haben etwa 100 bis 600 Freiheitsgrade. Meistens sind sie symmetrisch, so daß man mit einem symmetrischen und einem antimetrischen Modell mit halb so vielen Freiheitsgraden rechnen kann. Man berechnet Eigenfrequenzen und Eigenformen. Mit den Eigenformen kann ein erfahrener Berechner abschätzen, ob eine Eigenschwingung für die Laufruhe der Turbogruppe nachteilig ist oder nicht. Hierzu ordnet man die einzelnen Eigenschwingungen typischen Grundformen zu und beachtet die Größe der Verschiebungen an den Lagerstellen des Rotors.

Als Beispiel zeigt das Bild 10.31 die Eigenfrequenzen eines Federfundaments. Die Tischplatte besteht aus Stahlbeton, sie hat die Abmessungen $32 \times 12 \times 3{,}5$ m und eine Masse von 1 400 t. Man beachte die dichte Folge der Eigenfrequenzen.

10.9.3 Rotor und Fundament

Meistens berechnet man den Rotor und das Fundament für sich und schätzt den gegenseitigen Einfluß auf das Schwingungsverhalten des fertig montierten Systems. Hinweise hierzu wurden in den beiden vorhergehenden Abschnitten 10.9.1 und 10.9.2 gebracht. Genauen Aufschluß gibt jedoch nur eine gemeinsame Berechnung von Rotor und Fundament. Die tatsächlichen Schwingungen im Betrieb werden möglicherweise auch noch durch die Gehäuse und den Baugrund beeinflußt, hierauf wollen wir aber nicht eingehen.

Für Turbogruppen kommen in erster Linie Unwuchtschwingungen und Instabilität in Frage. Für erstere wird im folgenden ein wirtschaftliches Berechnungsverfahren beschrieben. Zuvor wollen wir kurz auf die Instabilität eingehen.

Instabilität wird im Rotor verursacht. Über den Einfluß des Fundaments auf die Stabilitätsgrenze weiß man bisher wenig. Zu ihrer Bestimmung für das gekoppelte System braucht man dessen Bewegungsgleichung. Kennt man die Matrizen des Rotors und des Fundaments, dann ist es nicht schwierig, durch Hinzu-

---

[6] Ein Federfundament ist eigentlich ein Rahmenfundament nach unserer Definition. Man verwendet den ersten Ausdruck für große, den zweiten für kleine Einheiten.

fügen von Matrizen für die Lagerböcke daraus die Bewegungsgleichung der Gesamtstruktur zu bilden (s. Abschnitt 10.7). Die Lösung des Eigenwertproblems wird aber sehr aufwendig, weil unsymmetrische Matrizen vorkommen.

Bei Unwuchtschwingungen besteht harmonische Erregung mit der Drehfrequenz Ω des Rotors. Mit

$$\underline{f}(t) = \hat{\underline{f}} \, e^{i\Omega t}$$

als dem Vektor der Erregerkraft ist die stationäre Antwort des Systems

$$\underline{x}(t) = \hat{\underline{x}} \, e^{i\Omega t},$$

womit aus der Differentialgleichung der Bewegung die algebraische Gleichung

$$(\boldsymbol{K} - \Omega^2 \boldsymbol{M} + i\Omega \boldsymbol{D}) \, \hat{\underline{x}} = \hat{\underline{f}} \qquad (10.140)$$

folgt. Der Klammerausdruck ist die dynamische Steifigkeit $\underline{K}(\Omega)$, die sich von der statischen Steifigkeit durch ihre Frequenzabhängigkeit unterscheidet.

Das Gesamtsystem Rotor—Fundament besteht aus den wesentlich verschiedenen Teilen

— Rotor,
— Gleitlager,
— Lagerböcke,
— Fundament.

Es bietet sich daher die Substrukturtechnik an. Lästig sind vor allem die vielen Freiheitsgrade des Fundaments. Man könnte sie mit Ansatzvektoren reduzieren. Damit erhält man eine Näherungslösung. Will man — wie meistens — nur die Antwort des Rotors und der Lager berechnen, dann erhält man die exakte Lösung mit erträglichem Rechenaufwand in der folgenden Weise.

Wir koppeln den Rotor und die Gleitlager zur Substruktur A und die Lagerböcke mit dem Fundament zur Substruktur B. Verbindungskoordinaten sind die horizontalen und vertikalen Verschiebungen der Lagerschalen. Mit den Matrizen der Substrukturen bilden wir sodann nach (10.140) die beiden Gleichungen

$$\underline{K}_A(\Omega) \, \hat{\underline{x}}_A = \hat{\underline{f}}_A, \qquad \underline{K}_B(\Omega) \, \hat{\underline{x}}_B = \hat{\underline{f}}_B \qquad (10.141)$$

und sortieren nach Verbindungskoordinaten (v) und sonstigen Koordinaten (s)

$$\left. \begin{array}{l} \underline{K}_A(\Omega) = \begin{bmatrix} \boldsymbol{A}_{ss} & \boldsymbol{A}_{sv} \\ \underline{A}_{vs} & \underline{A}_{vv} \end{bmatrix}, \quad \hat{\underline{x}}_A = \begin{bmatrix} \boldsymbol{a}_s \\ \boldsymbol{a}_v \end{bmatrix}, \quad \hat{\underline{f}}_A = \begin{bmatrix} \underline{f}_s \\ \underline{r}_A \end{bmatrix} \\[4ex] \underline{K}_B(\Omega) = \begin{bmatrix} \boldsymbol{B}_{vv} & \boldsymbol{B}_{vs} \\ \underline{B}_{sv} & \underline{B}_{ss} \end{bmatrix}, \quad \hat{\underline{x}}_B = \begin{bmatrix} \boldsymbol{b}_v \\ \underline{b}_s \end{bmatrix}, \quad \hat{\underline{f}}_B = \begin{bmatrix} \underline{r}_B \\ 0 \end{bmatrix} \end{array} \right\} . \qquad (10.142)$$

Die Vektoren $\underline{r}_A$ und $\underline{r}_B$ bezeichnen die komplexen Amplituden der Randkräfte. Der zweite Teilvektor von $\hat{\underline{f}}_B$ ist Null, da die Substruktur B nur von den Randkräften erregt wird.

Mit der Verträglichkeit $\underline{\boldsymbol{b}}_v = \underline{\boldsymbol{a}}_v$ und dem Gleichgewicht $\underline{\boldsymbol{r}}_A + \underline{\boldsymbol{r}}_B = 0$ der Verbindungen erhält man die Gleichung

$$
\begin{bmatrix}
\underline{\boldsymbol{A}}_{ss} & \underline{\boldsymbol{A}}_{sv} & 0 \\
\underline{\boldsymbol{A}}_{vs} & \underline{\boldsymbol{A}}_{vv} + \underline{\boldsymbol{B}}_{vv} & \underline{\boldsymbol{B}}_{vs} \\
0 & \underline{\boldsymbol{B}}_{sv} & \underline{\boldsymbol{B}}_{ss}
\end{bmatrix}
\begin{bmatrix}
\underline{\boldsymbol{a}}_s \\
\underline{\boldsymbol{a}}_v \\
\underline{\boldsymbol{b}}_s
\end{bmatrix}
=
\begin{bmatrix}
\underline{\boldsymbol{f}}_s \\
0 \\
0
\end{bmatrix}
\tag{10.143}
$$

für die Gesamtstruktur. Mit der dritten Zeile kann man $\boldsymbol{b}_s$ eliminieren und erhält die reduzierte Gleichung

$$
\begin{bmatrix}
\underline{\boldsymbol{A}}_{ss} & \underline{\boldsymbol{A}}_{sv} \\
\underline{\boldsymbol{A}}_{vs} & \underline{\boldsymbol{A}}_{vv} + \underline{\boldsymbol{K}}_F
\end{bmatrix}
\begin{bmatrix}
\underline{\boldsymbol{a}}_s \\
\underline{\boldsymbol{a}}_v
\end{bmatrix}
=
\begin{bmatrix}
\underline{\boldsymbol{f}}_s \\
0
\end{bmatrix}
\tag{10.144}
$$

mit

$$
\underline{\boldsymbol{K}}_F = \underline{\boldsymbol{B}}_{vv} - \underline{\boldsymbol{B}}_{vs}\underline{\boldsymbol{B}}_{ss}^{-1}\underline{\boldsymbol{B}}_{sv}.
\tag{10.145}
$$

Da man für das Fundament meistens wesentlich mehr Koordinaten als für den Rotor braucht, bedeutet die Elimination von $\underline{\boldsymbol{b}}_s$ eine erhebliche Reduktion. Es kommt aber noch hinzu, daß man die Matrix $\underline{\boldsymbol{K}}_F$ nicht nach (10.145) berechnen muß, denn die Koeffizienten von $\underline{\boldsymbol{K}}_F$ sind die dynamischen Steifigkeiten der Substruktur B für die Verbindungskoordinaten. Diese erhält man durch Inversion aus

$$
\underline{\boldsymbol{K}}_F = \underline{\boldsymbol{H}}_F^{-1} = \big(\underline{H}_{ik}(\varOmega)\big)^{-1}.
\tag{10.146}
$$

Die Koeffizienten $\underline{H}_{ik}(\varOmega)$ sind die Übertragungsfunktionen der Lagerstellen für horizontale und vertikale Richtung. Man erhält sie mit ziemlich kleinem Rechenaufwand durch modale Berechnung, wenn man proportionale Dämpfung annimmt, was für das Fundament sinnvoll ist.

Die Lösung von (10.144) ergibt mit $\underline{\boldsymbol{a}}_s$ die komplexen Amplituden der Verrückungen des Rotors und mit $\underline{\boldsymbol{a}}_v$ der Lagerschalen.

Die dynamische Kraft eines Lagers l ist

$$
\underline{\boldsymbol{f}}_l(t) = (\boldsymbol{K}_l + i\varOmega\boldsymbol{D}_l)\,(\underline{\hat{\boldsymbol{x}}}_Z - \underline{\hat{\boldsymbol{x}}}_L)\,e^{i\varOmega t}
\tag{10.147}
$$

mit $\underline{\hat{\boldsymbol{x}}}_Z = (\underline{\hat{x}}_{11}, \underline{\hat{x}}_{12})^T$ und $\underline{\hat{\boldsymbol{x}}}_L = (\underline{\hat{x}}_{13}, \underline{\hat{x}}_{14})^T$

als den Vektoren der komplexen Verschiebungsamplituden des Zapfens und der Lagerschale.

Die Besetzung von (10.144) ist für ein einfaches Beispiel im Bild 10.32 zu sehen. Die Matrix ist im Rotorbereich bandförmig. Die Lager ergeben Seitenbänder und rechts unten eine voll besetzte Matrix. Auf der rechten Seite erscheinen in jeder zweiten Zeile des Rotorbereichs die Amplituden der Unwuchtkräfte. Hätte man noch harmonische Momentenerregung, dann wäre jede Zeile besetzt. Am Fundament wird nicht erregt, deshalb stehen auf der rechten Seite des Lagerbereichs Nullen.

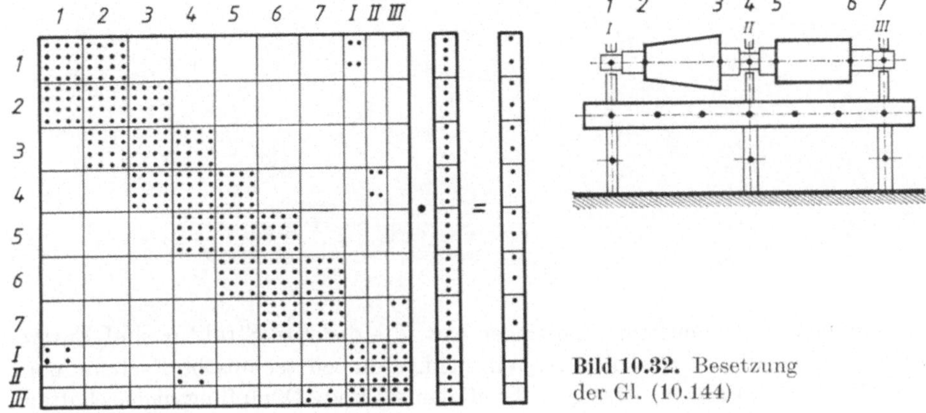

Bild 10.32. Besetzung der Gl. (10.144)

Ergebnisse von Berechnungen nach dieser Methode sind in [47] enthalten. Als Beispiel zeigt das Bild 10.33 die maximalen Ausschläge des hinteren Generatorlagers einer Turbogruppe mit fünf Lagern bei gegengerichteter Unwucht des Generatorrotors. Es wurde einmal der Rotor mit Gleitlagern und starrem Fundament, zum anderen mit elastischem Tischfundament gerechnet. Durch das Fundament werden die Resonanzen im Bereich um 2000 1/min etwas vermindert und der Ausschlag bei der Betriebsdrehzahl 3000 1/min um 27% erhöht. Das Fundament hat sehr unterschiedlichen Einfluß auf die Laufruhe, so daß erst viele solche Berechnungen einen Überblick ergeben.

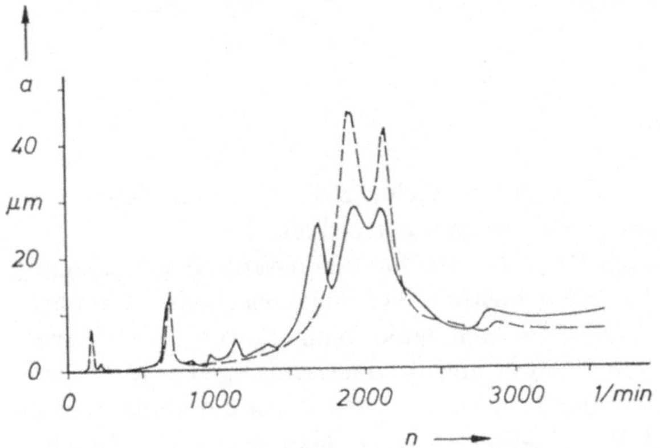

Bild 10.33. Maximaler Ausschlag des hinteren Generatorlagers bei gegengerichteter Unwucht.
— — — Rotor mit starr gelagerten Gleitlagern,
—— Rotor mit Fundament

11 Eindimensionale Kontinua

Der einfache und mehrfache Schwinger bzw. die diskrete Struktur sind Ersatzmodelle tatsächlicher Systeme. In Wirklichkeit haben technische Systeme oder Bauteile kontinuierliche Massen-, Steifigkeits- und Dämpfungseigenschaften; man spricht in diesem Zusammenhang kurz von Kontinua. Vom diskreten System her betrachtet sind Kontinua Systeme mit unendlich vielen Freiheitsgraden. Offensichtlich besteht demnach in der Berechnungsart und den Eigenschaften der Lösung ein enger Zusammenhang zwischen diskreten Systemen und Kontinua. Für ein besseres Verständnis und zur Kontrolle von diskreten Systemen ist die Kenntnis dieses Zusammenhangs sehr nützlich.

Im folgenden werden in knapper Form die wichtigsten Ergebnisse der Theorie eindimensionaler Kontinua gebracht. Eindimensionale Kontinua sind die Saite, der Stab und der Balken, also Gebilde mit großer Ausdehnung in einer Richtung im Vergleich zu den Ausdehnungen in den übrigen Richtungen. Das Kontinuum wird als homogen, isotrop und dem Hookeschen Gesetz gehorchend vorausgesetzt, und es werden kleine Schwingungen angenommen.

Ausführliche Darstellungen dieses klassischen Stoffs findet man u. a. in [48—52].

11.1 Bewegungsgleichungen

Wir leiten in diesem Abschnitt die Bewegungsgleichung der Saite, des längs- und drehschwingenden Stabes und des querschwingenden Balkens her.

Beginnen wir mit der Saite nach Bild 11.1. Sie habe konstante Massebelegung $\mu = \varrho A$, sei biegeschlaff ($EI = 0$) und dehnstarr. Auf der einen Seite ist sie festgehalten und auf der anderen Seite längsnachgiebig gelagert. Sie sei in Längsrichtung durch die konstante Spannkraft S und in Querrichtung durch die orts- und zeitveränderliche Streckenlast $q(x, t)$ belastet. Orte längs der Saite werden durch die Ortskoordinate x und Verschiebungen quer dazu durch die Verschiebungskoordinate w bezeichnet.

Am bewegten Saitenelement mit der Länge dx gilt nach dem Kräftesatz

$$\mu\, dx\ddot{w} = -S\alpha + S(\alpha + d\alpha) + q\, dx.$$

Bei kleinen Schwingungen ist

$$\alpha = \frac{\partial w}{\partial x} = w' \qquad \text{und} \qquad d\alpha = w''\, dx.$$

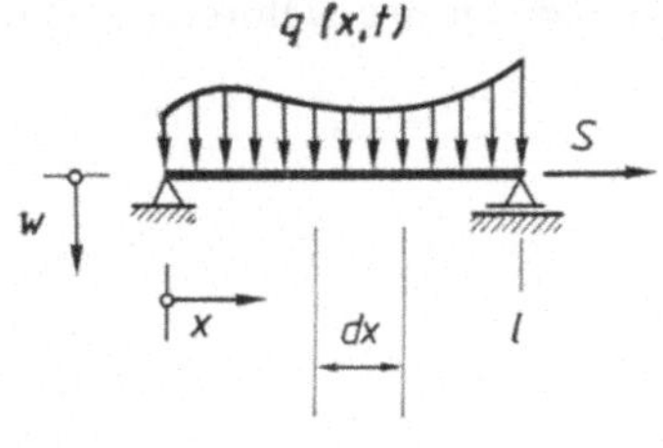

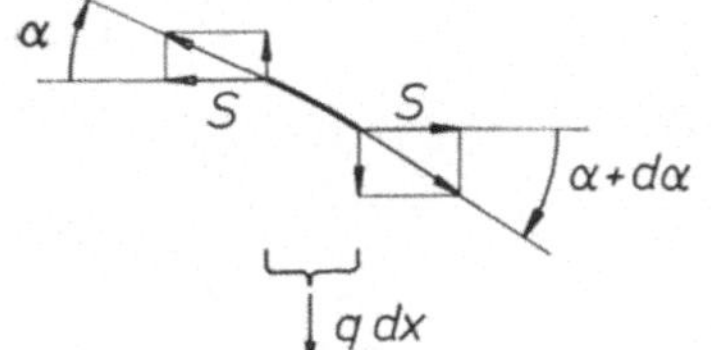

Bild 11.1. Die gespannte Saite mit Querbelastung

Damit folgt nach Division mit dx die Bewegungsgleichung der Saite zu

$$\mu\ddot{w} - Sw'' = q(x, t). \tag{11.1}$$

Hinzu kommen die Randbedingungen. Im Modell von Bild 11.1 lauten sie: $w = 0$ für $x = 0$ und $x = l$. Die Randbedingungen gehören dazu, weil (11.1) nur für das freie Element gilt. Bei diskreten Systemen sind die Rand- und Zwischenbedingungen bereits in der Bewegungsgleichung enthalten.

Dieses einfache Beispiel zeigt die typische Vorgehensweise bei Kontinua:

— Gewinnen der Bewegungsgleichung aus dem dynamischen Gleichgewicht des Elements,
— Formulieren der Randbedingungen.

Das vorliegende Modell hat nur zwei Ränder bzw. ein Feld. Würde man das Feld noch unterteilen, z. B. durch Anordnen von Zwischenstützen, dann müßten noch die entsprechenden Zwischenbedingungen beachtet werden.

Als nächstes betrachten wir den längsschwingenden Stab. Er habe längs der Achse veränderlichen Querschnitt, Dichte und Elastizitätsmodul. Seine Belastung besteht aus der orts- und zeitveränderlichen, längsgerichteten Streckenlast $n(x, t)$. Die Orts- und Verschiebungskoordinaten seien x bzw. u.

Der Kräftesatz liefert für das Stabelement nach Bild 11.2 die Beziehung

$$\mu\, dx\ddot{u} = \frac{\partial N}{\partial x}\, dx + n\, dx,$$

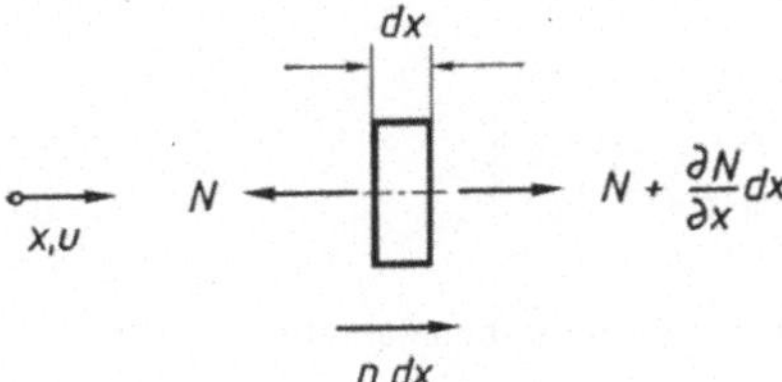

Bild 11.2. Kräfte am längsbelasteten Stabelement

woraus mit dem Hookeschen Gesetz als Beziehung zwischen der Dehnung ε und der Längskraft N

$$\varepsilon = \frac{\partial u}{\partial x} = \frac{N}{EA}$$

bzw.

$$\frac{\partial N}{\partial x} = \frac{\partial}{\partial x}\left(EA\,\frac{\partial u}{\partial x}\right) \tag{11.2}$$

die Bewegungsgleichung

$$\mu\ddot{u} - (EAu')' = n(x,t) \tag{11.3}$$

folgt.

Der drehschwingende Stab habe die Drehmassenbelegung $\hat{\mu}(t)$ und den Drillwiderstand $I_{\mathrm{T}}(x)$ und sei mit dem Torsionsmoment $m_{\mathrm{T}}(x,t)$ pro Längeneinheit belastet. Die Drehung um die Längsachse werde mit φ bezeichnet.

Analog zum längsschwingenden Stab gilt mit $M_{\mathrm{T}}(x)$ als dem örtlichen Torsionsmoment

$$\hat{\mu}\,\mathrm{d}x\ddot{\varphi} = \frac{\partial M_{\mathrm{T}}}{\partial x}\,\mathrm{d}x + m_{\mathrm{T}}\,\mathrm{d}x$$

und mit

$$\frac{\partial M_{\mathrm{T}}}{\partial x} = \frac{\partial}{\partial x}\left(GI_{\mathrm{T}}\,\frac{\partial \varphi}{\partial x}\right) \tag{11.4}$$

die Bewegungsgleichung

$$\hat{\mu}\ddot{\varphi} - (GI_{\mathrm{T}}\varphi')' = m_{\mathrm{T}}(x,t)\,. \tag{11.5}$$

Wird ein Stab senkrecht zu seiner Längsachse belastet oder führt er Bewegungen in dieser Richtung aus, dann bezeichnen wir ihn als Balken. Wir betrachten einen Balken mit beliebigem Querschnittsverlauf $A(x)$ und der Biegesteifigkeit $EI(x)$, der durch die Belastung $q(x,t)$ zu Biegeschwingungen $w(x,t)$ angeregt wird. Bei Vernachlässigung von Drehträgheit gilt für das Balkenelement nach Bild 11.3

$$\mu\,\mathrm{d}x\ddot{w} = \frac{\partial Q}{\partial x}\,\mathrm{d}x + q\,\mathrm{d}x\,.$$

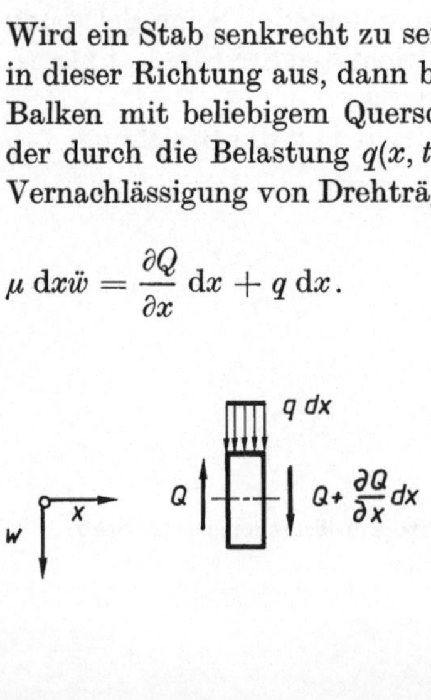

Bild 11.3. Querkräfte am Balkenelement

Nach der Balkentheorie ist

$$\frac{\partial Q}{\partial x} = \frac{\partial^2 M}{\partial x^2} \tag{11.6}$$

und bei Annahme von Schubstarrheit

$$M = -EI\,\frac{\partial^2 w}{\partial x^2} \quad \text{und} \quad \frac{\partial Q}{\partial x} = -\frac{\partial^2}{\partial x^2}\left(EI\,\frac{\partial^2 w}{\partial x^2}\right). \tag{11.7}$$

Damit wird die Bewegungsgleichung

$$\mu\ddot{w} + (EIw'')'' = q(x,t). \tag{11.8}$$

Wir führen noch äußere und innere Dämpfung, sowie Einzelkräfte ein.

Die Kraft der äußeren Dämpfung, bezogen auf die Längeneinheit, sei der Geschwindigkeit der Verschiebung proportional. Mit der Funktion $a(x)$ beträgt sie dann

$$q_{\mathrm{a}} = -a\dot{w}. \tag{11.9}$$

Das Moment der inneren Dämpfung sei der zeitlichen Änderung der Krümmung w'' proportional. Mit der Funktion $b(x)$ ist die entsprechende Kraft pro Längeneinheit

$$q_{\mathrm{i}} = -(b\dot{w}'')''. \tag{11.10}$$

Eine Einzelkraft $F_{\mathrm{i}}(t)$ an der Stelle $x = x_{\mathrm{i}}$ wird durch den Term $F_{\mathrm{i}}(t)\,\delta(x - x_{\mathrm{i}})$ erfaßt. Dabei hat der Faktor $\delta(x - x_{\mathrm{i}})$ (Delta- oder Dirac-Funktion) die Eigenschaft

$$\left.\begin{array}{l} \delta(x - x_{\mathrm{i}}) = 0 \qquad \text{für} \qquad x \neq x_{\mathrm{i}} \\[1em] \text{und} \\[1em] \displaystyle\int\limits_{-\infty}^{+\infty} \delta(x - x_{\mathrm{i}})\,\mathrm{d}x = \lim_{\varepsilon\to 0}\ \int\limits_{x_{\mathrm{i}}-\varepsilon}^{x_{\mathrm{i}}+\varepsilon} \delta(x - x_{\mathrm{i}})\,\mathrm{d}x = 1 \end{array}\right\}. \tag{11.11}$$

Mit diesen Zusätzen ist die Bewegungsgleichung des Balkens

$$\mu\ddot{w} + a\dot{w} + (b\dot{w}'')'' + (EIw'')'' = q(x,t) + \sum F_{\mathrm{i}}(t)\,\delta(x - x_{\mathrm{i}}). \tag{11.12}$$

Zu dieser Gleichung gehören wie bei der Saite und dem Stab die Randbedingungen und noch Zwischenbedingungen, falls ein mehrfeldriger Balken vorliegt. Damit ist die Verschiebung $w(x,t)$ bestimmt.

11.2 Eigenschwingungen der Saite und des Stabes

Wir nehmen in diesem Abschnitt für den Stab speziell an, daß er zylindrisch ist und längs der Achse konstanten E- bzw. G-Modul hat.

Damit erhalten die Stabgleichungen die gleiche Form wie die Saitengleichung. Die verkürzten Gleichungen sind

$$\mu\ddot{w} - Sw'' = 0 \qquad \text{Saite, querschwingend}$$
$$\mu\ddot{u} - EAu'' = 0 \qquad \text{Stab, längsschwingend}$$
$$\hat{\mu}\ddot{\varphi} - GI_{\mathrm{T}}\varphi'' = 0 \qquad \text{Stab, drehschwingend}$$

$$\left.\phantom{\begin{matrix}a\\a\\a\end{matrix}}\right\} . \tag{11.13}$$

Es handelt sich um die partielle Differentialgleichung 2. Ordnung vom hyperbolischen Typ oder um die eindimensionale Wellengleichung, wie der Physiker sagt.

Durch Division mit der Massenbelegung erhält man die allgemeine Form

$$\ddot{y} - v^2 y'' = 0 \tag{11.14}$$

mit folgender Bedeutung für y und v:

— Saite, querschwingend:

$$y = w, \qquad v = \sqrt{\frac{S}{\mu}}. \tag{11.15}$$

Mit der Vordehnung ε_0 ist $S = \varepsilon_0 EA$. Führt man noch

$$c = \sqrt{\frac{E}{\varrho}} \tag{11.16}$$

ein, dann erhält man mit $\mu = \varrho A$ die Beziehung

$$v = \sqrt{\varepsilon_0}\, c. \tag{11.17}$$

— Stab, längsschwingend:

$$y = u, \qquad v = \sqrt{\frac{EA}{\mu}} = c. \tag{11.18}$$

— Stab, drehschwingend:

$$y = \varphi, \qquad v = \sqrt{\frac{GI_{\mathrm{T}}}{\hat{\mu}}} = \sqrt{\frac{GI_{\mathrm{T}}}{\varrho I_{\mathrm{p}}}}. \tag{11.19}$$

Beim Kreis- und Kreisringquerschnitt ist $I_{\mathrm{p}} = I_{\mathrm{T}}$, so daß hierfür mit $E = 2(1 + \nu)G$ gilt

$$v = \sqrt{\frac{1}{2(1 + \nu)}}\, c. \tag{11.20}$$

Bei Stahl mit $\varrho = 7\,850$ kg/m³ und $E = 21 \cdot 10^{10}$ N/m² ist $c = 5\,172$ m/s.

Die Lösung von (11.14) kann entweder in der Form des d'Alembertschen Wellenansatzes

$$y(x, t) = f_1(x - vt) + f_2(x + vt) \tag{11.21}$$

oder des Bernoullischen Produktansatzes

$$y(x, t) = \varphi(x)\, z(t) \tag{11.22}$$

geschrieben werden. Die Funktionen $f_1(x - vt)$ und $f_2(x + vt)$ bzw. $\varphi(x)$ und $z(t)$ müssen derart sein, daß für $y(x, t)$ die Rand- und Anfangsbedingungen erfüllt sind.

Der Wellenansatz (11.21) ergibt die folgende geometrische Deutung der Lösung. Zur Zeit t_0 ist die Lösung

$$y(x, t_0) = f_1(x - vt_0) + f_2(x + vt_0),$$

und zur Zeit t_1 gilt

$$y(x, t_1) = f_1(x - vt_1) + f_2(x + vt_1).$$

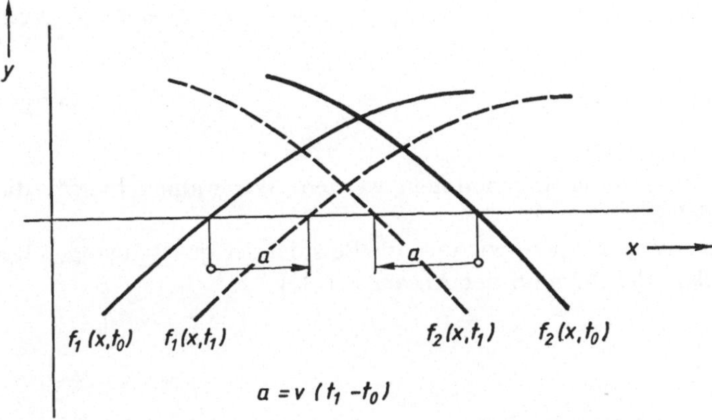

Bild 11.4. Funktionen des Wellenansatzes von d'Alembert

Die Funktionen $f_1(x - vt_1)$ und $f_2(x + vt_1)$ entstehen aus f_1 und f_2 durch Verschiebung in x-Richtung um $v(t_1 - t_0)$, bzw. $-v(t_1 - t_0)$ (Bild 11.4). Die Lösung besteht somit aus der Summe zweier Funktionen, wovon sich die eine in positiver, die andere in negativer x-Richtung mit der Geschwindigkeit v fortbewegt. Man nennt diese Funktionen daher auch Wellen. Zum Beispiel ist nach (11.18) beim längsschwingenden Stab $v = c$, womit c nach (11.16) die Fortpflanzungsgeschwindigkeit von Longitudinalwellen im Stab ist.

Wir verfolgen den Wellenansatz nicht weiter, sondern benutzen den Produktansatz (11.22). Mit diesem bringen wir (11.14) auf die Form

$$\frac{\ddot{z}(t)}{z(t)} = v^2\, \frac{\varphi''(x)}{\varphi(x)}. \tag{11.23}$$

Diese Gleichung ist nur erfüllt, wenn beide Seiten konstant sind und die beiden Konstanten gleich sind. Wir bezeichnen diese Konstante mit $-\omega^2$ (was sich später als sinnvoll erweist) und erhalten die beiden getrennten (separierten)

Gleichungen

$$\ddot{z} + \omega^2 z = 0 \tag{11.24}$$

$$\varphi'' + \left(\frac{\omega}{v}\right)^2 \varphi = 0. \tag{11.25}$$

Beide Gleichungen sind vom Typ der Schwingungsgleichung, deren Lösung wir kennen. Es gilt

$$z(t) = A \cos \omega t + B \sin \omega t \tag{11.26}$$

$$\varphi(x) = C_1 \cos \frac{\omega}{v} x + C_2 \sin \frac{\omega}{v} x$$

und mit

$$\beta = \frac{\omega l}{v} \tag{11.27}$$

$$\varphi(x) = C_1 \cos \beta \frac{x}{l} + C_2 \sin \beta \frac{x}{l}. \tag{11.28}$$

Die Bezugsgröße l kann beliebig angenommen werden. Wir wählen hierfür die Feldlänge unserer Modelle.

Den weiteren Rechengang machen wir uns am Beispiel der querschwingenden Saite nach Bild 11.1 klar. Bei ihr muß der Ansatz (11.22)

$$w(x, t) = \varphi(x) \, z(t)$$

die Randbedingungen

$$w(0, t) = 0 \qquad \text{und} \qquad w(l, t) = 0$$

für alle Zeiten erfüllen. Aus $\varphi(0) \, z(t) = 0$ und $\varphi(l) \, z(t) = 0$ folgen

$$\varphi(0) = 0 \qquad \text{und} \qquad \varphi(l) = 0. \tag{11.29}$$

Diese Bedingungen ergeben für (11.28)

$$C_1 = 0 \qquad \text{und} \qquad C_2 \sin \beta = 0.$$

Nichttriviale Lösungen existieren daher nur für

$$\sin \beta = 0. \tag{11.30}$$

Es liegt ein Eigenwertproblem vor, (11.30) ist die charakteristische Gleichung dieses Beispiels, und die Lösungen

$$\beta_k = k \pi, \qquad k = 1, 2, \ldots \tag{11.31}$$

sind die Eigenwerte. Mit $\beta = \beta_k$ erhält man aus (11.28) die k-te Eigenfunktion oder Eigenform

$$\varphi_k(x) = \sin k\,\pi\,\frac{x}{l}, \tag{11.32}$$

wobei die Konstante $C_{2k} = 1$ gesetzt wurde.

Es existieren unendlich viele Eigenwerte β_k. Demnach gibt es nach (11.27) auch unendlich viele Größen

$$\omega_k = \beta_k\,\frac{v}{l} = k\,\pi\,\frac{v}{l}, \tag{11.33}$$

mit v nach (11.15) oder (11.17).

Nach (11.26) ist ω eine Frequenz, also ist ω_k eine Eigenfrequenz.

Die allgemeine Lösung ist daher in unserem Beispiel mit (11.32) und (11.26)

$$w(x, t) = \sum \varphi_k(x)\,z_k(t) = \sum_{k=1}^{\infty} \sin k\,\pi\,\frac{x}{l}\,(A_k \cos \omega_k t + B_k \sin \omega_k t). \tag{11.34}$$

Sie besteht aus einer unendlichen Summe von Sinusfunktionen, deren Ausschläge sich harmonisch mit ω_k ändern. Die Wellenlänge λ_k der k-ten Eigenform ist gleich dem Wert x für $k\,\pi x/l = 2\pi$. Sie beträgt damit

$$\lambda_k = \frac{2l}{k}. \tag{11.35}$$

Die Konstanten A_k und B_k folgen aus den Anfangsbedingungen. Bei diskreten Systemen mit n Freiheitsgraden braucht man $2n$ Anfangswerte. Hier, mit $n = \infty$, werden aus diesen Anfangswerten Funktionen von x, und zwar eine für die Auslenkung und eine für die Geschwindigkeit der Auslenkung zur Zeit $t = 0$.

Die Anfangsbedingungen seien

$$w(x, 0) = f(x), \qquad \dot{w}(x, 0) = g(x) \tag{11.36}$$

mit vorgegebenen Funktionen $f(x)$ und $g(x)$, die den Randbedingungen genügen müssen.

Nach (11.34) ist

$$w(x, 0) = \sum \varphi_k(x)\,A_k, \qquad \dot{w}(x, 0) = \sum \varphi_k(x)\,\omega_k B_k$$

und mit (11.36) gilt

$$f(x) = \sum \varphi_k(x)\,A_k, \qquad g(x) = \sum \varphi_k(x)\,\omega_k B_k.$$

Multiplikation mit $\varphi_n(x)$ und Integration von 0 bis l ergibt die Gleichungen

$$\left.\begin{aligned}
\int_0^l f(x)\,\varphi_n(x)\,\mathrm{d}x &= \int_0^l \sum_k A_k \varphi_k(x)\,\varphi_n(x)\,\mathrm{d}x \\
\int_0^l g(x)\,\varphi_n(x)\,\mathrm{d}x &= \int_0^l \sum_k \omega_k B_k \varphi_k(x)\,\varphi_n(x)\,\mathrm{d}x
\end{aligned}\right\} \tag{11.37}$$

mit den Eigenfunktionen

$$\varphi_k(x) = \sin k\,\pi\,\frac{x}{l}, \qquad \varphi_n(x) = \sin n\,\pi\,\frac{x}{l}.$$

Die Glieder auf der rechten Seite von (11.37) werden Null, bis auf jene mit $k = n$, denn die Eigenfunktionen bilden ein orthogonales System mit den Eigenschaften

$$\int\limits_0^l \varphi_k(x)\,\varphi_n(x)\,\mathrm{d}x = \begin{cases} 0 & k \neq n \\[2mm] \dfrac{l}{2} & \text{bei} \quad k = n. \end{cases} \tag{11.38}$$

Damit ergeben sich die gesuchten Konstanten nach (11.37) zu

$$\left. \begin{aligned} A_k &= \frac{2}{l}\int\limits_0^l f(x)\,\varphi_k(x)\,\mathrm{d}x = \frac{2}{l}\int\limits_0^l f(x)\,\sin k\,\pi\,\frac{x}{l}\,\mathrm{d}x \\[4mm] B_k &= \frac{2}{\omega_k l}\int\limits_0^l g(x)\,\varphi_k(x)\,\mathrm{d}x = \frac{2}{\omega_k l}\int\limits_0^l g(x)\,\sin k\,\pi\,\frac{x}{l}\,\mathrm{d}x \end{aligned} \right\}. \tag{11.39}$$

Die Funktionen $f(x)/l$, $g(x)/\omega_k l$ und $\varphi_k(x)$ haben keine Einheit, so daß A_k und B_k die Einheit von x — also der Länge — annehmen, wie es sein muß.

Lenkt man die Saite nach einer Eigenform $A\varphi_n(x)$ aus und läßt sie aus dieser Ruhestellung los, dann sind die Anfangsbedingungen

$$f(x) = A\varphi_n(x), \qquad g(x) = 0$$

und die Konstanten

$$A_k = \begin{cases} 0 \\ A \end{cases} \text{für} \quad \begin{aligned} k &\neq n, \\ k &= n, \end{aligned} \quad B_k = 0,$$

sowie die allgemeine Lösung

$$w(x, t) = A\varphi_n(x)\,z_n(t). \tag{11.40}$$

In diesem Fall besteht also die Lösung nur aus der harmonischen Schwingung der anfänglichen Eigenform.

Zusammenfassend gibt dieser Abschnitt folgendes:

— Mit dem Produktansatz nach (11.22) zerfällt die partielle Differentialgleichung in je eine gewöhnliche Differentialgleichung für die Ortsfunktion $\varphi(x)$ und die Zeitfunktion $z(t)$.

— Mit den Randbedingungen erhält man die charakteristische Gleichung des Eigenwertproblems und daraus die Eigenwerte bzw. Eigenfrequenzen und Eigenfunktionen oder Eigenformen.

— Die allgemeine Lösung besteht im allgemeinen aus der unendlichen Summe der Eigenfunktionen, multipliziert mit freien Konstanten und Harmonischen der Zeitfunktionen.

— Die Konstanten werden aus den Anfangsbedingungen bestimmt. Mit den Orthogonalitätsbeziehungen der Eigenfunktionen ergeben sich die Konstanten als eingliedrige Integrale.

— Lenkt man das System nach einer Eigenform aus und läßt es aus diesem Ruhezustand los, dann führt es eine Eigenschwingung mit der betreffenden Frequenz aus.

Tabelle 11.1. Eigenschwingungen der Saite und des Stabes

	Saite querschwingend	Stab längs- oder drehschwingend	β_k [1]	$\varphi_k(x)$ [2]	Eigenform
A			$k\pi$	$\sin \beta_k \frac{x}{l}$	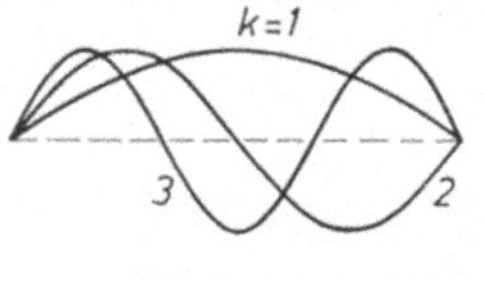
B			$(k-\frac{1}{2})\pi$	$\sin \beta_k \frac{x}{l}$	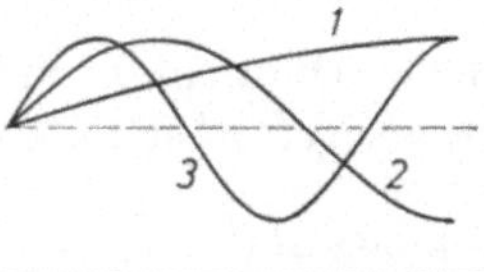
C			$k\pi$	$\cos \beta_k \frac{x}{l}$	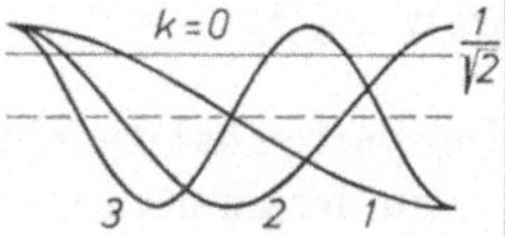

[1] $\omega_k = \beta_k \frac{v}{l}$; $f_k = \frac{\omega_k}{2\pi}$; v nach (11.15) bis (11.20).

[2] Generalisierte Masse $m_k^* = \frac{m}{2}$ für A,B,C.

Die Tabelle 11.1 enthält die Eigenwerte und Eigenfunktionen der Saite und des Stabes für verschiedene Randbedingungen. Man erkennt auch hier die Verwandtschaft zwischen der querschwingenden Saite und dem längs- oder drehschwingenden Stab.

Die Eigenfrequenzen ω_1, ω_2, ... verhalten sich in den Fällen A und C wie $1:2:3$ ... und im Fall B wie $1:3:5$ ..., haben also den absoluten Abstand ω_1 bzw. $2\omega_1$. Der relative Abstand $(\omega_{k+1} - \omega_k)/\omega_k$ nimmt mit $1/k$ ab. Dies beachte man bei der Abstimmung einer Saite oder eines Stabes für Erregerfrequenzen, die groß im Vergleich zu ω_1 sind.

11.3 Eigenschwingungen des Balkens

Wir betrachten hier einen Balken mit konstantem Querschnitt, längs der Achse konstantem Elastizitätsmodul und ohne Dämpfung. Nach (11.12) ist hierfür die verkürzte Bewegungsgleichung

$$\mu \ddot{w} + EI w^{IV} = 0. \tag{11.41}$$

Setzt man

$$r = \sqrt{\frac{EI}{\mu}} = ci \tag{11.42}$$

mit c nach (11.16) und $i = \sqrt{I/A}$, dann wird aus (11.41)

$$\ddot{w} + r^2 w^{\mathrm{IV}} = 0. \tag{11.43}$$

Mit dem Produktansatz

$$w(x, t) = \varphi(x)\, z(t)$$

erhält man

$$\frac{\ddot{z}(t)}{z(t)} = -r^2\, \frac{\varphi(x)^{\mathrm{IV}}}{\varphi(x)}.$$

Beide Quotienten müssen konstant sein. Wir setzen für die Konstante wie im vorigen Abschnitt $-\omega^2$ und erhalten die separierten Gleichungen

$$\ddot{z} + \omega^2 z = 0$$
$$r^2 \varphi^{\mathrm{IV}} - \omega^2 \varphi = 0. \tag{11.44}$$

Der Balken hat dieselbe Zeitfunktion $z(t)$ wie die Saite und der Stab (Gl. (11.26)).

In der zweiten Gleichung (11.44) setzen wir einen Parameter λ gemäß

$$\left(\frac{\lambda}{l}\right)^4 = \left(\frac{\omega}{r}\right)^2 \tag{11.45}$$

an, wobei l die Balkenlänge bedeutet. Damit ist

$$\varphi(x) = C_1 \cos \lambda\, \frac{x}{l} + C_2 \sin \lambda\, \frac{x}{l} + C_3 \cosh \lambda\, \frac{x}{l} + C_4 \sinh \lambda\, \frac{x}{l} \tag{11.46}$$

die allgemeine Lösung für die Ortsfunktion unseres Balkens.

Die charakteristische Gleichung des Eigenwertproblems erhalten wir daraus mit den speziellen Randbedingungen. Wir führen die weitere Berechnung für den Kragbalken nach Bild 11.5 durch. Hierbei sind die Randbedingungen

$$x = 0: w = 0,\, w' = 0; \qquad x = l: M = 0,\, Q = 0$$

bzw.

$$x = 0: \varphi = 0,\, \varphi' = 0; \qquad x = l: \varphi'' = 0,\, \varphi''' = 0. \tag{11.47}$$

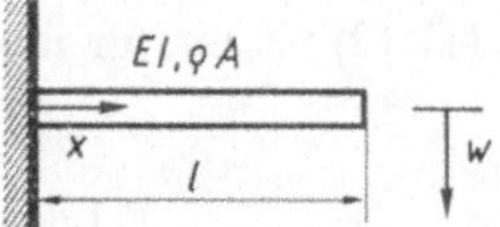

Bild 11.5. Kragbalken

Wir benötigen also noch die 1. bis 3. Ableitung von $\varphi(x)$. In Matrizenform sind diese Funktionen zusammen mit $\varphi(x)$:

$$
\begin{bmatrix}
\varphi(x) \\[1ex]
\varphi'(x)\,\dfrac{l}{\lambda} \\[1ex]
\varphi''(x)\left(\dfrac{l}{\lambda}\right)^2 \\[1ex]
\varphi'''(x)\left(\dfrac{l}{\lambda}\right)^3
\end{bmatrix}
=
\begin{bmatrix}
C_1 & C_2 & C_3 & C_4 \\[1ex]
C_2 & -C_1 & C_4 & C_3 \\[1ex]
-C_1 & -C_2 & C_3 & C_4 \\[1ex]
-C_2 & C_1 & C_4 & C_3
\end{bmatrix}
\begin{bmatrix}
\cos\lambda\,\dfrac{x}{l} \\[1ex]
\sin\lambda\,\dfrac{x}{l} \\[1ex]
\cosh\lambda\,\dfrac{x}{l} \\[1ex]
\sinh\lambda\,\dfrac{x}{l}
\end{bmatrix}.
\tag{11.48}
$$

Mit diesen Beziehungen ergeben die Randbedingungen das folgende homogene Gleichungssystem für die Konstanten C_1 bis C_4:

$$
\begin{bmatrix}
1 & 0 & 1 & 0 \\
0 & 1 & 0 & 1 \\
-\cos\lambda & -\sin\lambda & \cosh\lambda & \sinh\lambda \\
\sin\lambda & -\cos\lambda & \sinh\lambda & \cosh\lambda
\end{bmatrix}
\begin{bmatrix}
C_1 \\ C_2 \\ C_3 \\ C_4
\end{bmatrix}
=
\begin{bmatrix}
0 \\ 0 \\ 0 \\ 0
\end{bmatrix}.
\tag{11.49}
$$

Demnach ist $C_3 = -C_1$, $C_4 = -C_2$ und es gilt:

$$
\begin{bmatrix}
\cos\lambda + \cosh\lambda & \sin\lambda + \sinh\lambda \\
-\sin\lambda + \sinh\lambda & \cos\lambda + \cosh\lambda
\end{bmatrix}
\begin{bmatrix}
C_1 \\ C_2
\end{bmatrix}
=
\begin{bmatrix}
0 \\ 0
\end{bmatrix}.
\tag{11.50}
$$

Die Koeffizientendeterminante dieses Systems muß Null sein. Dies führt auf die charakteristische Gleichung

$$
1 + \cos\lambda\cosh\lambda = 0.
\tag{11.51}
$$

Die Wurzeln der Gleichung (11.51) sind die Eigenwerte λ_k. Für die ersten drei gilt näherungsweise

$$
\lambda_1 = 1{,}875, \qquad \lambda_2 = 4{,}694, \qquad \lambda_3 = 7{,}855;
$$

für $k > 3$ gilt $\lambda_k \approx \left(k - \dfrac{1}{2}\right)\pi$ mit einem Fehler $< 10^{-4}$.

Die Eigenfunktionen $\varphi_k(x)$ folgen aus (11.46) mit $\lambda = \lambda_k$. Die Konstanten dieser Funktion sind bis auf einen gemeinsamen Faktor durch (11.49) bestimmt. Der Faktor darf beliebig, z. B. auch eine der Konstanten sein; wir setzen $C_1 = -1$ und erhalten

$$
C_2 = \frac{\sinh\lambda_k - \sin\lambda_k}{\cosh\lambda_k + \cos\lambda_k}, \qquad C_3 = 1, \qquad C_4 = -C_2
$$

und damit bei $\xi = \dfrac{x}{l}$

$$\varphi_k(\xi) = \cosh \lambda_k \xi - \cos \lambda_k \xi - \frac{\sinh \lambda_k - \sin \lambda_k}{\cosh \lambda_k + \cos \lambda_k} \, (\sinh \lambda_k \xi - \sin \lambda_k \xi). \qquad (11.52)$$

Mit (11.45) erhält man bei $\lambda = \lambda_k$ die Eigenfrequenz

$$\omega_k = \frac{r}{l^2} \lambda_k^2 = \frac{ci}{l^2} \lambda_k^2. \qquad (11.53)$$

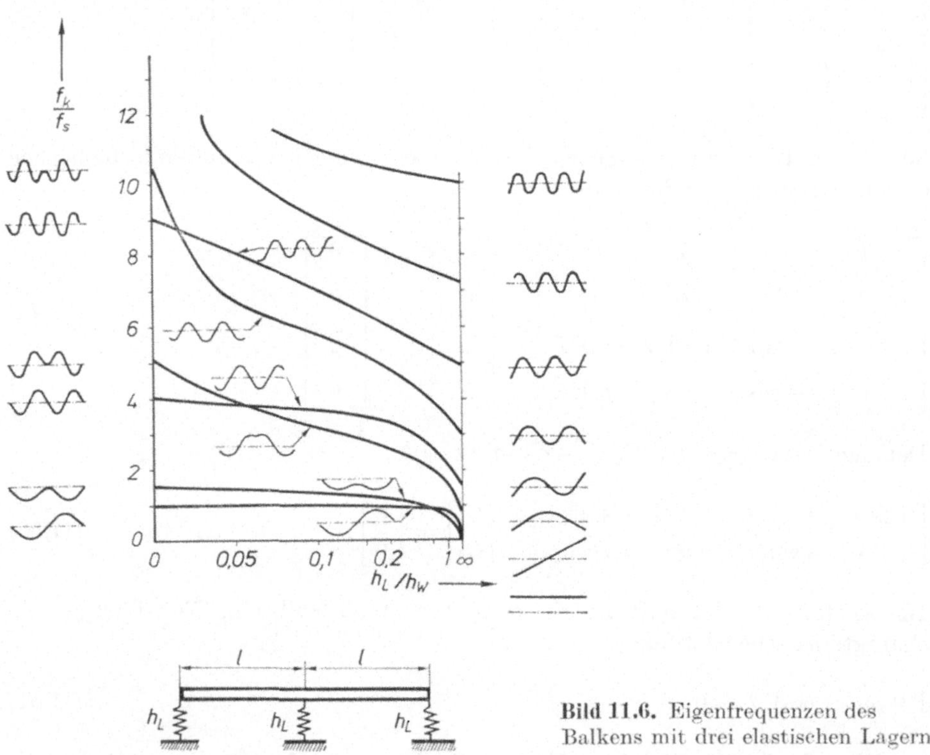

Bild 11.6. Eigenfrequenzen des Balkens mit drei elastischen Lagern

Die allgemeine Lösung ist

$$w(x,\,t) = \sum_{k=1}^{\infty} \varphi_k(x) \, (A_k \cos \omega_k t + B_k \sin \omega_k t), \qquad (11.54)$$

wobei die Konstanten A_k, B_k in gleicher Weise, wie im vorigen Abschnitt gezeigt, aus den Anfangsbedingungen folgen. Dabei werden wieder die Orthogonalitäts-beziehungen gebraucht. Wir befassen uns damit im nächsten Abschnitt etwas aus-führlicher.

Weitere Angaben über Eigenschwingungen von Balken mit verschiedenen Randbedingungen sind im Anhang 6 zusammengestellt.

Im Bild 11.6 sind einige Eigenfrequenzen eines zweifeldrigen Balkens aufge-tragen. Auf die Berechnung — sie bietet nichts grundlegend Neues — wollen wir hier nicht eingehen. Der Balken hat konstanten Querschnitt, seine Felder sind gleich lang und er ist auf Federn mit gleicher Nachgiebigkeit h_L gelagert. Bezugsmaß für h_L ist die Nachgiebigkeit

$$h_w = \frac{l^3}{48EI}$$

des abgekoppelten Einzelfeldes in dessen Mitte bei starrer Lagerung. Bezugsfrequenz ist die erste Eigenfrequenz des Systems für starre Lagerung

$$f_S = 1{,}57 \, \frac{ci}{l^2} \, .$$

Das Bild zeigt links die Eigenfrequenzen und Eigenformen bei starrer Lagerung und rechts bei unendlich elastischer Lagerung, also bei freiem Balken. Bei gewissen Verhältnissen h_L/h_w gibt es Doppelfrequenzen. Dieses Bild kann man verwenden, um den Einfluß der Lager auf die Eigenfrequenzen von Rotoren abzuschätzen.

11.4 Orthogonalität der Eigenfunktionen

Im Abschnitt 11.2 haben wir festgestellt, daß die Orthogonalität der Eigenfunktionen nützlich ist zur Berechnung der Konstanten der Zeitlösung. Wir haben weiterhin bei den diskreten Systemen festgestellt, daß die Orthogonalität der Eigenvektoren Voraussetzung für die modale Berechnung erzwungener Schwingungen ist. Bei den Kontinua spielt die Orthogonalität der Eigenfunktionen dieselbe Rolle.

Es gibt gewöhnliche und verallgemeinerte Orthogonalität. Zwei verschiedene Funktionen $\varphi_k(x)$ und $\varphi_n(x)$ sind orthogonal, wenn gilt

$$\int\limits_0^l \varphi_k(x)\, \varphi_n(x)\, \mathrm{d}x = 0 \qquad k \neq n \tag{11.55}$$

und verallgemeinert orthogonal bei

$$\int\limits_0^l \varphi_k(x)\, b(x)\, \varphi_n(x)\, \mathrm{d}x = 0 \qquad k \neq n \tag{11.56}$$

mit $b(x)$ als der sogenannten Belastungs- oder Bewertungsfunktion. Wir wollen feststellen, ob und von welcher Art die Eigenfunktionen des Balkens mit veränderlichem Querschnitt $\big(\mu(x),\, EI(x)\big)$ orthogonal sind.

Für unsere Aufgabe gilt die Gleichung

$$\mu \ddot{w} + (EIw'')'' = 0\, .$$

Sie hat die Teillösung

$$w_k(x, t) = \varphi_k(x)\, (A_k \cos \omega_k t + B_k \sin \omega_k t)\, ,$$

mit der Eigenfunktion $\varphi_k(x)$ und der Eigenfrequenz ω_k.

Nach Einsetzen in die erste Gleichung und Kürzen mit der Zeitfunktion erhält man die Beziehung

$$-\mu\omega_k^2\varphi_k + (EI\varphi_k'')'' = 0, \tag{11.57}$$

die wir mit einer anderen Eigenfunktion $\varphi_n(x)$ unseres Systems multiplizieren und über die Balkenlänge l integrieren:

$$-\omega_k^2 \int\limits_0^l \varphi_n\mu\varphi_k\,\mathrm{d}x + \int\limits_0^l \varphi_n(EI\varphi_k'')''\,\mathrm{d}x = 0.$$

Durch Tauschen der Indizes erhalten wir

$$-\omega_n^2 \int\limits_0^l \varphi_k\mu\varphi_n\,\mathrm{d}x + \int\limits_0^l \varphi_k(EI\varphi_n'')''\,\mathrm{d}x = 0$$

und durch Substrahieren die Beziehung

$$(\omega_k^2 - \omega_n^2) \int\limits_0^l \varphi_k\mu\varphi_n\,\mathrm{d}x + \int\limits_0^l \varphi_k(EI\varphi_n'')''\,\mathrm{d}x - \int\limits_0^l \varphi_n(EI\varphi_k'')''\,\mathrm{d}x = 0. \tag{11.58}$$

Das zweite Integral bringen wir durch wiederholte Teilintegration auf die folgende Form

$$\int\limits_0^l \varphi_k(EI\varphi_n'')''\,\mathrm{d}x = \left|\varphi_k(EI\varphi_n'')'\right|_0^l - \int\limits_0^l \varphi_k'(EI\varphi_n'')'\,\mathrm{d}x$$

$$= \left|\varphi_k(EI\varphi_n'')'\right|_0^l - \left|\varphi_k'EI\varphi_n''\right|_0^l + \int\limits_0^l \varphi_k''EI\varphi_n''\,\mathrm{d}x.$$

Entsprechend gilt für das dritte Integral

$$\int\limits_0^l \varphi_n(EI\varphi_k'')''\,\mathrm{d}x = \left|\varphi_n(EI\varphi_k'')'\right|_0^l - \left|\varphi_n'EI\varphi_k''\right|_0^l + \int\limits_0^l \varphi_n''EI\varphi_k''\,\mathrm{d}x.$$

In der Differenz dieser beiden Integrale fällt das Integral auf der rechten Seite heraus. Setzen wir noch abkürzend

$$R_{kn}(x) = \varphi_k(EI\varphi_n'')' - \varphi_k'EI\varphi_n'' - \varphi_n(EI\varphi_k'')' + \varphi_n'EI\varphi_k'', \tag{11.59}$$

dann wird aus (11.58)

$$(\omega_k^2 - \omega_n^2) \int\limits_0^l \varphi_k\mu\varphi_n\,\mathrm{d}x + R_{kn}(l) - R_{kn}(0) = 0. \tag{11.60}$$

Die Größen $R_{kn}(l)$ und $R_{kn}(0)$ hängen von den Randbedingungen ab. Wir untersuchen dies am Beispiel nach Bild 11.7. Der dargestellte Balken hat veränderlichen Querschnitt, besitzt die Randmassen m_0 und m_1 mit den Drehträgheiten Θ_0

und Θ_1 und ist elastisch gelagert mit Federn der Steifigkeit k_0 und k_1, sowie Drehfedern der Steifigkeit $\hat{k}_0$ und $\hat{k}_1$. Die Randbedingungen sind für

$$x = 0: \qquad M = -\hat{k}_0 w' - \Theta_0 \ddot{w}'$$

$$Q = k_0 w + m_0 \ddot{w},$$

und für:

$$x = l: \qquad M = \hat{k}_1 w'' + \Theta_1 \ddot{w}'$$

$$Q = -k_1 w - m_1 \ddot{w}.$$

Die Randbedingungen müssen für jede Teillösung gelten. Für die r-te Teillösung gilt:

$$w_r = \varphi_r z_r, \qquad \ddot{w}_r = -\omega_r^2 \varphi_r z_r$$

$$w_r' = \varphi_r' z_r, \qquad \ddot{w}_r' = -\omega_r^2 \varphi_r' z_r.$$

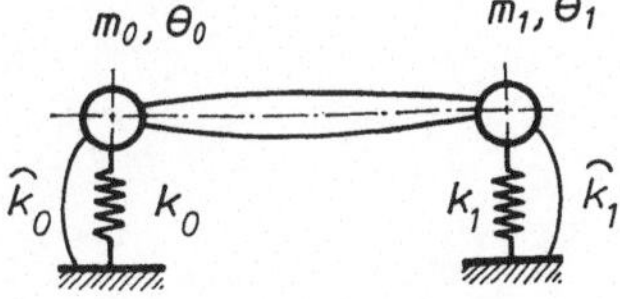

Bild 11.7. Elastisch gelagerter Balken mit Endmassen

Daraus bekommen mit

$$M = -EIw'', \qquad Q = M' = -(EIw'')'$$

nach Division durch die Zeitfunktion $z_r(t)$ die Randbedingungen die Form:

$$\left.\begin{aligned}
x = 0: \qquad EI\varphi_r'' &= \hat{k}_0 \varphi_r' - \Theta_0 \omega_r^2 \varphi_r' \\
(EI\varphi_r'')' &= -k_0 \varphi_r + m_0 \omega_r^2 \varphi_r \\
x = l: \qquad EI\varphi_r'' &= -\hat{k}_1 \varphi_r' + \Theta_1 \omega_r^2 \varphi_r' \\
(EI\varphi_r'')' &= k_1 \varphi_r - m_1 \omega_r^2 \varphi_r.
\end{aligned}\right\} \qquad (11.61)$$

Mit $r = k$ oder $r = n$ und Multiplikation mit φ_k oder φ_n wird damit aus (11.59) an den Stellen $x = 0$ bzw. $x = l$:

$$R_{kn}(0) = (\omega_n^2 - \omega_k^2)\,[\varphi_k(0)\,m_0\varphi_n(0) + \varphi_k'(0)\,\Theta_0\varphi_n'(0)]$$

bzw.

$$R_{kn}(l) = (\omega_k^2 - \omega_n^2)\,[\varphi_k(l)\,m_1\varphi_n(l) + \varphi_k'(l)\,\Theta_1\varphi_n'(l)].$$

Damit gilt:

$$R_{kn}(l) - R_{kn}(0) = (\omega_k^2 - \omega_n^2)\,[\varphi_k(0)\,m_0\varphi_n(0) + \varphi_k'(0)\,\Theta_0\varphi_n'(0)$$

$$+ \varphi_k(l)\,m_1\varphi_n(l) + \varphi_k'(l)\,\Theta_1\varphi_n'(l)]. \qquad (11.62)$$

Mit dieser Beziehung wird aus (11.60):

$$(\omega_k^2 - \omega_n^2)\left[\varphi_k(0)\,m_0\varphi_n(0) + \varphi_k'(0)\,\Theta_0\varphi_n'(0) + \int\limits_0^l \varphi_k\mu\varphi_n\,dx\right.$$

$$\left. + \varphi_k(l)\,m_1\varphi_n(l) + \varphi_k'(l)\,\Theta_1\varphi_n'(l)\right] = 0. \tag{11.63}$$

Für $\omega_k \neq \omega_n$ wird der Ausdruck in eckigen Klammern Null. Für $\omega_k = \omega_n$ hat er den Wert der uns von den diskreten Systemen her bekannten generalisierten Masse

$$m_k^* = \int\limits_0^l \mu\varphi_k^2\,dx + m_0\varphi_k^2(0) + \Theta_0\varphi_k'^2(0) + m_1\varphi_k^2(l) + \Theta_1\varphi_k'^2(l). \tag{11.64}$$

Für verschwindende Randmassen m_0, Θ_0, m_1, Θ_1 sind die Eigenfunktionen verallgemeinert orthogonal bezüglich $\mu(x)$.

Im nächsten Abschnitt kommen wir auf Integrale der Form

$$\int\limits_0^l (EI\varphi_k'')''\,\varphi_n\,dx.$$

Nach (11.57) ist

$$(EI\varphi_k'')'' = \mu\omega_k^2\varphi_k,$$

so daß gilt

$$\int\limits_0^l (EI\varphi_k'')''\,\varphi_n\,dx = \omega_k^2 \int\limits_0^l \varphi_k\mu\varphi_n\,dx. \tag{11.65}$$

Das Integral auf der linken Seite von (11.65) können wir zweimal partiell integrieren. Damit erhält man:

$$\int (EI\varphi_k'')''\,\varphi_n\,dx = (EI\varphi_k'')'\,\varphi_n\big|_0^l - (EI\varphi_k'')\,\varphi_n'\big|_0^l + \int\limits_0^l EI\varphi_k''\varphi_n''\,dx. \tag{11.66}$$

In den beiden Summanden vor dem Integral auf der rechten Seite von (11.66) stecken die Randbedingungen nach (11.61). Setzt man diese in (11.66) ein, dann erhält man

$$\int\limits_0^l (EI\varphi_k'')''\,\varphi_n\,dx = k_1\varphi_k(l)\,\varphi_n(l) - m_1\omega_k^2\varphi_k(l)\,\varphi_n(l)$$

$$+ k_0\varphi_k(0)\,\varphi_n(0) - m_0\omega_k^2\varphi_k(0)\,\varphi_n(0)$$

$$+ \hat{k}_1\varphi_k'(l)\,\varphi_n'(l) - \Theta_1\omega_k^2\varphi_k'(l)\,\varphi_n'(l)$$

$$+ \hat{k}_0\varphi_k'(0)\,\varphi_n'(0) - \Theta_0\omega_k^2\varphi_k'(0)\,\varphi_n'(0) + \int\limits_0^l EI\varphi_k''\varphi_n''\,dx. \tag{11.67}$$

Setzt man diese Gleichung in (11.65) ein, bringt die Terme, in denen Massen und Drehmassen vorkommen auf die rechte Seite, dann gilt für (11.65):

$$\int_0^l \varphi_k'' EI \varphi_n'' \, dx + \varphi_k(0)\, k_0 \varphi_n(0) + \varphi_k'(0)\, \hat{k}_0 \varphi_n'(0) + \varphi_k(l)\, k_1 \varphi_n(l) + \varphi_k'(l)\, \hat{k}_1 \varphi_n'(l)$$

$$= \omega_k^2 \left[\int_0^l \varphi_k \mu \varphi_n \, dx + \varphi_k(0)\, m_0 \varphi_n(0) + \varphi_k'(0)\, \Theta_0 \varphi_n'(0) \right.$$

$$\left. + \varphi_k(l)\, m_1 \varphi_n(l) + \varphi_k'(l)\, \Theta_1 \varphi_n'(l) \right]. \tag{11.68}$$

Auf der rechten Seite von (11.68) steht der Ausdruck in eckigen Klammern von (11.63), der für $k = n$ der generalisierten Masse m_k^* entspricht und für $k \neq n$ Null ist. Daraus erkennen wir, daß der Ausdruck auf der linken Seite in (11.68) der generalisierten Steifigkeit entspricht. Es gilt

$$k_k^* = \omega_k^2 m_k^*, \tag{11.69}$$

und

$$k_k^* = \int_0^l EI \varphi_k''^2 \, dx + k_{kR}^* \tag{11.70}$$

mit

$$k_{kR}^* = k_0 \varphi_k^2(0) + \hat{k}_0 \varphi_k'^2(0) + k_1 \varphi_k^2(l) + \hat{k}_1 \varphi_k'^2(l). \tag{11.71}$$

11.5 Erzwungene Schwingungen

Schwingungen können durch zeitveränderliche Kräfte (einzelne oder verteilte) und durch zeitveränderliche Rand- oder Zwischenbedingungen erregt werden. Wir unterteilen hier in

— harmonische Randerregung und
— beliebige Erregung.

Bei harmonischer Erregung am Rand ergeben sich für unsere Modelle geschlossene Lösungen, wie das Beispiel des folgenden Abschnitts 11.5.1 zeigt.

Bei beliebig verteilter Erregerkraft mit beliebigem Zeitverlauf entwickeln wir die Lösung nach Eigenfunktionen und kommen zu ähnlichen Gleichungen wie bei der modalen Berechnung diskreter Systeme.

11.5.1 Harmonische Randerregung

Bei harmonischer Randerregung erhält man die partikuläre Lösung der inhomogenen Gleichung ebenso wie die allgemeine Lösung der homogenen Gleichung durch einen Produktansatz. Man weiß, daß die Antwort ebenfalls harmonisch ist, und zwar mit gleicher Frequenz wie die Erregung. Damit kennt man die Zeit-funktion. Die Konstanten der Ortsfunktion sind durch die Randbedingungen be-stimmt. Diese bestehen teilweise aus der Erregerfunktion, womit letztere in die Lösung eingeht. Wir machen uns den skizzierten Lösungsgang am folgenden Beispiel klar.

Ein links eingespannter Stab mit konstantem Querschnitt wird an seinem freien rechten Ende durch eine harmonische Kraft erregt.

Die Bewegungsgleichung hierfür ist

$$\mu\ddot{u} - EAu'' = \delta(x - l)\,\hat{F}\sin\omega t. \tag{11.72}$$

Sie hat die partikuläre Lösung

$$u(x, t) = U(x)\sin\omega t \tag{11.73}$$

mit der noch unbekannten Ortsfunktion $U(x)$.
Einsetzen der Lösung und Kürzen mit $\sin\omega t$ ergibt

$$\omega^2\mu U + EAU'' = -\delta(x - l)\,\hat{F}.$$

Zur Berechnung von $U(x)$ lassen wir zunächst die rechte Seite außer acht, womit wir auf die Gleichung

$$U'' + \frac{\omega^2\mu}{EA}\,U = 0$$

kommen, deren Lösung

$$U(x) = A_1\cos\frac{\omega}{c}\,x + A_2\sin\frac{\omega}{c}\,x \tag{11.74}$$

mit c nach (11.18) ist.

Bei $x = 0$ ist $u(0, t) = 0$, so daß $A_1 = 0$ sein muß.

Bei $x = l$ ist die Längskraft N gleich der Erregerkraft. Es gilt also

$$N = EAu'(l, t) = \hat{F}\sin\omega t,$$

wonach mit (11.73) und (11.74) und $A_1 = 0$ die zweite Konstante zu

$$A_2 = \frac{\hat{F}}{EA}\,\frac{1}{\dfrac{\omega}{c}\cos\dfrac{\omega l}{c}}$$

wird. Führen wir noch die statische Verschiebung des rechten Stabendes bei Be-lastung mit $\hat{F}$, also

$$u_\mathrm{s} = \frac{\hat{F}l}{EA} \tag{11.75}$$

ein, dann lautet die partikuläre Lösung

$$u(x, t) = u_\mathrm{s}\, \frac{\sin \dfrac{\omega x}{c}}{\dfrac{\omega l}{c} \cos \dfrac{\omega l}{c}}\, \sin \omega t. \tag{11.76}$$

Bei $t = \dfrac{T}{4} + nT$ $(n = 1, 2, \ldots)$ ist die Verschiebung maximal. Wir bezeichnen sie mit $\hat{u}$, führen noch

$$\eta = \frac{\omega l}{c} = \frac{\omega}{\omega_0}, \quad \omega_0 = \frac{c}{l}, \quad \xi = \frac{x}{l} \tag{11.77}$$

ein und erhalten damit die Verschiebungsamplitude längs des Stabes zu

$$\hat{u}(\xi) = u_\mathrm{s}\, \frac{\sin \eta \xi}{\eta \cos \eta} \tag{11.78}$$

und am Stabende zu

$$\hat{u}(l) = u_\mathrm{s}\, \frac{\tan \eta}{\eta}. \tag{11.79}$$

Bild 11.8 zeigt die auf u_s bezogenen Amplituden $\hat{u}$ längs des Stabes für verschiedene Erregerfrequenzen. Im statischen Fall ($\omega = 0$) besteht geradliniger Verlauf. Mit zunehmender Erregerfrequenz krümmt sich die Kurve und nimmt die Ampli-

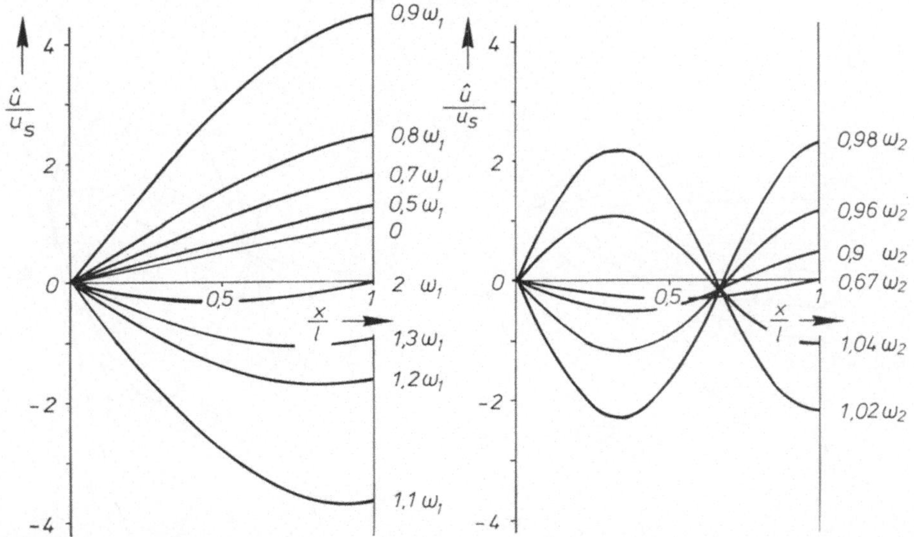

Bild 11.8. Verschiebungsamplituden des Stabes bei harmonischer Krafterregung am rechten Rand

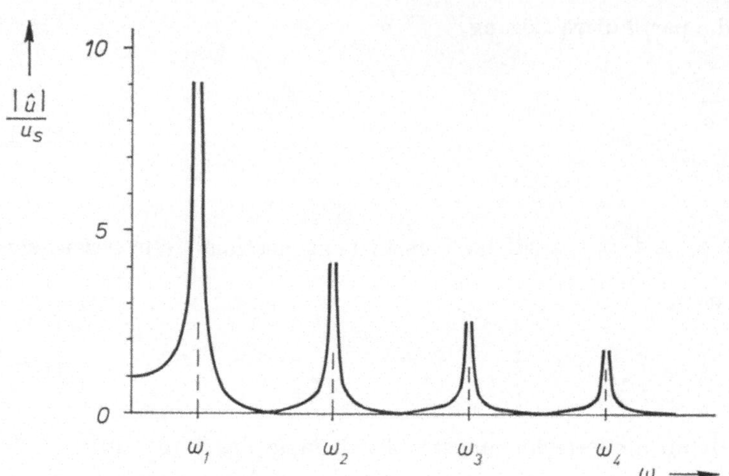

Bild 11.9. Verschiebungsamplitude der Kraftangriffstelle in Abhängigkeit von der Erregerfrequenz

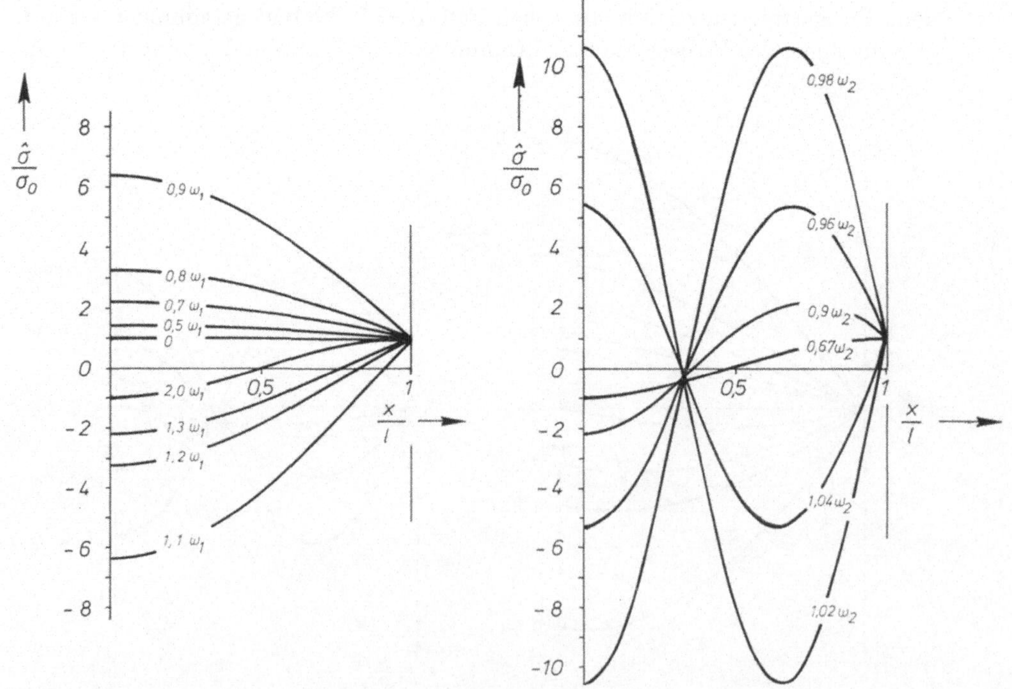

Bild 11.10. Spannungsamplituden des Stabes mit Randerregung

tude bei $x = l$ zu. Bei $\omega \to \omega_1$ geht die Randverschiebung gegen unendlich. Bei $\omega = 2\omega_1 = 0{,}67\omega_2$ ist $\hat{u}(l) = 0$, wir haben eine Tilgerfrequenz für die Verschiebung am Kraftangriffspunkt. Der rechte Teil des Bildes 11.8 zeigt die Amplituden bei Erregung im Bereich von ω_2. Im Bild 11.9 ist der Betrag der maximalen Verschiebungsamplitude bei $x = l$ über der Erregerfrequenz aufgetragen. Zwischen den Resonanzfrequenzen (ω_1, ω_2, ...) liegt jeweils eine Tilgerfrequenz. Die Amplituden gleicher Gipfelbreite nehmen mit $1/\omega$ ab.

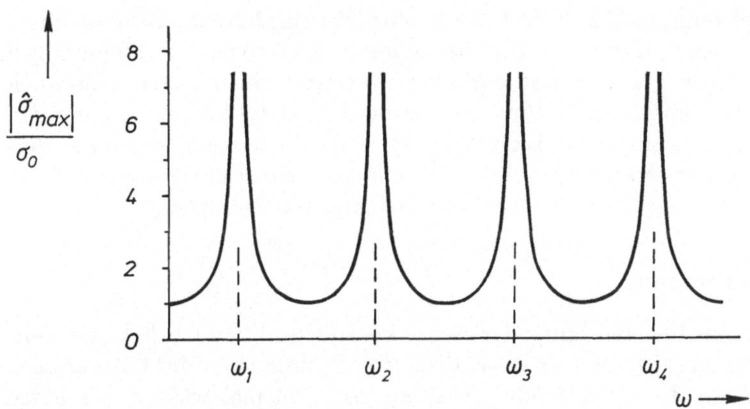

Bild 11.11. Maximalspannung des Stabes mit Randerregung in Abhängigkeit von der Erregerfrequenz

Neben den Verschiebungen ist die Kenntnis der Spannungen wichtig. Ihre Gleichung ist

$$\sigma(x, t) = \frac{N}{A} = E u'(x, t) \tag{11.80}$$

mit

$$u'(x, t) = u_s \frac{\cos \dfrac{\omega x}{c}}{l \cos \dfrac{\omega l}{c}} \sin \omega t \tag{11.81}$$

nach (11.76). Setzen wir

$$\sigma_0 = \frac{\hat{F}}{A} = u_s \frac{E}{l} \tag{11.82}$$

für die Spannung bei $\omega = 0$, dann wird die Spannungsamplitude

$$\hat{\sigma}(\xi) = \sigma_0 \frac{\cos \eta \xi}{\cos \eta}. \tag{11.83}$$

Das Bild 11.10 zeigt den Verlauf der bezogenen Spannungsamplituden längs des Stabes bei verschiedenen Erregerfrequenzen. Die Spannungen sind immer an der

Einspannstelle maximal. Bei Frequenzen $\omega \geqq 2\omega_1$ treten auch an anderen Stellen so große Spannungen auf wie an der Einspannstelle. Bei Erregerfrequenzen über ω_1 gibt es Bereiche des Stabes, deren Spannungen kleiner sind als die statische Spannung und Stellen mit der Spannung Null. Im Bild 11.11 ist der Betrag der maximalen Spannungsamplitude über der Erregerfrequenz aufgetragen. Die Maxima gehen vom statischen Betrag bis gegen unendlich. Die Amplituden gleicher Gipfelbreite sind bei jeder Resonanzstelle gleich groß, die Spannungen verhalten sich also anders wie die Verschiebungen.

Dieses Beispiel zeigt, daß man mit der beschriebenen Methode auf einfachem Weg zu geschlossenen Lösungen für harmonisch erzwungene Schwingungen kommt. Die Lösungen ergeben mit geringem Aufwand einen guten Überblick über das Verhalten der Modelle. Weitere Anwendungen findet man in der am Anfang dieses Kapitels zitierten Literatur. Als Stichworte seien genannt: Anwendung auf Balken, verschiedene Randbedingungen, Einzelerregung innerhalb eines Feldes, mehrfeldrige Systeme, Berücksichtigung von Dämpfung.

11.5.2 Beliebige Erregung

Die Erregung sei nun beliebig längs der Achse verteilt und kann beliebigen Zeitverlauf haben. Wir entwickeln — wie bei diskreten Systemen — die Lösung nach den Eigenfunktionen des betreffenden Systems. Als Beispiel wählen wir einen Balken mit beliebigem Querschnittsverlauf. Er sei ein- oder mehrfeldrig und habe äußere und innere Dämpfung. Wir werden an diesem Beispiel erkennen, wie man auch bei anderen Fällen erzwungene Schwingungen berechnen kann.

Die Bewegungsgleichung unseres Beispiels ist nach (11.12)

$$\mu \ddot{w} + a\dot{w} + (b\dot{w}'')'' + (EIw'')'' = \bar{f}(x, t) \tag{11.84}$$

mit

$$\bar{f}(x, t) = q(x, t) + \sum F_{\mathrm{i}}(t)\, \delta(x - x_{\mathrm{i}})\,. \tag{11.84a}$$

Für die Lösung setzen wir

$$w(x, t) = \sum_{k=1}^{\infty} \varphi_{\mathrm{k}}(x)\, y_{\mathrm{k}}(t) \tag{11.85}$$

mit $\varphi_{\mathrm{k}}(x)$ als der k-ten Eigenfunktion, berechnet ohne Dämpfungen, jedoch mit Berücksichtigung aller Rand- und Zwischenbedingungen. Die unbekannten Zeitfunktionen $y_{\mathrm{k}}(t)$ sind generalisierte Koordinaten, hier speziell Hauptkoordinaten, weil nach Eigenfunktionen entwickelt wurde.

Mit diesem Ansatz gehen wir in (11.84), multiplizieren mit einer anderen Eigenfunktion $\varphi_{\mathrm{r}}(x)$ und integrieren über die ganze Balkenlänge l. Damit entsteht die Gleichung

$$\int\limits_0^l \varphi_{\mathrm{r}}\mu \sum \varphi_{\mathrm{k}}\ddot{y}_{\mathrm{k}}\, \mathrm{d}x + \int\limits_0^l \varphi_{\mathrm{r}}a \sum \varphi_{\mathrm{k}}\dot{y}_{\mathrm{k}}\, \mathrm{d}x + \int\limits_0^l \varphi_{\mathrm{r}} \sum (b\varphi_{\mathrm{k}}'')'' \dot{y}_{\mathrm{k}}\, \mathrm{d}x + \int\limits_0^l \varphi_{\mathrm{r}} \sum (EI\varphi_{\mathrm{k}}'') y_{\mathrm{k}}''\, \mathrm{d}x$$

$$= \int\limits_0^l \varphi_{\mathrm{r}}\bar{f}(x, t)\, \mathrm{d}x. \tag{11.86}$$

Wir nehmen nun proportionale Dämpfung an wie bei der modalen Berechnung von diskreten Systemen. Es sei

$$a(x) = \alpha\mu(x), \qquad b(x) = \beta EI(x).$$ (11.87)

Wir nehmen also die äußere Dämpfung proportional der Massenbelegung und die innere Dämpfung proportional der Biegesteifigkeit an.

Fehlen Randmassen, dann entspricht nach (11.67) das Integral

$$\int\limits_0^l \varphi_r(EI\varphi_k'')'' \, dx$$

für $r = k$ der generalisierten Steifigkeit nach (11.70) bzw. wird Null für $r \neq k$.

Das Integral

$$\int\limits_0^l \varphi_r\mu\varphi_k \, dx$$

ist in diesem Fall für $r = k$ die generalisierte Masse und für $r \neq k$ ebenfalls Null.

Bei fehlenden Randmassen verschwinden also alle Integrale mit $r \neq k$, und für $r = k$ bleibt die Gleichung

$$m_k^*\ddot{y}_k + (\alpha m_k^* + \beta k_k^*)\,\dot{y}_k + k_k^* y_k = \int\limits_0^l \varphi_k(x)\,\bar{f}(x, t)\,dx.$$ (11.88)

Nach (11.69) ist $k_k^* = \omega_k^2 m_k^*$ mit ω_k als der φ_k entsprechenden Eigenfrequenz. Ersetzen wir damit k_k^*, dann erhalten wir nach Division mit m_k^* die Gleichung

$$\ddot{y}_k + 2\delta_k\dot{y}_k + \omega_k^2 y_k = g_k(t)$$ (11.89)

mit

$$2\delta_k = \alpha + \beta\omega_k^2$$

und der generalisierten Kraft

$$g_k(t) = \frac{1}{m_k^*} \int\limits_0^l \varphi_k(x)\,\bar{f}(x, t)\,dx$$ (11.90)

mit $\bar{f}(x, t)$ nach Gl. (11.84a).

Hat die Erregerfunktion $q(x, t)$ für jedes x gleichen Zeitverlauf, dann kann man diesen als Faktor absondern und mit der Formfunktion $v(x)$ schreiben:

$$q(x, t) = v(x)\,p(t).$$ (11.91)

Die Funktion $v(x)$ hat keine Einheit, $p(t)$ hat die Einheit N/m.

Nach Lösen von (11.89) für $k = 1, 2, \ldots$ und Einsetzen von $y_k(t)$ in (11.85) ist unsere Aufgabe vollständig gelöst.

Für den Fall vorhandener Randmassen und beliebigem $y_k(t)$ verschwinden die in (11.86) links stehenden Integrale bei $r \neq k$ im allgemeinen nicht. Sie werden für $r \neq k$ Null, wenn die folgenden Voraussetzungen gegeben sind:

— y_k ist harmonisch, so daß $\ddot{y}_k = -\omega^2 y_k$ gilt.
— Das System ist nicht gedämpft.

In diesem Fall läßt sich (11.86) durch zweimaliges partielles Integrieren des Ausdrucks

$$\int_0^l \varphi_r(EI\varphi_k'')'' \, \mathrm{d}x$$

wie es bereits in Abschnitt 11.4 durchgeführt wurde, auf folgende Form bringen:

$$-m_k^* \omega^2 y_k + k_k^* y_k = \int_0^l \varphi_k(x) \, f(x, t) \, \mathrm{d}x. \tag{11.88a}$$

Die Erregung $f(x, t)$ muß harmonisch sein, damit auch y_k harmonisch ist.

Mit (11.89) für die Hauptkoordinaten $y_k(t)$ unseres Kontinuums sind wir auf dieselbe Gleichung wie für die Hauptkoordinaten von diskreten Systemen gekommen (Gl. (10.69)). Die modale Berechnung des Kontinuums weist gegenüber jener von diskreten Systemen die folgenden Unterschiede auf:

— Man rechnet mit Eigenfunktionen $\varphi_k(x)$ statt mit Eigenvektoren $\boldsymbol{\varphi}_k$.
— Die Lösung besteht aus einer unendlichen statt aus einer endlichen Reihe.

Wir rechnen als einfache Anwendung den im Abschnitt 11.5.1 behandelten Stab mit harmonischer Krafterregung am freien Ende. Nach (11.85) ist seine Verschiebung im eingeschwungenen Zustand

$$u(x, t) = \sum_{k=1}^{\infty} \varphi_k(x) \, y_k(t).$$

Nach Tabelle 11.1 und (11.18) ist

$$\omega_k = \beta_k \frac{c}{l}, \quad \beta_k = \left(k - \frac{1}{2}\right) \pi, \quad \varphi_k(x) = \sin \beta_k \frac{x}{l}. \tag{11.92}$$

Die generalisierte Masse ist nach (11.64)

$$m_k^* = \int_0^l \mu \varphi_k^2 \, \mathrm{d}x = \mu l \int_0^1 \sin^2 \beta_k \xi \, \mathrm{d}\xi = \frac{m}{2}.$$

Die angenommene Erregung ergibt als rechte Seite der Bewegungsgleichung

$$\bar{f}(x, t) = \delta(x - l) \, \hat{F} \sin \omega t$$

mit dem Integral

$$\int_0^l \varphi_k(x) \, \bar{f}(x, t) \, \mathrm{d}x = \varphi_k(l) \, \hat{F} \sin \omega t \quad \text{mit} \quad \varphi_k(l) = (-1)^{k+1},$$

so daß nach (11.90) die generalisierte Kraft

$$g_k(t) = \varphi_k(l) \frac{2\hat{F}}{m} \sin \omega t$$

ist.

Nach (11.89) gilt für die k-te Hauptkoordinate

$$\ddot{y}_k + 2D_k\omega_k\dot{y}_k + \omega_k^2 y_k = \varphi_k(l) \frac{2\hat{F}}{m} \sin \omega t$$

mit dem modalen Dämpfungsgrad

$$D_k = \frac{1}{2}\left(\frac{\alpha}{\omega_k} + \beta\omega_k\right) \tag{11.93}$$

und der Lösung

$$y_k(t) = \varphi_k(l)\,\hat{y}_k \sin(\omega t - \varepsilon_k). \tag{11.94}$$

Dabei ist

$$\left.\begin{array}{l} \hat{y}_k = \dfrac{2\hat{F}}{m\omega_k^2}\, V_k, \quad V_k = \dfrac{1}{\sqrt{(1 - \eta_k^2)^2 + (2D_k\eta_k)^2}} \\[4mm] \eta_k = \dfrac{\omega}{\omega_k}, \quad \tan\varepsilon_k = \dfrac{2D_k\eta_k}{1 - \eta_k^2} \end{array}\right\} \tag{11.95}$$

Die Verschiebung am freien Balkenende ist

$$u(l, t) = \sum_{k=1}^{\infty} \varphi_k(l)\, y_k(t) = \sum_{k=1}^{\infty} \varphi_k^2(l)\, \hat{y}_k \sin(\omega t - \varepsilon_k) \quad \text{mit} \quad \varphi_k^2(l) = 1.$$

Wir bringen $\hat{y}_k$ auf die Form

$$\hat{y}_k = \frac{2\hat{F}}{m\omega_1^2}\left(\frac{\omega_1}{\omega_k}\right)^2 V_k \tag{11.96}$$

und erhalten mit ω_k nach (11.92), $c^2 = EA/\mu$ und der statischen Verschiebung $u_s = \hat{F}l/EA$:

$$\hat{y}_k = \frac{8}{\pi^2}\, u_s \frac{1}{(2k - 1)^2}\, V_k. \tag{11.96a}$$

Damit ist

$$u(l, t) = \frac{8}{\pi^2}\, u_s \sum_{k=1}^{\infty} \frac{1}{(2k - 1)^2}\, V_k \sin(\omega t - \varepsilon_k). \tag{11.97}$$

Bei $\omega \to 0$ ($\to$Statik) ist mit $V_k \to 1$, $\varepsilon_k \to 0$

$$\lim_{\omega \to 0} u(l, t) = \frac{8}{\pi^2}\, u_s \sum_{k=1}^{\infty} \frac{1}{(2k - 1)^2} \lim_{\omega \to 0} \sin \omega t = u_s \sin \omega t \quad \text{mit} \quad \omega \to 0.$$

Für die Spannung längs des Stabes gilt

$$\sigma(x, t) = E u'(x, t)$$

mit

$$u'(x, t) = \sum_{k=1}^{\infty} \varphi'_k(x)\, y_k(t) = \frac{1}{l} \sum \beta_k \cos\left(\beta_k \frac{x}{l}\right) y_k(t). \tag{11.98}$$

Am Einspannende $(x = 0)$ ist

$$\sigma(0, t) = \frac{E}{l} \sum \beta_k y_k(t). \tag{11.99}$$

Mit (11.92), (11.94), (11.96a) und der statischen Spannung $\sigma_0 = \hat{F}/A$ ist

$$\frac{E}{l}\, \beta_k y_k(t) = \frac{4}{\pi}\, \sigma_0\, \varphi_k(l)\, \frac{1}{2k-1}\, V_k \sin(\omega t - \varepsilon_k)$$

und mit $\varphi_k(l) = (-1)^{k+1}$

$$\sigma(0, t) = \frac{4}{\pi}\, \sigma_0 \sum_{k=1}^{\infty} \frac{1}{2k-1}\, V_k \sin(\omega t - \varepsilon_k). \tag{11.100}$$

Bei $\omega \to 0$ ($\to$Statik) ist $\lim_{\omega \to 0} \sigma(0, t) = \frac{4}{\pi}\, \sigma_0 \sum_{k=0}^{\infty} \frac{(-1)^{k+1}}{2k-1} \lim_{\omega \to 0} \sin \omega t = \sigma_0 \sin \omega t$
mit $\omega \to 0$.

11.5.3 Dynamische Nachgiebigkeit von Balken

Im Abschnitt 10.3 wurde die dynamische Nachgiebigkeit definiert als „bezogene Amplitude der Verrückung x_i bei harmonischer Erregung der Koordinate k". Nach (10.88) ist

$$h_{ik}(\omega) = \sum_{l=1}^{n} h_{ikl} V_l(\omega)\, e^{-i[\varepsilon_l(\omega) - \psi_{ik}(\omega)]}.$$

Entsprechend ist beim kontinuierlichen Balkenmodell

$$h_{ik}(\omega) = \frac{\hat{w}(x_i)}{\hat{F}_k} \tag{11.101}$$

mit $\hat{w}(x_i)$ als der Amplitude der Balkenverschiebung an der Stelle x_i infolge Erregung mit der Kraft $\hat{F}_k \sin \omega t$ an der Stelle x_k.

Beim Balken gelten für $h_{ik}(\omega)$ ebenfalls (10.88) und (10.87), nur daß jetzt die Summe bis $n = \infty$ geht. Sinngemäß ist hier

$$h_{ikl} = \frac{\varphi_l(x_i)\, \varphi_l(x_k)}{m_l^* \omega_l^2}.$$

Mit der Bezugsnachgiebigkeit

$$h_{\mathrm{B}} = \frac{1}{m\omega_1^2} \tag{11.102}$$

erhält man

$$h_{\mathrm{ik}l} = h_{\mathrm{B}}\varphi_l(x_{\mathrm{i}})\,\varphi_l(x_{\mathrm{k}})\,\frac{m}{m_l^*}\left(\frac{\omega_1}{\omega_l}\right)^2. \tag{11.103}$$

Im Anhang 6 sind für sechs Balkenfälle die zur Berechnung von $h_{\mathrm{ik}l}$ erforderlichen Zahlenwerte zusammengestellt.

Die Summe beginnt gewöhnlich mit $l = 1$, also mit der ersten von Null verschiedenen Eigenschwingung. Beim freien Balken oder beim kinetisch nicht stabil gelagerten Balken müssen noch Glieder für die Starrkörpereigenschwingungen hinzugenommen werden. Wir machen uns dies für den freien Balken klar, der zu Biegeschwingungen angeregt wird.

Nach (10.84) besteht die Übertragungsfunktion $\underline{H}_{\mathrm{ik}}(\omega)$ aus Summanden $\underline{H}_{\mathrm{ik}l}(\omega)$ nach (10.86). Ersetzen wir η_l durch $\eta_l = \omega/\omega_l$, dann hat (10.86) für den Balken die Form

$$\underline{H}_{\mathrm{ik}l}(\omega) = \frac{\varphi_l(x_{\mathrm{i}})\,\varphi_l(x_{\mathrm{k}})}{m_l^*}\,\frac{1}{\omega_l^2 - \omega^2 + i2D_l\omega_l\omega}. \tag{11.104}$$

Starrkörpereigenschwingungen haben die Frequenz $\omega_l = 0$, so daß für diese gilt

$$H_{\mathrm{ik}l}(\omega) = -\frac{\varphi_l(x_{\mathrm{i}})\,\varphi_l(x_{\mathrm{k}})}{m_l^*\omega^2} = -h_{\mathrm{B}}\varphi_l(x_{\mathrm{i}})\,\varphi_l(x_{\mathrm{k}})\,\frac{m}{m_l^*}\left(\frac{\omega_1}{\omega}\right)^2. \tag{11.105}$$

In diesem Fall ist $H_{\mathrm{ik}l}(\omega)$ reell bzw. $\varepsilon_l = \pi$; der Ausschlag ist entgegengesetzt zur Kraft gerichtet.

Für den Balken unseres Beispiels kommen als Starrkörpereigenschwingungen eine reine Translation und eine Drehung um den Massenmittelpunkt in Frage. Wir beziffern sie mit 01 bzw. 02 und haben mit (11.105) und (10.88) die bezogene Übertragungsfunktion

$$\frac{\underline{H}_{\mathrm{ik}}(\omega)}{h_{\mathrm{B}}} = -\left[\varphi_{01}(x_{\mathrm{i}})\,\varphi_{01}(x_{\mathrm{k}})\,\frac{m}{m_{01}^*} + \varphi_{02}(x_{\mathrm{i}})\,\varphi_{02}(x_{\mathrm{k}})\,\frac{m}{m_{02}^*}\right]\left(\frac{\omega_1}{\omega}\right)^2$$

$$+ \sum_{l=1}^{\infty} \varphi_l(x_{\mathrm{i}})\,\varphi_l(x_{\mathrm{k}})\,\frac{m}{m_l^*}\left(\frac{\omega_1}{\omega_l}\right)^2 V_l\,\mathrm{e}^{-i\varepsilon_l}. \tag{11.106}$$

Das Bild 11.12 zeigt die mit dieser Gleichung berechnete dynamische Nachgiebigkeit am Balkenende, wenn an derselben Stelle erregt wird. Es wurde der Dämpfungsgrad $D = 0{,}05$ angenommen und bis zum Glied $l = 4$ summiert. Bei $\omega \to 0$ geht die dynamische Nachgiebigkeit gegen unendlich und bei $\omega \to \infty$ geht sie gegen Null.

Die folgende Handrechnung zeigt, daß man die erste Resonanzspitze praktisch genügend genau mit dem ω_1 entsprechenden Glied erhält. Mit $\omega = \omega_1$ wird aus (11.106):

$$\frac{\underline{H}_{11}(\omega_1)}{h_{\mathrm{B}}} = -\left[\varphi_{01}^2(l)\,\frac{m}{m_{01}^*} + \varphi_{02}^2(l)\,\frac{m}{m_{02}^*}\right] + \sum_{l=1}^{\infty} \varphi_l^2(l)\,\frac{m}{m_l^*}\left(\frac{\omega_1}{\omega_l}\right)^2 V_l\,\mathrm{e}^{-i\varepsilon_l}.$$

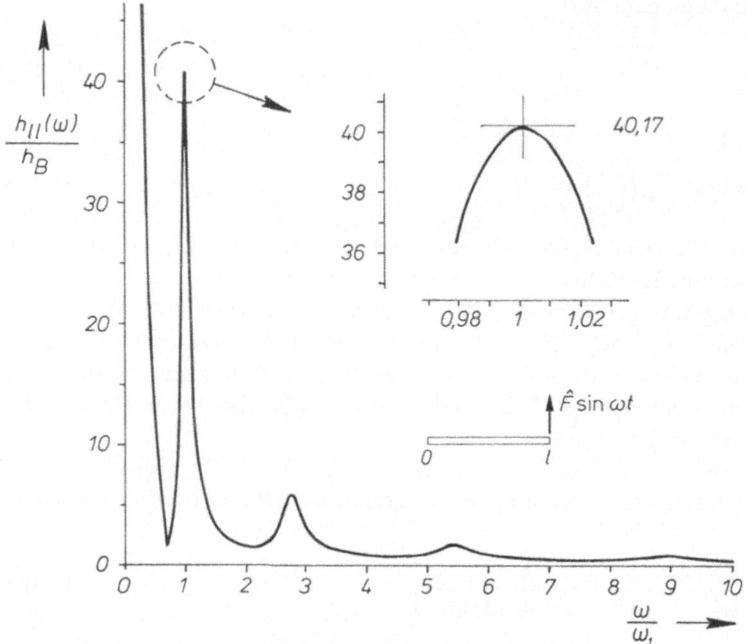

Bild 11.12. Dynamische Nachgiebigkeit des freien Balkens

Für den Ausdruck in der Klammer ist nach Anhang 6 Fall 1:

$$\varphi_{01}(l) = 1, \quad m_{01}^{*} = m, \quad \varphi_{02}(l) = \sqrt{3}, \quad m_{02}^{*} = m$$

und damit:

$$-[\,] = -[1 + 3] = -4\,.$$

Für das erste Glied der Summe ist

$$\varphi_{1}(l) = 2, \qquad m_{1}^{*} = m, \qquad \omega_{1} = \omega_{1}\,,$$

$$V_{1} = 1/2D = 1/2 \cdot 0{,}05 = 10, \quad \varepsilon_{1} = \pi/2$$

und damit dieses Glied:

$$4 \cdot 10 \cdot \mathrm{e}^{-\mathrm{i}\pi/2} = -40\,\mathrm{i}\,.$$

Beim zweiten Glied der Summe ist

$$\omega_{1}/\omega_{1} = f_{1}/f_{2} = 3{,}561/9{,}816 = 0{,}363\,.$$

Die Erregerfrequenz liegt noch weit unterhalb der Resonanz mit der zweiten
Eigenfrequenz, so daß man die Dämpfung vernachlässigen darf.
    Damit ist

$$V_{2} \approx 1/[1 - (0{,}363)^{2}] = 1{,}15 \quad \text{und} \quad \varepsilon_{2} \approx 0\,.$$

Nach Anhang 6 ist weiterhin $\varphi_2(l) = -2$ und $m_2^* = m$, so daß das zweite Glied ungefähr ist:

$$4 \cdot 1{,}15 \cdot e^0 = 4{,}6\,.$$

Vernachlässigt man alle restlichen Glieder der Summe, dann ist

$$\frac{h_{11}(\omega_1)}{h_B} = \sqrt{(4{,}6 - 4)^2 + 40^2} \approx 40\,.$$

Dieser Wert entspricht sehr genau dem ersten Maximum von Bild 11.12. Man beachte, daß neben den Gliedern höherer Ordnung auch die Starrkörperbewegung schon belanglos ist.

Bei Erregung mit $\omega \ll \omega_1$ herrscht die Starrkörperbewegung vor, und es ist

$$h_{11}(\omega) \approx 4 \left(\frac{\omega_1}{\omega}\right)^2 h_B = \frac{4}{m\omega^2}\,. \tag{11.107}$$

Zu diesem Ergebnis kommt man in folgender Weise auch direkt. Für den als starr angenommenen Balken nach der Skizze in Bild 11.12 gelten die Bewegungsgleichungen

$$m\ddot{x} = \hat{F} \sin \omega t \quad \text{und} \quad \Theta\ddot{\alpha} = \hat{F}\,\frac{l}{2}\,\sin \omega t$$

mit $\Theta = ml^2/12$ als dem zentralen Trägheitsmoment. Die Lösungen sind

$$x_F(t) = \hat{x}_F \sin \omega t \quad \text{und} \quad \alpha(t) = \hat{\alpha} \sin \omega t$$

mit

$$\hat{x}_F = -\frac{\hat{F}}{m\omega^2} \quad \text{und} \quad \hat{\alpha} = -\frac{\hat{F}l}{2\Theta\omega^2}\,.$$

Die Verschiebung an der Kraftangriffsstelle ist damit

$$x(t) = \left(\hat{x}_F + \hat{\alpha}\,\frac{l}{2}\right) \sin \omega t = -\frac{\hat{F}}{m\omega^2}\left(1 + \frac{ml^2}{4\Theta}\right) \sin \omega t = -\frac{4\hat{F}}{m\omega^2} \sin \omega t\,. \tag{11.108}$$

Der Balken schwingt in Gegenphase zur Erregung. Er führt eine Drehbewegung aus, deren Zentrum um $2l/3$ links vom Kraftangriffspunkt liegt. Die dynamische Nachgiebigkeit ist

$$\frac{\hat{x}}{\hat{F}} = \frac{4}{m\omega^2}\,,$$

also wie oben auf anderem Weg gefunden.

12 Zufallsschwingungen

12.1 Einleitung

Schwingungen können in verschiedener Weise eingeteilt werden. Hier unterscheiden wir zwischen bestimmten (deterministischen) und zufälligen (stochastischen) Schwingungen. Bei den deterministischen Schwingungen ist der Zeitverlauf der Erregung bekannt. Die Antwort des Systems ist dann auch zeitlich bestimmt, und sie kann in der Regel mehr oder weniger genau vorausberechnet werden.

Zufallsschwingungen sind solche, deren zeitlicher Verlauf nicht eindeutig bestimmt ist, sondern in gewissen Grenzen zufällig schwankt. Zufällige Schwingungen treten z. B. bei Fahrzeugen auf, bei Maschinen mit turbulenter Strömung, bei Bauwerken infolge Erregung durch Wind oder Erdbeben oder bei Bohrinseln infolge des Seegangs. Man kennt in diesen Fällen aus Messungen wohl zeitliche Verläufe, kann aber nicht annehmen, daß diese sich immer genauso wiederholen. Außerdem wäre es sehr umständlich und aufwendig, mit der großen Zahl dieser Informationen zu arbeiten. Man ersetzt daher den genauen zeitlichen Verlauf durch Mittelwerte und andere charakteristische Größen und versucht, danach das Objekt zu beurteilen.

Ehe wir uns mit den Zufallsschwingungen befassen, stellen wir im folgenden Abschnitt noch einmal die aus den früheren Kapiteln bekannten Beziehungen bei deterministischen Schwingungen zusammen. Dies ist sinnvoll, weil man bei der Definition der bei Zufallsschwingungen üblichen Größen von Zeitverläufen ausgeht. Außerdem führen wir hierbei auch die bei den Zufallsschwingungen angewandten Bezeichnungen ein.

Im folgenden werden nur die wichtigsten Grundlagen über Zufallsschwingungen gebracht, um den Zusammenhang mit deterministischen Vorgängen aufzuzeigen. Eine weitere Verbindung müßte zum Gebiet der Betriebsfestigkeit hergestellt werden, was hier jedoch nicht geschieht.

12.2 Deterministische Schwingungen

Wir betrachten ein linear elastisches System mit der Bewegungsgleichung

$$M\ddot{x} + D\dot{x} + Kx = f(t), \tag{12.1}$$

wobei der Verrückungsvektor $x(t)$ die Koordinaten $x_i(t)$ hat und in Richtung dieser Koordinaten die Belastungen $f_i(t)$ wirken. Die Koordinaten können bekanntlich beliebige Lage im Raum haben; eine ebene Darstellung zeigt das Bild 12.1a. Wir stellen nun auf die bei Zufallsschwingungen üblichen Bezeichnungen um und setzen

$x_i(t)$ für die Belastung bzw. Erregung (Eingang) und

$y_i(t)$ für die Verrückung (Ausgang).

Die Belastung $x_i(t)$ kann eine Kraft, ein Moment oder eine aufgezwungene Verrückung sein. Damit erhalten wir die Bewegungsgleichung

$$M\ddot{y} + D\dot{y} + Ky = x(t) \tag{12.2}$$

und die entsprechende Darstellung eines ebenen Systems mit Bild 12.1b.

Die Übertragung von k nach i kann durch das Blockbild 12.1c symbolisiert werden. Dabei ist $x_k(t)$ die Belastung an der Koordinate k und $y_i(t)$ die dadurch erzeugte Antwort. Diese Art der Darstellung wird in der Signaltheorie verwendet, worauf die Theorie der Zufallsschwingungen gründet.

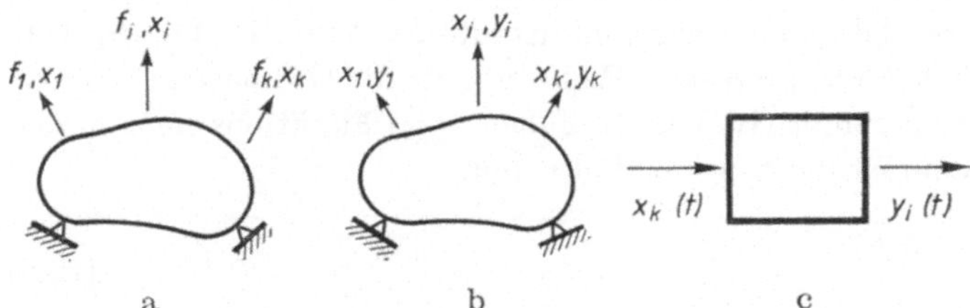

Bild 12.1. Koordinaten eines linear elastischen Systems

12.3 Statistische Größen einer Zeitfunktion

Im vorherigen Abschnitt betrachteten wir die Belastung und die Antwort eines Systems bzw. den Eingang und Ausgang als Zeitfunktionen. Jetzt wollen wir für eine beliebige Zeitfunktion $x(t)$ deren statistische Größen kennenlernen.

Bekannt sind uns der lineare und der quadratische Mittelwert von periodischen Funktionen. Bei nichtperiodischen Funktionen sind dies Grenzwerte für die Periode $T \to \infty$:

$$\overline{x(t)} = \lim_{T \to \infty} \frac{1}{T} \int_0^T x(t)\, \mathrm{d}t \tag{12.3}$$

$$\overline{x^2(t)} = \lim_{T \to \infty} \frac{1}{T} \int_0^T x^2(t)\, \mathrm{d}t . \tag{12.4}$$

Für praktische Berechnungen bedeutet dies, daß die Beobachtungszeit T im Hinblick auf die Aufgabe groß genug gewählt werden soll.

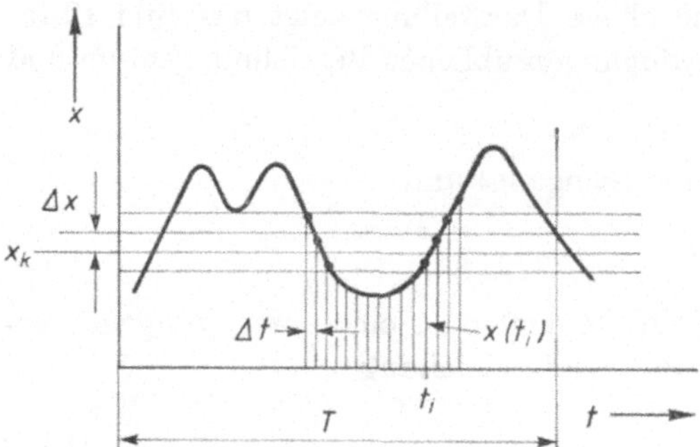

Bild 12.2. Häufigkeit
von Augenblickswerten

Eigentliche statistische Größen sind Häufigkeit und Wahrscheinlichkeit. Bei einer Funktion, hier einer Zeitfunktion, kann Häufigkeit in verschiedener Weise definiert werden. Man kann die Häufigkeit von Nulldurchgängen, von Extremwerten, von Überschreitungen eines bestimmten Wertes usw. betrachten. Wir beschränken uns auf zwei Möglichkeiten, die man mit „Zählen von Augenblickswerten" und „Addieren von Verweilzeiten" kennzeichnen kann.

Beim ersten Verfahren betrachten wir äquidistante Funktionswerte $x(t_\mathrm{i})$. Ihre Zahl N während der Zeit T soll groß sein. Weiterhin sei die Ordinate in schmale Streifen mit der Breite Δx geteilt (Bild 12.2). Fallen $n(x_\mathrm{k})$ Funktionswerte in den Streifen x_k, $x_\mathrm{k} + \Delta x$, dann ist die relative Häufigkeit

$$h(x_\mathrm{k}) = \frac{n(x_\mathrm{k})}{N}. \qquad (12.5)$$

Beim zweiten Verfahren behalten wir die x-Streifen parallel zur t-Achse bei und erfassen nun die Zeiten Δt_i, während deren $x(t)$ im Streifen x_k, $x_\mathrm{k} + \Delta x$ liegt (Bild 12.3). Bei dieser Betrachtung ist die relative Häufigkeit

$$h(x_\mathrm{k}) = \frac{\sum \Delta t_\mathrm{i}}{T}, \qquad (12.6)$$

wobei die Summe für die Beobachtungszeit gilt.

Für praktische Berechnungen ist das erste Verfahren besser geeignet als das zweite.

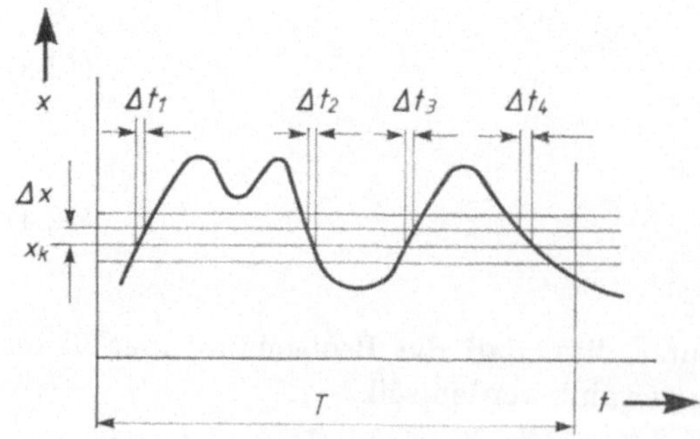

Bild 12.3. Häufigkeit
von Verweilzeiten

Die auf Δx bezogene relative Häufigkeit $h(x_\mathrm{k})/\Delta x$ wird zur Wahrscheinlichkeitsdichte, wenn $\Delta x \to 0$ geht:

$$f(x_\mathrm{k}) = \lim_{\Delta x \to 0} \frac{h(x_\mathrm{k})}{\Delta x}. \tag{12.7}$$

Aus $f(x_\mathrm{k})$ wird die Dichtefunktion $f(x)$, wenn x_k beliebige Werte x annimmt und die Beobachtungszeit T gegen Unendlich geht:

$$f(x) = \lim_{T \to \infty,\, \Delta x \to 0} \frac{h(x)}{\Delta x}. \tag{12.8}$$

Bei numerischen Berechnungen muß man mit T und Δx im Endlichen bleiben und erhält damit mehr oder weniger gute Näherungen für die Dichtefunktion $f(x)$.

Beim Grenzübergang nach (12.7) wurde der Ausdruck relative Häufigkeit durch Wahrscheinlichkeit ersetzt. Mit $\Delta x \to \mathrm{d}x$ ist somit die Wahrscheinlichkeit, daß ein Funktionswert $X = x(t)$ im Bereich x, $x + \mathrm{d}x$ liegt gleich $f(x)\,\mathrm{d}x$. Man schreibt dafür

$$P(x < X \leqq x + \mathrm{d}x) = f(x)\,\mathrm{d}x.$$

Entsprechend ist

$$P(a < X \leqq b) = \int_a^b f(x)\,\mathrm{d}x \tag{12.9}$$

die Wahrscheinlichkeit, daß $x(t)$ Werte zwischen a und b annimmt.

Die Wahrscheinlichkeit, daß die Funktionswerte X kleiner oder gleich x sind, beträgt mit der Laufvariablen ξ:

$$P(-\infty < X \leqq x) = \int_{-\infty}^x f(\xi)\,\mathrm{d}\xi. \tag{12.10}$$

Die rechte Seite von (12.10) ist die sogenannte Verteilungsfunktion

$$F(x) = \int_{-\infty}^x f(\xi)\,\mathrm{d}\xi. \tag{12.11}$$

Die Ableitung der Verteilungsfunktion ist die Dichtefunktion

$$f(x) = F'(x). \tag{12.12}$$

Mit der Verteilungsfunktion kann die Wahrscheinlichkeitsaussage nach (12.9) auf die Form

$$P(a < X \leqq b) = F(b) - F(a) \tag{12.13}$$

gebracht werden. Siehe hierzu Bild 12.4.

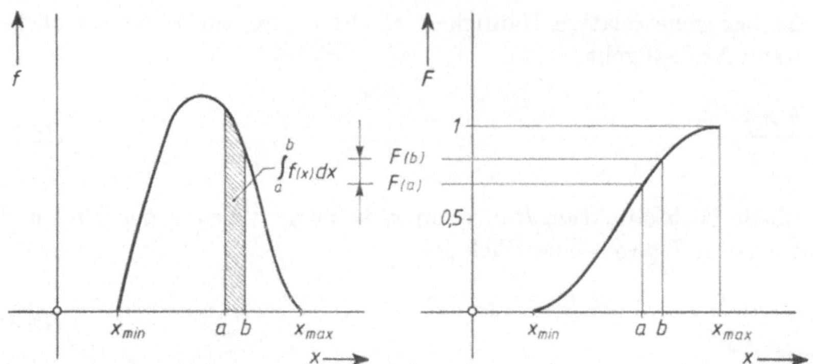

Bild 12.4. Zu den Gln. (12.9) und (12.13)

Nach (12.5) oder (12.6) ist die Summe der relativen Häufigkeiten gleich Eins. Dementsprechend ist

$$F(\infty) = \int_{-\infty}^{+\infty} f(\xi)\, \mathrm{d}\xi = 1\,. \tag{12.14}$$

Die Dichtefunktion $f(x)$ ist immer positiv oder Null. Somit besagt (12.14), daß die Fläche zwischen der Abszissenachse und der Dichtefunktion immer Eins ist. Die Dichtefunktion $f(x)$ hat die Einheit $1/x$, die Verteilungsfunktion ist ohne Einheit.

Die der Dichtefunktion $f(x)$ zugrunde liegende Zeitfunktion $x(t)$ hat die Mittelwerte $\overline{x(t)}$ und $\overline{x^2(t)}$ nach (12.3) und (12.4). Diese Mittelwerte können auch mit der Dichtefunktion berechnet werden. Der lineare Mittelwert ist das Moment 1. Ordnung der Dichtefunktion, nämlich

$$\bar{x} = \int_{-\infty}^{+\infty} x\, f(x)\, \mathrm{d}x \tag{12.15}$$

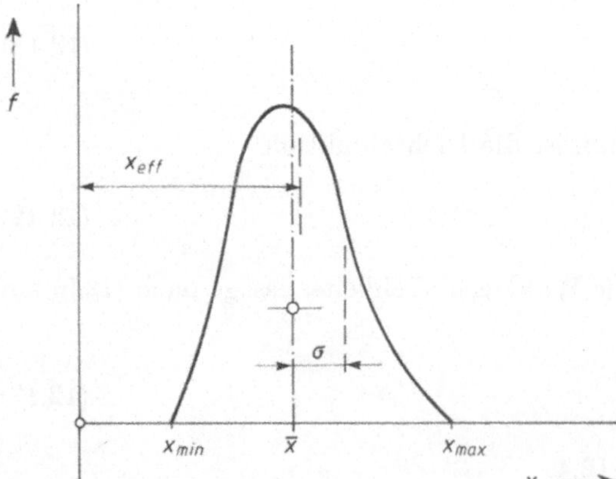

Bild 12.5. Zur mechanischen Deutung des linearen und quadratischen Mittelwerts

oder auch die x-Koordinate des Schwerpunkts der Dichtefläche. Entsprechend ist der quadratische Mittelwert das Moment 2. Ordnung der Dichtefunktion, nämlich

$$\overline{x^2} = \int\limits_{-\infty}^{+\infty} x^2 f(x)\, \mathrm{d}x \qquad (12.16)$$

oder gleich dem Quadrat des Trägheitsradius der Dichtefläche bezüglich der f-Achse. Die Wurzel des quadratischen Mittelwerts ist der Effektivwert

$$x_{\text{eff}} = \sqrt{\overline{x^2}}, \qquad (12.17)$$

der gleich dem Trägheitsradius der Dichtefläche bezüglich der Ordinatenachse ist (Bild 12.5).

Das Integral in (12.15) bzw. (12.16) wird auch Erwartungswert oder Erwartung genannt und mit $E(x)$ bzw. $E(x^2)$ bezeichnet.

Bildet man den quadratischen Mittelwert von $x(t)$ bezüglich der Gleichwertachse (gegen Nullachse um $\bar{x}$ parallel verschobene Achse), dann erhält man den Ausdruck

$$\sigma^2 = \int\limits_{-\infty}^{+\infty} (x - \bar{x})^2\, f(x)\, \mathrm{d}x, \qquad (12.18)$$

den man Varianz oder Streuung nennt. Durch gliedweise Integration folgt

$$\sigma^2 = \overline{x^2} - \bar{x}^2. \qquad (12.19)$$

Die Varianz ist also die Differenz aus dem quadratischen Mittelwert und dem Quadrat des linearen Mittelwerts. Die positive Wurzel der Varianz

$$\sigma = \sqrt{\sigma^2} \qquad (12.20)$$

wird Standardabweichung genannt.

Im geometrischen Sinn ist die Standardabweichung gleich dem Trägheitsabstand der Dichtefläche von der Schwerlinie (Bild 12.5).

Die Dichtefunktion und die Verteilungsfunktion hängen nach (12.12) und (12.11) voneinander ab. Sie repräsentieren in verschiedener Weise die statistische Verteilung der Funktionswerte von $x(t)$. Man spricht daher abkürzend von „Verteilung". Der nächste Abschnitt handelt von den Eigenschaften einiger spezieller Verteilungen.

12.4 Spezielle Verteilungen

In der Wahrscheinlichkeitstheorie verwendet man eine Reihe verschiedener Verteilungen. Wir betrachten hier die für unsere Zwecke wichtigsten, nämlich die Gauß-Verteilung und die Rayleigh-Verteilung. Bei beiden ist die Variable x unbegrenzt (zweiseitig bzw. einseitig). In der Technik hat man es mit begrenzten Variablen zu tun, weshalb im Abschnitt 12.4.3 einige Möglichkeiten begrenzter Verteilungen gebracht werden.

12.4.1 Gauß-Verteilung

Am wichtigsten ist die Gauß-Verteilung, auch Normalverteilung genannt. Ihre Dichtefunktion hat die Gleichung

$$f(x) = \frac{1}{\sigma\sqrt{2\pi}}\, e^{-\frac{1}{2}\left(\frac{x-\bar{x}}{\sigma}\right)^2}; \quad \sigma > 0; \quad -\infty < x < +\infty \tag{12.21}$$

mit $\bar{x}$ als ihrem linearen Mittelwert und σ als ihrer Standardabweichung. Durch diese beiden Parameter ist die Normalverteilung vollständig bestimmt. Bild 12.6 zeigt die mit $\bar{x}$ und σ multiplizierte Dichtefunktion. Immer ist

$$\int\limits_{-\infty}^{+\infty} f(x)\,\mathrm{d}x = 1. \tag{12.22}$$

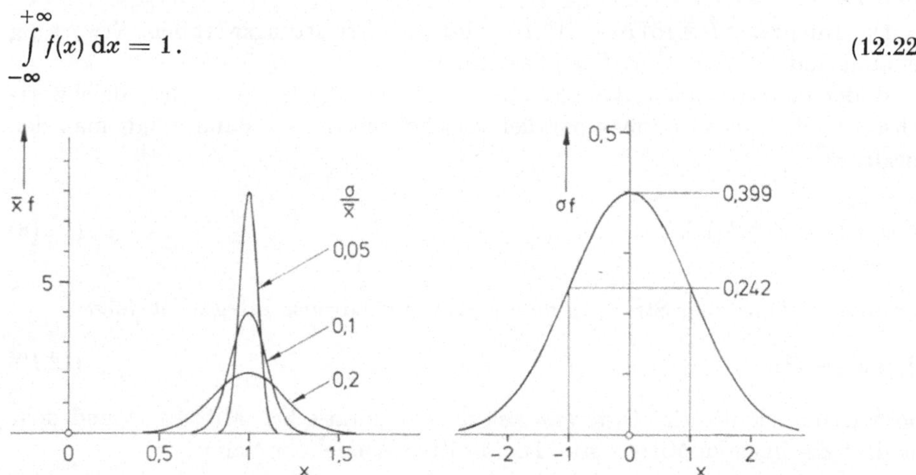

Bild 12.6. Mit $\bar{x}$ und σ multiplzierter Dichtefunktion der Normalverteilung für $\bar{x} \neq 0(a)$ und $x = 0(b)$[1]

Mit zunehmender Standardabweichung σ sind die x-Werte breiter um den Mittelwert verteilt, womit die Bezeichnung Varianz oder Streuung für σ^2 verständlich wird.

Die Verteilungsfunktion der Normalverteilung ist nach (12.11)

$$F(x) = \frac{1}{\sigma\sqrt{2\pi}} \int\limits_{-\infty}^{x} e^{-\frac{1}{2}\left(\frac{\xi-\bar{x}}{\sigma}\right)^2} \mathrm{d}\xi. \tag{12.23}$$

Ersetzt man die Variable x durch die dimensionslose Variable

$$z = \frac{x - \bar{x}}{\sigma}, \tag{12.24}$$

---

[1] Aus (12.21) folgt, daß die Glockenkurve auf 60,7% Höhe die Breite 2σ hat. Damit kann die Standardabweichung σ leicht ermittelt werden.

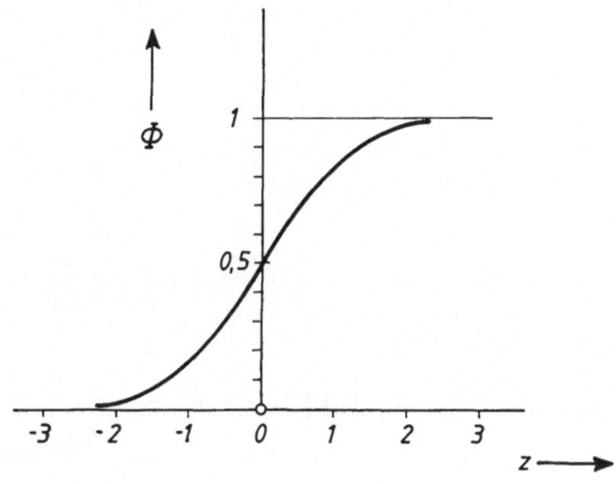

Bild 12.7. Verteilungsfunktion $\Phi(z)$ nach Gl. (12.25)

dann wird mit $dz = dx/\sigma$ und der neuen Laufvariablen ζ bzw. $d\zeta = d\xi/\sigma$ aus (12.23) die Beziehung

$$\Phi(z) = \frac{1}{\sqrt{2\pi}} \int_{-\infty}^{z} e^{-\frac{1}{2}\zeta^2} d\zeta. \tag{12.25}$$

Man kann $\Phi(z)$ auch als $F(x)$ mit $\bar{x} = 0$ und $\sigma = 1$ deuten. Bild 12.7 zeigt den Verlauf von $\Phi(z)$ und Tabelle 12.1 bringt einige Zahlenwerte.

Mit der Variablen z haben wir $x(t)$ durch die Funktion $z(t)$ mit den Funktionswerten Z ersetzt. Also ist entsprechend (12.10) und (12.11) die Wahrscheinlichkeit für $Z \leqq z$

$$P(-\infty < Z \leqq z) = \Phi(z) \tag{12.26}$$

und nach (12.13) die Wahrscheinlichkeit für $z_1 < Z \leqq z_2$:

$$P(z_1 < Z \leqq z_2) = \Phi(z_2) - \Phi(z_1). \tag{12.27}$$

Führt man auf der linken Seite von (12.27) wieder x ein und setzt mit (12.24)

$$x = \bar{x} + z\sigma$$

ein, dann gilt für die Wahrscheinlichkeit der Funktionswerte X von $x(t)$:

$$P[(\bar{x} + z_1\sigma) < X \leqq (\bar{x} + z_2\sigma)] = \Phi(z_2) - \Phi(z_1). \tag{12.28}$$

Tabelle 12.1. Verteilungsfunktion $\Phi(z)$ (gerundete Werte)

z	0	0,5	1	2	3
$\Phi(-z)$	0,5	0,3085	0,1587	0,0228	0,0013
$\Phi(z)$	0,5	0,6915	0,8413	0,9772	0,9987
$\Phi(z) - \Phi(-z)$	0	0,3829	0,6827	0,9545	0,9973

Mit $z_1 = -z$ und $z_2 = z$ wird daraus

$$P[(\bar{x} - z\sigma) < X \leq (\bar{x} + z\sigma)] = \Phi(z) - \Phi(-z). \tag{12.29}$$

Man beachte: z ist ohne Einheit, σ hat die Einheit von x.

Aus (12.29) und mit den Zahlen der Tabelle 12.1 folgt für $z = 2$:

  2,28% der x-Werte sind $\leq \bar{x} - 2\sigma$,

97,72% der x-Werte sind $\leq \bar{x} + 2\sigma$,

95,45% der x-Werte liegen im Bereich $\bar{x} - 2\sigma$, $\bar{x} + 2\sigma$.

Entsprechende Werte für $0{,}5\sigma$, 1σ und 3σ können Tabelle 12.1 entnommen werden.

12.4.2 Rayleigh-Verteilung

Bei der Gauß-Verteilung sind alle x-Werte zwischen $-\infty$ und $+\infty$ möglich. Eine links begrenzte Verteilung ist die Rayleigh-Verteilung. Für die untere x-Grenze gleich Null lautet ihre Dichtefunktion

$$f(x) = \frac{x}{\alpha^2}\, e^{-\frac{1}{2}\left(\frac{x}{\alpha}\right)^2} \quad x > 0, \quad \alpha > 0$$
$$f(x) = 0 \quad x \leq 0. \tag{12.30}$$

Sie hat den einzigen Parameter α mit der Einheit von x (Bild 12.8).

Bei $x = \alpha$ ist $f(x)$ maximal mit

$$f_{\max} = \frac{e^{-1/2}}{\alpha} = \frac{0{,}607}{\alpha}.$$

Der lineare Mittelwert ist nach (12.15)

$$\bar{x} = \int\limits_0^\infty \left(\frac{x}{\alpha}\right)^2 e^{-\frac{1}{2}\left(\frac{x}{\alpha}\right)^2} \mathrm{d}x = \sqrt{\frac{\pi}{2}}\,\alpha = 1{,}253\alpha.$$

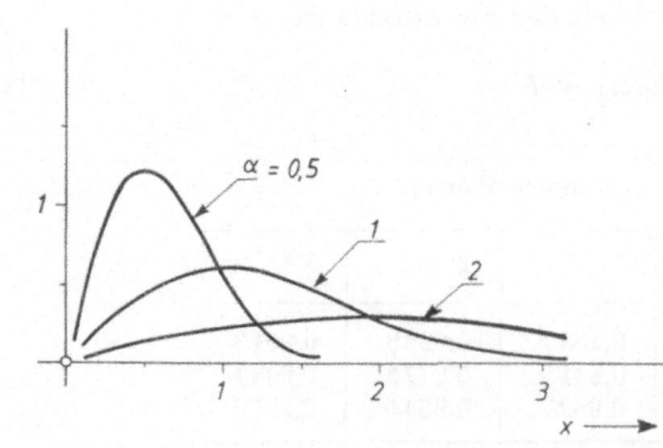

Bild 12.8. Dichtefunktion der Rayleigh-Verteilung

Der quadratische Mittelwert ist nach (12.16)

$$\overline{x^2} = \alpha \int\limits_0^\infty \left(\frac{x}{\alpha}\right)^3 e^{-\frac{1}{2}\left(\frac{x}{\alpha}\right)^2} \, dx = 2\alpha^2$$

und der Effektivwert ist

$$x_{\text{eff}} = \sqrt{2}\,\alpha = 1{,}414\alpha.$$

Mit (12.19) beträgt die Varianz

$$\sigma^2 = \left(2 - \frac{\pi}{2}\right)\alpha^2 = 0{,}429\alpha^2$$

und die Standardabweichung

$$\sigma = \sqrt{\frac{4-\pi}{2}}\,\alpha = 0{,}655\alpha.$$

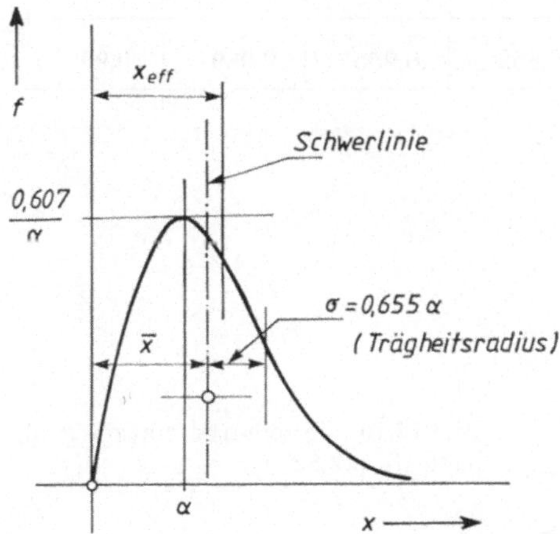

Bild 12.9. Zahlenwerte der Rayleigh-Verteilung

Die einzelnen Größen sind im Bild 12.9 maßstabsgetreu dargestellt.
Die Verteilungsfunktion der Rayleigh-Verteilung ist nach (12.11)

$$F(x) = \frac{1}{\alpha^2} \int\limits_0^x \xi \, e^{-\frac{1}{2}\left(\frac{\xi}{\alpha}\right)^2} \, d\xi. \tag{12.31}$$

Führt man die dimensionslose Variable $u = x/\alpha$ ein, dann wird mit der Laufvariablen ζ für u und $d\zeta = d\xi/\alpha$ aus $F(x)$ die Funktion

$$\Psi(u) = \int\limits_0^u \zeta \, e^{-\frac{1}{2}\zeta^2} \, d\zeta. \tag{12.32}$$

Siehe Bild 12.10 und Tabelle 12.2.

Die Wahrscheinlichkeit für das Auftreten von Werten X der Funktion $r(t)$ im Bereich $u_1\alpha$, $u_2\alpha$ ist

$$P(u_1\alpha < X \leq u_2\alpha) = \Psi(u_2) - \Psi(u_1). \tag{12 33}$$

Dem Bereich $\bar{x} - \sigma$, $\bar{x} + \sigma$ entspricht mit obigen Zahlenwerten der Bereich von

$$u_1 = 1{,}253 - 0{,}655 = 0{,}598$$

bis

$$u_2 = 1{,}253 + 0{,}655 = 1{,}908\,.$$

Hierfür ist $\Psi(1{,}908) - \Psi(0{,}598) = 0{,}815 - 0{,}149 = 0{,}666$, so daß also 67% der Funktionswerte in der σ-Umgebung des Mittelwerts liegen.

Tabelle 12.2. Verteilungsfunktion $\Psi(u)$

u	0,5	1	1,5	2	2,5	3	3,5
$\Psi(u)$	0,116	0,390	0,672	0,862	0,955	0,989	0,998

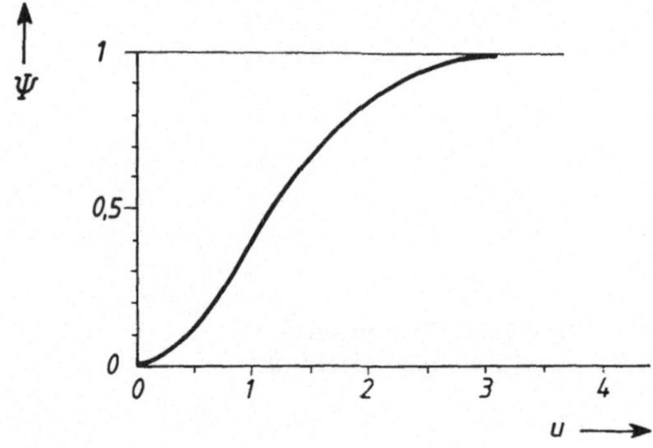

Bild 12.10. Verteilungsfunktion $\Psi(u)$ nach Gl. (12.32)

12.4.3 Begrenzte Verteilungen

Die Gauß- und Rayleigh-Verteilungen gelten für unbegrenzte x-Werte. In der Praxis sind diese jedoch immer begrenzt. So sind z. B. in der Maschinendynamik die auftretenden Kräfte und Verschiebungen naturgemäß begrenzt. Wir müssen uns also auch mit begrenzten Verteilungen befassen.

Hierzu betrachten wir die mit $x_{\min}$ und $x_{\max}$ begrenzte, sonst aber beliebige Dichtefunktion $f(x)$ nach Bild 12.11a.

Mit

$$m = \frac{1}{2}\,(x_{\max} + x_{\min}) \quad \text{und} \quad a = \frac{1}{2}\,(x_{\max} - x_{\min}) \tag{12.34}$$

führen wir die bezogene Variable

$$v = \frac{x - m}{a} \tag{12.35}$$

ein und normieren damit die Dichtefunktion auf den Bereich $-1 \leqq v \leqq +1$ (Bild 12.11 b). Die entsprechende Verteilungsfunktion ist dann mit η als der Laufvariablen für v

$$F(v) = \int\limits_{-1}^{v} af(\eta) \, d\eta . \tag{12.36}$$

Das Bild 12.12 zeigt sechs Beispiele von begrenzten Verteilungen, die in der beschriebenen Weise normiert sind.

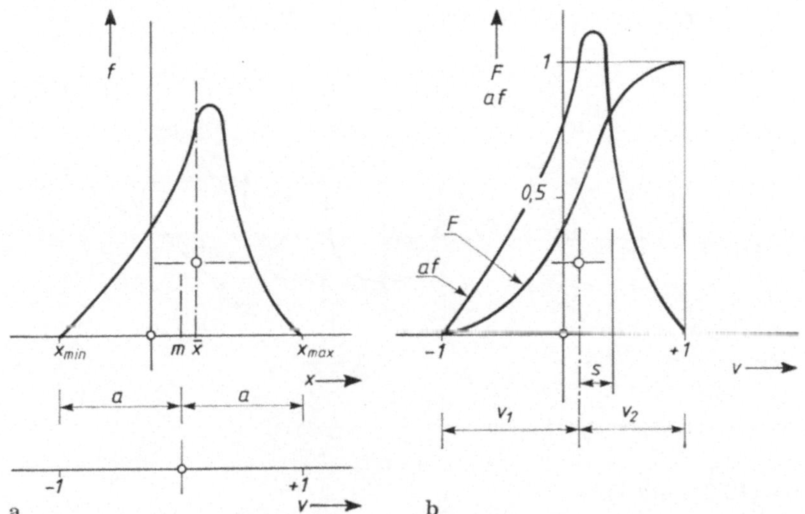

Bild 12.11. Begrenzte Dichtefunktion und entsprechende Verteilungsfunktion

Im Bild 12.12 a ist die Dichtefunktion parabelförmig nach der Gleichung

$$af = 1,5 - (\operatorname{sgn} v)\, 3v + 1,5v^2 . \tag{12.37}$$

Die bezogene Standardabweichung

$$s = \frac{\sigma}{a} \tag{12.38}$$

ist nach obigem gleich dem Trägheitsabstand der Dichtefläche von der Ordinatenachse. Man findet für dieses Beispiel

$$s = \sqrt{1/10} = 0,316$$

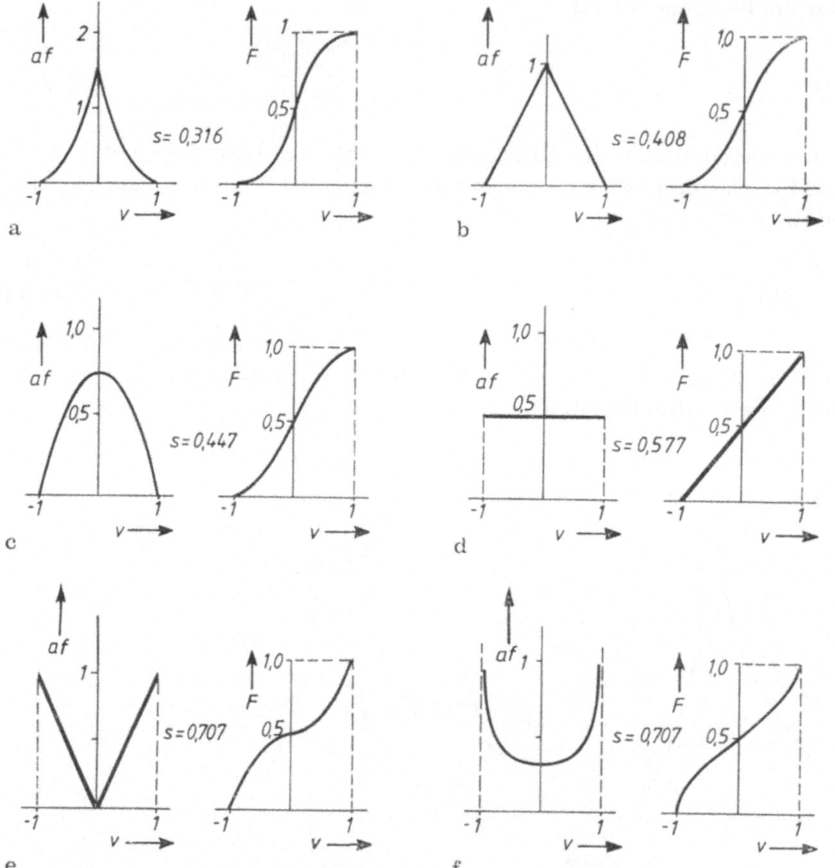

Bild 12.12. Beispiele von begrenzten Verteilungen

und erhält aus (12.34) mit $m = 0$

$$x_{\max} = a = \frac{1}{s}\,\sigma \tag{12.39}$$

in diesem Fall

$$x_{\max} = \sqrt{10}\,\sigma = 3{,}16\sigma.$$

In gleicher Weise erhält man bei den anderen Verteilungen den Wert von $x_{\max}$ aus der bezogenen Standardabweichung s und der vorhandenen Standardabweichung σ. In den Fällen der Bilder 12.12 liegt s im Bereich von 0,316 bis 0,707. Damit ist bei diesen Verteilungen

$$x_{\max} = (1{,}41 \div 3{,}16)\,\sigma.$$

Mit diesem Bereich dürften wohl die meisten Verteilungen der Praxis erfaßt sein.

Die Gleichungen der übrigen Fälle des Bildes 12.12 sind

(b) $\ af = 1 - (\operatorname{sgn} v)\, v \qquad s = \sqrt{1/6} = 0{,}408$

(c) $\ af = 0{,}75(1 - v^2) \qquad s = \sqrt{1/5} = 0{,}447$

(d) $\ af = 0{,}5 \qquad\qquad\quad s = \sqrt{1/3} = 0{,}577$

(e) $\ af = (\operatorname{sgn} v)\, v \qquad\quad s = \sqrt{1/2} = 0{,}707$

(f) $\ af = \dfrac{1}{\pi\sqrt{1 - v^2}} \qquad s = \sqrt{1/2} = 0{,}707.$

Der Fall (f) ist die Verteilung der Sinusfunktion. Für

$$x(t) = a \sin \omega t$$

ist nach [36]

$$F(x) = \frac{1}{2} + \frac{1}{\pi}\, \text{arc}\sin \frac{x}{a}. \tag{12.40}$$

12.5 Zufallsprozeß

Bisher war in diesem Kapitel nur von deterministischen Vorgängen die Rede. Nun wollen wir annehmen, daß die Größe x in zufälliger Weise von der Zeit t abhängt. Wir sprechen dann von einer Zufallsfunktion $x(t)$ und nennen ihre Momentanwerte Zufallsvariable X.

Als Zufallsprozeß bezeichnet man eine Anzahl (Kollektiv) von Zufallsfunktionen

$$x^{(1)}(t),\ x^{(2)}(t),\ \ldots,\ x^{(k)}(t),\ \ldots,\ x^{(n)}(t).$$

Die Funktionen $x^{(k)}(t)$ können z. B. Zeitverläufe der Verschiebung eines Fahrzeugs während einer Fahrt zwischen zwei bestimmten Orten sein.

In der Theorie wird angenommen, daß Zufallsfunktionen unendlich lange dauern (Beobachtungszeit $T = \infty$) und daß ein Prozeß aus unendlich vielen solcher Funktionen (Musterfunktionen) besteht ($n = \infty$). Mit der zweiten Voraussetzung kann für eine feste Zeit t_1 (Bild 12.13) die Wahrscheinlichkeit ermittelt werden, mit welcher die Zufallsvariable $X_{t_1} \le x$ ist. Mit den Beziehungen des Abschnitts 12.3 erhält man daraus die Verteilungsfunktion $F(x, t_1)$ und die Dichtefunktion $f(x, t_1)$ für die Zeit t_1. In der Regel hat ein Prozeß bei verschiedenen Zeiten auch verschiedene Verteilungen. Ist die Verteilung zu jeder beliebigen Zeit dieselbe, dann heißt der Prozeß stationär, andernfalls nichtstationär.

Statt die Verteilung bei festgehaltener Zeit von allen Funktionen des Prozesses zu bestimmen (Prozeßmittelung), kann die Verteilung jeder Einzelfunktion $x^{(k)}(t)$ nach Abschnitt 12.3 für unendlich lange Beobachtungszeit gewonnen werden (Zeitmittelung). Eine Zufallsfunktion $x^{(k)}(t)$ wird stationär genannt, wenn ihre Verteilung gegen alle Zeittransformationen invariant ist.

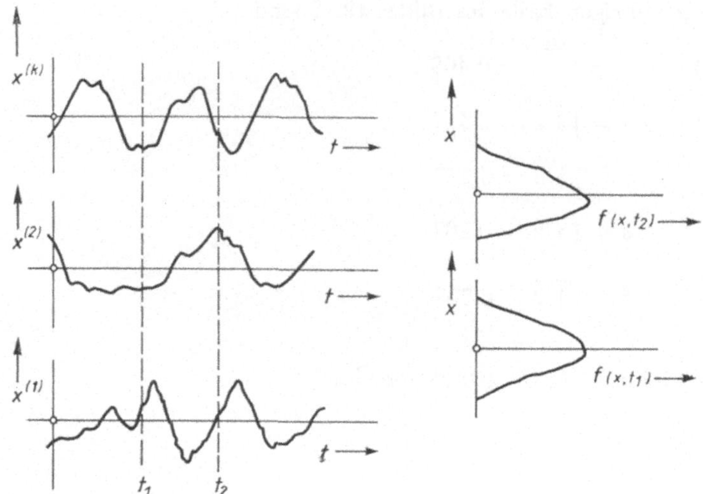

Bild 12.13. Zeitverläufe und Dichtefunktionen eines Zufallsprozesses

Liefern bei einem stationären Prozeß die Prozeßmittelung und Zeitmittelung dieselben Verteilungen, dann nennt man ihn ergodisch. Mit dieser Eigenschaft ist ein Prozeß allein durch jede beliebige seiner Funktionen vollständig bestimmt.

Im folgenden setzen wir immer einen ergodischen Prozeß voraus, so daß nur eine seiner Zufallsfunktionen betrachtet werden muß. Diese kann dann auch als gegebene Zeitfunktion $x(t)$ angesehen werden.

12.6 Spektrale Leistungsdichte

Für eine beliebige, zeitlich unbegrenzte Funktion $x(t)$ kann der quadratische Mittelwert folgendermaßen definiert werden.

Wir nehmen aus der Funktion $x(t)$ nach Bild 12.14a den Teil $x(-T/2)$ bis $x(T/2)$ heraus (Bild 12.14b) und bilden durch unendliche Wiederholung zu negativen und positiven Zeiten hin damit die periodische Funktion $x_T(t)$ nach Bild 12.14c. Der quadratische Mittelwert dieser Funktion ist

$$\overline{x_T^2(t)} = \frac{1}{T} \int_{-T/2}^{+T/2} x_T^2(t)\, \mathrm{d}t. \tag{12.41}$$

Durch den Grenzübergang $T \to \infty$ wird daraus der quadratische Mittelwert von $x(t)$:

$$\overline{x^2(t)} = \lim_{T\to\infty} \overline{x_T^2(t)} = \lim_{T\to\infty} \frac{1}{T} \int_{-T/2}^{+T/2} x_T^2(t)\, \mathrm{d}t. \tag{12.42}$$

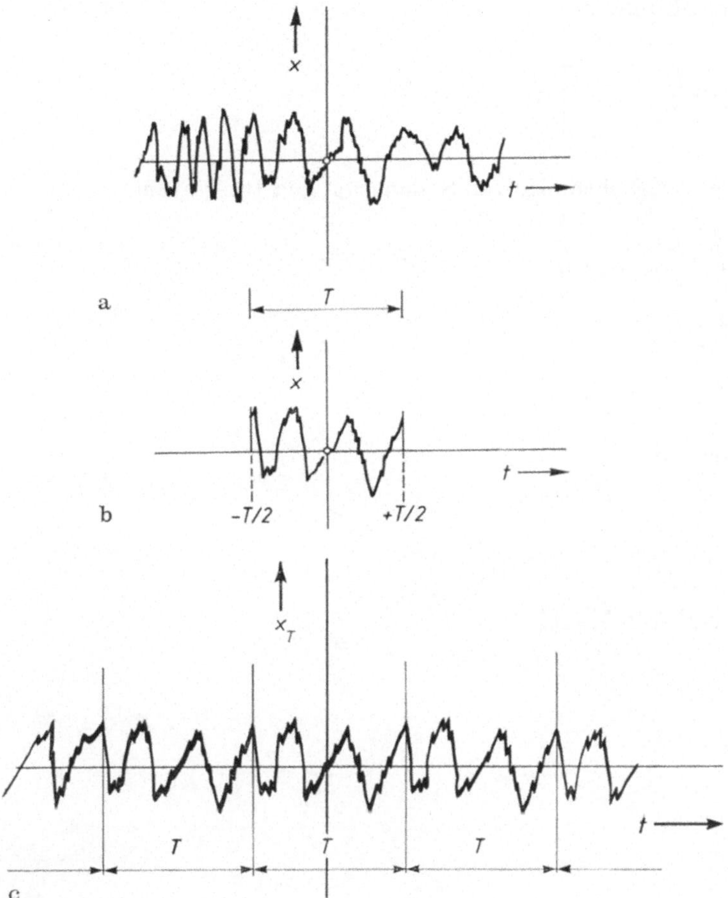

Bild 12.14. Entstehung der Funktion $x_\mathrm{T}(t)$

Im folgenden wird gezeigt, daß man zum Berechnen des quadratischen Mittelwerts nicht die volle Information der betreffenden Funktion, also den Zeitverlauf $x(t)$ braucht, sondern mit dessen Amplitudenspektrum auskommt.

Hierzu bilden wir zuerst die komplexe Fourier-Reihe von $x_\mathrm{T}(t)$. Nach (A2.10) und (A2.9) ist

$$x_\mathrm{T}(t) = \sum_{-\infty}^{+\infty} \underline{c}_\mathrm{n}\, \mathrm{e}^{in\omega_0 t} \tag{12.43}$$

mit

$$\underline{c}_\mathrm{n} = \frac{1}{T} \int\limits_{-T/2}^{+T/2} x_\mathrm{T}(t)\, \mathrm{e}^{-in\omega_0 t}\mathrm{d}t \quad \text{und} \quad \omega_0 = \frac{2\pi}{T}. \tag{12.44}$$

Mit dem Quadrat

$$x_\mathrm{T}^2(t) = x_\mathrm{T}(t) \sum_{-\infty}^{+\infty} \underline{c}_\mathrm{n}\, \mathrm{e}^{in\omega_0 t}$$

ist der quadratische Mittelwert

$$\overline{x_\mathrm{T}^2(t)} = \frac{1}{T} \int\limits_{-T/2}^{+T/2} \left[x_\mathrm{T}(t) \sum_{-\infty}^{+\infty} \underline{c}_\mathrm{n}\ \mathrm{e}^{\mathrm{i}n\omega_0 t} \right] \mathrm{d}t$$

oder nach Tauschen der Reihenfolge von Summation und Integration

$$\overline{x_\mathrm{T}^2(t)} = \sum_{-\infty}^{+\infty} \underline{c}_\mathrm{n}\ \frac{1}{T} \int\limits_{-T/2}^{+T/2} x_\mathrm{T}(t)\ \mathrm{e}^{\mathrm{i}n\omega_0 t}\ \mathrm{d}t.$$

Nach (12.44) ist

$$\underline{c}_\mathrm{n}^* = \frac{1}{T} \int\limits_{-T/2}^{+T/2} x_\mathrm{T}(t)\ \mathrm{e}^{\mathrm{i}n\omega_0 t}\ \mathrm{d}t$$

und somit

$$\overline{x_\mathrm{T}^2(t)} = \sum_{-\infty}^{+\infty} \underline{c}_\mathrm{n}\underline{c}_\mathrm{n}^* = \underline{c}_0\underline{c}_0^* + 2 \sum_{1}^{\infty} \underline{c}_\mathrm{n}\underline{c}_\mathrm{n}^*.$$

Nach (A.2.9) ist

$$\underline{c}_\mathrm{n} = \frac{1}{2}\ (a_\mathrm{n} - \mathrm{i}b_\mathrm{n})$$

und somit

$$\underline{c}_\mathrm{n}\underline{c}_\mathrm{n}^* = \frac{1}{4}\ (a_\mathrm{n}^2 + b_\mathrm{n}^2) = \frac{1}{4}\ c_\mathrm{n}^2, \tag{12.45}$$

so daß schließlich mit $\underline{c}_0 = c_0$ gilt:

$$\overline{x_\mathrm{T}^2(t)} = c_0^2 + \sum_{1}^{\infty} \frac{c_\mathrm{n}^2}{2}. \tag{12.46}$$

Von der n-ten Harmonischen unserer Reihe

$$x_\mathrm{n}(t) = c_\mathrm{n} \sin\ (n\omega_0 t + \varphi_\mathrm{n}) \tag{12.47}$$

ist der quadratische Mittelwert

$$\overline{x_\mathrm{n}^2(t)} = \frac{c_\mathrm{n}^2}{2}. \tag{12.48}$$

Damit gilt nach (12.46) der Satz:

Der quadratische Mittelwert einer periodischen Funktion ist gleich dem Quadrat ihres Gleichwerts plus der Summe der quadratischen Mittelwerte ihrer Harmonischen.

Um zum quadratischen Mittelwert von $x(t)$ zu kommen, bilden wir nach Bild 12.15 den Ausdruck

$$G(nf_0) = \frac{c_n^2}{2f_0} \quad \text{mit} \quad f_0 = \frac{1}{T} = \frac{\omega_0}{2\pi}. \tag{12.49}$$

Läßt man T gegen Unendlich gehen, dann geht f_0 gegen $df \to 0$, $nf_0 \to f$ und aus (12.49) wird

$$G(f) = \lim_{f_0 \to 0} \frac{c_n^2}{2f_0}. \tag{12.50}$$

Dies in (12.46) verwendet, ergibt nach (12.42) den gesuchten Mittelwert:

$$\overline{x^2(t)} = \lim_{T \to \infty} \overline{x_T^2(t)} = \int_0^\infty G(f)\,df. \tag{12.51}$$

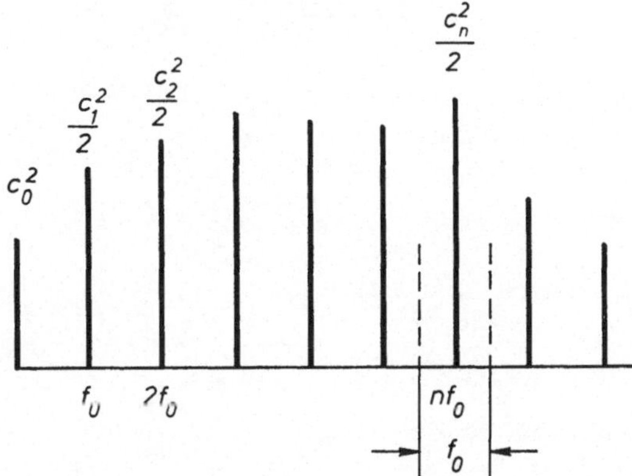

Bild 12.15. Zur Berechnung der spektralen Leistungsdichte

Die Funktion $G(f)$ wird spektrale Leistungsdichte genannt. Dieser Ausdruck stammt aus der Elektrotechnik. Ist $x(t)$ der Verlauf eines Stroms oder einer Spannung, dann ist $G(f)$ der elektrischen Leistung proportional. Für die Mechanik kann man z. B. folgende Beziehung zur Leistung zeigen. Wird das freie Ende einer einseitig eingespannten Feder mit $x_n(t)$ nach (12.47) bewegt, dann beträgt mit k als der Federsteifigkeit die Leistung der Federkraft

$$P_n(t) = kx_n(t)\,\dot{x}_n(t) = n\omega_0 k\,\frac{c_n^2}{2}\sin 2(n\omega_0 t + \varphi_n). \tag{12.52}$$

Diese Leistung ist c_n^2 und damit $G(f)$ proportional.

12.7 Autokorrelation

Die spektrale Leistungsdichte kann nach (12.50) dadurch aus Messungen gewonnen werden, daß man den Vorgang $x(t)$ schmalbandig filtert, den quadratischen Mittelwert der Harmonischen bildet und durch die doppelte Bandbreite dividiert. Günstiger gewinnt man jedoch die Leistungsdichte über die Autokorrelation.

Die Autokorrelation einer beliebigen Funktion $x(t)$ nach Bild 12.14a ist definiert als

$$R_{\mathrm{x}}(\tau) = \lim_{T \to \infty} \frac{1}{T} \int_{-T/2}^{+T/2} x(t)\, x(t + \tau)\, \mathrm{d}t. \tag{12.53}$$

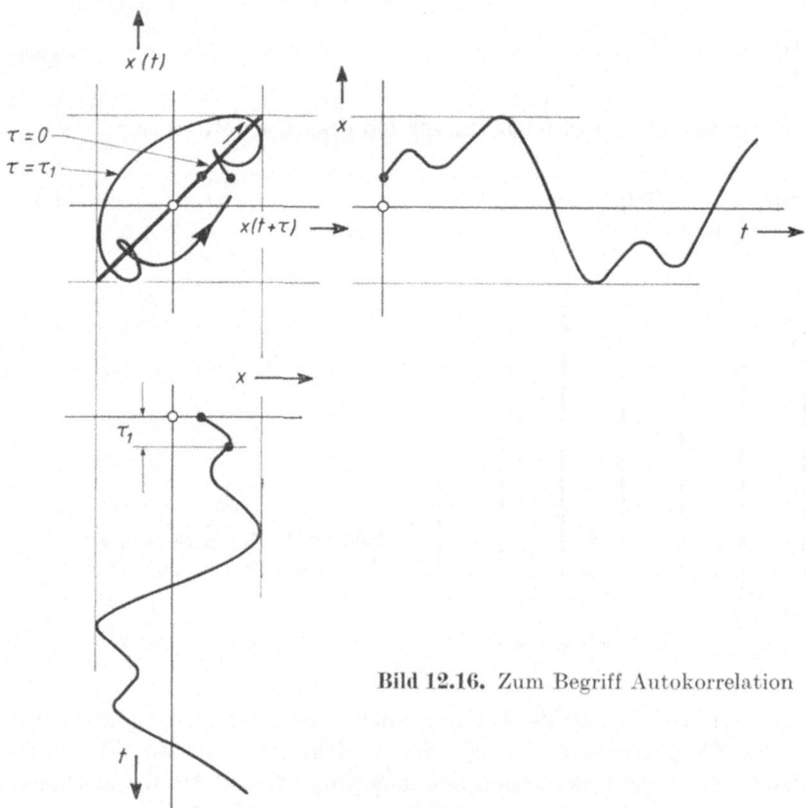

Bild 12.16. Zum Begriff Autokorrelation

Die Integration erstreckt sich über den herausgeschnittenen Teil von $x(t)$ nach Bild 12.14b, dessen Periode T gegen Unendlich gehen soll. Die Autokorrelation ist somit der Mittelwert aus Produkten von Werten $x(t)$ mit dem Zeitabstand τ für unendlich lange Zeit T.

Der Begriff Korrelation kommt aus der Statistik, wo er ein Maß dafür ist, wieweit zwischen zwei Vorgängen eine eindeutige, meist lineare Beziehung besteht. Hier können wir uns die Bedeutung des Ausdrucks mit Bild 12.16 klarmachen. Dort ist $x(t)$ über $x(t + \tau)$ mit der Zeit t als Parameter aufgetragen. Bei $\tau = 0$ entsteht das Bild einer Strecke mit 45° Neigung. Zu allen Zeiten besteht zwischen beiden Funktionen vollständige Korrelation; sie sind ja auch identisch. Bei $\tau \neq 0$ entsteht hingegen ein mehrdeutiges Bild, wie das Beispiel mit $\tau = \tau_1$ zeigt. Die Korrelation ist um so mehr vermindert, je stärker sich das Bild der Kurve von der 45°-Strecke unterscheidet. Deutet man $x(t)$ und $x(t + \tau)$ als zwei

Zufallsfunktionen, dann ist die Korrelation ein Maß für ihre stochastische Abhängigkeit.

Die Fourier-Transformierte der Autokorrelation $R_x(\tau)$ bezeichnen wir mit $S_x(f)$. Sie ist nach (A2.19a):

$$S_x(f) = \int\limits_{-\infty}^{+\infty} R_x(\tau)\, e^{-i2\pi f\tau}\, d\tau. \tag{12.54}$$

Man findet, daß $R_x(\tau)$ immer eine gerade Funktion ist, daß also gilt

$$R_x(-\tau) = R_x(\tau).$$

Damit folgt aus (12.54)

$$S_x(f) = 2 \int\limits_{0}^{\infty} R_x(\tau)\, \cos 2\pi f\tau\, d\tau, \tag{12.55}$$

$S_x(f)$ ist also eine reelle Funktion.

Wir können nun wieder rücktransformieren und erhalten nach (A2.18a)

$$R_x(\tau) = \int\limits_{-\infty}^{+\infty} S_x(f)\, e^{i2\pi f\tau}\, df \tag{12.56}$$

oder da ersichtlich auch $S_x(f)$ eine gerade Funktion ist

$$R_x(\tau) = 2 \int\limits_{0}^{\infty} S_x(f)\, \cos 2\pi f\tau\, df. \tag{12.57}$$

Nach (12.53) ist bei $\tau = 0$

$$R_x(0) = \lim_{T\to\infty} \frac{1}{T} \int\limits_{-T/2}^{+T/2} x^2(t)\, dt = \overline{x^2(t)}. \tag{12.58}$$

Außerdem ist nach (12.56)

$$R_x(0) = \int\limits_{-\infty}^{+\infty} S_x(f)\, df,$$

so daß gilt:

$$\overline{x^2(t)} = \int\limits_{-\infty}^{+\infty} S_x(f)\, df. \tag{12.59}$$

Da $S_x(f)$ eine gerade Funktion ist, genügt das Integral über die positiven Frequenzen f.

Setzen wir nach Bild 12.17

$$G_x(f) = \begin{cases} 2S_x(f) & \text{für} \quad f \geqq 0 \\ 0 & \text{für} \quad f < 0, \end{cases} \tag{12.60}$$

dann gilt:

$$\overline{x^2(t)} = \int\limits_0^\infty G_x(f)\, \mathrm{d}f. \tag{12.61}$$

Durch Vergleich dieser Gleichung mit (12.51) erkennt man, daß $G_x(f)$ gleich der spektralen Leistungsdichte $G(f)$ sein muß. In der Literatur geht man meistens umgekehrt vor. Man definiert die Fourier-Transformierte $S_x(f)$ der Autokorrelation $R_x(\tau)$ als spektrale Leistungsdichte (Wiener-Khintchine-Transformation). Zur Unterscheidung nennt man entsprechend Bild 12.17 $S_x(f)$ zweiseitige und $G_x(f)$ einseitige spektrale Leistungsdichte.

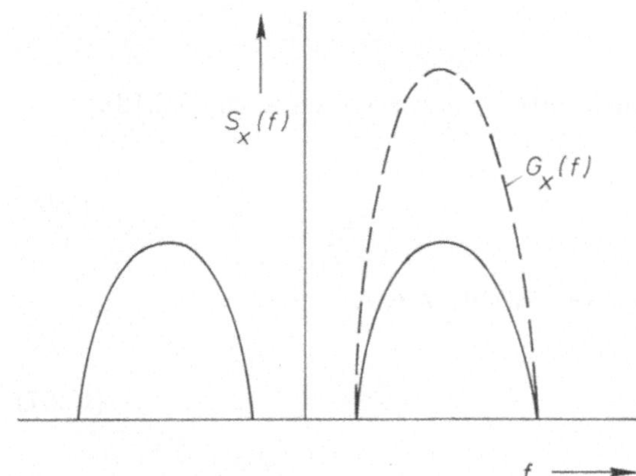

Bild 12.17. Zweiseitige und einseitige spektrale Leistungsdichte

Damit ist die Beziehung zwischen der spektralen Leistungsdichte und der Autokorrelation aufgezeigt. Zum besseren Verständnis betrachten wir das folgende Beispiel.

Gegeben sei ein Vorgang $x(t)$ mit der spektralen Leistungsdichte

$$G_x(f) = \begin{cases} G_0 & \text{für} \quad f_1 \leqq f \leqq f_2 \\ 0 & \text{übrige} \quad f. \end{cases} \tag{12.62}$$

Der Vorgang ist also bandbegrenzt und er hat ein konstantes Spektrum. Gesucht ist die entsprechende Autokorrelation.

Nach (12.57) und (12.60) ist hier

$$R_x(\tau) = 2 \int\limits_0^\infty S_x(f) \cos 2\pi f\tau\, \mathrm{d}f = G_0 \int\limits_{f_1}^{f_2} \cos 2\pi f\tau\, \mathrm{d}f$$

$$= G_0 \frac{1}{2\pi\tau} \sin 2\pi f\tau \Big|_{f_1}^{f_2}$$

und mit der Gleichung

$$\sin \alpha - \sin \beta = 2 \cos [(\alpha + \beta)/2] \sin [(\alpha - \beta)/2]$$

$$R_x(\tau) = \frac{G_0}{\pi\tau} \cos [\pi (f_1 + f_2) \tau] \sin [\pi (f_2 - f_1) \tau]$$

bzw. mit $T = 2/(f_1 + f_2)$, $\bar{\tau} = \tau/T$, $c = (f_2 - f_1)/(f_1 + f_2)$

$$R_x(\bar{\tau}) = G_0(f_1 + f_2) \cos 2\pi\bar{\tau} \frac{\sin c\, 2\pi\bar{\tau}}{2\pi\bar{\tau}}. \tag{12.63}$$

Der quadratische Mittelwert ist danach bzw. nach (12.61)

$$\overline{x^2(t)} = G_0(f_2 - f_1).$$

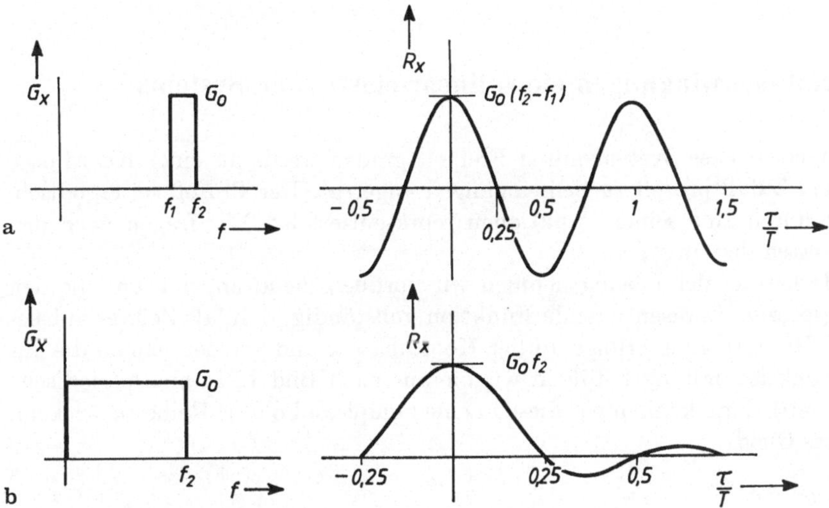

Bild 12.18. Autokorrelation von bandbegrenzten Vorgängen $x(t)$.
a) $f_2 = 1,22 f_1$; b) $f_1 = 0$, f_2 beliebig

Das Bild 12.18 zeigt die Leistungsdichte und Autokorrelation dieses Beispiels für $f_2 = 1,22 f_1$ und $f_1 = 0$, f_2 beliebig.

Die Autokorrelation hat die Gestalt einer abklingenden Kosinusfunktion. Mit abnehmender Bandbreite klingt die Kurve langsamer ab. Bei der Bandbreite Null wird sie zur reinen Kosinusfunktion, wie das Folgende zeigt.

Der Vorgang

$$x(t) = c_1 \sin 2\pi f_0 t$$

hat die spektrale Leistungsdichte

$$G_x(f) = \frac{c_1^2}{2} \delta(f - f_0), \tag{12.64}$$

also die Bandbreite Null. Ihr quadratischer Mittelwert ist nach (12.61)

$$\overline{x^2(t)} = \int\limits_0^\infty G_x(f)\, \mathrm{d}f = \frac{c_1^2}{2}.$$

Die Autokorrelation ist nach (12.57) und (12.60) allgemein

$$R_x(\tau) = \int\limits_0^\infty G_x(f)\, \cos 2\pi f\tau\, \mathrm{d}f \tag{12.65}$$

und hier im besonderen

$$R_x(\tau) = \frac{c_1^2}{2} \int\limits_0^\infty \delta(f - f_0)\, \cos 2\pi f\tau\, \mathrm{d}f = \frac{c_1^2}{2}\, \cos 2\pi f_0\tau. \tag{12.66}$$

12.8 Zufallsschwingungen eines linear elastischen Systems

Ein linear elastisches System mit n Freiheitsgraden werde an einer Koordinate durch einen Zufallsprozeß zu Schwingungen angeregt. Der Prozeß sei ergodisch, so daß er durch eine seiner Funktionen repräsentiert ist. Wir fragen nach den Effektivwerten der Antwort.

Zur Herleitung der Lösung nehmen wir vorübergehend an, daß uns die den Anregungsprozeß repräsentierende Funktion vollständig, d. h. als Zeitverlauf bekannt ist. Die Anregung erfolge an der Koordinate k und wir bezeichnen die anregende Funktion mit $x_k(t)$. Bilden wir hieraus nach Bild 12.14 eine periodische Funktion $x_T(t)$, dann können wir diese in eine komplexe Fourier-Reihe entwickeln. Deren n-tes Glied

$$\underline{x}_n(t) = \underline{c}_n\, e^{\mathrm{i}n2\pi f_0 t}$$

ergibt mit der Übertragungsfunktion $\underline{H}_{ik}(nf_0)$ unseres Systems entsprechend (9.105) die Antwort der Koordinate i:

$$\underline{y}_{in}(nf_0, t) = \underline{H}_{ik}(nf_0)\, \underline{c}_n\, e^{\mathrm{i}n2\pi f_0 t} = \underline{d}_n\, e^{\mathrm{i}n2\pi f_0 t}. \tag{12.67}$$

Ebenso existiert das dazu konjugiert komplexe Glied. Mit dem Produkt

$$\underline{y}_{in}\underline{y}_{in}^* = |\underline{d}_n|^2 = |\underline{H}_{ik}(nf_0)|^2\, |\underline{c}_n|^2 \tag{12.68}$$

erhalten wir nach Division durch $2f_0$ und mit dem Grenzübergang $T \to \infty$ in gleicher Weise wie im Abschnitt 12.6 die Beziehung

$$G_{yi}(f) = |\underline{H}_{ik}(f)|^2\, G_{xk}(f) \tag{12.69}$$

mit den spektralen Leistungsdichten

$$G_{xk}(f) \qquad \text{der Erregung}$$

und

$G_{y_i}(f)$ der Antwort.

Für den Betrag der Übertragungsfunktion haben wir im Abschnitt 9.3 die Bezeichnung h_{ik} und den Begriff dynamische Nachgiebigkeit eingeführt. Damit erhält (12.69) die Form:

$$G_{y_i}(f) = h_{ik}^2(f)\, G_{x_k}(f).\tag{12.70}$$

Mit (12.51) erhält man schließlich den quadratischen Mittelwert

$$\overline{x_k^2(t)} = \int\limits_0^\infty G_{x_k}(f)\,\mathrm df \quad \text{der Erregung}\tag{12.71}$$

und

$$\overline{y_i^2(t)} = \int\limits_0^\infty G_{y_i}(f)\,\mathrm df \qquad \text{der Antwort.}\tag{12.72}$$

Die Effektivwerte folgen daraus durch Radizieren. Mit dem folgenden Beispiel soll der Rechenablauf im einzelnen gezeigt werden.

Eine Struktur soll an einer Stelle in einer bestimmten Richtung durch eine stochastische Kraft $F_k(t)$ erregt werden. Die spektrale Leistungsdichte dieser Kraft ist im Bild 12.19 a aufgetragen.

Nach (12.71) hat die Erregerkraft den quadratischen Mittelwert

$$\overline{F_k^2(t)} = \int\limits_{f_1}^{f_2} G_{F_k}(f)\,\mathrm df = 430 \ (\mathrm{kN})^2.[2]$$

Der lineare Mittelwert von $G_{F_k}(f)$ folgt daraus zu

$$\overline{G_{F_k}(f)} = \frac{430}{26 - 7} = 22{,}6 \ (\mathrm{kN})^2\,\mathrm s.$$

Für Überschlagsrechnungen kann man diesen Wert schätzen (s. Bild 12.19 a) und daraus $\overline{F_k^2(t)}$ näherungsweise berechnen.

Der Effektivwert von $F_k(t)$ beträgt

$$F_{k,\mathrm{eff}} = \sqrt{430} = 20{,}7 \ \mathrm{kN}.$$

Zur Berechnung des Effektivwerts einer beliebigen Verschiebung $y_i(t)$ des Systems brauchen wir die dynamische Nachgiebigkeit $h_{ik}(f)$. Diese kann mit den im 10. Kapitel beschriebenen Methoden berechnet werden. Unserem Beispiel legen wir die im Bild 12.19 b dargestellte Funktion zugrunde.

Bei statischer Belastung ($f = 0$) ist danach

$$h_{ik} = 0{,}4 \ \mu\mathrm m/\mathrm{kN}$$

---

[2] Die Integration vollzieht man in solchen Fällen natürlich numerisch.

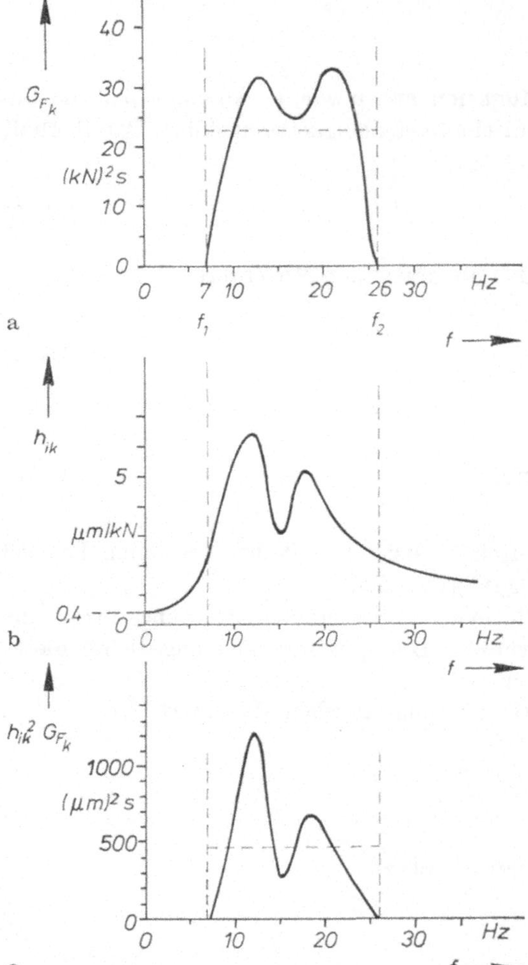

Bild 12.19.
Diagramme des Beispiels

und somit die statische Verschiebung infolge des Effektivwertes der Erregerkraft

$$y_{i0} = 0{,}4 \cdot 20{,}7 = 8{,}3 \ \mu m \,.$$

Als nächstes muß die spektrale Leistungsdichte $G_{yi}(f)$ der Antwort $y_i(t)$ berechnet
werden. Nach (12.70) ergibt dies in unserem Fall die im Bild 12.19c dargestellte
Funktion. Der quadratische Mittelwert von $y_i(t)$ folgt daraus zu

$$\overline{y_i^2(t)} = \int\limits_{f_1}^{f_2} G_{yi}(f)\,\mathrm{d}f = 8849 \ \mu m^2$$

und der entsprechende Effektivwert zu

$$y_{i,\text{eff}} = \sqrt{8849} = 94 \ \mu m \,.$$

Wir stellen noch fest, daß mit 94/8,3 = 11,3 der Effektivwert $y_{i,\text{eff}} = 11{,}3y_{i0}$ ist.

Kennt man von der Erregerkraft nicht die spektrale Leistungsdichte, dafür aber den Zeitverlauf $F_k(t)$,[2] dann kann man näherungsweise eine genügend lange Dauer als Periode T annehmen und durch Fourier-Entwicklung die Amplituden F_n der Harmonischen von $F_k(t)$ berechnen. Mit der dynamischen Nachgiebigkeit $h_{ik}(nf_0)$ folgt daraus die n-te Harmonische der Antwort $y_i(t)$ zu

$$y_{in} = h_{ik}(nf_0)\,F_n$$

und damit nach (12.46) der quadratische Mittelwert von $y_i(t)$ zu

$$\overline{y_i^2(t)} = [h_{ik}(0)\,F_0]^2 + \sum_{n=1}^{\infty} \frac{1}{2}\,[h_{ik}(nf_0)\,F_n]^2. \tag{12.73}$$

Zur Abschätzung genügt es häufig, ein System als Schwinger mit einem Freiheitsgrad anzunähern. Wir untersuchen daher zum Schluß den einfachen Schwinger nach Bild 12.20a, der von einer stochastischen Kraft mit der spektralen Leistungsdichte nach Bild 12.20b erregt wird.

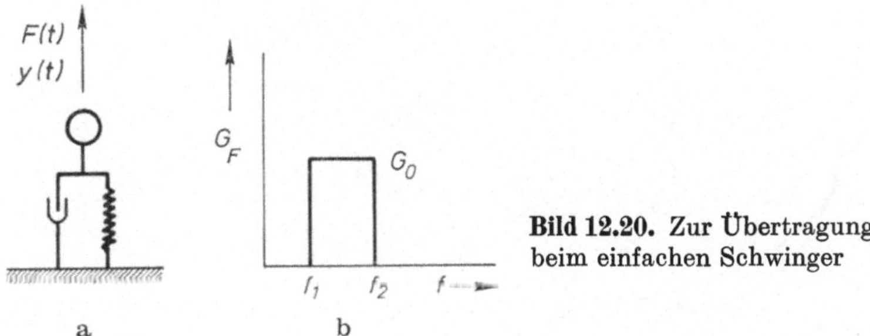

Bild 12.20. Zur Übertragung beim einfachen Schwinger

Das Quadrat der dynamischen Nachgiebigkeit des einfachen Schwingers ist nach (7.91)

$$h^2(\omega) = \frac{1}{(k - m\omega^2)^2 + (d\omega)^2} \quad \text{mit} \quad \omega = 2\pi f.$$

Mit der spektralen Leistungsdichte nach Bild 12.20b ist nach (12.70) und (12.72) der quadratische Mittelwert der Antwort $y(t)$:

$$\overline{y^2(t)} = G_0 \int_{f_1}^{f_2} h^2(f)\,\mathrm{d}f. \tag{12.74}$$

Führt man mit der Eigenfrequenz $\omega_k = \sqrt{k/m} = 2\pi f_k$ die bezogene Frequenz $\eta = \omega/\omega_k = f/f_k$ ein, dann wird aus (12.74):

$$\overline{y^2(t)} = \frac{G_0 f_k}{k^2} \int_{\eta_1}^{\eta_2} \frac{1}{(1 - \eta^2)^2 + (2D\eta)^2}\,\mathrm{d}\eta. \tag{12.75}$$

---

[2] Der Vorgang kann dann allerdings nicht mehr als zufällig bezeichnet werden.

Der Integrand ist das Quadrat der Vergrößerungsfunktion $V(\eta)$ nach (7.57). Für G_0 führen wir den quadratischen Mittelwert

$$\overline{F^2(t)} = \int\limits_{f_1}^{f_2} G_0 \, \mathrm{d}f = G_0(f_2 - f_1) \tag{12.76}$$

der Erregerkraft ein. Weiterhin verwenden wir mit

$$y_0 = \frac{\sqrt{\overline{F^2(t)}}}{k} = \frac{F_{\mathrm{eff}}}{k}$$

die statische Verschiebung infolge des Effektivwerts der Erregerkraft. Damit wird aus (12.75):

$$\overline{y^2(t)} = y_0^2 \, \frac{1}{\eta_2 - \eta_1} \int\limits_{\eta_1}^{\eta_2} V^2(\eta) \, \mathrm{d}\eta. \tag{12.77}$$

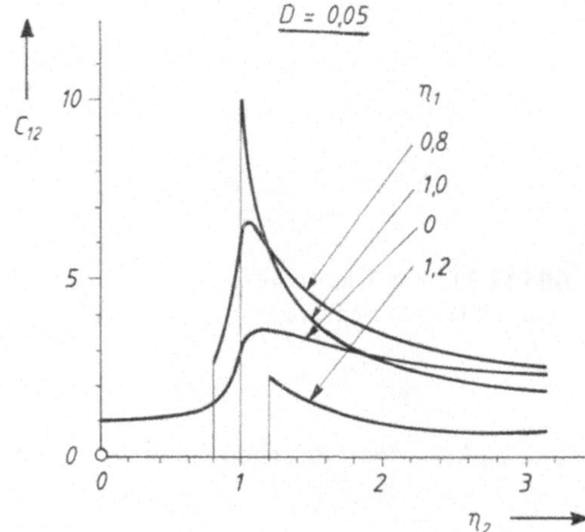

Bild 12.21. Faktor zur Berechnung des Effektivwerts nach Gl. (12.80)

Setzt man noch

$$C_{12}^2 = \frac{1}{\eta_2 - \eta_1} \int\limits_{\eta_1}^{\eta_2} V^2(\eta) \, \mathrm{d}\eta, \tag{12.78}$$

dann ist schließlich

$$\overline{y^2(t)} = C_{12}^2 y_0^2 \tag{12.79}$$

und der Effektivwert der Antwort

$$y_{\mathrm{eff}} = C_{12} y_0. \tag{12.80}$$

Das Bild 12.21 zeigt für den Dämpfungsgrad $D = 0{,}05$ und die Frequenzen $\eta_1 = 0;\ 0{,}8;\ 1;\ 1{,}2$ den Faktor C_{12} in Abhängigkeit von η_2. Damit kann für diese Parameter der Wert von y_{eff} einfach berechnet werden.

Anhang

A 1 Häufig gebrauchte Formeln

Trigonometrische Formeln

$$\sin \alpha \cos \alpha = \frac{1}{2} \sin 2\alpha$$

$$\sin^2 \alpha = \frac{1}{2} (1 - \cos 2\alpha)$$

$$\cos^2 \alpha = \frac{1}{2} (1 + \cos 2\alpha)$$

$$\sin \alpha + \sin \beta = 2 \sin [(\alpha + \beta)/2] \cos [(\alpha - \beta)/2]$$

$$\sin \alpha - \sin \beta = 2 \cos [(\alpha + \beta)/2] \sin [(\alpha - \beta)/2]$$

$$\cos \alpha + \cos \beta = 2 \cos [(\alpha + \beta)/2] \cos [(\alpha - \beta)/2]$$

$$\cos \alpha - \cos \beta = -2 \sin [(\alpha + \beta)/2] \sin [(\alpha - \beta)/2]$$

$$\sin (\alpha \pm \beta) = \sin \alpha \cos \beta \pm \cos \alpha \sin \beta$$

$$\cos (\alpha \pm \beta) = \cos \alpha \cos \beta \mp \sin \alpha \sin \beta$$

$$\sin \alpha \sin \beta = \frac{1}{2} [\cos (\alpha - \beta) - \cos (\alpha + \beta)]$$

$$\cos \alpha \cos \beta = \frac{1}{2} [\cos (\alpha + \beta) + \cos (\alpha - \beta)]$$

$$\sin \alpha \cos \beta = \frac{1}{2} [\sin (\alpha + \beta) + \sin (\alpha - \beta)]$$

Eulersche Formel

$$e^{\pm i\alpha} = \cos \alpha \pm i \sin \alpha$$

Quadratische Gleichung

$$ax^2 + bx + c = 0$$

$$x_{1,2} = -\frac{b}{2a} \pm \sqrt{\left(\frac{b}{2a}\right)^2 - \frac{c}{a}} = -\frac{1}{2a}\left(b \mp \sqrt{b^2 - 4ac}\right)$$

$$x^2 + px + q = 0$$

$$x_{1,2} = -\frac{p}{2} \pm \sqrt{\frac{p^2}{4} - q} = -\frac{1}{2}\left(p \mp \sqrt{p^2 - 4q}\right)$$

Inversion einer (2, 2)-Matrix

$$\boldsymbol{A} = \begin{bmatrix} a_{11} & a_{12} \\ a_{21} & a_{22} \end{bmatrix}, \quad \boldsymbol{A}^{-1} = \frac{1}{\Delta} \begin{bmatrix} a_{22} & -a_{12} \\ -a_{21} & a_{11} \end{bmatrix}$$

$$\Delta = a_{11}a_{22} - a_{12}a_{21}$$

Drehung von Koordinaten

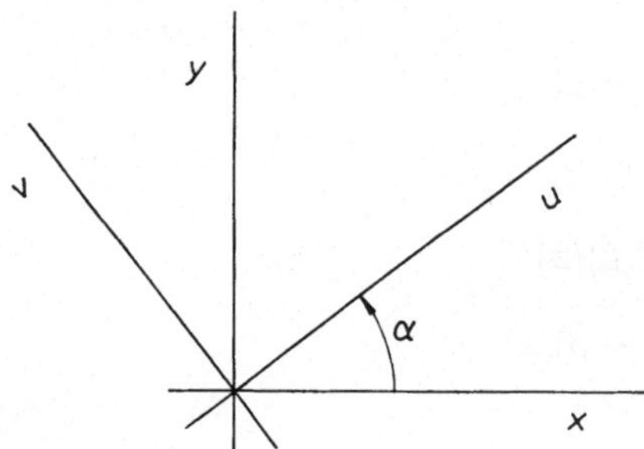

$$\begin{bmatrix} u \\ v \end{bmatrix} = \begin{bmatrix} \cos\alpha & \sin\alpha \\ -\sin\alpha & \cos\alpha \end{bmatrix} \begin{bmatrix} x \\ y \end{bmatrix}$$

$$\begin{bmatrix} x \\ y \end{bmatrix} = \begin{bmatrix} \cos\alpha & -\sin\alpha \\ \sin\alpha & \cos\alpha \end{bmatrix} \begin{bmatrix} u \\ v \end{bmatrix}$$

Bild A 1.1

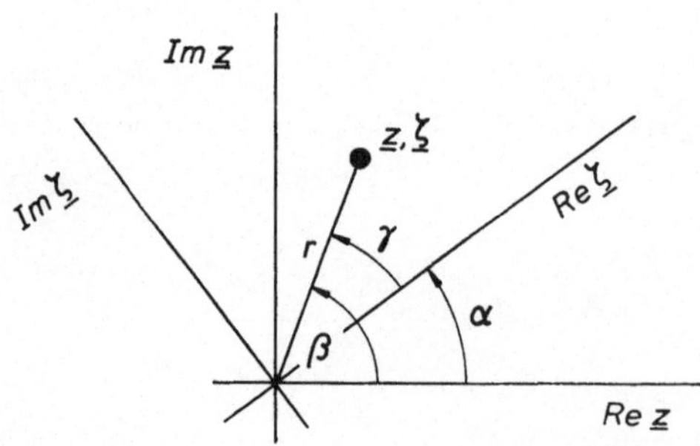

$$z = r\,\mathrm{e}^{\mathrm{i}\beta} = r\,\mathrm{e}^{\mathrm{i}(\alpha+\gamma)} = \zeta\,\mathrm{e}^{\mathrm{i}\alpha}$$

$$\zeta = r\,\mathrm{e}^{\mathrm{i}\gamma} = r\,\mathrm{e}^{\mathrm{i}(\beta-\alpha)} = z\,\mathrm{e}^{-\mathrm{i}\alpha}$$

Bild A 1.2

Falksches Schema zur Matrizenmultiplikation

$$\boldsymbol{AB} = \boldsymbol{C} = (c_{\mathrm{ik}}); \qquad c_{\mathrm{ik}} = \sum_{r=1}^{n} a_{\mathrm{ir}} b_{\mathrm{rk}}$$

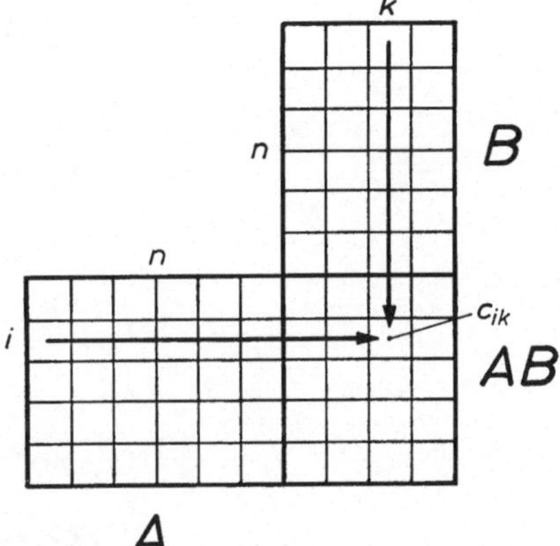

Bild A 1.3

Numerische Integration

Bei einer großen Zahl äquidistanter Stützwerte x_{n} ergibt die folgende Beziehung eine gute Näherung für das Integral von $x(t)$ zwischen den Grenzen t_0 und t_{z}:

$$\int_{t_0}^{t_z} x(t)\,\mathrm{d}t \approx \Delta t \left(\frac{x_0 + x_{\mathrm{z}}}{2} + \sum_{n=1}^{z-1} x_{\mathrm{n}} \right) \approx \Delta t \sum_{n=1}^{z} x_{\mathrm{n}}; \quad \Delta t = t_{\mathrm{n}+1} - t_{\mathrm{n}}$$

Bild A 1.4

A 2 Fourier-Analysis

A 2.1 Fourier-Reihe

Eine periodische Funktion kann unter gewissen, für die Praxis unbedeutenden Voraussetzungen durch ihre Fourier-Reihe ersetzt werden. Es gilt der Satz:

Die Funktion $x(t)$ mit der Periode T sei bis auf endlich viele Unstetigkeiten im Intervall stetig. Die Unstetigkeiten seien endliche Sprünge. Dasselbe gelte für die

Ableitung $\dot{x}(t)$. Dann ist $x(t)$ an allen Stetigkeitsstellen gleich ihrer Fourier-Reihe und an den Unstetigkeitsstellen gleich dem arithmetischen Mittel der Sprungwerte.

Für solche Funktionen ist

$$x(t) = a_0 + \sum_{n=1}^{\infty} [a_n \cos (n\omega_0 t) + b_n \sin (n\omega_0 t)] \tag{A2.1}$$

mit

$$\omega_0 = \frac{2\pi}{T} \qquad \text{Grundfrequenz} \tag{A2.2}$$

$$a_0 = \frac{1}{T} \int_0^T x(t)\,\mathrm{d}t \tag{A2.3}$$

$$\left.\begin{aligned} a_n &= \frac{2}{T} \int_0^T x(t) \cos (n\omega_0 t)\,\mathrm{d}t \\[2em] b_n &= \frac{2}{T} \int_0^T x(t) \sin (n\omega_0 t)\,\mathrm{d}t \end{aligned}\right\}. \tag{A2.4}$$

Die rechte Seite von (A2.1) ist die Fourier-Reihe oder auch Fourier-Entwicklung von $x(t)$. Das konstante Glied a_0 ist der arithmetische Mittelwert von $x(t)$. Die Glieder der Fourier-Reihe sind die Fourier-Komponenten, und ihre Faktoren a_n, b_n heißen Fourier-Koeffizienten. Die Gleichungen (A2.4) sind die Euler-Fourierschen Formeln.

Durch Zusammenfassen der Kosinus- und Sinusglieder in (A2.1) erhält man

$$x(t) = a_0 + \sum_{n=1}^{\infty} c_n \sin (n\omega_0 t + \varphi_n) \tag{A2.5}$$

mit

$$c_n = \sqrt{a_n^2 + b_n^2}, \qquad \tan \varphi_n = \frac{a_n}{b_n}. \tag{A2.6}$$

Das Glied $c_n \sin (n\omega_0 t + \varphi_n)$ ist die n-te Harmonische oder Teilschwingung mit der Amplitude c_n und dem Nullphasenwinkel φ_n. Die erste Harmonische ($n = 1$) heißt Grundschwingung. Das Bild von c_1, c_2, ..., c_n über ω_0, $2\omega_0$, ..., $n\omega_0$ heißt Fourier-Amplitudenspektrum. Das entsprechende Bild für φ_n ist das Fourier-Phasenspektrum.

A 2.2   Komplexe Fourier-Reihe

Aus (A2.1) wird mit

$$\cos \alpha_n = \frac{1}{2} (\mathrm{e}^{\mathrm{i}\alpha_n} + \mathrm{e}^{-\mathrm{i}\alpha_n}), \qquad \sin \alpha_n = \frac{1}{2\mathrm{i}} (\mathrm{e}^{\mathrm{i}\alpha_n} - \mathrm{e}^{-\mathrm{i}\alpha_n}) \tag{A2.7}$$

bei $a_n = n\omega_0 t$ die Beziehung

$$x(t) = a_0 + \frac{1}{2} \sum_{n=1}^{\infty} \left[a_n(e^{i\alpha_n} + e^{-i\alpha_n}) - ib_n(e^{i\alpha_n} - e^{-i\alpha_n}) \right]$$

$$= a_0 + \frac{1}{2} \sum_{n=1}^{\infty} \left[(a_n + ib_n)\, e^{-in\omega_0 t} + (a_n - ib_n)\, e^{in\omega_0 t} \right]. \tag{A2.8}$$

Die komplexen Koeffizienten dieser Reihe sind nach (A2.4) gleich den folgenden Integralen

$$\frac{1}{2}\,(a_n + ib_n) = \frac{1}{T} \int_0^T x(t)\,[\cos(n\omega_0 t) + i \sin(n\omega_0 t)]\,\mathrm{d}t = \frac{1}{T} \int_0^T x(t)\, e^{in\omega_0 t}\,\mathrm{d}t,$$

$$\frac{1}{2}\,(a_n - ib_n) = \frac{1}{T} \int_0^T x(t)\, e^{-in\omega_0 t}\,\mathrm{d}t.$$

Schreibt man hierfür

$$\underline{c}_n = \frac{1}{2}\,(a_n - ib_n) = \frac{1}{T} \int_0^T x(t)\, e^{-in\omega_0 t}\,\mathrm{d}t \qquad n = 0, \pm 1, \pm 2, \ldots, \pm\infty, \tag{A2.9}$$

dann wird mit $\underline{c}_0 = a_0$ nach (A2.3) aus (A2.8) die komplexe Fourier-Reihe

$$x(t) = \sum_{n=-\infty}^{+\infty} \underline{c}_n\, e^{in\omega_0 t}. \tag{A2.10}$$

Jeweils zwei Glieder dieser Reihe mit gleichem Betrag von n ergeben zusammen

$$\underline{c}_n\, e^{in\omega_0 t} + \underline{c}_n^{*}\, e^{-in\omega_0 t} = 2\mathrm{Re}\,(\underline{c}_n\, e^{in\omega_0 t}),$$

so daß man die Form

$$x(t) = a_0 + \mathrm{Re}\left(\sum_{n=1}^{\infty} 2\underline{c}_n\, e^{in\omega_0 t} \right) \tag{A2.11}$$

mit nur positiven Frequenzen $n\omega_0$ erhält.

A 2.3 Fourier-Integral, Fourier-Transformation

Eine nicht periodische Funktion kann als eine periodische Funktion mit der Periode $T = \infty$ aufgefaßt werden. Durch den Grenzübergang $T \to \infty$ wird aus der Fourier-Reihe das Fourier-Integral.

Hierzu nehmen wir zunächst eine endliche Periode an und legen den Nullpunkt der Zeitachse in die Mitte von T. Weiterhin bezeichnen wir in den Ausdrücken (A 2.4) für a_n und b_n die Zeit mit τ und setzen sie in (A 2.1) ein. Damit ist

$$x(t) = a_0 + \frac{2}{T} \sum_{n=1}^{\infty} \int_{-T/2}^{+T/2} x(\tau) \left[\cos\left(n\omega_0\tau\right) \cos\left(n\omega_0 t\right) + \sin\left(n\omega_0\tau\right) \sin\left(n\omega_0 t\right)\right] d\tau$$

und mit (A 2.3)

$$x(t) = \frac{1}{T} \int_{-T/2}^{+T/2} x(\tau) \left[1 + 2 \sum_{n=1}^{\infty} \cos n\omega_0(t - \tau)\right] d\tau = \frac{1}{T} \int_{-T/2}^{+T/2} x(\tau) \sum_{n=-\infty}^{+\infty} \cos n\omega_0(t - \tau) \, d\tau.$$

$$(A 2.12)$$

Mit $T \to \infty$ geht $\omega_0 = 2\pi/T$ gegen $d\omega$, aus der Schrittvariablen $n\omega_0$ wird die stetige Variable ω und aus der Summe wird ein Integral. Damit wird aus (A 2.12)

$$x(t) = \frac{1}{2\pi} \int_{-\infty}^{+\infty} x(\tau) \left[\int_{-\infty}^{+\infty} \cos \omega(t - \tau) \, d\omega\right] d\tau = \frac{1}{\pi} \int_{-\infty}^{+\infty} x(\tau) \left[\int_{0}^{+\infty} \cos \omega(t - \tau) \, d\omega\right].$$

$$(A 2.13)$$

Dies ist der Fouriersche Integralsatz.

Neben der stückweisen Stetigkeit ist noch Voraussetzung, daß $\int_{-\infty}^{+\infty} |x(\tau)| \, d\tau$ endlich ist.

Eine andere Form des Integrals erhält man mit der Beziehung $\cos(\alpha - \beta) = \cos \alpha \cos \beta + \sin \alpha \sin \beta$. Nach getauschter Integrationsfolge wird

$$x(t) = \frac{1}{\pi} \int_{0}^{\infty} \left[\left(\int_{-\infty}^{+\infty} x(\tau) \cos \omega\tau \, d\tau\right) \cos \omega t + \left(\int_{-\infty}^{+\infty} x(\tau) \sin \omega\tau \, d\tau\right) \sin \omega t\right] d\omega$$

oder

$$x(t) = \int_{0}^{\infty} \left[a(\omega) \cos \omega t + b(\omega) \sin \omega t\right] d\omega \qquad (A 2.14)$$

mit

$$\left. \begin{aligned} a(\omega) &= \frac{1}{\pi} \int_{-\infty}^{+\infty} x(t) \cos \omega t \, dt \\[2em] b(\omega) &= \frac{1}{\pi} \int_{-\infty}^{+\infty} x(t) \sin \omega t \, dt \end{aligned} \right\}, \qquad (A 2.15)$$

wenn jetzt wieder t anstelle von τ gesetzt wird.

Bei einer geraden Funktion $x(t)$ ist

$$a(\omega) = \frac{2}{\pi} \int\limits_0^\infty x(t) \cos \omega t \, dt, \qquad b(\omega) = 0 \tag{A2.16}$$

und bei ungerader Funktion $x(t)$ ist

$$a(\omega) = 0, \qquad b(\omega) = \frac{2}{\pi} \int\limits_0^\infty x(t) \sin \omega t \, dt. \tag{A2.17}$$

Die Integrale in (A2.16) und (A2.17) heißen Fourier-Kosinusintegral bzw. -Sinus-integral.

Zur komplexen Form des Fourier-Integrals kommt man mit

$$\cos \omega(t - \tau) = \frac{1}{2} \left[e^{i\omega(t-\tau)} + e^{-i\omega(t-\tau)} \right],$$

$$\int\limits_0^\infty \cos \omega(t - \tau) \, d\omega = \frac{1}{2} \int\limits_0^\infty \left[e^{i\omega(t-\tau)} + e^{-i\omega(t-\tau)} \right] d\omega = \frac{1}{2} \int\limits_{-\infty}^{+\infty} e^{i\omega(t-\tau)} \, d\omega.$$

Dies in (A2.13) eingesetzt gibt

$$x(t) = \frac{1}{2\pi} \int\limits_{-\infty}^{+\infty} x(\tau) \left[\int\limits_{-\omega}^{+\infty} e^{i\omega(t-\tau)} \, d\omega \right] d\tau = \frac{1}{2\pi} \int\limits_{-\infty}^{+\infty} \left[\int\limits_{-\infty}^{+\infty} x(\tau) \, e^{-i\omega\tau} \, d\tau \right] e^{i\omega t} \, d\omega$$

oder

$$x(t) = \frac{1}{2\pi} \int\limits_{-\infty}^{+\infty} \underline{X}(\omega) \, e^{i\omega t} \, d\omega \tag{A2.18}$$

mit

$$\underline{X}(\omega) = \int\limits_{-\infty}^{+\infty} x(t) \, e^{-i\omega t} \, dt. \tag{A2.19}$$

Ersetzt man ω durch $f = \omega/2\pi$, dann wird aus diesen Beziehungen

$$x(t) = \int\limits_{-\infty}^{+\infty} \underline{X}(f) \, e^{i2\pi f t} \, df \tag{A2.18a}$$

$$\underline{X}(f) = \int\limits_{-\infty}^{+\infty} x(t) \, e^{-i2\pi f t} \, dt. \tag{A2.19a}$$

Die Transformation von $x(t)$ in den Frequenzbereich mit (A2.19) ist die Fourier-Transformation und die Berechnung von $x(t)$ aus $\underline{X}(\omega)$ nach (A2.18) ist die Fou-rier-Rücktransformation. Man spricht auch von direkter und inverser Fourier-Transformation und bezeichnet $x(t)$ als Originalfunktion und $\underline{X}(\omega)$ als Bildfunktion. Weitere Namen für $\underline{X}(\omega)$ sind Fourier-Transformierte, Spektralfunktion und Spektraldichte. $\underline{X}(\omega)$ ist im allgemeinen komplex, hat also die Form

$$\underline{X}(\omega) = \mathrm{Re}\,\underline{X}(\omega) + \mathrm{Im}\,\underline{X}(\omega) = |\underline{X}(\omega)|\,\mathrm{e}^{\mathrm{i}\varphi(\omega)}\,. \tag{A2.20}$$

Ihre Einheit ist gleich der Einheit von $x(t)$, multipliziert mit der Zeiteinheit.

Ist $x(t) = x(-t)$, also eine gerade Funktion, dann ist nach (A2.19)

$$X(\omega) = 2\int\limits_{0}^{\infty} x(t)\,\cos\,\omega t\,\mathrm{d}t\,. \tag{A2.20a}$$

Bei ungeradem $x(t)$, also $x(t) = -x(-t)$, ist

$$\underline{X}(\omega) = -2\mathrm{i}\int\limits_{0}^{\infty} x(t)\,\sin\,\omega t\,\mathrm{d}t\,. \tag{A2.20b}$$

A 2.4   Diskrete Fourier-Reihe

Die Koeffizienten der Fourier-Reihe (A2.1) sind Integrale. In der Praxis integriert man numerisch durch Summieren entsprechend vieler Funktionswerte (Anhang 1). Man bezeichnet als diskrete Fourier-Transformation die Gewinnung der Fourier-Koeffizienten aus endlich vielen diskreten Werten der Originalfunktion. Dabei geht man folgendermaßen vor.

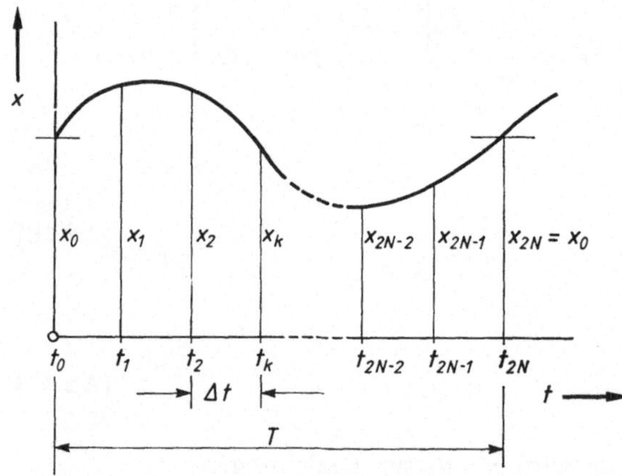

Bild A 2.1. Diskrete Fourier-Reihe. Stützstellen und Stützwerte

Von einer Funktion $x(t)$ mit der Periode T wählt man $2N$ Werte $x_0, x_1, \ldots, x_{2N-1}$ (Bild A2.1), teilt also die Periode in Intervalle von der Dauer

$$\Delta t = \frac{T}{2N}\,. \tag{A2.21}$$

An der Stützstelle $t_k = k\,\Delta t$ hat die Funktion den Stützwert $x(t_k)$. Damit gilt

$$x(t) \approx A_0 + \sum_{n=1}^{N-1}\left[A_n\,\cos\,(n\omega_0 t) + B_n\,\sin\,(n\omega_0 t)\right] + A_N\,\cos\,(N\omega_0 t) \tag{A2.22}$$

mit

$$\omega_0 = \frac{2\pi}{T}$$

$$A_0 = \frac{1}{2N} \sum_{k=0}^{2N-1} x(t_k), \qquad A_N = \frac{1}{2N} \sum_{k=0}^{2N-1} x(t_k) \cos k\pi, \tag{A2.23}$$

$$A_n = \frac{1}{N} \sum_{k=0}^{2N-1} x(t_k) \cos\left(\frac{nk}{N}\,\pi\right), \qquad B_n = \frac{1}{N} \sum_{k=0}^{2N-1} x(t_k) \sin\left(\frac{nk}{N}\,\pi\right). \tag{A2.24}$$

Zusammenfassen der Kosinus- und Sinusglieder ergibt

$$x(t) \approx A_0 + \sum_{n=1}^{N-1} C_n \sin\left(n\omega_0 t + \varphi_n\right) + A_N \cos\left(N\omega_0 t\right) \tag{A2.25}$$

mit

$$C_n = \sqrt{A_n^2 + B_n^2}, \qquad \tan \varphi_n = \frac{A_n}{B_n}. \tag{A2.26}$$

Für $t = t_k$ liefert die Entwicklung den exakten Stützwert $x(t_k)$. Die Entwicklung enthält N Teilschwingungen oder anders ausgedrückt, die Funktion $x(t)$ wird bis zur Frequenz $\omega_N = 2\pi f_N = N\omega_0$ approximiert. Will man eine Funktion $x(t)$ bis zur Frequenz f_N approximieren, dann muß man entsprechend der Beziehung

$$f_N = N\,\frac{\omega_0}{2\pi} = \frac{N}{T} \tag{A2.27}$$

die Periode T in $2N = 2f_N T$ Intervalle teilen.

Um auf die komplexe Form der diskreten Fourier-Transformation zu kommen, schreiben wir (A2.22) für die Zeit $t = t_k$. Hierbei geht der stetige Phasenwinkel $n\omega_0 t$ in

$$n\omega_0 t_k = \frac{nk}{N}\,\pi \tag{A2.28}$$

über, und aus (A2.22) wird

$$x(t_k) = A_0 + \sum_{n=1}^{N-1} \left[A_n \cos\left(\frac{nk}{N}\,\pi\right) + B_n \sin\left(\frac{nk}{N}\,\pi\right) \right] + A_N \cos k\pi$$

oder mit

$$\underline{G}_n = \frac{1}{2}\,(A_n - iB_n) \tag{A2.29}$$

$$x(t_k) = A_0 + \sum_{n=1}^{N-1} \left(\underline{G}_n\, e^{i\frac{nk}{N}\pi} + \underline{G}_n^*\, e^{-i\frac{nk}{N}\pi} \right) + A_N \cos k\pi. \tag{A2.30}$$

Mit den Gleichungen (A2.24) ist

$$\underline{G}_n = \frac{1}{2N} \sum_{k=0}^{2N-1} x(t_k)\, e^{-i\frac{nk}{N}\pi}, \tag{A2.31}$$

so daß aus (A2.30) die Beziehung

$$x(t_k) = A_0 + \sum_{n=1}^{N-1} \underline{G}_n\, e^{i\frac{nk}{N}\pi} + \sum_{-(N-1)}^{-1} \underline{G}_n\, e^{i\frac{nk}{N}\pi} + A_N \cos k\pi$$

folgt und somit gilt

$$x(t_k) = \sum_{-(N-1)}^{N-1} \underline{G}_n\, e^{i\frac{nk}{N}\pi} + A_N \cos k\pi. \tag{A2.32}$$

Führen wir jetzt für $nk\pi/N$ wieder den stetigen Winkel $n\omega_0 t$ ein, dann erhalten wir die endgültige komplexe Form der diskreten Fourier-Entwicklung zu

$$x(t) \approx \sum_{-(N-1)}^{N-1} \underline{G}_n\, e^{in\omega_0 t} + A_N \cos(N w_0 t). \tag{A2.33}$$

Geht man zurück auf (A2.11), dann findet man die alternative Form

$$x(t) \approx A_0 + 2\mathrm{Re}\left(\sum_{n=1}^{N-1} \underline{G}_n\, e^{in\omega_0 t}\right) + A_N \cos(N\omega_0 t),$$

die wieder auf die Ausgangsgleichung (A2.25) führt.

A 2.5   Schnelle Fourier-Transformation

Bei diskreter komplexer Fourier-Transformation bestehen die Koeffizienten $\underline{G}_n$ nach (A2.31) aus Reihen, deren Glieder den Faktor

$$e^{-i\frac{nk}{N}\pi}$$

haben. Dieser Faktor beschreibt Punkte auf dem Einheitskreis. Da k bei der Aufsummierung nach (A2.31) von 0 bis $2N-1$ läuft, wird der Einheitskreis bei der Berechnung des n-ten Koeffizienten für $n \geq 2$ mehrmals durchlaufen, wobei der Faktor bei jedem Durchlauf mehrmals den gleichen Wert annimmt. Um dies zu vermeiden, wird die ursprüngliche Summe in Teilsummen aufgespalten, die nur noch aus zwei Gliedern bestehen. Innerhalb dieser Teilsummen wird der Einheitskreis dann nur noch einmal durchlaufen. Man spart damit erheblich an Rechenzeit. So werden z. B. bei $2N = 1024$ Gliedern nur noch 2% der sonst vorkommenden Multiplikationen benötigt. Weitere Einzelheiten entnehme man der Literatur [55]. Die Rechenprogramme sind erstaunlich kurz (≈ 40 statements).

A 3   Hauptachsentransformation

Das Problem der Hauptachsen und Hauptwerte kommt in der Mechanik in verschiedenem Zusammenhang vor. Man fragt z. B. nach den Hauptachsen einer Ellipse, wenn ihre allgemeine Gleichung vorliegt, nach Koordinaten für welche die Zentrifugalmomente eines Körpers verschwinden oder nach Koordinaten einer elastischen Struktur, für welche die betreffenden Matrizen Diagonalform annehmen.

Das Hauptachsenproblem wird in der Matrizenalgebra allgemein behandelt (siehe u. a. [26]). Die wesentlichen Grundgedanken und Lösungsschritte zeigt schon das folgende Beispiel der Hauptachsenermittlung für die Ellipse.

Die Ellipse nach Bild A3.1 wird durch die Gleichung

$$a_{11}x_1^2 + 2a_{12}x_1x_2 + a_{22}x_2^2 = C \tag{A3.1}$$

beschrieben, wenn a_{ik} reell, $a_{11}a_{22} - a_{12}^2 > 0$ und $C > 0$ sind. Mit

$$A = \begin{bmatrix} a_{11} & a_{12} \\ a_{12} & a_{22} \end{bmatrix} \quad \text{und} \quad x = \begin{bmatrix} x_1 \\ x_2 \end{bmatrix}$$

wird aus (A3.1)

$$x^T A x = C. \tag{A3.2a}$$

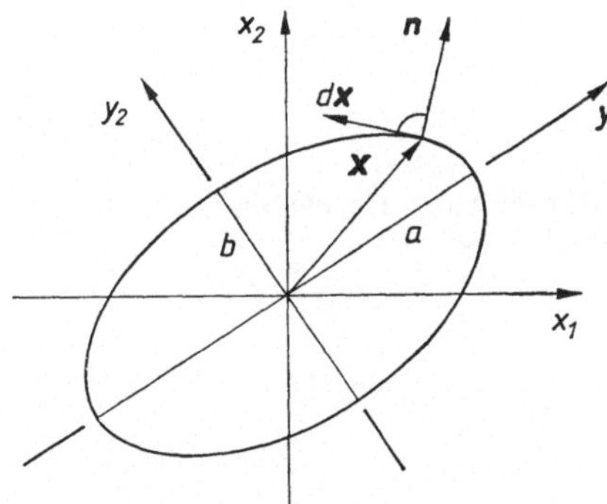

Bild A3.1. Ellipse, Hauptachsentransformation

Links steht die quadratische Form der Veränderlichen x_1, x_2. Wir bezeichnen sie mit $Q(x_1, x_2)$ und erhalten

$$Q(x_1, x_2) = x^T A x = C. \tag{A3.2b}$$

Gefragt ist nach der Lage der Hauptachsen y_1, y_2 und nach dem Betrag der Halbachsen a, b.

In den Hauptachsen hat der Normalenvektor n gleiche Richtung wie der Ortsvektor x. Es gilt hierfür also

$$n \sim x. \tag{A3.3}$$

Die Gleichung der Normalen folgt aus dem totalen Differential

$$dQ = \frac{\partial Q}{\partial x_1}\, dx_1 + \frac{\partial Q}{\partial x_2}\, dx_2 = \left[\frac{\partial Q}{\partial x_1}, \frac{\partial Q}{\partial x_2}\right]\begin{bmatrix} dx_1 \\ dx_2 \end{bmatrix} = \left[\frac{\partial Q}{\partial x}\right]^T dx. \tag{A3.4}$$

Mit $Q = C$ ist $dQ = 0$ und damit

$$\left[\frac{\partial Q}{\partial x}\right]^T dx = 0. \tag{A3.5}$$

Der Vektor $\partial Q/\partial \boldsymbol{x}$ steht also senkrecht auf $d\boldsymbol{x}$ bzw. parallel zum Normalenvektor. Somit gilt

$$\frac{\partial Q}{\partial \boldsymbol{x}} \sim \boldsymbol{n}\,. \tag{A3.6}$$

Mit (A3.1) ist

$$\frac{\partial Q}{\partial \boldsymbol{x}} = \begin{bmatrix} \dfrac{\partial Q}{\partial x_1} \\[2mm] \dfrac{\partial Q}{\partial x_2} \end{bmatrix} = \begin{bmatrix} 2a_{11}x_1 + 2a_{12}x_2 \\ 2a_{12}x_1 + 2a_{22}x_2 \end{bmatrix} = 2\boldsymbol{A}\boldsymbol{x}\,. \tag{A3.7}$$

Daraus folgt mit (A3.6) und (A3.3)

$$2\boldsymbol{A}\boldsymbol{x} \sim \boldsymbol{n} \sim \boldsymbol{x} = 2\lambda\boldsymbol{x}$$

bzw. die Gleichung

$$(\boldsymbol{A} - \lambda\boldsymbol{E})\,\boldsymbol{x} = 0\,. \tag{A3.8}$$

Dies ist die gewöhnliche Eigenwertaufgabe mit der charakteristischen Gleichung

$$|\boldsymbol{A} - \lambda\boldsymbol{E}| = 0$$

oder

$$\lambda^2 - (a_{11} + a_{22})\,\lambda + a_{11}a_{22} - a_{12}^2 = 0$$

mit den Lösungen bzw. Eigenwerten

$$\lambda_{1,2} = \frac{1}{2}\left[a_{11} + a_{22} \mp \sqrt{(a_{11} - a_{22})^2 + 4a_{12}^2}\right]. \tag{A3.9}$$

Diese in (A3.8) eingesetzt ergibt die Gleichung

$$\begin{bmatrix} a_{11} - \lambda_{\mathrm{i}} & a_{12} \\ a_{12} & a_{22} - \lambda_{\mathrm{i}} \end{bmatrix} \begin{bmatrix} x_{1\mathrm{i}} \\ x_{2\mathrm{i}} \end{bmatrix} = \begin{bmatrix} 0 \\ 0 \end{bmatrix}, \tag{A3.10}$$

deren Lösungen die Eigenvektoren

$$\boldsymbol{x}_1 = \begin{bmatrix} x_{11} \\ x_{21} \end{bmatrix}, \qquad \boldsymbol{x}_2 = \begin{bmatrix} x_{12} \\ x_{22} \end{bmatrix}$$

sind. Nach Voraussetzung der Berechnung fallen die Eigenvektoren mit den Hauptachsen zusammen, bestimmen also ihre Lage im x_1,x_2-System.

Die Koordinaten der Eigenvektoren sind bis auf einen beliebigen Faktor bestimmt. Mit $x_{1\mathrm{i}} = 1$ ist nach (A3.10)

$$\begin{bmatrix} x_{1\mathrm{i}} \\ x_{2\mathrm{i}} \end{bmatrix} = \begin{bmatrix} 1 \\ \dfrac{\lambda_{\mathrm{i}} - a_{11}}{a_{12}} \end{bmatrix} \text{ oder } = \begin{bmatrix} 1 \\ \dfrac{a_{12}}{\lambda_{\mathrm{i}} - a_{22}} \end{bmatrix}. \tag{A3.11}$$

Die Eigenvektoren sind orthogonal, es gilt also

$$x_1^T x_2 = x_{11} x_{12} + x_{21} x_{22} = 0,$$

was man durch Einsetzen kontrollieren kann.

Nach Bild A 3.2 ist

$$\tan \alpha_1 = \frac{x_{21}}{x_{11}} = \frac{\lambda_1 - a_{11}}{a_{12}}. \qquad (A3.12)$$

Eliminiert man in (A 3.10) den Eigenwert (hier λ_1), dann erhält man nach einigen Umformungen die Beziehung

$$\tan 2\alpha_1 = \frac{2a_{12}}{a_{11} - a_{22}}, \qquad (A3.13)$$

womit man die Lage der Hauptachsen unmittelbar berechnen kann. Der Winkel $2\alpha_1$ wird eindeutig bestimmt durch die Forderung: das Vorzeichen von $\sin 2\alpha_1$ muß gleich dem umgekehrten Vorzeichen von a_{12} sein.

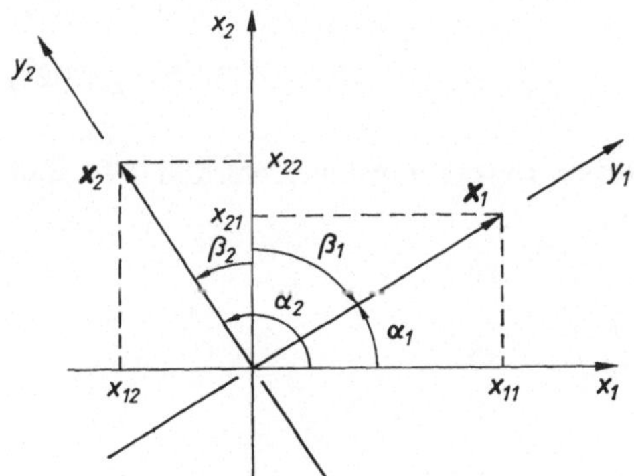

Bild A 3.2. Eigenvektoren, Hauptachsen

Zum Schluß stellen wir noch die Ellipsengleichung (A 3.1) auf die Hauptkoordinaten y_1, y_2 um. Nach Bild A 3.2 ist

$$\begin{bmatrix} x_1 \\ x_2 \end{bmatrix} = \begin{bmatrix} \cos \alpha_1 & \cos \alpha_2 \\ \cos \beta_1 & \cos \beta_2 \end{bmatrix} \begin{bmatrix} y_1 \\ y_2 \end{bmatrix} \qquad (A3.14)$$

mit

$$\cos \alpha_i = \frac{x_{1i}}{|x_i|}, \qquad \cos \beta_i = \frac{x_{2i}}{|x_i|} \qquad (A3.15)$$

Bezeichnen wir mit φ_1, φ_2 die mit ihrem Betrag normierten Eigenvektoren

$$\varphi_1 = \frac{1}{|x_1|} \begin{bmatrix} x_{11} \\ x_{21} \end{bmatrix} = \begin{bmatrix} \varphi_{11} \\ \varphi_{21} \end{bmatrix}, \qquad \varphi_2 = \frac{1}{|x_2|} \begin{bmatrix} x_{12} \\ x_{22} \end{bmatrix} = \begin{bmatrix} \varphi_{12} \\ \varphi_{22} \end{bmatrix},$$

dann ist

$$\boldsymbol{\Phi} = (\boldsymbol{\varphi}_1, \boldsymbol{\varphi}_2) = \begin{bmatrix} \varphi_{11} & \varphi_{12} \\ \varphi_{21} & \varphi_{22} \end{bmatrix} = \begin{bmatrix} \cos\alpha_1 & \cos\alpha_2 \\ \cos\beta_1 & \cos\beta_2 \end{bmatrix} \tag{A3.16}$$

und damit nach (A3.14)

$$\boldsymbol{x} = \boldsymbol{\Phi}\boldsymbol{y}. \tag{A3.17}$$

Dies in (A3.2a) eingesetzt, ergibt

$$\boldsymbol{x}^T\boldsymbol{A}\boldsymbol{x} = \boldsymbol{y}^T\boldsymbol{\Phi}^T\boldsymbol{A}\boldsymbol{\Phi}\boldsymbol{y} = \boldsymbol{y}^T\boldsymbol{B}\boldsymbol{y} = C \tag{A3.18}$$

mit

$$\boldsymbol{B} = \boldsymbol{\Phi}^T\boldsymbol{A}\boldsymbol{\Phi} = \begin{bmatrix} \boldsymbol{\varphi}_1^T \\ \boldsymbol{\varphi}_2^T \end{bmatrix} (\boldsymbol{A}\boldsymbol{\varphi}_1, \boldsymbol{A}\boldsymbol{\varphi}_2) = \begin{bmatrix} \boldsymbol{\varphi}_1^T\boldsymbol{A}\boldsymbol{\varphi}_1 & \boldsymbol{\varphi}_1^T\boldsymbol{A}\boldsymbol{\varphi}_2 \\ \boldsymbol{\varphi}_2^T\boldsymbol{A}\boldsymbol{\varphi}_1 & \boldsymbol{\varphi}_2^T\boldsymbol{A}\boldsymbol{\varphi}_2 \end{bmatrix}. \tag{A3.19}$$

Nach (A3.8) ist

$$\boldsymbol{A}\boldsymbol{x}_i = \lambda_i\boldsymbol{x}_i \qquad \text{bzw.} \qquad \boldsymbol{A}\boldsymbol{\varphi}_i = \lambda_i\boldsymbol{\varphi}_i. \tag{A3.20}$$

Außerdem gilt

$$\boldsymbol{\varphi}_i^T\boldsymbol{\varphi}_k = \begin{cases} 0 \\ 1 \end{cases} \quad \text{bei} \quad \begin{matrix} i \neq k \\ i = k, \end{matrix} \tag{A3.21}$$

weil $\boldsymbol{\varphi}_i$, $\boldsymbol{\varphi}_k$ orthogonal sind und mit ihrem Betrag normiert werden (sie sind orthonormal).

    Nach (A3.20) und (A3.21) ist

$$\boldsymbol{\varphi}_i^T\boldsymbol{A}\boldsymbol{\varphi}_k = \boldsymbol{\varphi}_i^T\lambda_k\boldsymbol{\varphi}_k = \begin{cases} 0 \\ \lambda_k \end{cases} \quad \text{bei} \quad \begin{matrix} i \neq k \\ i = k \end{matrix}$$

und damit

$$\boldsymbol{B} = \begin{bmatrix} \lambda_1 & 0 \\ 0 & \lambda_2 \end{bmatrix}.$$

Daraus wird mit (A3.18)

$$\lambda_1 y_1^2 + \lambda_2 y_2^2 = C.$$

Setzt man noch

$$a = \sqrt{C/\lambda_1}, \qquad b = \sqrt{C/\lambda_2}, \tag{A3.22}$$

dann erhalten wir schließlich die Mittelpunktsgleichung der Ellipse

$$\left(\frac{y_1}{a}\right)^2 + \left(\frac{y_2}{b}\right)^2 = 1. \tag{A3.23}$$

Nach (A3.22) sind die Halbachsen dieser Ellipse der reziproken Wurzel der Eigenwerte proportional.

A 4 Verschiebungseinflußzahlen

Modell 1

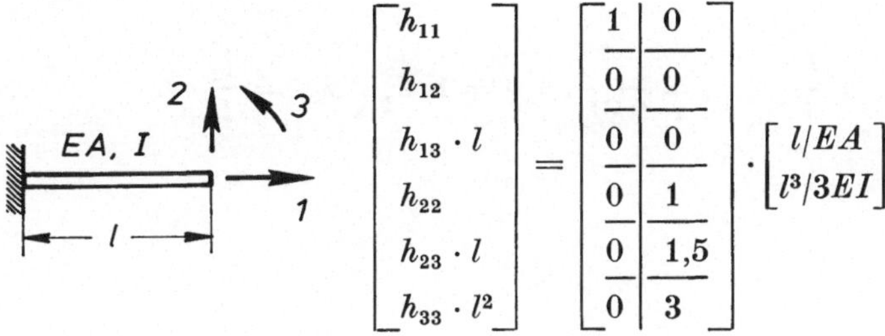

$$\begin{bmatrix} h_{11} \\ h_{12} \\ h_{13} \cdot l \\ h_{22} \\ h_{23} \cdot l \\ h_{33} \cdot l^2 \end{bmatrix} = \begin{bmatrix} 1 & 0 \\ 0 & 0 \\ 0 & 0 \\ 0 & 1 \\ 0 & 1{,}5 \\ 0 & 3 \end{bmatrix} \cdot \begin{bmatrix} l/EA \\ l^3/3EI \end{bmatrix}$$

Modell 2

$$\lambda_{ik} = \frac{l_i}{l_k}, \qquad h_i = \frac{l_i^3}{3EI_i}, \qquad i,k = 1,2,3$$

$$\begin{bmatrix} h_{11} \\ h_{12} \\ h_{13} \\ h_{22} \\ h_{23} \\ h_{33} \end{bmatrix} = \begin{bmatrix} 1 & 0 & 0 \\ 1 + 1{,}5\lambda_{21} & 0 & 0 \\ 1 + 1{,}5(\lambda_{21} + \lambda_{31}) & 0 & 0 \\ 1 + 3\lambda_{21}(1 + \lambda_{21}) & 1 & 0 \\ a_{51} & 1 + 1{,}5\lambda_{32} & 0 \\ a_{61} & 1 + 3\lambda_{32}(1 + \lambda_{32}) & 1 \end{bmatrix} \cdot \begin{bmatrix} h_1 \\ h_2 \\ h_3 \end{bmatrix}$$

$$a_{51} = 1 + 3\lambda_{21}(1 + \lambda_{21} + \lambda_{31}) + 1{,}5\lambda_{31}$$

$$a_{61} = 1 + 3\lambda_{21}(1 + \lambda_{21} + 2\lambda_{31}) + 3\lambda_{31}(1 + \lambda_{31})$$

Modell 3

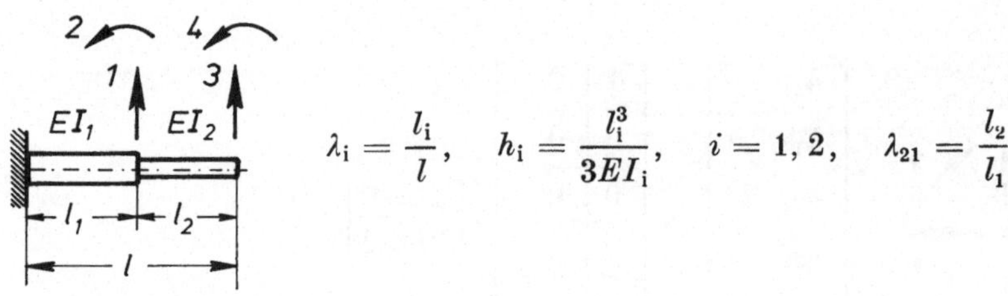

$$\lambda_i = \frac{l_i}{l}, \quad h_i = \frac{l_i^3}{3EI_i}, \quad i = 1, 2, \quad \lambda_{21} = \frac{l_2}{l_1}$$

$$
\begin{bmatrix} h_{11} \\ h_{12} \cdot l \\ h_{13} \\ h_{14} \cdot l \\ h_{22} \cdot l^2 \\ h_{23} \cdot l \\ h_{24} \cdot l^2 \\ h_{33} \\ h_{34} \cdot l \\ h_{44} \cdot l^2 \end{bmatrix}
=
\begin{bmatrix}
1 & 0 \\
1{,}5/\lambda_1 & 0 \\
1 + 1{,}5\lambda_{21} & 0 \\
1{,}5/\lambda_1 & 0 \\
3/\lambda_1^2 & 0 \\
1{,}5(\lambda_1 + 2\lambda_2)/\lambda_1^2 & 0 \\
3/\lambda_1^2 & 0 \\
(1 + \lambda_2 + \lambda_2^2)/\lambda_1^2 & 1 \\
1{,}5(\lambda_1 + 2\lambda_2)/\lambda_1^2 & 1{,}5/\lambda_2 \\
3/\lambda_1^2 & 3/\lambda_2^2
\end{bmatrix}
\cdot
\begin{bmatrix} h_1 \\ h_2 \end{bmatrix}
$$

Modell 4

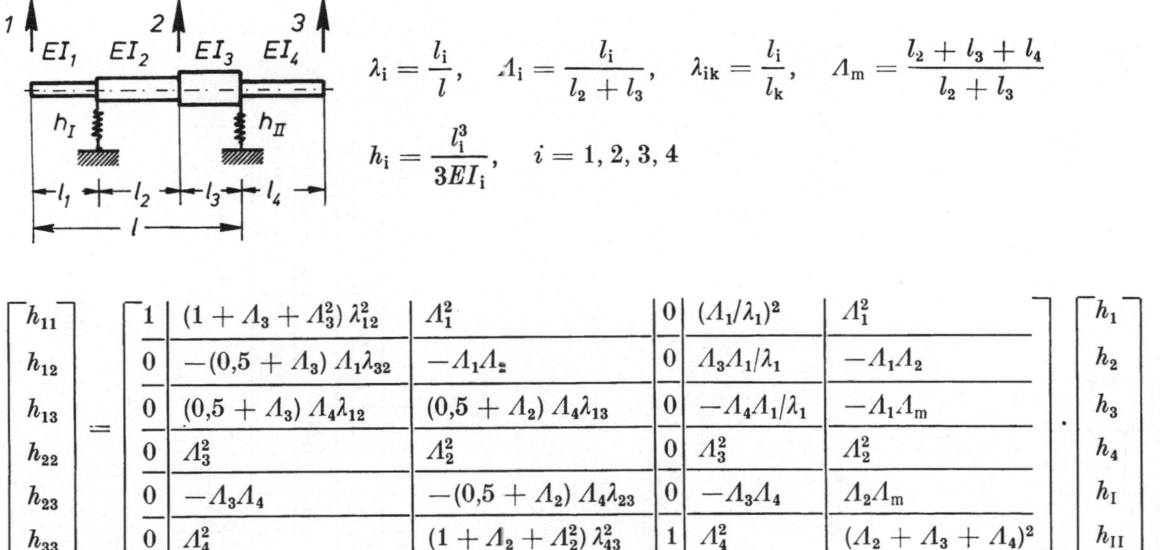

$$\lambda_{\mathrm i} = \frac{l_{\mathrm i}}{l}, \qquad \varLambda_{\mathrm i} = \frac{l_{\mathrm i}}{l_2 + l_3}, \qquad \lambda_{\mathrm{ik}} = \frac{l_{\mathrm i}}{l_{\mathrm k}}, \qquad \varLambda_{\mathrm m} = \frac{l_2 + l_3 + l_4}{l_2 + l_3}$$

$$h_{\mathrm i} = \frac{l_{\mathrm i}^3}{3EI_{\mathrm i}}, \qquad i = 1, 2, 3, 4$$

$$
\begin{bmatrix} h_{11} \\ h_{12} \\ h_{13} \\ h_{22} \\ h_{23} \\ h_{33} \end{bmatrix}
=
\begin{bmatrix}
1 & (1 + \varLambda_3 + \varLambda_3^2)\,\lambda_{12}^2 & \varLambda_1^2 & 0 & (\varLambda_1/\lambda_1)^2 & \varLambda_1^2 \\
0 & -(0{,}5 + \varLambda_3)\,\varLambda_1\lambda_{32} & -\varLambda_1\varLambda_2 & 0 & \varLambda_3\varLambda_1/\lambda_1 & -\varLambda_1\varLambda_2 \\
0 & (0{,}5 + \varLambda_3)\,\varLambda_4\lambda_{12} & (0{,}5 + \varLambda_2)\,\varLambda_4\lambda_{13} & 0 & -\varLambda_4\varLambda_1/\lambda_1 & -\varLambda_1\varLambda_{\mathrm m} \\
0 & \varLambda_3^2 & \varLambda_2^2 & 0 & \varLambda_3^2 & \varLambda_2^2 \\
0 & -\varLambda_3\varLambda_4 & -(0{,}5 + \varLambda_2)\,\varLambda_4\lambda_{23} & 0 & -\varLambda_3\varLambda_4 & \varLambda_2\varLambda_{\mathrm m} \\
0 & \varLambda_4^2 & (1 + \varLambda_2 + \varLambda_2^2)\,\lambda_{43}^2 & 1 & \varLambda_4^2 & (\varLambda_2 + \varLambda_3 + \varLambda_4)^2
\end{bmatrix}
\cdot
\begin{bmatrix} h_1 \\ h_2 \\ h_3 \\ h_4 \\ h_{\mathrm I} \\ h_{\mathrm{II}} \end{bmatrix}
$$

Modell 5

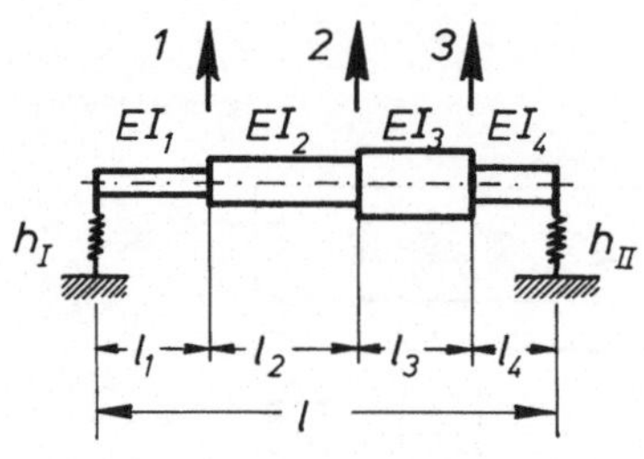

$$a = l_1 + l_2, \qquad b = l_3 + l_4, \qquad c = l_1 + l_2 + l_3$$

$$d = l_2 + l_3 + l_4$$

$$\lambda_1 = \frac{l_1}{l}, \quad \lambda_4 = \frac{l_4}{l}, \quad \lambda_{12} = \frac{l_1}{l_2}, \quad \lambda_{42} = \frac{l_4}{l_2}, \quad \lambda_{43} = \frac{l_4}{l_3}$$

$$\lambda_a = \frac{a}{l}, \quad \lambda_b = \frac{b}{l}, \quad \lambda_c = \frac{c}{l}, \quad \lambda_d = \frac{d}{l}$$

$$\varkappa_2 = \frac{a}{l_2}, \quad \alpha_3 = \frac{a}{l_3}, \quad \beta_2 = \frac{b}{l_2}, \quad \beta_3 = \frac{b}{l_3}$$

$$\gamma = \frac{c}{l_3}, \quad \delta = \frac{d}{l_2}$$

$$h_i = \frac{l_i^3}{3EI_i}$$

$$
\begin{bmatrix} h_{11} \\ h_{12} \\ h_{13} \\ h_{22} \\ h_{23} \\ h_{33} \end{bmatrix}
=
\begin{bmatrix}
\lambda_d^2 & \lambda_1^2 A & \lambda_1^2 D & \lambda_1^2 & \lambda_d^2 & \lambda_1^2 \\
\lambda_b \lambda_d & \lambda_1 \lambda_b B & \lambda_1 \lambda_a D & \lambda_1 \lambda_a & \lambda_b \lambda_d & \lambda_1 \lambda_a \\
\lambda_4 \lambda_d & \lambda_1 \lambda_4 B & \lambda_1 \lambda_4 E & \lambda_1 \lambda_c & \lambda_4 \lambda_d & \lambda_1 \lambda_c \\
\lambda_b^2 & \lambda_b^2 C & \lambda_a^2 D & \lambda_a^2 & \lambda_b^2 & \lambda_a^2 \\
\lambda_4 \lambda_b & \lambda_4 \lambda_b C & \lambda_4 \lambda_a E & \lambda_a \lambda_c & \lambda_4 \lambda_b & \lambda_a \lambda_c \\
\lambda_4^2 & \lambda_4^2 C & \lambda_4^2 F & \lambda_c^2 & \lambda_4^2 & \lambda_c^2
\end{bmatrix}
\cdot
\begin{bmatrix} h_1 \\ h_2 \\ h_3 \\ h_4 \\ h_I \\ h_{II} \end{bmatrix}
$$

$$A = \beta_2^2 + \beta_2 \delta + \delta^2$$

$$B = \lambda_{12} \delta + \alpha_2 \beta_2 + 0{,}5(\alpha_2 \delta + \beta_2 \lambda_{12})$$

$$C = \alpha_2^2 + \alpha_2 \lambda_{12} + \lambda_{12}^2$$

$$D = \beta_3^2 + \beta_3 \lambda_{43} + \lambda_{43}^2$$

$$E = \alpha_3 \beta_3 + \gamma \lambda_{43} + 0{,}5(\alpha_3 \lambda_{43} + \beta_3 \gamma)$$

$$F = \alpha_3^2 + \alpha_3 \gamma + \gamma^2$$

Modell 6

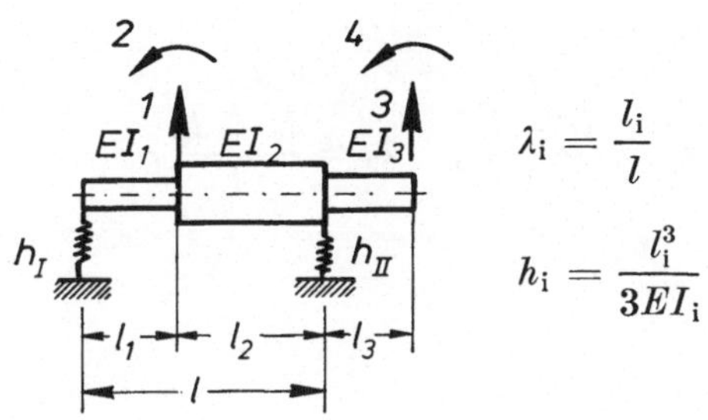

$$\lambda_i = \frac{l_i}{l}$$

$$h_i = \frac{l_i^3}{3EI_i}$$

$$
\begin{bmatrix} h_{11} \\ h_{12}\cdot l \\ h_{13} \\ h_{14}\cdot l \\ h_{22}\cdot l^2 \\ h_{23}\cdot l \\ h_{24}\cdot l^2 \\ h_{33} \\ h_{34}\cdot l \\ h_{44}\cdot l^2 \end{bmatrix}
=
\begin{bmatrix}
\lambda_2^2 & \lambda_1^2 & 0 & \lambda_2^2 & \lambda_1^2 \\
-\lambda_2 & \lambda_1 & 0 & -\lambda_2 & \lambda_1 \\
-\lambda_2\lambda_3 & -\lambda_1\lambda_3 A & 0 & -\lambda_2\lambda_3 & \lambda_1(1+\lambda_3) \\
-\lambda_2 & -\lambda_1 A & 0 & -\lambda_2 & \lambda_1 \\
1 & 1 & 0 & 1 & 1 \\
\lambda_3 & -\lambda_3 A & 0 & \lambda_3 & 1+\lambda_3 \\
1 & -A & 0 & 1 & 1 \\
\lambda_3^2 & \lambda_3^2 B & 1 & \lambda_3^2 & (1+\lambda_3)^2 \\
\lambda_3 & \lambda_3 B & 3/(2\lambda_3) & \lambda_3 & 1+\lambda_3 \\
1 & B & 3/\lambda_3^2 & 1 & 1
\end{bmatrix}
\cdot
\begin{bmatrix} h_1 \\ h_2 \\ h_3 \\ h_I \\ h_{II} \end{bmatrix}
$$

$$A = (0{,}5 + \lambda_1)/\lambda_2, \qquad B = (1 + \lambda_1 + \lambda_1^2)/\lambda_2^2$$

Modell 7

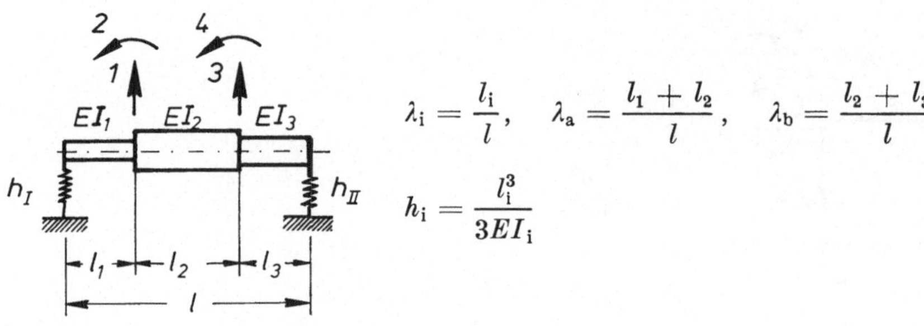

$$\lambda_i = \frac{l_i}{l}, \quad \lambda_a = \frac{l_1 + l_2}{l}, \quad \lambda_b = \frac{l_2 + l_3}{l}$$

$$h_i = \frac{l_i^3}{3EI_i}$$

$$
\begin{bmatrix} h_{11} \\ h_{12} \cdot l \\ h_{13} \\ h_{14} \cdot l \\ h_{22} \cdot l^2 \\ h_{23} \cdot l \\ h_{24} \cdot l^2 \\ h_{33} \\ h_{34} \cdot l \\ h_{44} \cdot l^2 \end{bmatrix}
=
\begin{bmatrix}
\lambda_b^2 & \lambda_1^2 A & \lambda_1^2 & \lambda_b^2 & \lambda_1^2 \\
-\lambda_b & \lambda_1 A & \lambda_1 & -\lambda_b & \lambda_1 \\
\lambda_3\lambda_b & \lambda_1\lambda_3 B & \lambda_1\lambda_a & \lambda_3\lambda_b & \lambda_1\lambda_a \\
-\lambda_b & -\lambda_1 B & \lambda_1 & -\lambda_b & \lambda_1 \\
1 & A & 1 & 1 & 1 \\
-\lambda_3 & \lambda_3 B & \lambda_a & -\lambda_3 & \lambda_a \\
1 & -B & 1 & 1 & 1 \\
\lambda_3^2 & \lambda_3^2 C & \lambda_a^2 & \lambda_3^2 & \lambda_a^2 \\
-\lambda_3 & -\lambda_3 C & \lambda_a & -\lambda_3 & \lambda_a \\
1 & C & 1 & 1 & 1
\end{bmatrix}
\cdot
\begin{bmatrix} h_1 \\ h_2 \\ h_3 \\ h_I \\ h_{II} \end{bmatrix}
$$

$$A = (\lambda_3^2 + \lambda_3\lambda_b + \lambda_b^2)/\lambda_2^2$$

$$B = [\lambda_1\lambda_b + \lambda_3\lambda_a + 0{,}5(\lambda_1\lambda_3 + \lambda_a\lambda_b)]/\lambda_2^2$$

$$C = (\lambda_1^2 + \lambda_1\lambda_a + \lambda_a^2)/\lambda_2^2$$

Modell 8

$$
\begin{bmatrix} h_{11} \\ h_{12} \\ h_{22} \end{bmatrix}
=
\begin{bmatrix}
1 & 0 \\
-\cot \alpha & 0 \\
\cot^2 \alpha & 1/\sin^2 \alpha
\end{bmatrix}
\cdot
\begin{bmatrix} l_1/EA_1 \\ l_2/EA_2 \end{bmatrix}
$$

Modell 9

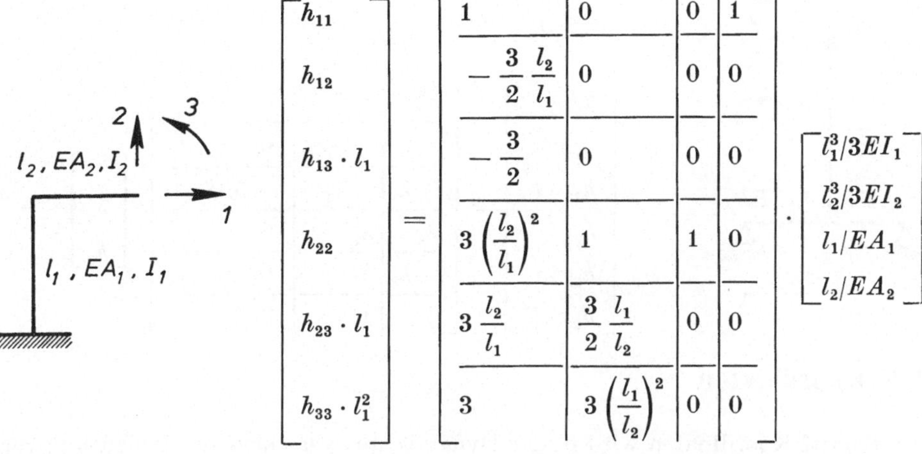

$$
\begin{bmatrix} h_{11} \\ h_{12} \\ h_{13} \cdot l_1 \\ h_{22} \\ h_{23} \cdot l_1 \\ h_{33} \cdot l_1^2 \end{bmatrix}
=
\begin{bmatrix}
1 & 0 & 0 & 1 \\
-\dfrac{3}{2}\dfrac{l_2}{l_1} & 0 & 0 & 0 \\
-\dfrac{3}{2} & 0 & 0 & 0 \\
3\left(\dfrac{l_2}{l_1}\right)^2 & 1 & 1 & 0 \\
3\dfrac{l_2}{l_1} & \dfrac{3}{2}\dfrac{l_1}{l_2} & 0 & 0 \\
3 & 3\left(\dfrac{l_1}{l_2}\right)^2 & 0 & 0
\end{bmatrix}
\cdot
\begin{bmatrix} l_1^3/3EI_1 \\ l_2^3/3EI_2 \\ l_1/EA_1 \\ l_2/EA_2 \end{bmatrix}
$$

Modell 10

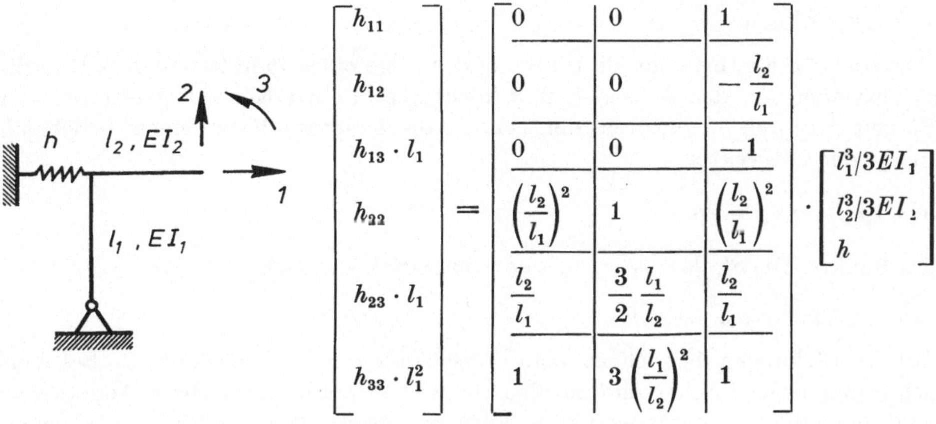

$$
\begin{bmatrix} h_{11} \\ h_{12} \\ h_{13} \cdot l_1 \\ h_{22} \\ h_{23} \cdot l_1 \\ h_{33} \cdot l_1^2 \end{bmatrix}
=
\begin{bmatrix}
0 & 0 & 1 \\
0 & 0 & -\dfrac{l_2}{l_1} \\
0 & 0 & -1 \\
\left(\dfrac{l_2}{l_1}\right)^2 & 1 & \left(\dfrac{l_2}{l_1}\right)^2 \\
\dfrac{l_2}{l_1} & \dfrac{3}{2}\dfrac{l_1}{l_2} & \dfrac{l_2}{l_1} \\
1 & 3\left(\dfrac{l_1}{l_2}\right)^2 & 1
\end{bmatrix}
\cdot
\begin{bmatrix} l_1^3/3EI_1 \\ l_2^3/3EI_2 \\ h \end{bmatrix}
$$

Modell 11

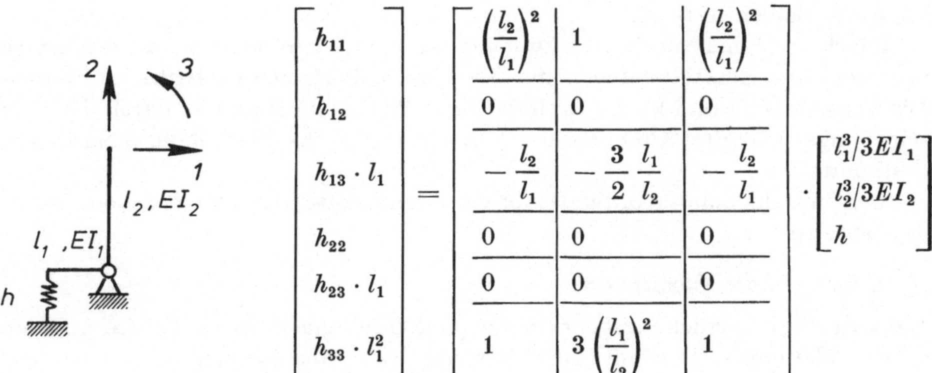

$$
\begin{bmatrix} h_{11} \\ h_{12} \\ h_{13} \cdot l_1 \\ h_{22} \\ h_{23} \cdot l_1 \\ h_{33} \cdot l_1^2 \end{bmatrix}
=
\begin{bmatrix}
\left(\dfrac{l_2}{l_1}\right)^2 & 1 & \left(\dfrac{l_2}{l_1}\right)^2 \\
0 & 0 & 0 \\
-\dfrac{l_2}{l_1} & -\dfrac{3}{2}\dfrac{l_1}{l_2} & -\dfrac{l_2}{l_1} \\
0 & 0 & 0 \\
0 & 0 & 0 \\
1 & 3\left(\dfrac{l_1}{l_2}\right)^2 & 1
\end{bmatrix}
\cdot
\begin{bmatrix} l_1^3/3EI_1 \\ l_2^3/3EI_2 \\ h \end{bmatrix}
$$

Modell 12

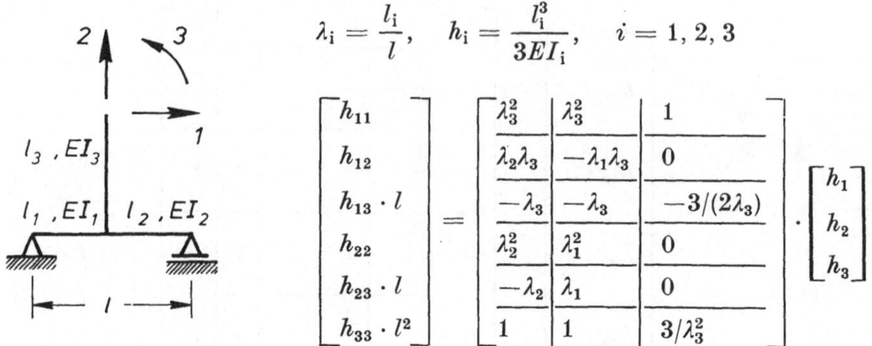

$$\lambda_i = \frac{l_i}{l}, \quad h_i = \frac{l_i^3}{3EI_i}, \quad i = 1, 2, 3$$

$$
\begin{bmatrix} h_{11} \\ h_{12} \\ h_{13}\cdot l \\ h_{22} \\ h_{23}\cdot l \\ h_{33}\cdot l^2 \end{bmatrix}
=
\begin{bmatrix}
\lambda_3^2 & \lambda_3^2 & 1 \\
\lambda_2\lambda_3 & -\lambda_1\lambda_3 & 0 \\
-\lambda_3 & -\lambda_3 & -3/(2\lambda_3) \\
\lambda_2^2 & \lambda_1^2 & 0 \\
-\lambda_2 & \lambda_1 & 0 \\
1 & 1 & 3/\lambda_3^2
\end{bmatrix}
\cdot
\begin{bmatrix} h_1 \\ h_2 \\ h_3 \end{bmatrix}
$$

A 5 Koordinaten

Der Begriff Koordinaten wird in der Dynamik mit verschiedener Bedeutung verwendet. Zur Unterscheidung sind entsprechende Wortverbindungen oder zusätzliche Adjektive üblich.

— Ortskoordinaten

Dies sind Zahlenwerte zur Bestimmung der Lage eines Punkts in einem Koordinatensystem. Mit den Achsen 1, 2, 3 (nicht alle in einer Ebene liegend) und den Einheitsvektoren e_1, e_2, e_3 ist der Vektor vom Ursprung bis zu einem beliebigen Punkt der Ortsvektor

$$\boldsymbol{r} = r_1\boldsymbol{e}_1 + r_2\boldsymbol{e}_2 + r_3\boldsymbol{e}_3$$

des Punkts. Die Skalare r_1, r_2, r_3 sind seine Ortskoordinaten.

— Verrückungskoordinaten

Mit Verrückungen bezeichnet man Verschiebungen und Drehungen. Bei Verschiebung eines Punkts ändern sich seine Ortskoordinaten. Diese Änderungen sind die Verschiebungskoordinaten. Für die Verschiebungen wählt man meistens ein gesondertes Koordinatensystem, das nicht zu jenem der Ortskoordinaten gleichgerichtet und parallel sein muß. Die Koordinaten nehmen entsprechend geänderte Zahlenwerte an.

Führt der Punkt noch eine Drehung aus und ist diese klein, dann kann sie vektoriell aus Einzeldrehungen um die Verschiebungsachsen bestimmt werden. Die Verschiebung und kleine Drehung eines Punkts im Raum ist durch drei Verschiebungs- und drei Drehungskoordinaten oder sechs Verrückungskoordinaten bestimmt.

Den Verschiebungskoordinaten ordnet man Kräfte, den Drehungskoordinaten Momente zu.

— Lokale, globale Koordinaten

Gemeint sind Verrückungskoordinaten und ihre zugeordneten Kräfte und Momente. Weiteres s. Abschnitt 10.1, Methode der finiten Elemente.

— *Generalisierte Koordinaten*

Dieser Ausdruck hat zweierlei Bedeutung. In der analytischen Mechanik bezeichnet man als generalisierte Koordinaten solche, die zur Festlegung der Lage eines Systems notwendig und hinreichend sind. In der Strukturdynamik sind generalisierte Koordinaten die Koordinaten des Vektors q, in den nach (10.121)

$$x = \Psi q \tag{A5.1}$$

die Koordinaten des Verrückungsvektors x transformiert werden.

— *Hauptkoordinaten*

Wählt man bei der Transformation nach (A5.1) speziell die Modalmatrix Φ (Abschnitt 10.2, Modale Berechnung), dann nennt man die generalisierten Koordinaten speziell Hauptkoordinaten. Manchmal spricht man in diesem Zusammenhang auch von modalen Koordinaten. Hierbei besteht jedoch die Gefahr der Verwechslung mit den Koordinaten der Eigenvektoren.

A 6 Eigenschwingungen des Balkens

$$\omega_k = \lambda_k^2 \frac{ci}{l^2} \qquad \text{Eigenkreisfrequenz}$$

$$f_k = \frac{\omega_k}{2\pi} = C_k \frac{ci}{l^2} \qquad \text{Eigenfrequenz.} \tag{A6.1}$$

Bei Stahl mit $E = 21 \cdot 10^{10}$ N/m^2 und $\varrho = 7850$ kg/m^3 ist $c = 5172$ m/s

$$i = \sqrt{\frac{I}{A}} \qquad \text{Trägheitsradius des Querschnitts}$$

l Balkenlänge.

Tabelle des Faktors $C_k = \dfrac{\lambda_k^2}{2\pi}$:

Fall	C_1	C_2	C_3	C_4
①	3,561	9,816	19,24	31,81
②	2,454	7,952	16,59	28,37
③	1,571	6,283	14,14	25,13
④	0,5596	3,507	9,819	19,24
⑤	2,454	7,952	16,59	28,37
⑥	3,561	9,816	19,24	31,81

Es folgen für die Fälle ① bis ⑥:
— Bilder der Eigenformen,
— Frequenzgleichung,
— Eigenwerte λ_1 bis λ_4,
— Gleichung der Eigenfunktion $\varphi_k(\xi)$,
— Zahlenwerte für $\varphi_k(\xi)$.

Die generalisierte Masse beträgt nach (11.64):

$$m_k^* = \int\limits_0^l \mu\varphi_k^2(x)\,\mathrm{d}x = m \int\limits_0^1 \varphi_k^2(\xi)\,\mathrm{d}\xi. \qquad (A\,6.2)$$

Mit den folgenden Beziehungen für $\varphi_k(\xi)$ ist

$$m_k^* = m \qquad \text{für die Fälle ①, ②, ④, ⑤, ⑥}$$
$$m_k^* = 0{,}5m \qquad \text{für den Fall ③.} \qquad (A\,6.3)$$

① *Freier Balken*

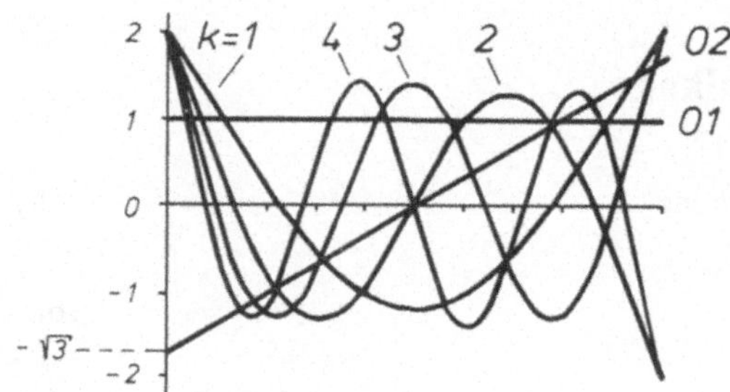

Frequenzgleichung: $1 - \cos\lambda\,\cosh\lambda = 0$

$$\lambda_{01} = 0, \qquad \lambda_{02} = 0$$

$$\lambda_1 = 4{,}7300, \qquad \lambda_2 = 7{,}8532, \qquad \lambda_3 = 10{,}996, \qquad \lambda_4 = 14{,}137$$

$$\varphi_{01}(\xi) = 1, \qquad \varphi_{02}(\xi) = \sqrt{3}\,(2\xi - 1)$$

$$\varphi_k(\xi) = \cosh\lambda_k\xi + \cos\lambda_k\xi - \frac{\cosh\lambda_k - \cos\lambda_k}{\sinh\lambda_k - \sin\lambda_k}(\sinh\lambda_k\xi + \sin\lambda_k\xi)$$

	$k \to$			
	1	2	3	4
ξ 0	2	2	2	2
$\downarrow$ 0,1	1,0743	0,4549	−0,1039	−0,5880
0,2	0,1955	−0,7945	−1,2857	−1,2009
0,3	−0,5440	−1,3240	−0,7939	0,4514
0,4	−1,0405	−0,9661	0,6557	1,4001
0,5	−1,2156	0	1,4224	0
0,6	−1,0405	0,9661	0,6557	−1,4001
0,7	−0,5440	1,3240	−0,7939	−0,4514
0,8	0,1955	0,7945	−1,2857	1,2009
0,9	1,0743	−0,4549	−0,1039	0,5880
1	2	−2	2	−2

② *Einseitig gestützter Balken*

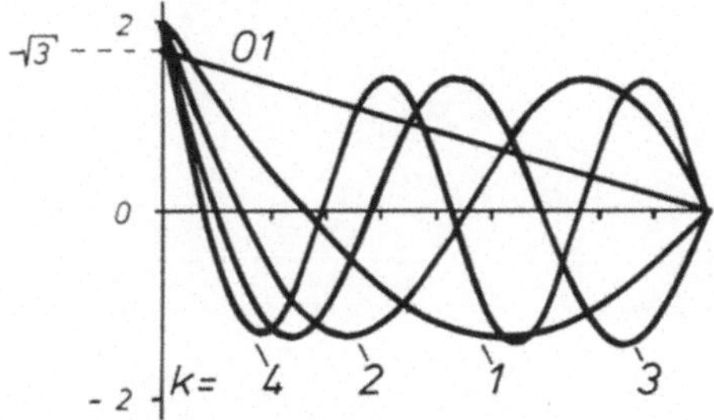

Frequenzgleichung: $\tan \lambda - \tanh \lambda = 0$

$\lambda_{01} = 0$

$\lambda_1 = 3{,}9266, \qquad \lambda_2 = 7{,}0686, \qquad \lambda_3 = 10{,}210, \qquad \lambda_4 = 13{,}352$

$\varphi_{01}(\xi) = \sqrt{3}\,(1 - \xi)$

$\varphi_k(\xi) = \cosh \lambda_k \xi + \cos \lambda_k \xi - \cot \lambda_k (\sinh \lambda_k \xi + \sin \lambda_k \xi)$

	$k \rightarrow$ 1	2	3	4
ξ 0	2	2	2	2
↓ 0,1	1,2159	0,6041	0,0301	−0,4758
0,2	0,4549	−0,5880	−1,2152	−1,2758
0,3	−0,2350	−1,2552	−1,0286	0,1292
0,4	−0,7945	−1,2009	0,2381	1,4016
0,5	−1,1695	−0,5120	1,3126	0,5425
0,6	−1,3240	0,4514	1,1463	−1,1438
0,7	−1,2490	1,2128	−0,1102	−1,0753
0,8	−0,9661	1,4001	−1,2598	0,6421
0,9	−0,5259	0,9198	−1,2057	1,3752
1	0	0	0	0

③ *Zweiseitig gestützter Balken*

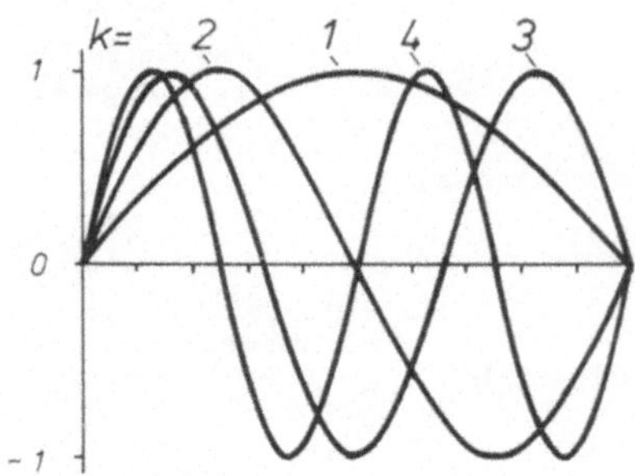

Frequenzgleichung: $\sin \lambda = 0$

$$\lambda_1 = \pi, \qquad \lambda_2 = 2\pi, \qquad \lambda_3 = 3\pi, \qquad \lambda_4 = 4\pi$$

$$\varphi_k(\xi) = \sin \lambda_k \xi$$

	$k \to$			
	1	2	3	4
ξ 0	0	0	0	0
$\downarrow$ 0,1	0,3090	0,5878	0,8090	0,9511
0,2	0,5878	0,9511	0,9511	0,5878
0,3	0,8090	0,9511	0,3090	−0,5878
0,4	0,9511	0,5878	−0,5878	−0,9511
0,5	1	0	−1	0
0,6	0,9511	−0,5878	−0,5878	0,9511
0,7	0,8090	−0,9511	0,3090	0,5878
0,8	0,5878	−0,9511	0,9511	−0,5878
0,9	0,3090	−0,5878	0,8090	−0,9511
1	0	0	0	0

④ *Kragbalken*

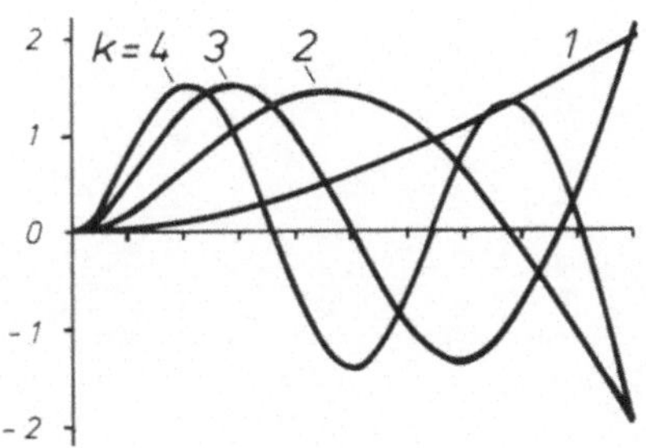

Frequenzgleichung: $1 + \cos \lambda \cosh \lambda = 0$

$\lambda_1 = 1,8751, \qquad \lambda_2 = 4,6941, \qquad \lambda_3 = 7,8548, \qquad \lambda_4 = 10.996$

$$\varphi_k(\xi) = \cosh \lambda_k \xi - \cos \lambda_k \xi - \frac{\sinh \lambda_k - \sin \lambda_k}{\cosh \lambda_k + \cos \lambda_k} (\sinh \lambda_k \xi - \sin \lambda_k \xi)$$

$k \rightarrow$	1	2	3	4
ξ 0	0	0	0	0
↓ 0,1	0,0335	0,1853	0,4561	0,7700
0,2	0,1277	0,6021	1,2090	1,5076
0,3	0,2730	1,0523	1,5125	0,8677
0,4	0,4598	1,3669	1,0518	−0,6311
0,5	0,6790	1,4273	0,0394	−1,4142
0,6	0,9223	1,1790	−0,9475	−0,6530
0,7	1,1818	0,6341	−1,3149	0,7948
0,8	1,4510	−0,1401	−0,7897	1,2861
0,9	1,7248	−1,0475	0,4570	0,1041
1	2	−2	2	−2

⑤ *Gestützter Kragbalken*

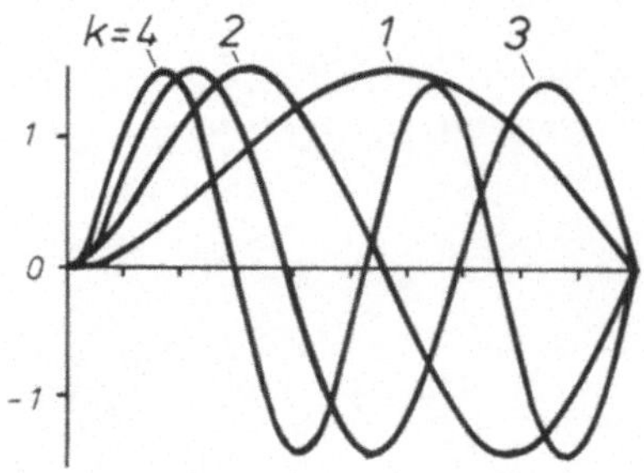

Frequenzgleichung: $\tan \lambda - \tanh \lambda = 0$

$$\lambda_1 = 3{,}9266, \qquad \lambda_2 = 7{,}0686, \qquad \lambda_3 = 10{,}210, \qquad \lambda_4 = 13{,}352$$

$$\varphi_k(\xi) = \cosh \lambda_k \xi - \cos \lambda_k \xi - \cot \lambda_k (\sinh \lambda_k \xi - \sin \lambda_k \xi)$$

	$k \rightarrow$ 1	2	3	4
ξ 0	0	0	0	0
$\downarrow$ 0,1	0,1340	0,3822	0,6904	1,0020
0,2	0,4557	1,0745	1,4748	1,4142
0,3	0,8485	1,4951	1,1221	−0,0927
0,4	1,2067	1,3192	−0,2044	−1,3920
0,5	1,4449	0,5704	−1,3005	−0,5399
0,6	1,5055	−0,4227	−1,1419	1,1445
0,7	1,3650	−1,1988	0,1117	1,0755
0,8	1,0346	−1,3935	1,2604	−0,6420
0,9	0,5572	−0,9172	1,2059	−1,3751
1	0	0	0	0

⑥ *Zweiseitig eingespannter Balken*

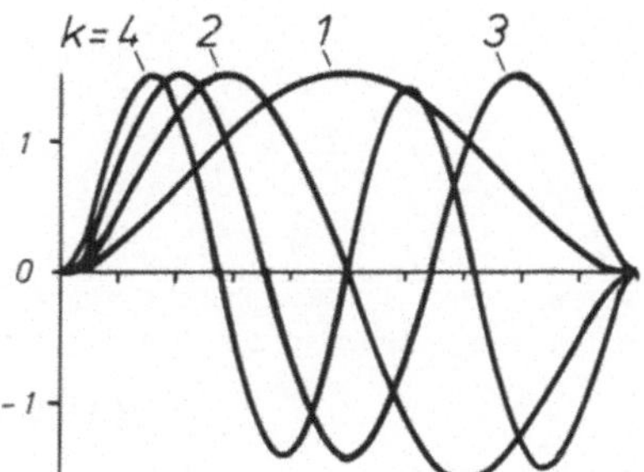

Frequenzgleichung: $1 - \cos \lambda \cosh \lambda = 0$

$$\lambda_1 = 4{,}7300, \qquad \lambda_2 = 7{,}8532, \qquad \lambda_3 = 10{,}996, \qquad \lambda_4 = 14{,}137$$

$$\varphi_k(\xi) = \cosh \lambda_k \xi - \cos \lambda_k \xi - \frac{\cosh \lambda_k - \cos \lambda_k}{\sinh \lambda_k - \sin \lambda_k} (\sinh \lambda_k \xi - \sin \lambda_k \xi)$$

ξ	$k \rightarrow$ 1	2	3	4
0	0	0	0	0
0,1	0,1891	0,4557	0,7701	1,0745
0,2	0,6194	1,2067	1,5078	1,3192
0,3	1,0960	1,5055	0,8686	−0,4227
0,4	1,4555	1,0346	−0,6284	−1,3935
0,5	1,5881	0	−1,4060	0
0,6	1,4555	−1,0346	−0,6284	1,3935
0,7	1,0960	−1,5055	0,8686	0,4227
0,8	0,6194	−1,2067	1,5078	−1,3192
0,9	0,1891	−0,4557	0,7701	−1,0745
1	0	0	0	0

A 7 Umwandlung in die spezielle Eigenwertaufgabe

Die allgemeine Eigenwertaufgabe nach (9.61)

$$(\boldsymbol{K} - p\boldsymbol{M})\,\boldsymbol{v} = 0 \tag{A7.1}$$

wird durch Linksmultiplikation mit $\boldsymbol{M}^{-1}$ zur speziellen Eigenwertaufgabe nach (9.76)

$$(\boldsymbol{A} - p\boldsymbol{E})\,\boldsymbol{v} = 0 \tag{A7.2}$$

wobei $\boldsymbol{A} = \boldsymbol{M}^{-1}\boldsymbol{K}$ nicht symmetrisch ist, auch wenn $\boldsymbol{K}$ und $\boldsymbol{M}$ symmetrisch sind. Durch die folgende Berechnung rettet man die Symmetrie.

Zunächst sei $M = \operatorname{diag}(m_{ii})$.

Setzen wir

$$w = M^{1/2}v \qquad \text{bzw.} \qquad v = M^{-1/2}w, \tag{A7.3}$$

dann wird aus (A7.1)

$$KM^{-1/2}w - pMM^{-1/2}w = 0$$

und nach Linksmultiplikation mit $M^{-1/2}$

$$(A - pE)\,w = 0 \tag{A7.4}$$

mit

$$A = M^{-1/2}KM^{-1/2}, \tag{A7.5}$$

wobei $M^{-1/2} = \operatorname{diag}(m_{ii}^{-1/2})$ ist.

Mit K symmetrisch ist auch A symmetrisch.

Nehmen wir nun M bandförmig oder voll besetzt, symmetrisch und positiv definit an. Auch K sei symmetrisch. Wir berechnen die rechte Dreiecksmatrix R von M. Mit der linken Dreiecksmatrix $L = R^T$ ist

$$M = LR = R^T R. \tag{A7.6}$$

Es sei

$$w = Rv \qquad \text{bzw.} \qquad v = R^{-1}w. \tag{A7.7}$$

Damit wird aus (A7.1)

$$KR^{-1}w - pR^T RR^{-1}w = 0$$

und nach Linksmultiplikation mit R^{-T}:

$$(A - pE)\,w = 0 \tag{A7.8}$$

mit

$$A = R^{-T}KR^{-1}. \tag{A7.9}$$

Die Matrix A kann ohne Inversion von R in der folgenden Weise berechnet werden. Wir bilden die Zwischenmatrix

$$Z = KR^{-1}$$

und erhalten durch Rechtsmultiplikation mit R:

$$ZR = K = (k_{ik})$$

mit

$$k_{ik} = \sum_{j=1}^{k} z_{ij} r_{jk} \qquad \text{(Bild A 7.1)}$$

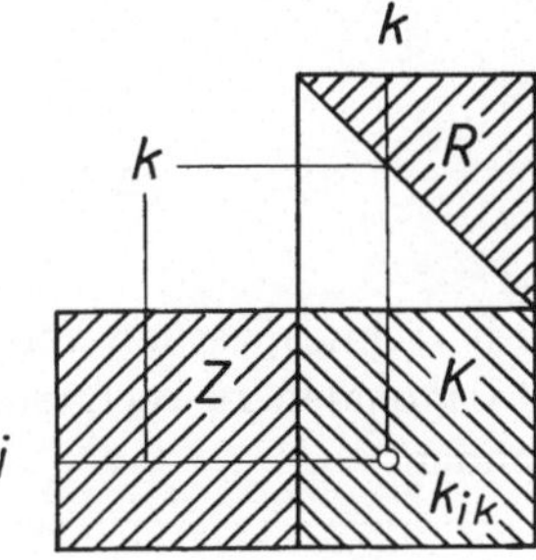

Bild A 7.1. Berechnung von K

oder nach Abspalten des letzten Summanden

$$k_{ik} = z_{ik}r_{kk} + \sum_{j=1}^{k-1} z_{ij}r_{jk}$$

und damit die Beziehung

$$z_{ik} = \left(k_{ik} - \sum_{j=1}^{k-1} z_{ij}r_{jk}\right)\frac{1}{r_{kk}}. \tag{A7.10}$$

Mit $z_{i1} = \dfrac{k_{i1}}{r_{11}}$ folgt nach dieser Gleichung

$$z_{i2} = (k_{i2} - z_{i1}r_{12})\,\frac{1}{r_{22}}.$$

In gleicher Weise folgen die übrigen Koeffizienten der i-ten Zeile aus bekannten Größen.

Multiplizieren wir nun A nach (A7.9) von links mit L, dann entsteht die Beziehung

$$LA = R^TA = KR^{-1} = Z = (z_{ik})$$

mit z_{ik} nach Bild A7.2:

$$z_{ik} = \sum_{j=1}^{i} l_{ij}a_{jk} = l_{ii}a_{ik} + \sum_{j=1}^{i-1} l_{ij}a_{jk}.$$

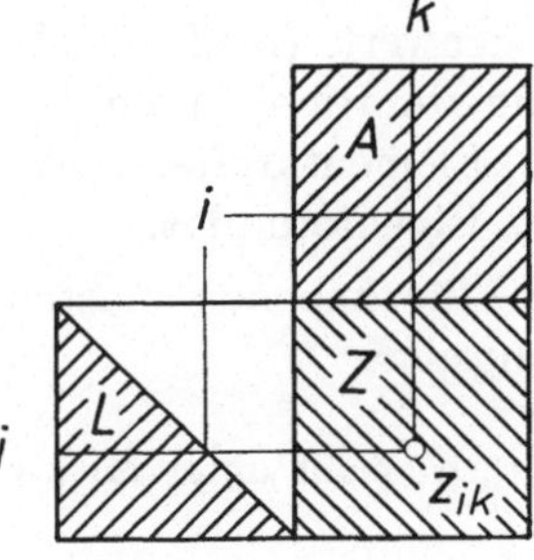

Bild A 7.2. Berechnung von Z

Daraus folgt die Gleichung

$$a_{ik} = \left(z_{ik} - \sum_{j=1}^{i-1} l_{ij}a_{jk}\right)\frac{1}{l_{ii}}, \tag{A 7.11}$$

womit die gesuchten Koeffizienten a_{ik} rekursiv zeilenweise berechnet werden können. Da A symmetrisch ist, genügt es, nur bis zur Hauptdiagonalen zu rechnen. Man muß deshalb auch nur die untere Hälfte von Z berechnen.

A 8 Das Programm MADYN

Ein großer Teil der Berechnungen für dieses Buch wurden mit dem Programm MADYN (Maschinendynamik) durchgeführt.[1] Es dient der Berechnung von Schwingungen balkenartiger Strukturen. Besonderheiten der Rotordynamik (Gleitlager, Kreiselwirkung u. a.) werden berücksichtigt. Damit ist es speziell geeignet für Rotor-Fundament-Systeme, die gemeinsam oder getrennt berechnet werden können. Es folgt eine Kurzbeschreibung.

Anwendungsbereich

Balkenartige Strukturen, speziell Rotordynamik. Modelle mit maximal 500 Knoten und 2000 Freiheitsgraden.

Elemente

Balken, Federn, Dämpfer, Gleitlager, Starrkörper und generalisierte Elemente (mit frei wählbaren Koeffizienten).

Matrizen

Steifigkeitsmatrix symmetrisch oder unsymmetrisch. Massenmatrix diagonal, quasidiagonal (im wesentlichen diagonal mit wenigen Ausnahmen) oder konsistent. Dämpfungsmatrix wie Steifigkeitsmatrix. Kreiselmatrix schiefsymmetrisch. Die Matrizen werden mit variabler Bandweite abgespeichert (jede Spalte bzw. jede Zeile darf verschieden lang sein).

Berechnungen

Hauptteil: Modellaufbereitung, Koordinatenreduktion, Eigenwerte (reell: Jacobi, Householder, simultane Vektoriteration, Unterraum-Iteration; komplex: Hessenberg, inverse Vektoriteration), Eigenvektoren, Elementkräfte, Formänderungsenergien, modale Dämpfungen, Strukturplot, Eigenformplot.

Statik: Verrückungen, Elementkräfte und Spannungen für ruhende Lasten, Eigengewicht und Temperaturunterschiede. Verformungsplot.

---

[1] Das Programm wurde auf Anregung des Verfassers von H. D. Klement unter Mitwirkung von H. J. Merker erstellt.

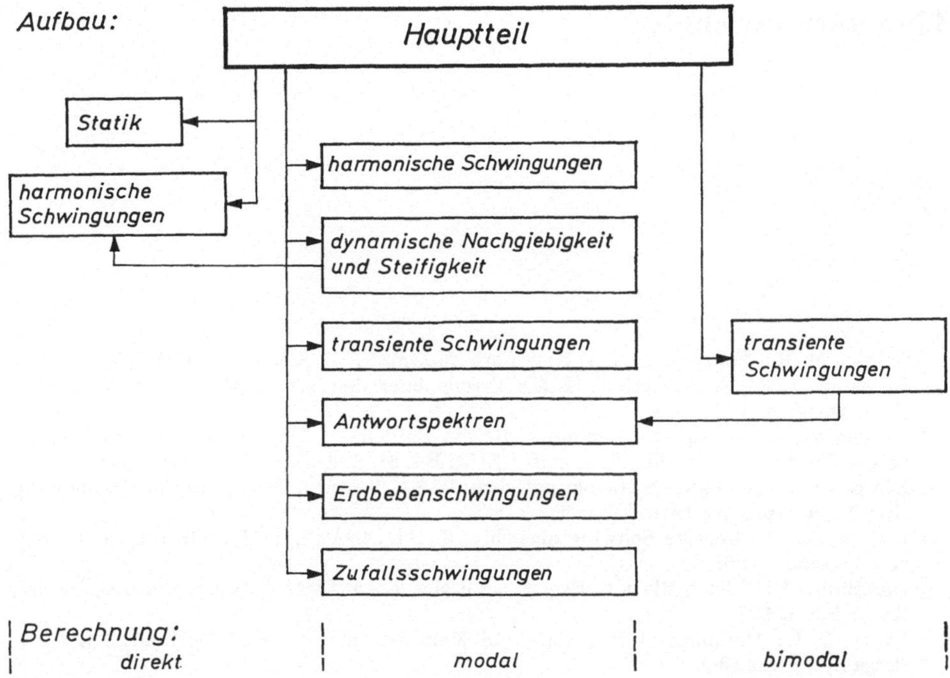

Harmonische Schwingungen: Modale und bimodale Berechnung stationärer Schwingungen für Erregung mit konstanten Kraftamplituden, Unwuchten, Fußpunktverschiebungen und -beschleunigungen. Plot von Amplituden- und Phasengängen.

Dynamische Nachgiebigkeiten und Steifigkeiten: Ermittlung für Verbindungskoordinaten von Substrukturen für die Berechnung harmonischer Schwingungen der Gesamtstruktur.

Transiente Schwingungen: Modale und bimodale Berechnung für Kraft- und Fußpunkterregung mit beliebigen Anfangsbedingungen. Plot der Zeitverläufe.

Antwortspektren: Aus Zeitverläufen als Belastung für Erdbebenschwingungen.

Erdbebenschwingungen: Verrückungen, Geschwindigkeiten, Beschleunigungen, Kräfte und Spannungen nach der Antwortspektren-Methode.

Zufallsschwingungen: Aus Fourier-Amplituden- oder Leistungsdichtespektren berechnen des Effektivwerts der Antwort.

Anzahl Karten: 90000.

Literaturverzeichnis

1 Spiegel, M. R.: Fourier Analysis. New York: McGraw-Hill, Schamm's Outline Series 1974
2 Bronstein, I. N.; Semendjajew, K. A.: Taschenbuch der Mathematik, 17. Aufl. Zürich: Harri Deutsch 1977
3 Marguerre, K.: Technische Mechanik. Berlin, Heidelberg, New York: Springer Heidelberger Taschenbücher, Bd. 20, 2. Aufl.: 1973; Bd. 21, 2. Aufl.: 1977; Bd. 22: 1968
4 Klotter, K.: Technische Schwingungslehre, 1. Bd., 3. Aufl., Teil A. Berlin, Heidelberg, New York: Springer 1978
5 Klotter, K.: Technische Schwingungslehre, 2. Bd., 2. Aufl. Berlin, Göttingen, Heidelberg: Springer 1960
6 Richtlinien VDI 2062, Blatt 1: Begriffe und Methoden. Blatt 2: Isolierelemente. Berlin, Köln: Beuth 1976
7 Lazan, B. J.: Damping of Materials and Members in Structural Mechanics. Oxford: Pergamon Press 1968
8 Göbel, E. F.: Gummifedern. Berlin, Heidelberg, New York: Springer 1969
9 Bert, C. W.: Material Damping. J. Sound Vibr. 29 (1973) 129—153
10 Harris, C.; Crede, Ch. E.: Shock and Vibration Handbook, 2. Aufl. New York: McGraw-Hill 1976
11 Flügge, W.: Viscoelasticity. Waltham/Mass.: Blaisdell 1967
12 Birchak, J. R.: Damping Capacity of Structural Materials. The Shock and Vibration Digest 9 (1977) 3—11
13 Dubbel: Taschenbuch für den Maschinenbau, 15. Aufl. Berlin, Heidelberg, New York, Tokyo: Springer 1983
14 Hütte I, 28. Aufl. Berlin: Ernst & Sohn 1955
15 Magnus, K.: Schwingungen. Stuttgart: Teubner 1969
16 Magnus, K.: Kreisel. Berlin, Heidelberg, New York: Springer 1971
17 Magnus, K.; Müller, H. H.: Grundlagen der technischen Mechanik. Stuttgart: Teubner. 1974
18 Parkus, H.: Mechanik der festen Körper. Wien, New York: Springer 1966
19 Lehmann, T.: Elemente der Mechanik, Bde. I bis IV. Braunschweig: Vieweg. Bd. 1: 1974; Bd. 2: 1975, Bd. 3; 1977; Bd. 4: 1979
20 Hamel, G.: Elementare Mechanik. Stuttgart: Teubner 1912
21 Hamel, G.: Theoretische Mechanik. Berlin, Göttingen, Heidelberg: Springer 1949
22 Nigam, N. C.; Jennings, P. C.: Digital Calculation of Response Spectra from Strong-Motion Earthquake Records DYNRE5 Program Analytics, California Institute of Technology 1968
23 Keller, H. B.; Isaacson, E.: Analyse numerischer Verfahren, Zürich, Frankfurt: Harri Deutsch 1973
24 Marguerre, K.; Wölfel, H.: Technische Schwingungslehre. Mannheim: Bibliograph. Inst. 1979
25 Zurmühl, R.: Praktische Mathematik, 5. Aufl. Berlin, Heidelberg, New York: Springer 1965
26 Zurmühl, R.: Matrizen, 4. Aufl. Berlin, Göttingen, Heidelberg: Springer 1964
27 Pestel, E. C.; Leckie, F. A.: Matrix Methods in Elastomechanics, New York: McGraw-Hill 1963

28 Uhrig, R.: Elastostatik und Elastokinetik in Matrizenschreibweise. Berlin, Heidelberg, New York: Springer 1973

29 Myklestad, N. O.: New Method of Calculating Natural Modes of uncoupled Bending Vibrations, I. Aeron. Sci. 11 (1944) 153

30 Gasch, R.; Pfützner, H.: Rotordynamik. Berlin, Heidelberg, New York: Springer 1975

31 Lang, O. R.; Steinhilper, W.: Gleitlager. Berlin, Heidelberg, New York: Springer 1978

32 Wilkinson, J. H.: The Algebraic Eigenvalue Problem. Oxford: Claredon Press 1965

33 Faddejew, D. K.; Faddejewa, W. N.: Numerische Methoden der linearen Algebra. München, Wien: Oldenbourg 1973

34 Bathe, K.-J.; Wilson, E. L.: Numerical Methods in Finite Element Analysis. Englewood Cliffs/N. J.: Prentice-Hall 1976

35 Schwarz, H. R.; Stiefel, E. R.; Rutishauser, H.: Numerik symmetrischer Matrizen. Stuttgart: Teubner 1968

36 Newland, D. E.: Random Vibrations and Spectral Analysis. London, New York: Longman 1975

37 Müller, P. C.; Schiehlen, W. O.: Lineare Schwingungen. Wiesbaden: Akad. Verlagsgem. 1976

38 Klement, H. D.: Programm zur Berechnung von Drehschwingungen. Konstruktion 31 (1979) 79—83

39 Nordmann, R.: Ein Näherungsverfahren zur Berechnung der Eigenwerte und Eigenformen von Turborotoren mit Gleitlagern, Spalterregung, äußerer und innerer Dämpfung. Diss. TH Darmstadt 1974

40 Merker, H.-J.: Über den nichtlinearen Einfluß von Gleitlagern auf die Schwingungen von Rotoren. Fortschrittsber. VDI Z, Reihe 11, Nr. 40 (1981)

41 Nordmann, R.: Schwingungsberechnung von nichtkonservativen Rotoren mit Hilfe von Links- und Rechts-Eigenvektoren. VDI Ber. 269 (1976) 175—182

42 Guyan, R. J.: Reduction of Stiffness and Mass Matrices. AIAA J. 3 (1965) 380

43 Röhrle, H.: Reduktion von Freiheitsgraden bei Strukturdynamik-Aufgaben. Habilitationsschrift Universität Hannover 1979

44 Craig, R. R.; Chang, Ch.-J.: On the Use of Attachement Modes in Substructure Coupling for Dynamic Analysis. Paper 77-405, AIAA/ASME 18th Struc., Struc. Dyn. and Materials Conf., San Diego (1977)

45 Jäcker, M.: Vibration Analysis of Large Rotor-Bearing-Foundation-Systems Using a Modal Condensation for the Reduction of Unknowns. Cambridge 1980

46 Nordmann, R.: Schwingungen von Turborotoren. Konstruktion 30 (1978) 345—351

47 Krämer, E.: Gemeinsame Schwingungsberechnung von Rotor und Fundament bei Turbomaschinen. VDI Ber. 381 (1980) 121—127

48 Clough, R. W.; Penzien, J.: Dynamics of Structures. New York: McGraw-Hill 1975

49 Timoshenko, S.; Young, D. H.; Weaver, W.: Vibration Problems in Engineering. New York: Wiley & Sons 1974

50 Wagner, K. W.: Einführung in die Lehre von den Schwingungen und Wellen. Wiesbaden: Dietrich'sche Verlagsbuchhlg. 1974

51 Hohenemser, K.; Prager, W.: Dynamik der Stabwerke. Berlin: Springer, 1933

52 Kolousek, V.: Baudynamik der Durchlaufträger und Rahmen. Leipzig: Fachbuchverlag 1953

53 Wilkinson, J. H.; Reinsch, C.: Lineare Algebra. Berlin, Heidelberg, New York: Springer 1971

54 Gross, S.: Berechnung und Gestaltung von Metallfedern. Berlin, Göttingen, Heidelberg: Springer 1960

55 Brigham, E. O.: The Fast Fourier Transform. Englewood Cliffs/N. J.: Prentice-Hall 1974

Sachverzeichnis